森林报

Лесная Газета

—— 〔前苏联〕维塔里·比安基　著 ——

姚锦镕　沈念驹◎译

天津出版传媒集团

天津人民出版社

作者像

作者简介：

　　维塔里·比安基，前苏联著名科普作家。1894 年 2 月 11 日，他出生于彼得堡一个充满自然气息的家庭，父亲是一位生物学家，比安基从小就热爱大自然，后来报考并升入彼得堡大学物理数学系，学习自然专业，在科学考察、旅行、狩猎及与护林员、老猎人的交往中，他留心观察和研究自然界的各种生物，积累了丰富的素材，也使笔下的生灵栩栩如生，形象逼真动人，有"发现森林第一人""森林哑语翻译者"的美誉。1928 年问世的《森林报》是他正式走上文学创作道路的标志。除了《森林报》以外，他还出版了作品集《森林中的真事和传说》《中短篇小说集》和《短篇小说和童话集》。

译者简介：

　　姚锦镕，1937 年出生于浙江省青田县。大学毕业后，他长期在浙江大学从事外语教学、外国文学翻译及研究工作。译著有《苏联八十年代小说选》，托尔金的《双塔骑兵》(《魔戒》第二部)，狄更斯的《巴纳比·拉奇》《远大前程》，柯南·道尔的《福尔摩斯探案全集》，史密斯的《中国人的人性》等。

　　沈念驹，出版人，资深翻译家，1940 年 12 月 14 日生于浙江德清县。曾任浙江人民出版社外国文学编辑室副主任，浙江文艺出版社外国文学编辑室主任、副总编、编审。

译序

本书作者维塔里·比安基是前苏联著名儿童文学作家,1894年2月11日生于彼得堡一个生物学家的家庭。他从小受家庭的熏陶,对大自然的奥秘产生了浓厚的兴趣,有一种探索其奥秘的强烈愿望,后来报考并升入彼得堡大学物理数学系,学习自然专业,与家庭的影响是有关的。

他在科学考察、旅行、狩猎及与护林员、老猎人的交往中留心观察和研究自然界的各种生物,积累了丰富的素材,使之后的文学创作有了坚实的基础,使他笔下的生灵栩栩如生,形象逼真动人。1928年问世的《森林报》是他正式走上文学创作道路的标志。1959年6月10日,比安基在列宁格勒逝世,享年65岁。他的创作除了《森林报》,还有作品集《森林中的真事和传说》(1957),《中短篇小说集》(1959),《短篇小说和童话集》(1960)。

比安基的创作以小读者为对象,旨在以生动的故事和写实的叙述,向少年儿童传授科学知识,激发其探索大自然奥秘的兴趣,并从小培养起儿童热爱大自然,关注并保护生态环境的意识。

《森林报》虽然问世于1928年(此说据1962年俄文版《简明文学百科全书》,与本书《致读者》所说1927年不符,立此存照),但在此后的几十年里一再重版(至1961年已出到第十版),究其原因,就是它以独特的视角和独特的表现手法宣扬"人与自然和谐相处"的主题,具有恒久不衰的生命力。如果说作家在中短篇小说中描写的主要是动物故事及与动物相关的人的故事,那么《森林报》则向读者全面展示了自然界的大千世界,举凡天地水陆所有的生灵都有涉及。不仅如此,他还对当时前苏联全国各地山川形胜和自然环境有生动的描述,使小读者在轻松愉快、饶有趣味的阅读中潜移默化地产生对祖国的情感。

《森林报》的俄文原名直译应是《森林年报》,由于20世纪五六十年代该书已按《森林报》的译名流传,故本书仍沿用这个译名。俄文原版在每一新版问世时都对上一版有所修订,内容或增或减,但基本栏目保持不变,所增减者仅止原栏目内的篇目或新增栏目。如此看来谓其"年报"自有道理。从目前我国新出版的几个不同版本的中译本看,由于所据原著版本有别,中译本的内容也小有不同。当时序进入 21 世纪,经济的发展、科技的进步使人类对大自然过度的索取受到大自然越强烈的报复时,"人与自然和谐相处"的命题从来没有像今天这样严峻地摆在作为万物灵长的人类面前。希望《森林报》又一个中译本的问世,能对中国未来的一代早早地树立起热爱自然、关注环境的理念产生有益的影响。

除了《森林报》,本书还收入了比安基的 14 个描写动物的中短篇小说。如果说《森林报》通过对森林中大千世界的描述表现人与自然和谐相处的主题,让小读者在饶有兴味的阅读中汲取生物学、物候学、自然地理等领域的大量知识,那么收入本书的 14 篇动物故事主要是通过艺术形象来表现同一主题。与一般枯燥乏味的说教不同,作者要表现的主题都深藏在他塑造的艺术形象和构建的动人情节中。读者被吸引的首先是故事扣人心弦的情节和令人动容的一个个栩栩如生的艺术形象,无论善恶,一概通过鲜活的艺术形象层层展示。这正是比安基动物小说的成功之处和历久不衰的原因所在。

在本书译文中,有必要对有些关涉俄罗斯文化而为当今青少年所陌生的东西有所交代,这就是译者在译本中加了许多注的原因。译者希望自己的善意并非多此一举。俄文原著中也有极少的注释,译者在翻译时如觉得有必要向中国读者交代,就据实译出,并注明"原书作者注"字样。但凡译者自己的注释,则不再说明。本书的翻译系由两人合作完成。其中《森林报》的第 1 期至第 6 期由姚锦镕翻译,第 7 期至第 12 期、与每期末尾的竞赛题配套的答案由沈念驹翻译。

本书涉及动植物的知识相当广博,以译者的浅陋,在翻译过程中遇到的困难是很多的,有时可能超过文学经典翻译中所遇的困难,需要查阅许多工具书和资料。即使这样,仍然可能会出现译者力所不逮的问题。对此,谨祈同行和方家批评指正。

沈念驹
2010 年初夏于杭州西溪陋室

致读者

—— 献给我的父亲

瓦连京·利沃维奇·比安基

一般的报纸刊登的只是关于人以及与人有关的事的报道。可小朋友们也很想了解飞禽走兽和昆虫的生活呀。

森林里发生的事不比城市里少。森林也要工作，也过欢乐的节日，也会遇到悲惨的事件。森林里也有英雄好汉和盗贼匪徒。可是，城市里的报纸很少报道这些情况，所以森林里的事并非人人都了解。

比如说吧，哪个听说过，在我们列宁格勒州 a，严冬里，从泥土里会钻出还没长翅膀的小蚊虫，光着脚丫在雪地上东窜西跑？你在哪张报上看到过林中巨人——驼鹿斗殴，看到过候鸟大搬家和长脚秧鸡 b 凭着双腿徒步走过整个欧洲这些令人发笑的消息？

可所有这些趣闻，在《森林报》上都能读到。

我们把 12 期的《森林报》（每月一期）合编成一部小书。每一期《森林报》都刊有编辑部的文章、我们驻林地记者的电报和信件，此外还登载有关狩猎的故事。

我们驻林地记者都是些什么人呢？他们是小朋友，是猎人，是科学家，是林业工作者——他们全是常到森林里去，对飞禽走兽和昆虫的生活感兴趣的人，他们把森林里发生的形形色色事件记录下来，寄给我们编辑部。

---

① 现名圣彼得堡州，首府为列宁格勒（现名圣彼得堡）。列宁格勒，俄罗斯第二大城市，位于波罗的海芬兰湾东岸，涅瓦河口。市内河道纵横，多岛屿和桥梁。

② 体长在 30 厘米以上。头小，躯干瘦削，喙、颈和前三趾都很长。上体羽毛暗灰褐色，带黑色斑纹。下体褐色，栖息沼泽或近水草丛中。食蚯蚓、昆虫等。

早在 1927 年,《森林报》就结集成册出版发行了。此后,重版了八次,每次都增加了新的栏目。

我们派过一位特派记者,去采访一位鼎鼎大名的猎人——塞索伊·塞索伊奇。他俩一起打猎,常常在篝火旁休息。这时候,塞索伊·塞索伊奇给他讲述自己的历险故事。我们的特派记者把他讲的故事记录下来,寄给我们编辑部。

每期《森林报》都附有一种答题游戏,我们管它叫"射靶",读者可以比赛,看谁答得最正确,哪个看《森林报》最仔细,哪个能轻轻松松回答得出大部分问题。每"射中"一个目标,就可得两分。

我们建议本报的读者组成一个个小组,大声念出问题,把自己的答案写在纸条上——写在各自的纸条上。许多问题——譬如说吧,问你"长脚秧鸡有多高"这样的问题,最好不要张嘴就答,可以按规定期限,过几天再答不迟。在这段时间内可以上草地走走,仔细观察秧鸡,看看它到底长得什么样。

《森林报》诞生在列宁格勒,是在那里出版的,所以是一种地方性报纸,所报道的事件,差不多都发生在列宁格勒州内,要不就在列宁格勒市内。

可是,咱们的国家是那么辽阔:在北方边境上,暴风雪还在肆虐,人的血管里的血都冻凉了,可在南方边陲,热辣辣的太阳已普照大地,百花盛开;西部边区的孩子们刚躺下睡觉,而东部边区的孩子们已经睡足正起床哩。所以《森林报》的读者不但希望从《森林报》上了解到列宁格勒州内的事,而且还想知道全国各地发生的事件。为了满足读者的要求,我们在《森林报》上开辟了本报记者发自苏联各地的一个栏目,叫"天南地北无线电通报"。

我们转载了许多塔斯社有关小朋友们的工作和成就的报道。

我们开辟了一个叫"公告"的栏目,通过这个栏目在我们的读者中征聘优秀的、跟踪能力强的"火眼金睛"。

我们还邀请生物学博士、植物学家、作家尼娜·米哈伊洛芙娜·帕甫洛娃给我们《森林报》撰稿,讲讲我国那些有趣的植物。

我们的读者应该了解自然界的生活,这样就可以去改造自然,按自己的意愿左右动植物的生活。我们《森林报》的读者长大之后,就能亲手培育出惊人的植物新品种,管理森林生活,为国家造福……

但是,首先要热爱并熟悉祖国的土地,了解大地上的动植物和它们的生活习性,这样才不会弄巧成拙,避免造成不可弥补的损失。

在经过又一次审订和增补的新版——第九版的《森林报》中,我们刊出了"一年——分作 12 个月谱写的太阳诗章"一节,采用了生物学博士 H.M. 帕甫洛娃的大量报道,丰富了"农庄纪事"栏目的内容。我们还刊载了本报战地记者从林中巨兽间搏斗现场发来的消息。我们为垂钓爱好者开辟了"祝钓钓成功"一栏。此外,我们从我们年轻的作者基特·维里坎诺夫的 4 篇小说中选登了一种新游戏,其答案刊登在书末。本报每期最后,为少年读者报道有关本报编辑部附属的少年自然界研究者小组——哥伦布俱乐部惊人的发现和历险。

本报首位驻林地记者

早年,列宁格勒人和林区居民经常在公园里遇见一位白发苍苍的教授,他戴着眼镜,目光专注,仔细听着小鸟的声声鸣叫,细心观察每一只从身边飞过的蝴蝶和苍蝇。

我们这些大都市的居民不会那么细心留意春天每一只新孵化出来的雏鸟和每一只新出现的蝴蝶。而春天出现的每件新景象都逃不过他的眼睛。

这位教授就是德米特里·尼基福罗维奇·卡依戈罗多夫。一连半个世纪,他都坚持观察我们这个城市和近郊生机盎然的自然界。在整整50年的时间里,他亲眼看到春、夏、秋、冬先后交替,反复轮回。鸟儿飞来又飞走,花开花又落,树木叶绿再枯黄。德米特里·尼基福罗维奇一丝不苟地把自己观察到的结果及时间一一记录下来,并在报纸上发表。

他也呼吁别人,特别是年轻人,去观察大自然,把结果记录下来,寄给他。许多人都响应了他的号召。他率领的观察大军人数与年俱增,阵营日益壮大。

直到现在,许多热爱大自然的人 ——我国的地方志学家、学者和学生们,仍以德米特里·尼基福罗维奇为榜样,继续不断地在从事观察和收集工作。

德米特里·尼基福罗维奇在50年中积累了大量的观察成果。他把这些资料汇集在一起。现在,多亏他长年累月、坚持不懈的细致工作,加上许多不知名的科学家的努力,我们才知道,春天里飞来的是什么鸟、什么时候飞来,秋天,它们什么时候飞走,我们也了解到树木花草的生长情况。

德米特里·尼基福罗维奇为孩子和成年人写了许许多多有关鸟类、森林和田野的书。他自己一度在学校里教过书,他一直认为,孩子们研究大自然,不该仅凭着书本,还要到森林和田野里多走走。

德米特里·尼基福罗维奇多年重病在身,于1924年2月11日,来不及迎来春天,就与世长辞了。

我们永远不会忘记他。

森　林　年

我们的读者也许会误以为,刊登在《森林报》上的森林和都市新闻说的都是些陈年旧事。事实并非如此。不错,年年都有春天。可每年的春天都是新的,不管你能活上多少年,看到的都是两个完全不一样的春天。

一年就好比是个有 12 根辐条的车轮,每根辐条就像是一个月,12 根辐条全滚过去,车轮就滚了一大圈,接着,又该轮到第一根辐条转了,可是,这时候轮子已不在原来的地方,已经前进了好一段距离了。

又一个春天来了,森林苏醒,熊从洞穴爬了出来,春水淹没了地下居民的洞穴,鸟儿飞来了,开始嬉戏舞蹈,野兽也开始生男育女。于是读者又在《森林报》上读到所有最新鲜的林中新闻。

我们在这里刊载了每年的森林年历。森林年历与通常的年历截然不同,不过这也没什么大惊小怪的。

要知道,每种动物和鸟类跟我们人类的方式生活不一样,它们自然有自己独特的历法,因为森林里的动植物都依照太阳的运转过日子。

太阳在天上转了一个大圈,那就是一年。太阳走过一个星座,也就是黄道的一个宫,便是一个月。所谓的黄道带就是 12 宫的总称①。

森林年历里的元旦,不在冬季,而是在春季,这时候的太阳正进入白羊宫。森林里迎来太阳的日子,始终是一片喜气洋洋的节日气氛,而送走太阳的时候,就变得愁云惨淡的了。

我们也按照普通的历法,把森林年历的一年分成了 12 个月,不过我们按森林里的情况,给每个月取了不一样的名字。

---

① 在地球绕太阳做圆周运动时,在地球上看来,似乎太阳在天空每年做一次圆周运动,太阳的这一移动路线(视路径)就叫作"黄道"。沿黄道分布的黄道 12 星座的总称叫"黄道带",这12 个星座对应 12 个月,每个月用太阳在该月所在的星座符号来标示。由于春分点的不断移动(约 70 年移动一度),目前太阳每月的位置都在两个邻近星座之间,但每月仍保留以前的符号,这 12 星座的名称从春分点起(3 月 20 日或 21 日)依次为:白羊、金牛、双子、巨蟹、狮子、室女、天秤、天蝎、人马、摩羯、宝瓶、双鱼。

森 林 年 历

月份

1 月 ——苏醒月(春一月)——3 月 21 日到 4 月 20 日

2 月 ——候鸟回乡月(春二月)——4 月 21 日到 5 月 20 日

3 月 ——歌唱舞蹈月(春三月)——5 月 21 日到 6 月 20 日

4 月 ——筑巢月(夏一月)——6 月 21 日到 7 月 20 日

5 月 ——育雏月(夏二月)——7 月 21 日到 8 月 20 日

6 月 ——成群月(夏三月)——8 月 21 日到 9 月 20 日

7 月 ——候鸟辞乡月(秋一月)——9 月 21 日到 10 月 20 日

8 月 ——仓满粮足月(秋二月)——10 月 21 日到 11 月 20 日

9 月 ——冬季客至月(秋三月)——11 月 21 日到 12 月 20 日

10 月 ——小道初白月(冬一月)——12 月 21 日到 1 月 20 日

11 月 ——啼饥号寒月(冬二月)——1 月 21 日到 2 月 20 日

12 月 ——熬待春归月(冬三月)——2 月 21 日到 3 月 20 日

目录

春

秋

冬

　　世界上存在这样一种人，他们能将大自然的语言翻译成人类的语言。比安基就属于这样的人。他向读者介绍植物和动物，森林和山崖，大海和霞光，风和雨……整个世界都在用它们特有的语言和我们交谈，只是我们听不懂。比安基的作品能在孩子们的心灵上激发起这样一些做人的重要品性：勇敢、坚毅、扶助弱小，对目标追求的矢志不移。

　　　　　　　　——格·格罗京斯基（俄罗斯文学评论家）

春

весна

森 林 报

No.1

苏醒月
（春一月）

3月21日到4月20日

太阳进入白羊座

第一期导读

一年 ——分 12 个月谱写的太阳诗章

新年好!

3 月 21 日是春分。这天的白天和黑夜一样长:天上半天出太阳,半天是夜晚。这天,是森林里的元旦佳节 ——喜迎春天的到来。

我们这里民间有这样的说法:"三月暖洋洋,冰柱命不长。"太阳击退了寒冬,积雪变得松软了,表面出现了蜂窝状的孔洞,白雪变得灰不溜秋的 ——再也不像冬季那样的了,坚持不下去了! 一看颜色,就知道快要完蛋了。屋檐上挂下的一根根小冰柱,化成亮晶晶的水,滴滴答答,一滴又一滴地往下淌……慢慢地聚成了一个个水洼 ——户外的麻雀在水洼里欢天喜地扑腾着翅膀,要把羽毛上一冬积下的尘垢洗掉。花园里传来了山雀银铃般的欢声笑语。

春天展开阳光的翅膀飞到了我们这里。春天可有严格的工作程序。头一件事就是解放大地,让一处处白雪融化,露出了土地。这时候溪流还在冰层下好梦正酣,树木也在雪底下沉睡未醒。

按照俄罗斯古老的风俗,3 月 21 日这天早晨,大家都用白面烤"云雀"。这是一种小面包,前面捏个小鸟嘴,两粒葡萄干当鸟眼睛。这天,我们还要为笼中鸟儿放生。按照我们的新习俗,从这天开始了爱鸟月。这一天,孩子们个个都为这些有翅膀的朋友忙活:在树上挂上成千上万座鸟屋 ——椋鸟房、山雀房、树洞式鸟窠;把树枝捆绑起来,方便鸟儿做窠;为那些可爱的小客人开办免费食堂;在学校和俱乐部举办报告会,说说鸟类大军怎样保护我们的森林、田地、果园和菜园,谈谈应该怎样爱护和欢迎我们活泼愉快、有翅膀的歌唱家们。

3 月里,母鸡可以在家门口尽情畅饮了。

林 间 纪 事

首次林中来电

白嘴鸦揭开了春之幕

白嘴鸦揭开了春之幕。雪融后露出土地的地方,聚集了一群群白嘴鸦。

白嘴鸦在南方越冬。它们现在匆匆忙忙回到北方,回到它们的故乡。一路上,它们屡屡遭遇到猛烈的暴风雪。途中,几十、几百只白嘴鸦都因体力不支而死去。

最先飞到目的地的是最强壮的。现在它们在休息。它们在道路上大摇大摆踱着方步,用结实的喙刨土觅食。

乌云,原本黑压压、沉甸甸的,遮天蔽日,现在都已消散尽了。蔚蓝的天空上飘浮着大雪堆般的浮云。第一批兽崽降生了。驼鹿①和麋子②长出了新角。黄雀、山雀和戴菊鸟在森林里唱起了歌。我们在等待椋鸟③和云雀来临。我们在树根被掘起的云杉下找到了熊洞。我们轮流守候在熊洞旁,准备一见熊出来,就做出报道。一股股雪水悄无声息地在冰下汇集。树上的积雪融化了,森林里响起滴滴答答的滴水声。夜里,寒气又重新把水结成冰。

■ 本报特派记者电

第 一 只 蛋

鸟里面,要算乌鸦最早产蛋。它的窠筑在盖着厚厚积雪的高大云杉上。雌乌鸦老待在窠里,因为它怕蛋冻坏,怕小乌鸦冻死。食物由雄乌鸦给它送来。

雪地里吃奶的小兔儿

田野里还是白雪皑皑的,兔子就已经开始产崽了。

小兔儿一出娘胎就睁开眼睛,身上穿着暖和的小皮袄。它们一出生就会跑,吃饱了妈妈的奶后就东跑西窜,躲在灌木丛里和草墩下面,乖乖地趴在那儿,从

---

① 体长2米多,尾短,雄鹿有角,角横生成板状,分叉很多,体色棕、黄、灰混合。栖息在森林的湖沼附近,善游泳,不喜成群。

② 亦称狍子,鹿科。体长达一米余,尾很短。雄的有角,角小,分三叉。栖息小山坡、小树林。喜食嫩树枝、浆果等。

③ 中型鸣禽,性喜群飞。喜食昆虫,冬迁南方,夏返北方繁殖。

不调皮捣蛋。兔妈妈跑得已不知去向,可它们不叫唤,也不折腾。

一天,两天,三天过去了。兔妈妈在田野里跳跳蹦蹦,早把小兔儿给忘了。可是它们还是乖乖地趴在那儿。它们可不能瞎跑!要不,就会被鸢鹰看见,或者被狐狸跟踪。

这不,终于有只兔妈妈打旁边跑过来。不对,这不是它们的亲妈妈 —— 是一位不认得的兔阿姨。小兔儿跑到它跟前央求:"喂喂我们吧!""行呀,那就吃吧!"阿姨喂饱了小兔儿,走了。

小兔儿又回到灌木丛里去趴着。这时候,亲妈妈不知在哪里正喂别家的小兔儿呢。

原来兔妈妈们有这么一种规矩:它们认为,所有的孩子都是大家的。不论兔妈妈在哪儿,只要遇到一窝小兔儿,它都给它们喂奶。管它是亲生的,还是别的兔妈妈生的,都一视同仁!

你们以为小兔儿离了家人的照顾,日子就过不好吗?才不呢!它们身上穿着皮袄,暖和的。兔妈妈的奶汁又浓又甜,小兔儿吃了一顿,好几天都不饿。

到第八、第九天,小兔儿开始吃草了。

最先绽放的花

头一批花露面了。不过,别在地面上找,这不,地面还盖着雪呢。森林里,只在边缘一带有水淙淙流着,沟渠里的水满到了边沿。瞧,就在这儿,在这褐色的春水上面,光秃秃的榛树枝头,开出了头一批花儿。

一根根富有弹性而柔软的灰色小尾巴,从树枝上垂下来:人们把它们叫作荑黄花序,其实它们并不像荑黄花序。你把这种小尾巴摇一下,上面就会有许多花粉像云彩一样洋洋洒洒飘落下来。

奇怪的是,就在这几根榛树枝上,还开着别的花。这种花,有的成双成对,有的三朵生在一起,很容易被人当作花蕾。只是在每个"花蕾"的尖上,伸出一对又像线、又像小舌头的鲜艳的粉红色小东西。原来这是雌花的柱头①,它们能接纳从别的榛树枝上随风飘来的花粉。

风无拘无束地在光秃秃的树枝间游荡,因为没有树叶,也没有别的东西阻挡它去摇晃那些荑黄花序式的小尾巴,或接受随风吹来的花粉。

榛树的花到时候会凋谢,花序会脱落,那些奇异小花上的粉红色细线 ——柱头会干枯,而每朵小花儿最后变成一颗榛子。

■ H. 帕甫洛娃

---

① 花朵中雌蕊的尖端叫作柱头。

春天里的应对之策

森林里，温和的动物常常会受到凶猛动物的袭击，一旦被发现，就没命。

冬天，浑身雪白的兔子和山鹑在白茫茫的雪地里就不容易被发现。可现在，雪在融化，许多地方露出了土地。狼呀、狐狸呀、鹞鹰呀、猫头鹰呀，甚至小小的白鼬、伶鼬这类小型食肉动物老远就能发现在化了雪的黑色土地衬托下的白色皮毛和羽毛。

于是，白兔和白山鹑使出了妙招：来个乔装打扮，脱毛换色，结果白兔子浑身上下换成了灰衣衫，白山鹑褪掉好多的白羽毛，换上褐色和红褐色带条纹的新羽毛。经这一番改装换色之后，就不容易被发现了。

有些攻击性很强的动物也跟着改装换色。伶鼬冬天里一身素装，白鼬也一样，冬天里浑身雪白，只是尾巴尖是黑的。这两种动物利用白色皮毛这样有利的条件，在白色雪地里轻而易举地靠近并袭击温和的小动物。可现在得换毛变色了，把自己变成了一身灰。不过白鼬的尾巴尖没有变，还是原先的黑色。但尾巴尖上这点儿黑斑无论是冬天，还是夏天都碍不了大事，因为雪地上也有黑色的斑斑点点，那是尘屑和枯枝败叶之类的东西，要说地面上和草上，这种黑点更是随处可见。

冬季，客人准备上路

在我们州的条条道路上，随处可见一群群白色小鸟，它们很像黄鹀①。它们就是我们冬天里的客人 —— 铁爪雪鹀。它们的老家在冻土带、北冰洋岛屿和海岸上，那里还要过很久才解冻哩。

雪　崩

森林里惊心动魄的雪崩开始了。

松鼠的窝就搭在一株高大的云杉枝杈上，这时候它正在自己暖暖和和的窝里睡大觉。

猛然间，一团沉甸甸的雪从树梢头落了下来，径直砸中它的窝顶。松鼠蹿了出来，可它刚生下不久的孩子还待在窝里，孤苦无助呢。

松鼠立马扒起了雪。幸好雪团只是压住了粗树枝搭起来的窝顶，而铺着柔软而暖和苔藓的圆窝安好无损。里面的小松鼠还睡着没醒哩。这些小家伙太小了，浑身光溜溜的没长毛，还没有视力，也没有听力，活像刚出生的小家鼠。

---

① 一般体形如麻雀大小，通常雄鸟羽毛较雌鸟鲜艳。多在地上或灌木丛中营巢，食种子和昆虫，大多数种类为候鸟，常见的有灰头鹀、三道眉草鹀、黄眉鹀和黄胸鹀等。

白山鹑褪掉好多的白羽毛，换上褐色和红褐色带条纹的新羽毛。经这一番改装换色之后，就不容易被发现了。

潮湿的居室

雪开始不断地融化。住在森林里地下居民的日子可难熬了。这时候,鼹鼠①、鼩鼱②、野鼠、田鼠、狐狸等其他住在地下洞穴里的大大小小的动物饱受了潮湿之苦。一旦全部的冰雪都化成了水,叫它们如何是好?

奇特的茸毛

沼泽里的雪全化了,土墩和土墩之间尽是水。土墩下,隐约可见一些银白色的小穗儿,在光溜溜的绿茎上左右摇晃着。难道这些就是去年秋天来不及飞走的种子?难道它们就这样在冰雪下过了一冬?令人难以置信,它们怎么会那么干净,新鲜呢?

其实呀,只要采下它们的小穗儿,拨开茸毛,就明白是怎么一回事了。这不是花吗?你看那丝一样的白茸毛中间,露出黄色的雄蕊和细线般的柱头。

羊胡子草就是这样开的花,花上的茸毛是保暖用的,要知道,这时候的夜晚还冷着呢。

■ H. 帕甫洛娃

在常绿的森林里

别以为只有在热带和地中海沿岸才能看到四季常绿的植物,在我国北方也有常绿的森林,林中也生长常绿的灌木。现在是新年的第一个月,不妨去这样的森林里走走,既看不到枯黄的落叶,也见不着败兴的腐草,怎不叫人心旷神怡!

放眼望去,远处的小松树毛茸茸的,绿中透着淡灰,十分可爱诱人。置身其间叫人流连忘返!绿油油的柔软苔藓,叶子闪闪发亮的越橘,帚石南柔嫩的细枝长满了奇特的叶芽,宛如片片鳞片,去年开放的淡紫色小花还未凋谢呢,处处生趣盎然,无不焕发出勃勃生机。

沼泽的边缘,还可以看到另一种常绿灌木——蜂斗菜。它那暗绿色的叶子边沿由下而上卷起,泛着白色,所以也叫作"下面白"。不过要是谁此时此刻立在这种小灌木前,是不会久久盯着它的叶子看的,因为还有更有趣的东西吸引他的注意:花!那一朵朵铃铛似的粉红色小花,与越橘十分相似,美丽极了。早春季节,在林子里见到花朵,怎不叫人喜出望外!不妨采一束带回家吧,那时谁

---

① 体矮胖,形似鼠,长10余厘米。肢短,头尖,吻长。耳小或完全退化。前肢五爪,都特别强大,掌心向外。营掘土生活,捕食昆虫、蚯蚓等动物。挖掘洞道,对农作物有害。

② 形似小鼠,体长6～8厘米,尾长3～5厘米。体背栗褐色。吻部较尖细,能伸缩,齿尖红色。栖息平原、沼泽、高山和建筑物中。捕食虫类等,对农业有益,也吃植物种子和谷物。

也不会相信,花是从野外采来的,还以为是暖房里长出来的哩。

人们之所以不相信,是因为早春时节,很少有人去常绿的森林去走走,免不了少见多怪了。

■ H.帕甫洛娃

鹞鹰和白嘴鸦

"噼——啪!呱——呱!"有什么东西从我头顶上掠过,我回头一看,只见五只白嘴鸦在追逐一只鹞鹰[①]。鹞鹰左躲右闪,还是被白嘴鸦追上,狠狠地啄它的脑袋。鹞鹰被啄得嗷嗷叫,最终总算挣脱了重围,逃之夭夭。

这时我就立在一座高山头,能看见很远的地方。只见飞来一只鹞鹰,落在一棵树上喘口气儿。

突然间不知从什么地方冒出来一大群白嘴鸦,嚷嚷着一齐向鹞鹰扑去。鹞鹰处境危险极了,情急之下,它大声尖叫着向一只白嘴鸦反扑过去,对方吓得躲开了。鹞鹰趁机敏捷地冲上云端。白嘴鸦白白丢掉到手的猎物,只好飞散到田野去了。

■ 驻林地记者 K.梅里亚耶夫

第二次林中来电

椋鸟和云雀飞来了,唱起了歌儿。

左等右等,熊还是没有从洞穴里出来,好不叫人难受。我们不禁纳闷:熊是不是冻死在洞里了?

突然间,积雪松动起来。

可是雪底下钻出来的压根不是熊,而是一种从未见过的动物,个头跟大猪崽不相上下,浑身是毛,肚皮乌黑,白白的脑袋上长着两道黑条纹。

原来那不是熊穴,而是獾洞,钻出来的是獾[②]。

现在它不再贪睡了,从此夜里要到林子里找蜗牛、小虫和甲虫吃,它还啃吃草根,逮野鼠充饥。

我们在林子里四处寻找,又找到一个熊穴,一个货真价实的熊穴。

熊还在冬眠。

---

① 雄鸟体长约45厘米,头、颈带青灰色,背部灰色,下体白色泛青,尾上覆羽白色。雌鸟稍大,上体带深褐色,下体褐色较淡,肉食性,亦称雀鹰。

② 体长59～650厘米,尾长14～20厘米。头长,耳短,前肢爪特长,适于掘土,猫灰色,通常筑洞于土丘或大树下,主要夜间活动,杂食性,有冬眠现象。

冰面上已有水漫上来了。

雪开始塌了,松鸡在求偶,啄木鸟咚咚地擂鼓似的在啄树干。

破冰鸟 —— 白鹡鸰①飞来了。

有的路已走不了雪橇,庄员们出门时便改用了大车。

■ 本报特派记者

---

① 属于雀形目的鸟类,体长 16.5～18 厘米,以昆虫为食。

都 市 新 闻

房顶音乐会

每天晚上房顶上都举办猫儿音乐会。猫儿特别喜欢开音乐会。不过,这种音乐会总是以歌手们不顾死活大打一场而收场的。

走 访 阁 楼

《森林报》的一名记者近日跑遍了市中心区的许多房子,调查阁楼住户的生存状况。

居住在阁楼角角落落的鸟儿对自己的处境十分满意。哪个感到冷,可以紧挨壁炉的烟囱,取暖不用钱;母鸽子已在孵蛋;麻雀和寒鸦满城寻找秸秆,收集起来好搭窝,然后搜集绒毛和羽毛铺窝做软垫子。

只是猫儿和小男孩不时来破坏它们的窝,害得小鸟儿叫苦不迭。

争 房 风 波

椋鸟房前吵吵嚷嚷,拳打脚踢,乱成一片。风中绒毛、羽毛、秸秆满天飞扬。

原来是房主人椋鸟回到家,发现巢穴被麻雀给占了,揪住对方,一个个往外撵,随后把麻雀的羽毛垫子扔了出去,来他个扫地出门,毫不手软。

这时有个泥灰工正好站在脚手架上,用泥灰修补屋檐下的裂缝。麻雀在屋顶上蹦来跳去,一只眼睛瞅着屋檐下,瞅着瞅着,大叫一声,猛地向那泥工的脸扑了过去。泥工见状举起抹灰的铲子招架。他哪里想到,自己闯了祸,居然把裂缝里的麻雀窝给封住了,可窝里有麻雀下的蛋哩!

叽叽喳喳,你争我斗,绒毛、羽毛随风飘飘洒洒。

■ 驻林地记者 H. 斯拉德可夫

无精打采的苍蝇

街头出现一些大苍蝇,浑身绿中带蓝,泛着金属的光泽。看那模样,像是已到了秋天,一副没精打采的样子。它们还不会飞,只能凭着细腿,在房墙上摇摇晃晃,艰难爬行。

苍蝇大白天就躺在露天里晒太阳,晚上爬回墙壁或篱笆缝隙里过夜。

苍蝇啊,当心流浪汉!

列宁格勒①街头出现一些四处游荡的蜘蛛。

谚语说:狼是靠四条腿填饱肚子的。游荡的蜘蛛也一个样儿。它们跟普通的蜘蛛不一样,不去编织巧妙的蛛网,而专攻击苍蝇和其他昆虫,一见到目标,便纵身一跳,猛扑过去。

迎 春 虫

河面的冰缝里爬出一些笨手笨脚的灰色小幼虫。它们爬上了河岸,蜕去了裹在身上的皮外套,变成了长着翅膀的小昆虫,身材苗条、匀称。这些既不是苍蝇,也不是蝴蝶。它们是迎春虫②。

这时候的迎春虫虽说翅膀长长的,身子轻轻的,可还不会飞,因为气力还不足。还得靠阳光才能长大呢。

它们凭着细腿爬过了马路,一不留神,就要被人踩、被马踏、车轮碾。另外也很容易落入麻雀口中。可它们顾不了这许多,一个劲儿地爬呀、爬呀——迎春虫成千上万,多的是。

那些过了马路险关的迎春虫便爬上房墙,享受阳光去了。

林区观察站

八十年前,著名的自然科学家凯德·尼·卡依戈罗多夫教授首先开始在林区进行物候学③观察工作。

现在,全苏地理协会附设有一个以卡依戈罗多夫命名的专门委员会,领导物候学观察工作。

各州和加盟共和国的物候学爱好者把各自的观察情况寄给该委员会。多年来,已积累了大量的资料,如鸟类的迁徙、植物的开花期、昆虫的出没……凭着这些材料就可编成一本"自然通历"。这样的历书有助于预测天气,安排种种农事的日程。

现在林区已建立起国家物候中心站。有五十年以上历史的同类观察站,全球只有三座。

---

① 俄罗斯第二大城市圣彼得堡的别称,又被称为"彼得格勒""北方威尼斯"。始建于1703年,至今已有300多年的历史,市名源自耶稣的弟子圣徒彼得。

② 属襀翅目,翅展1~8厘米,约有2000种,栖息于流动水体附近。成虫出现于早春。

③ 研究有关自然界季节现象的科学。——作者原注

列宁格勒州第一次农庄儿童代表大会决议

我们要向农庄的敌害宣战：鼠类、谷物象甲虫、草地螟虫等。我们要建立1200 个与大田、花园、菜地、蔬菜、粮仓等里的敌害做斗争的战斗队。为了与大田和菜园里的敌害做斗争，我们将分别挂出 30000 只椋鸟窝。

列宁格勒州少年自然界研究者代表大会决议

亲爱的伙伴们！

我们的田野庄稼苗壮生长，花园里百花盛开，社会主义经济日益巩固和发展。

我们年轻的大自然研究工作者及农业试验人员要与成年人一起努力。

我们这些参加州代表大会的少年自然界研究工作者和农业试验人员在互相交流经验的同时，也向全州所有的少先队员和学生发出号召：加速自然科学研究工作。

在学校实验园地里开辟出专门的园地，辟出花坛、培育果实累累的浆果。

请你们每个人至少种植下两株果树或两株浆果灌木。

组织更广泛的农作物品种选育、新的珍贵植物的培育、先进农业技术的检验和应用等方面的试验。

暑假期间，大家都要为学校准备一些植物、动物及非生物方面的直观教具。

我们都要到农庄的田地、菜园、牲口棚参加劳动，去养蜂场帮忙。

为了使我们有益的工作卓有成效地进行，我们要经常求教自己的老师、农艺师、畜牧师、蔬菜种植家、养蜂人，了解农业先进分子的成就，学习米丘林[1]工作者创收的新方法。

为鸟儿准备好房子吧

谁要想让椋鸟在自家花园安居下来，赶快给它造座小房子吧。这种小屋应该干干净净，房门要开得不大不小，椋鸟钻得进，而小猫进不来。

还要在门内侧钉上一块三角形的木板，这样小猫的爪子就够不到椋鸟了。

小蚊子起舞

在晴朗暖和的日子里，小蚊子开始在空中起舞了。你可别害怕，因为这种蚊子不叮人，它们是舞虻。

---

[1] 原前苏联育种学家。经 60 年的研究，育成 300 多个果树和浆果植物新品种，并提出许多有关植物遗传、定向培育、远缘杂交等方面的原理和方法。

舞虻密密匝匝,聚成一大群,像根圆柱子,停留在半空中,挤挤挨挨,一团团地飞着、舞着。舞虻多的地方,空中尽是黑黑的斑点,活像人脸上长了雀斑。

最先现身的蝴蝶

蝴蝶出来呼吸新鲜空气,在太阳底下晒翅膀了。

最先现身的蝴蝶,是那些待在阁楼里越冬的暗褐色、带红斑点的荨麻蛱蝶和浅黄色的黄粉蝶。

公 园 里

公园和花园里,响起了浅紫色胸脯、浅蓝色脑袋的雄苍头燕雀嘹亮的歌声。它们成群结队聚在一起,等候雌燕雀到来。雌燕雀往往迟来一步。

新 森 林

全国的造林会议召开了。林务区主任、造林学家和农学家济济一堂。参加会议的也有列宁格勒市民。

一百多年以来,我国实施了草原造林研究工程并付诸实际行动。选定了300种乔木和灌木,作为草原上造林的树种,这些树种的适应能力很强,能在不同的草原条件下稳定生长。比如说,在顿河草原上,最适合的树种是橡树,但要与锦鸡儿、忍冬及其他灌木交替种在一起。

我们的工厂造出了一种新机器,有了这种机器,短时间内就可栽种一大片树苗。迄今为止,造林面积已达数十万公顷。

最近几年还要在全国各地营造数百万公顷的新林,这对提高耕地效率起了很大作用。

■ 塔斯社　列宁格勒讯

春天的鲜花

在花园、公园和庭院里处处盛开着黄灿灿的款冬①。

街上也有一束束林中早开的春花出卖。卖花人管这种花叫"雪下紫罗兰",但它的颜色和香气,都不大像紫罗兰。其实"蓝色獐耳细辛"才是它的真名。

树木也苏醒过来了,树液不是已经开始在桦树的树干里流淌了吗?

---

① 菊科多年生草本植物,叶圆形,可入药,有祛痰的功用,一面光滑,贴到脸上有凉意,另一面有茸毛,贴到脸上有暖意。

水塘里游来了什么动物

春天里,在林区的公园和峡谷里,小溪流水潺潺。我们《森林报》几位驻林地记者在一条小溪上用石块和泥土垒起了一道拦水坝,守候在那里,看看小水塘里会游来什么动物。

等了很久,都不见什么动物光临,漂来的只是一些碎木片和小树枝,进了水塘直打旋。

后来沿着溪底冲来了一只老鼠。这不是常见的长尾巴的灰家鼠,而是一只田鼠,毛呈红棕色、尾巴短短的。

也许这只田鼠早就死了,整个冬天都躺在雪底下。现在雪化成了溪水,死鼠便随水逐流,不知要把它带向何方。

接着,水塘里漂来了一只黑甲虫,它挣扎着,打着滚,就是没能从水里爬出来。开始时,大家还以为这是一只水栖甲虫,捞起来一看,原来是只地地道道的陆生甲虫——屎壳郎①。

可见,屎壳郎苏醒过来了。当然啰,屎壳郎可不是有意投水自杀的。

后来又来了一位,长长的后腿儿一蹬一收地自动游到水塘来了。猜猜看,这家伙是哪个。是青蛙!

周围全是雪,可青蛙硬是一见水就过来了。

它跳上了岸,连蹦带跳,很快就钻进了灌木丛。

最后游来的是一只小兽。毛色棕红,很像家鼠,不过尾巴没那么长——原来是只水老鼠。

水老鼠贮了许多粮食过冬,可现在,已经是春天,冬粮显然全吃光了,这才出来找食。

款　冬

一丛丛款冬的细茎儿早已在小山丘上露面了。每一丛细茎都是个小家庭。早出生的细茎体态苗条,高昂着脑袋,紧挨着它们的是那些后生的茎条,显得粗短而笨头笨脑的。

还有一些茎条弯着腰立在那儿,耷拉着脑袋,模样儿滑稽可笑——仿佛初到人间,怕见世面,还挺害羞哩。

每个小家庭都是从地下的一段根茎繁育出来的。这段根就从上年的秋天贮存好了养分。现在这些养分慢慢地快要耗尽了,不过还够维持整个开花期的

---

① 世界上有 1000 以上,学名"粪金龟子"或"羌螂"。

需要。每个小脑袋很快就要变成一朵呈辐射状的小黄花,确切地说,变成的不是花,而是花序,是一束彼此紧挨在一起的小花。

今后小花开始凋谢,根茎里就会长出叶子来,叶子要承担起一个任务,那就是为根茎补充新的养分。

■ H. 帕甫洛娃

空中传来号角声

空中传来声声号角声,列宁格勒居民感到很惊奇。大清早,城市还在沉睡,街道上还是静悄悄的,所以号角声听起来格外清晰。

眼力好的人,放眼看去,就能见到云彩下飞过大群大群伸出长脖子的白色大鸟。这便是一大群好叫唤的白天鹅。

年年春天,天鹅从我们城市上空飞过,发出"乌拉、乌拉"嘹亮的号角声。只是城市里人声嘈杂,人来车往,我们很难听到这些号角声了。

这时候它们急着赶路,飞往科纳半岛阿尔汉格尔斯克一带,飞往北德维纳河两岸去筑巢。

节日通行证

我们在等候长羽毛的朋友光临。大队委员会嘱咐每位少先队员做好一个椋鸟房。

我们大家都为这事忙碌起来。我们学校有个木工厂。还不会做椋鸟房的人可以在木工厂学会。

我们学校的花园里,为小鸟造了许许多多的房子,让小鸟在我们这儿好好待下去,保护好苹果树、梨树和樱桃树,免得被一些有害的毛毛虫和甲虫糟蹋了。到了爱鸟节这一天,每个少先队员都把自己做的椋鸟房带到会场上来。我们已说好了:椋鸟房就是我们庆祝会的通行证。

■ 驻林地记者　沃洛佳·诺维

任尼亚·科良吉根

第三次林中来电(急电)

我们轮流待在熊洞边的树上守候着。

突然间,地上的积雪被什么东西拱了起来,露出一只野兽的大脑袋。

钻出来的是只母熊。随后出来的是两只熊崽儿。

我们看见母熊张开血盆大嘴,畅畅快快打了个哈欠后,便往林子里去了。熊崽儿撒着欢,跟在后面。我们好不容易看到,母熊瘦得厉害,皮包骨头的。

年年春天，天鹅从我们城市上空飞过，发出"乌拉、乌拉"嘹亮的号角声。只是城市里人声嘈杂，人来车往，我们很难听到这些号角声了。

现在母熊在林子里东游西荡,经过长时间的冬眠之后,它肯定饿坏了,见到什么就吃什么:不管是树根、去年的枯草,还是浆果,见到什么就吃什么,要是碰上小兔儿也不会放过。

发 大 水 了

冬天已威风扫地了。云雀和椋鸟唱起了欢歌。

水流冲破了冰的屏障,放开手脚,随心所欲地在辽阔的田野上流淌。

田野发生"火灾"——是太阳把白雪照得一片火红。绿草喜气洋洋地从积雪下探出头来。

春水泛滥的地方成了早来的野鸭和大雁栖息的乐园。

我们见到争先出来的蜥蜴。它从树皮里钻出来,爬上树墩晒太阳。

每天都有数不胜数的新闻,忙得我们来不及一一记录下来了。

春水泛滥,与城里的交通阻断了。

有关春水造成的灾情我们将通过飞鸽把稿件寄去,供下期《森林报》刊出。

■本报特派记者

农 庄 纪 事

拦截出逃者

雪融化成了水，竟企图擅自从田野里出逃到洼地里去。

庄员们不失时机地拦截住了逃亡者，办法是在斜坡上用厚实的积雪筑起了横堤。

雪水被拦截在田野里，无声无息地渗进了泥土里。

田野里的绿色居民已经感觉到，自己的根得到水的滋润，不禁欢天喜地起来。

100 个新生儿

昨天夜里，"突击队员"国有农场猪舍里的值班饲养员为母猪接生。小猪仔全都圆滚滚、壮实实的，正哼哼乱嚷着哩。9 位幸福而年轻的母亲，无时无刻不焦急地等待着饲养员把那些长着小尾巴、红扑扑、翘鼻子的新生儿送过来喂奶。

搬进暖暖和和的新家

土豆从冷冰冰的仓库搬进了暖暖和和的新房子。

它对新环境心满意足，准备好好儿生长发芽。

绿 色 新 闻

新鲜黄瓜开始上市了，给黄瓜授粉的不是蜜蜂。黄瓜生长的土地不是因为阳光而变暖起来的。

可黄瓜还是名副其实的黄瓜：圆圆滚滚、壮壮实实、汁水饱满，浑身满是小刺。那气味也是实实在在的黄瓜味，只是它是在暖房里长大的。

救助挨饿者

积雪融化尽了，一看露出来的田野里长着的尽是又弱又瘦的小苗苗。土地还没有解冻。根茎没法从土中吸取任何养分。可怜的小苗苗只落得挨饿的份儿。

可小苗苗都是庄员的宝贝疙瘩，不是吗，别以为它们是瘦骨伶仃、有气无力的小草，它们可是秋播的小麦。农庄里早已为它们准备下最有营养的伙食：草木灰呀,鸟粪呀,厩肥呀,还有食盐哩。

　　伙食还是从空中食堂分送给这些受饥挨饿者的 ——田野上空飞来飞机,撒下食粮,管保每株小苗苗都吃得心满意足。

■ H. 帕甫洛娃

狩猎纪事

按规定,只有在短期内才允许打猎。如果开春早,狩猎可以提早。如果开春迟,狩猎期也随之延后。

春天里,只允许打林中和水面上的鸟。而且只能打雄的,如雄野鸡和雄野鸭。还不准带猎狗。

伏猎丘鹬

猎人白天出城,傍晚就可到林子里。这是个灰蒙蒙的无风天。下着毛毛细雨,暖暖和和的。这样的天气正是鹬鸟^①空中求偶的好时光。

猎人看中了林边的一块地方,站在一棵小云杉前。四周的树木都不很高,只有一些低矮的赤杨、白桦和云杉。离太阳下山还有一刻钟,这时候可以抽空抽抽烟,再过一会儿就不能抽了。

猎人站着,只听得林子里各种各样的鸟儿在歌唱,鸫鸟^②立在云杉尖尖的树梢上引吭高歌,而红胸脯的鸲鸟^③躲在树丛中哼着小曲儿。

太阳下山了。鸟儿陆陆续续收起了歌喉,最后连歌唱家鸫鸟和鸲鸟也停止了歌唱。

留神,仔细听! 突然,静静的林子上空传来"哧尔克,哧尔克——霍尔,霍尔"的声响。

猎人猛地一惊,端起了枪,屏气凝神,细听起来。哪儿传来的声音?

"哧尔克、哧尔克——霍尔,霍尔!"

"哧尔克、哧尔克!"

居然有两只呢!

两只长嘴丘鹬快速地扑扇着翅膀,从林子上空飞过。

一只跟着另一只,不像是在打斗。

---

① 长近40厘米。喙长而直。体羽以淡黄褐色为主,上具黑色带状横纹。尾羽黑色,并散有锈色红斑,其末端上面黄灰,下面白色。常栖息在阴湿森林、草原或其他低湿地区。多在夜间单独活动。杂食昆虫、蠕虫、细根和浆果等。

② 体一般长23～28厘米。羽毛多呈淡褐或黑色,常杂以白、灰、赭或果壳色。常在田圃或疏林地面间觅食,主食昆虫,为农林益鸟。

③ 即"八哥"。体长约28厘米。体羽黑色而具光泽,喙和足黄色。鼻羽呈冠状,翼羽有白斑,飞时显露,呈"八"字形,故称八哥。杂食果实、种子和昆虫等。

看来前面的那只是雌鸟,跟在后面的是雄鸟。

砰!……后面的雄鸟风车似的,打着旋,慢慢地掉进了灌木丛中。

猎人飞快地奔了过去,要是慢了一步,受伤的鸟就会逃走,或钻进灌木丛中,那就一无所获了。

丘鹬浑身的羽毛颜色暗黄,看起来像平躺着的枯叶。

看见了,鸟儿就挂在灌木丛上!

那边,不知什么地方,还有一只丘鹬又"哧尔克、哧尔克!""霍尔、霍尔!"地叫唤起来。

离得太远了,不在猎枪射程之内。

猎人又躲到小云杉后面,聚精会神,侧耳细听起来。林子里静悄悄的。

又响起了叫声:"哧尔克、哧尔克!""霍尔、霍尔!"

那边,就在那边——离得很远……

引它过来?它会过来吗?也许会的。

猎人脱下毛皮帽,往空中一抛。

雄丘鹬的视力很好,虽然已是黄昏了,它还是在寻找雌鸟的下落,终于看见一件黑乎乎的东西从地面上飞起来,又落了下去。

是雌丘鹬吗?

雄鸟拐了个弯,直向猎人扑了过来。

砰!——这只也一头栽了下来!像块木头似的跌落到地面。打中了!

天渐渐地黑下来了。"哧尔克、哧尔克!""霍尔、霍尔!"的叫声不时此起彼伏,东拐西拐的。

猎人兴奋得双手哆嗦起来了。

砰!砰!没有打中!

砰!砰!还是没有中!

不如先不要开枪,放过一两只,得定定神。

这不,现在好了,手不哆嗦了。

可以开枪了。

黑洞洞的森林深处,传来雕鸮①低沉的怪叫声。一只鸫鸟,睡意蒙眬中被吓得尖叫起来。

天太黑了,很快就不能开枪了。

听,"哧尔克、哧尔克"声终于又响了。

另一边也响起了叫声:"哧尔克、哧尔克!"

---

① 鸮形目的猛禽,品种很多,猫头鹰即为其中之一。

就在猎人的头顶，两只雄鸟冤家狭路相逢，一碰面就争斗起来了。

"砰、砰！"枪声过后，两只丘鹬应声落地。一只一头栽了下来，另一只翻着跟头，转呀转，直落到了猎人的脚旁。

该离开了。

趁早还能看得清小路，赶到附近鸟儿求偶的地方去。

松鸡^①情场

夜里，猎人在林子里坐下来，吃了点东西，就着军用水壶喝了几口水。这时候可不能生火，那会吓走猎物的。

等不了多久，天就放亮了，松鸡很早就开始求偶 —— 通常在天亮之前。

黑夜的寂静中，一只雕鸮低沉地叫了两声。

该死的鸟，这么一叫会把求偶的松鸡吓跑的！

东方露出微微的鱼肚白。隐隐约约只听得什么地方一只松鸡鸣唱起来，接着又响起"咯咯嗒嗒，噼噼啪啪"声。

猎人一骨碌跳了起来，侧耳细听。

这不，又一只叫了起来。在不远处，150步开外的地方。又是一只……

猎人小心翼翼地摸了过去。手端着枪，扣着扳机，眼睛死死地盯着黑乎乎的粗大云杉。

再一听，"咯咯"声停了，听到的是松鸡的"嗒嗒"声。它的好戏开场了 —— 唱起了带颤音的歌。

猎人纵身蹿了过去，没走几步，又一动不动停了下来。

"嗒嗒"声戛然而止，四周悄没声息。

这时候松鸡已有所觉察，警惕起来。机灵的鸟儿，只要有点风吹草动，就会飞离原地，拍打着翅膀逃之夭夭。

什么声响也没有听到，它又"嗒嗒、嗒嗒！"地鸣叫起来，听起来像是两根木片儿相碰发出的清脆声。

猎人站着不动

松鸡又叫了起来。

猎人跳向前去。

松鸡"嗒嗒"了一阵后，不叫了。猎人刚抬腿，就不敢迈步了。松鸡还是不发声，它在细听动静哩。

---

① 雄鸟体长约0.6米，体羽几为纯黑色、尾长大、呈楔状。雌鸟喉部乳白色，具褐色横斑。栖息高山林带，尤其是稠密的白桦林。多群居，食树芽和浆果等。

过了一会儿，又响起"嗒嗒"声。

反反复复响了好几次。

目标离得很近了，松鸡就近在眼前，待在这几棵云杉上，离地面不远，就在树的半腰上！

这家伙忘情地唱呀唱呀，已唱昏了头，哪怕朝它嚷嚷，它也充耳不闻了！

可它到底在哪儿呢？在这一大片黑乎乎的树丛里，哪里找得到它呢？

瞧你说的，不是在那里吗？不就是在一根毛蓬蓬的树枝上吗？近在眼前，不到30步的距离——瞧它那黑黑的长脖子，长着山羊胡子的小脑袋瓜……

它不叫了，这时候还不能轻举妄动。

"嗒、嗒！嗒、嗒！"声又响了——还有"啪啪"声哩。

猎人端起了枪。

枪口对准这个脑袋上长着山羊胡子的黑影，它的尾巴像把大扇子展开。

目标得选得准。

打在紧束一起的翅膀上不行，霰弹会滑掉，伤害不了这只强壮的鸟儿。最好是瞄准脖子。

砰！……

烟雾迷住了眼睛，什么也看不见，只听到松鸡沉重的身躯掉了下来，"咔嚓咔嚓"折断一根根树枝。

"嘭！"的一声掉落在雪地上。

好一只雄松鸡！大块头，浑身乌黑，分量少说也有五千克。它的眉毛通红通红，像是血染了似的……

林 中 剧 院

黑琴鸡的情场

森林里有块很大的空地,成了座剧院。太阳还未升起,四周的景物却看得一清二楚,因为现在是极夜[①]。

来看戏的是长着麻斑的小黑琴鸡[②]。这些观众有的蹲在地上吃东西,有的老老实实待在树上。

个个都盼着好戏开场。

说话间,从林子里飞来一只雄琴鸡,它浑身乌黑,翅膀上是一道道白条纹。它可是求偶场上的主角。

它那一对钮扣似的黑眼睛直溜溜地左看看、右瞧瞧……可剧场里除了来看戏的,没别的。

那边的矮树丛倒是啥玩意儿? 昨天好像没那东西吧? 真是怪事儿:一夜之间怎么会冒出那些个一米高的云杉来呢? 准是自己忘了……上了岁数脑子就是不好使。

该是开场的时候了。

场上的主角再次打量了一番观众之后,脖子弯到了地面,翘起华丽的尾巴,翅膀斜拖在地上。

它这就叽里咕噜,念念有词起来。

听起来像是说:"卖掉皮袄子,买来大褂,买来大褂!"

念罢伸了伸腰板,打量着全场,又咕噜起来:"买来大褂,买来大褂!"

"笃!"又飞来一只雄琴鸡。

"笃! 笃!"接着又是一只,又是一只,结实的双腿跺得地面连连发出"笃笃"声。

反了! 这下可把咱们的主角气疯了。只见它浑身的羽毛都竖了起来。脑

---

① 亦称"永昼"。高纬度(极地)地区夏季特有的持续24小时的白昼。太阳整日倚着地平线环行:中午升到南方(北半球),离地平稍高;午夜落到北方(南半球为南方),未及沉入地平又冉冉升起,夕阳连着朝晖,终日太阳不落,谓之极昼。冬季,长夜漫漫,太阳终日不出,谓之极夜,也叫永夜。在南北两极,每年有半年极昼和半年极夜。

② 体长约84厘米。喙强而直。足健善走。栖息在密林中。能飞,但多在地面上活动。于落叶下觅食昆虫、蠕虫和软体动物等。

袋贴着地面,尾巴摊开成一把大扇子。

"丘弗——弗!丘弗——弗!"

它这是在挑战:哪个不怕死的就过来!

场子的另一头有雄松鸡答话了:"丘弗——弗!你要不是胆小鬼,亲自过来比试比试——来呀!"

"丘弗——弗!"这儿来的有二三十个对手,数不胜数。你挑吧,哪个都准备好干上一架。

雌琴鸡坐在树枝上,一声不吭,不露声色,对这些表演不感兴趣似的。这群美人儿心眼儿就是多,没准在耍什么花招哩。这戏可是专为它们演的。就是为了它们,这些尾巴像翅膀似的、眉毛火辣辣,眼睛红通通的黑斗士才飞到这儿来。

个个黑斗士都想在美人儿面前炫耀一下自己的勇气和力量。笨手笨脚、势单力薄的胆小鬼还是滚开的好!只有胆大、机灵、最勇敢的才博得它们的青睐。

这不,好戏开场了……

争斗声,叫嚷声响彻场子,只见个个脖子贴地蹦着、跳着,聚了拢来……

两只雄鸡头碰头,嘴对嘴,奋力啄着对方的脸。

双方无不怒气冲冲,发出"丘弗、丘弗"的声响。

天渐渐亮了。笼罩在舞台上空那极夜透明的薄幕也随之褪去。

低矮的云杉丛间有件金属的东西在闪闪发光——求偶配场上哪来这些云杉?

雄琴鸡才不理会这些个云杉,它们一心都扑在怎么对付自己的对手上。

内中数这场演出的主角离云杉丛最近。它已连续打败了两位情敌,现在正跟第三位交手。它做主角当之无愧,林子里没有哪个的力气比它大。

第三位对手又勇敢,身手又敏捷,蹦跳了过去,狠狠地教训了主角一下。

"丘弗!"主角恶狠狠地喝了一声。

待在树枝上的那些美人儿伸长了脖子。好戏这才开场哩!这才是名副其实的决斗!主角可不会逃跑,说什么也不会跑掉的。双方再次逼近,结实的翅膀拍得啪啪响,两只雄琴鸡腾空扭成了一团。

啄了一下,又啄了一下——根本分不清,谁啄了谁——两只琴鸡双双落地,各自退到一边。那只年轻的琴鸡——翅膀上被折断了两根硬翎,露出杂乱的蓝色羽毛,而那只年长者火辣辣的眉毛淌着血,一只眼睛被啄瞎了。

树枝上的美人儿有些坐立不安了。谁胜了谁?莫非是年轻的占了上风?多帅的小伙子:瞧它那紧密的羽毛闪着蓝莹莹的光泽,尾巴上满布花斑,翅膀上的条纹斑斓耀眼!

这不,双方又斗在一起,扭成一团了。年长的压着对手。

双双再次厮杀在一起,又各自分开。

再次逼近,这次是年轻的压住年长的!

还有最后一个回合。

瞧!又扭做一团——又各自退却。

又冲上前去,扭做了一团。

砰!——震耳欲聋的枪声响彻整座森林。云杉树丛里冒出一团烟。

情场上的战斗中断了一会儿。树枝上的雌琴鸡伸长脖子惊呆了。雄琴鸡们惶恐不安地扬起了红眉毛。

发生什么事了?

没事儿,不是太太平平的吗?

不见什么外人进来。

四周静悄悄的。云杉上的烟消了。一只雄琴鸡回过头——面前正立着自己的情敌。它跳上前去,不由分说直往对方脑门啄去!

好戏继续上演,一对对琴鸡相互厮杀起来。

可是美人儿从树枝上看到,那年老的和年轻的斗士双双躺在地上,死了。

莫非是互斗死的?

演出在继续,还是看看舞台上好戏吧。这时候哪一对演得最精彩? 这些黑斗士哪个会成了最后的胜者?

……

太阳升到剧场上空的时候,已是鸟走场空了。从云杉枝条搭成的小棚子里出来一名猎人,他做的第一件事就是拾起年长和年轻的琴鸡。两只琴鸡满身是血:从头到脚都中了霰弹。

猎人把两只琴鸡塞进胸前的袋子里,又去捡回另外三只被他打死的雄琴鸡,扛起枪,打道回府了。

他在穿过森林的时候,边走边听,还忘不了东张西望,生怕撞到什么人……今天他干了两件缺德的事:一是在法律禁止的期限内,在求偶场上开枪射杀琴鸡;二是杀害了求偶场上的老主角。

明天森林边空地上不会有演出了,因为缺了老主角戏演不了啦。

求偶的好戏从此告吹了。

■ 本报特派记者

天 南 地 北

无线电通报

注意！请注意！

列宁格列广播电台 ——这里是《森林报》编辑部。
今天，3月21日，是春分。我们决定举行全国各地无线电通报。
我们呼叫东、南、西、北各方注意！
我们呼叫冻土带、原始森林、草原、高山、海洋和沙漠注意。
请报告你们那里当日的情况！

请收听！请收听！

北极广播电台

今天，我们这里过节 ——经过无比漫长的冬季后，终于第一次迎来了太阳！
第一天，太阳从海面露了个面 ——只露出个头顶。没几分钟，便躲起来了。
过了两天，太阳露出半个脸儿。
又过了两天，太阳再次露脸，终于见到全貌 ——升离海面了。
现在我们这里的白天还很短：从早到晚只有一个小时的日照，这也没有关系，因为我们总算见到了光明，而且白天越来越长，明天比今天长，后天又比明天长。
我们这里的水域和陆地覆盖着厚厚的冰雪。白熊还在冰穴 ——熊洞里酣睡。哪里也见不到一丝绿意，鸟儿也绝迹了，只有严寒和暴风雪。

中亚广播电台

我们已完成马铃薯的种植，开始播种棉花了。我们这里的阳光毒辣辣的，烤得街上尘土飞扬。桃树、梨树和苹果树上的花开得正旺，而扁桃、杏树、白头翁①和风信子的花已凋谢了。防护林带的植树活动已经开始了。

---

① 多年生草本植物，被白色柔毛，叶基生，有长柄。早春开花，花单生花茎顶端，暗紫色，外被白毛。

在这里越冬的乌鸦、寒鸦、白嘴鸦和云雀又北归了。家燕、白肚皮的雨燕等鸟类飞来，在我们这里消夏。红色的大野鸭纷纷在树洞和土穴里孵出小鸭。这些小家伙已经从窝里出来，在水里嬉戏了。

远东广播电台

我们这里的狗已不再冬眠了。

是的，是的，你们没有听错，我们说的正是狗，而不是熊、旱獭和獾。你们以为狗从来都不冬眠吧？而我们这里的狗就是要冬眠的。

我们这里就有一种特别的狗 —— 貉子。它们的体型比狐狸小，腿短，毛色棕黄，又密又长，披散开去，连耳朵都看不见了。冬天里，它们就像獾一样，躲进洞里睡大觉去了。现在已经醒过来，开始捕捉老鼠和鱼了。

也有人称貉子为浣熊狗，因为它们长得很像小型的美洲熊 —— 浣熊。

南部沿海的人们开始捕一种身子扁扁的鱼 —— 比目鱼。在乌苏里边区茂密的原始森林里，虎崽儿已出生，小眼睛能睁开了。

我们天天都盼着一种"旅行的"鱼[①]快快从海洋来到我们这里的河流，它们是来这里产卵的。

西乌克兰广播电台

我们正在播种小麦。

白鹳[②]已从南部非洲飞回来了。我们欢迎它们在我们家的屋顶上安家，于是便搬来很沉的旧车轮子，放在上面供它们做窝。

现在白鹳纷纷衔来粗细不一的树枝，放到车轮里做窝。

我们的养蜂人正担心金黄色的蜂虎鸟光临，因为这种体态优雅、毛色华丽的小鸟最喜欢吃蜂蜜。

请收听！请收听！

冻土带、亚马尔半岛广播电台

我们这里还是不折不扣的冬天，丝毫嗅不到春天的气息。

---

① 指洄游的鱼。

② 大型涉禽，形似鹤亦似鹭，嘴长而直，翼长大而尾圆短，飞翔轻快。常活动于溪流近旁，夜宿高树，主食鱼、蛙、蛇和甲壳类。体长约1米，上体自头至尾、两翼及胸部均黑色，泛紫绿光泽，下体其余部分均纯白。另种白鹳较前者为大，头颈和背部为白色，数量亦稀少。

一群来自北方的鹿正在用蹄爪扒开积雪,踩碎冰层,寻找苔藓充饥。

到时候还有乌鸦飞到我们这儿来!到了4月7日我们就要欢庆"沃恩加-亚利节",也就是乌鸦节了。我们这里的春天是从乌鸦飞来的那天开始算起的,就好像你们列宁格列的春天是从白嘴鸦到来那天开始算起一样。可我们这儿压根就没有白嘴鸦。

新西伯利亚原始森林广播电台

我们这儿的情况跟你们列宁格勒郊区差不多:你们不是也地处原始森林带吗?我们全国广大地区无不覆盖这种针叶林和混合林带。

我们这儿夏天才有白嘴鸦,而春天是从寒鸦飞来那天算起的。寒鸦都不在我们这儿越冬,但它们是春天最早飞回我们这儿的鸟类。

我们这儿的春天来也匆匆,去也匆匆。

外贝加尔草原广播电台

一大群粗脖子的羚羊——黄羊已纷纷南下,离开这里向蒙古迁徙。

最初的融雪对它们来说,是场不折不扣的大灾难。因为白天融化了的雪到了严寒的夜晚又结成了冰。一马平川的草原简直成了大溜冰场了。黄羊平滑的骨质蹄子踩在冰面上,就像踩在镜面上,四蹄撑不住,就会打滑摔倒。

不过这种羚羊跑起来快步如飞,这才保住了自己的性命。

这时候,在冰冻无雪的春季里,有多少黄羊命丧恶狼和其他猛兽之口!

高加索山区广播电台

我们这里的春天自下而上向冬天发起了攻击。

高山顶上还是大雪纷飞,而山下的谷地则下着春雨。溪流奔腾,第一次春汛来了。河水暴涨,漫过河岸,汹涌着向海洋奔腾而去,一路上摧枯拉朽、所向披靡。

山下谷地里百花盛开,枝叶繁茂。阳光充沛而暖和的南部山坡上的新绿渐渐自下而上向山上发展。

随着绿意渐浓,高处飞过一群群鸟儿,山下啮齿类和食草类动物活动地盘跟着向上扩展。野狼、狐狸、野欧林猫,以及威胁到人类安全的雪豹相继出来捕捉麠、兔、鹿、绵羊和山羊。

寒冬退到了山顶。春天尾随而至。一切生物也伴随春天纷纷向山上发展。

请收听! 请收听!

这里是海洋，这里是北冰洋广播电台

海洋上的冰块和整片整片的冰原向我们漂移过来。冰上躺着海豹——两肋乌黑的浅灰色海兽。这就是格陵兰母海豹。它们就在这里，在这寒冷的冰面上产崽儿，产下毛茸茸、白如雪、黑鼻子、黑眼睛小海豹。

小海豹出生很久以后才能下水，此前很长一段时间只得躺在冰面上，因为它们还不会游泳。

黑脸孔、黑腰的格陵兰老海豹已爬上冰面，蜕下一身短而硬的浅黄色粗毛。它们也得躺在冰上漂流一段时间，把毛换完。

这时候一些乘着飞机的侦察员正在整个海洋上空到处侦察，摸清冰原上哪里有拖男带女的母海豹，哪里又躺着换毛的公海豹。

侦察回来之后，他们要向轮船的船长报告，哪里有大群大群密集的海兽——多得连身下的冰雪也看不见了。

载着猎人的特种船只穿行在冰原间，绕来绕去，好不容易到了这里——他们是来猎海豹的。

黑海广播电台

我们这里没有本地的海豹。看见海豹的机会千载难逢。这里的海豹从水里露出的只是黑黑的长背脊——足有 3 米长——但很快就不见了。它们是从地中海经过博斯普鲁斯海峡①偶然游到我们这儿来的海豹。

不过我们这里有许多别的动物——活泼可爱的海豚。现在这时候，巴统市②附近正是猎获海豚的旺节。

猎人们坐着小汽艇出海。只要看见哪里有四面八方飞来的海鸥聚在一起，哪里一定有大群的海豚。因为那里聚着一群群小鱼，海豚和海鸥正是被它们所吸引的。

海豚很贪玩，像马爱在草地上打滚，它们也喜欢在海面上翻腾，要不就是一个挨一个跃出水面，翻几个跟斗。这时候可不能靠近并射击，反正是打不中的。要到它们聚在一起、大口大口吞食的地方去。这时候小艇停在离它们 10 到 15 米的地方，它们也不在乎。要做到眼明手快，立刻把击中的猎物拖到艇上来，不然死海豚很快就会沉下去找不到了。

---

① 黑海海峡的组成部分，在小亚细亚半岛同巴尔干半岛之间，长 30 公里。

② 俄阿扎尔自治共和国首府，黑海港口。

里海广播电台

我们的北方会结冰,所以这里也有很多、很多海豹。

不过这里的白海豹崽儿已经长大,都换过毛了——先变成深灰色,后来换成了蓝灰色。海豹妈妈越来越少从圆形冰穴里钻出来,因为它们忙着利用最后的机会给子女喂足奶水。

海豹妈妈开始换毛了。它们得游到别的冰块上,那里躺着大群大群的公海豹,母海豹要与公海豹一起换毛。身下的冰在融化、破裂。海豹只好到岸上去,最终在沙洲和沙滩上换好毛。

这里的洄游鱼:里海鲱鱼、鲟鱼、欧鳇,以及其他种种鱼,从海洋的四面八方聚在一起,成群结队,密密麻麻,涌向伏尔加河和乌拉尔河河口,等待这两条河的上游解冻。

到那时候它们就忙乎起来了:它们就成群结队,挤挤挨挨,溯流而上,到自己还是鱼卵时孵出来的地方去产卵——这两条河遥远的北方,在大大小小的支流小溪里。

在整条伏尔加河、卡马河①、奥卡河和乌拉尔河及支流里,上下游,渔民处处布下网具,捕捉这些不惜一切代价急着回家的鱼儿。

波罗的海广播电台

我们这里的渔民也准备就绪,去捕捉黍鲱鱼、鲱鱼和鳕鱼。等芬兰湾和里加湾的冰融化后,他们就要捕欧白鲑鱼、胡瓜鱼和鲑鳟鱼了。

我们这里的港口在相继解冻,轮船纷纷离港远航了。

世界各地的船只也来这里停泊。冬天就要过去,波罗的海正迎来大好时光。

请收听! 请收听!

中亚沙漠广播电台

我们这里也有快快乐乐的春天。春雨绵绵。还不到非常热的时候。处处碧草如茵,连沙地上也冒出青草来,真不知道如此茂盛的草是怎么来的。

灌木已是绿叶满枝。美美睡了一冬的动物也从地下出来了。尿壳郎和象

---

① 位于俄国欧洲部分,伏尔加河最大的左支流,长 1805 公里。

甲虫①飞来了,灌木丛上满是亮晶晶的吉丁虫②。蜥蜴、蛇、乌龟、黄鼠、沙鼠和跳鼠也从深深的洞穴里爬了出来。

大黑秃鹫成群成群地从山上飞下来,捕捉乌龟。

秃鹫善于利用自己又弯又长的利嘴,把龟壳里的肉啄出来。

来了一班春天的客人,它们是小巧玲珑的沙漠莺,善舞的石雕和各种各样的云雀:鞑靼大雀、小巧的亚洲云雀、黑云雀、白翅雀、凤头雀。空中回荡着它们的歌声。

明媚而温馨的春天里,连沙漠里也是生趣盎然的,那里活跃着多少的生命!

我们的第一次全国无线电广播就此结束。

下次在 6 月 22 日再见。

---

① 亦称象鼻虫。头部有喙状延伸,成象鼻状,故名。触角通常呈膝状,端部略膨大,头侧有沟接受触角。成虫和幼虫均为植食性,成为农业及储藏物品的害虫。

② 体色一般美丽,具金属光泽。头较小,垂直向下,嵌入前胸,触角短,锯齿状,足短。幼虫大多蛀食树木,为森林、果木的重要害虫。

射　靶

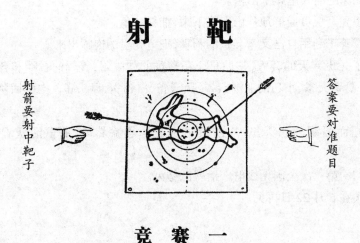

射箭要射中靶子

答案要对准题目

竞　赛　一

1. 按照森林年历,春季是哪天开始的?

2. 什么样的雪融得更快 —— 干净的雪,还是肮脏的雪?

3. 为什么春天不能猎捕毛皮兽?

4. 春天里先出现的是蝙蝠还是飞虫?

5. 在我们这里,春天什么花最先开?

6. 春天里哪种鸟的羽毛变色最明显?

7. 哪种白兔最容易被发现?

8. 刚出生的兔子能看得见东西吗?

9. 这里画着两棵在不同环境里生长的松树,请指出哪一棵长在密林中,哪棵长在旷野里。

10. 我们这里最小的兽类是什么?

11. 我们这里最小的鸟是什么鸟?

12. 这里有三种不同的鸟喙。其中一种是吃昆虫的,第二种是吃谷物和浆果的,第三种是吃小兽和鸟类的。请判明,哪种鸟喙是吃什么的。

13. 我们这里哪些鸣禽雄鸟是黄的,雌鸟是绿色的?

14. 这里的一棵树,中部的树皮被兔子啃光了。兔子怎么会啃光这么高的树皮? 兔子为什么不从低处,从根部开始啃?

15. 一年中哪两天太阳在天空停留整整 12 小时?

16. 什么东西是顶朝下生长的?

17. 炉子不生火,不用烧柴禾,照样暖和和。(谜语)

18. 飞时不作声,坐时不作声,死后化做水,轰隆发出声。(谜语)

19. 拉车的马儿向前跑,车辙却要留下来。(谜语)

20. 有个老妈妈,冬天盖白被,春天穿花衣。(谜语)

21. 冬天给人温暖,春天换身变体,夏天没了踪影,秋天快要新生再现。(谜语)

22. 什么日子的过去是昨天,跟着的是明天?

23. 不是树,长满杈。(谜语)

公　告

征 房 启 事

独立小屋,牢固的木板打造,木板厚度不小于2厘米,房高32厘米,面积为15×15平方厘米。入口(巢门)高5厘米,距地面23厘米,房向面南。我们已经飞达。

椋鸟启

斜挂小屋,房内面积为12×12平方厘米,门宽4厘米。我们不日即将到达。

白腹姬鹟及红尾鸲启

内有三个房间的房子。总面积为12×36平方厘米。门开在屋檐下4厘米处。我们于5月到达。

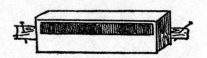

雨燕启

木板房高11厘米,面积为11×11平方厘米,巢门4厘米,离地板7厘米。我们已在这里了。

白鹡鸰启

我们5月到达。

斑鹟启

哥伦布俱乐部

《森林报》少年自然科学研究小组的

非凡的发现和历险

第 1 月

俱乐部成立 —— 名称公告 —— 为什么叫"少年自然界研究工作者" ——贺词

春分前夕,户外暴风雪肆虐,小巷里响彻声声凄厉的呼啸声,湿漉漉的雪花"噼噼啪啪"敲打着窗户。路人迎着潮湿的寒风低低地垂下头,弯着腰,双手紧紧抓住了高高耸起的领子。已是黄昏时分。

在《森林报》明亮暖和的编辑部里,一只黄灿灿、小巧玲珑的小鸟唱起了歌。窗子上挂着鸟笼,笼中那只小鸟婉转华丽的歌声不绝,频频欢迎少年驻林地记者的到来,仿佛盼着来客这就过来,还它久久失去的自由。

来集会的是些高年级生 ——《森林报》少年自然界研究小组的成员。来客共有 11 人:5 名男生,5 名女生,还有一位组长。一番交谈之后,与会者庄严宣布哥伦布俱乐部成立。

这名称是这几个少年自己取的。

之所以叫"俱乐部",是因为这是这一小组成员利用课余的时间、自愿性的组织;说它是少年"哥伦布",是因为小组的所有成员都是新土地的第一批发现者,或者愿意成为这样的人。

有人会问:我们的国家早已得到开发,再没有不可知的领域,哪里还有哥伦布发明家们用武之地?

"不对!"哥伦布俱乐部成员异口同声回答道,"重要的不是发现了什么,而是谁发现的,为谁发现。"

譬如说,克里斯托福罗·哥伦布发现了美洲。他是意大利人,却为西班牙效忠——他是旧大陆的居民,就旧大陆而言,他发现的是新大陆——美洲。而对美洲的老居住者——印第安人来说,美洲始终是一个旧大陆,哥伦布发现美洲之后的美洲,丝毫没有变新。反之,在他们的眼中,我们这个旧大陆倒是个不折不扣的未知新大陆。

就有这么一班乏味无趣的人,在他们心目中,一切新事物无非是老一套,而在我们看来,旧东西里也有新意。我们的国家里不管你已有多少发现,绝不可能再也没有可发现的了。如果说,长期待在一个地方,久而久之,一切都司空见惯,失去了兴趣,仿佛再无新意可言,可在我们求知欲旺盛的少年人眼中,在我们好奇的少年人耳中,我们的祖国是一个完全崭新的、充满奇迹的、谜一般的国家。对我们来说,一切都是新奇的,美妙的——处处有秘密,因而我们才是这块土地真正的哥伦布。

还有一个问题得说说:为什么这个小组叫作"少年自然界研究者"呢?

很简单!只要你随便去一个少年自然科界研究小组的任何一个房间,就会看到,那里摆放着一笼笼鸟、一笼笼小兽、一缸缸鱼、一箱箱蜥蜴和蛇、一箱箱昆虫、一盆盆鲜花,甚至可能还有一温室、一温室的蔬菜呢。少年自然界研究者照料动物,对植物作米丘林式的试验,栽培巨型的蔬菜和水果,在生物角,在专门的试验室,在菜地和花园里埋头苦干。少年自然界研究者就是年轻的农学家、动物学家和园艺学家。

这一切非常有趣、非常有益、非常必要。但这只是他们工作的一部分。另一部分可以说是研究,是对自然环境下的田野和森林中,而不是生活在笼子里或实验室条件下的野生动植物,进行登记造册,然后做深入的研究。

我们的小组隶属于《森林报》,因而到森林里去工作是我们首要的任务:以求知的目光,对在自然条件下动植物的生命、森林与野生特性的观察和研究。总之,我们这些自然界研究者是求知者,是探索者。

就在俱乐部第一次会议上做出了决定,学期结束后我们全体组员立即坐车前往"熊角"①去,以科学的,甚至是艺术的目光进行考察。原来在哥伦布俱乐部里有一位女画家,一位诗人。我们也作出决议,下次会议要在地图上挑选出一个探险的地方,并制定好详细的工作计划。有关未来的一切新发现都将向《森林报》报告。

初出茅庐的少年哥伦布们对自己很快就要成行之旅充满了幻想,兴奋之余,觉得非要买来冰激凌,痛快地吃上一顿,再喝上一通茶,以示庆祝。

---

① 所谓熊角是指十分偏远的地方,即穷乡僻壤。

　　一头金发的米兰奇卡和乐天的沃洛佳自告奋勇去买雪糕。可是这样的暴风雪天，哪能轻易找到卖雪糕的地方。电炉上的茶已经滚了。人见人爱的雷莫奇卡和活泼好动的多拉，以及好幻想的、丰满的莲列奇卡在编辑部的桌子上摆上了糖块、杯子和盘子。在性急的猎人尼古拉存心挑逗下，他与文文静静的大力士安德列为列宁格勒附近哪里是最理想的"熊角"而争论不休，结果两个人就找自己的领导人，刚当选的俱乐部主任作裁判。可去买雪糕的两个人还是迟迟没有回来。

　　贪甜食的小胖子帕甫罗沙在一片吵闹声中打起瞌睡来了。年轻的诗人斯拉维米尔构思好了整整一节五行诗，眼明手快的女画家西格里德动手画下俱乐部所有成员的像，就在这时候米兰奇切和沃洛佳，脸冻得红彤彤的，终于跑了进来——宴会就此开始了。

　　大家纷纷起立。一头红发的诗人斯拉维米尔，同学们管他叫"斯拉夫·雷日戈洛夫卡"①，他坚持说自己和鸣声如长笛的黑头莺是同宗，他接着朗读起自己的五行诗，作为贺词：

>　　万岁，少年哥伦布，
>　　不朽的新大陆！
>　　欢迎它，欢迎它到来！
>　　求知的眼睛和耳朵，
>　　好好爱护，百年不多！

　　大家相互祝贺一通之后，便享用起热烘烘的雪糕和冷冰冰的茶点。
　　哥伦布俱乐部第一次会议由此落下帷幕。

---

　　① 俄语"斯拉夫卡"是莺的意思，而"雷日戈洛夫卡"的意思是"棕红色的脑袋"。

森 林 报

No.2

4 月 21 日到 5 月 20 日

候鸟回乡月
（春二月）

太阳进入金牛座

第二期导读

一年 ——分 12 个月谱写的太阳诗章

4月 ——积雪消融了！ 4月还没有苏醒过来,刮起了风,暖和的天气将如期到来。等着瞧吧,那将是什么景象！

这个月里,涓涓细流从山上淌下来,欢快的鱼儿跃出水面。春天把大地从雪下解放出来,又承担起另一个使命:让水摆脱冰层的桎梏,争得了自由之身。条条融雪汇成的溪流悄悄投奔大河,河水上涨,挣脱冰的羁绊。春水潺潺,在谷地里泛滥开来。

土地饮饱了春水,喝足了温暖的雨水,披上绿装,上面点缀着朵朵色彩斑斓、娇艳的雪花①。但森林还没有绿意,静待着春天的赐予。但树木中的浆液已悄悄流动,枝干竞相吐露嫩芽,地上和凌空的枝条上花朵纷纷开放。

候鸟万里大迁徙

鸟儿从越冬地如滚滚波涛,成群结队飞向故地,秩序井然,迁徙队伍先后有序。

今年候鸟飞回到我们这儿,飞行的路线和队列的排序一如从前,几千年、几万年、几十万年始终如一。

最先启程的是去年秋天最后离开我们的那些鸟,而最后出发的便是去秋最先离开的那批。晚来的是那些毛羽绚丽多彩的鸟儿。它们要等到草飞叶绿的时候才姗姗飞来。因为在光秃秃的大地和树木上,它们特别显眼,所以这时候还难以躲避猛禽、猛兽的侵害。

有一条鸟儿从海上过来的路线恰好从我们的城市和列宁格列州上空经过。这条空中路线被称之为"波罗的海航线"。

"波罗的海航线"一端紧靠阴沉沉的北冰洋,另一端隐没在百花盛开、阳光灿烂、天气炎热的国度。一眼望不到边的海鸟和近岸鸟,各有各的阵列,各有各的次序,成员多得数不胜数,从空中浩浩荡荡飞过,它们沿非洲海岸,经地中海,过比利牛斯半岛沿岸,越比斯开湾,再过一个个海峡、北海和波罗的海飞到了这里。

迁徙途中,它们克服了千难万险,度过千灾百难。有时候,这些带翅膀的异乡客前有重重浓雾阻挡,它们会无助地陷入湿气浓厚的迷魂阵中,分不清天南

---

① 泛指早春雪化开花的植物。

地北,难免一头撞到尖利的悬崖峭壁上,落得粉身碎骨的悲惨下场。

海上的风暴会折断它们的羽毛和翅膀,吹得它们远离海岸,孤苦无依。

突如其来的寒流使海水结冰,鸟儿也因饥寒交迫而丧生。

千千万万的飞鸟成了鹰、隼、鸥这些贪婪猛禽的囊中之物。

这个季节,在万里海上大征途上,聚集了大量的猛禽,它们享受一顿顿丰美而唾手可得的大餐。

更有成千上万只候鸟死于猎人的枪口之下。(本期《森林报》就刊登一个有关在列宁格勒近郊捕猎野鸭的故事。)

但什么也挡不住一大群密密麻麻的漂泊者前进的脚步,它们穿越重重迷雾,排除千难万阻,飞回故乡,飞回自己的巢穴。

但我们这里并非所有的候鸟都在非洲越冬,然后按“波罗的海航线”飞行的。飞到我们这儿的也有来自印度候鸟,扁嘴瓣蹼鹬越冬的地方更远,远在美洲。它们急匆匆地飞过整个亚洲才到得了我们这儿。从越冬地到自己在阿尔汉格尔斯克郊外的巢穴足有 15000 千米的路程,前后花去两个月的时间。

戴脚环的鸟

要是你打死了一只鸟,它的脚上戴着金属环,那就请你把脚环取下来,寄到鸟类脚环管理处,地址是:莫斯科 K-9,赫尔岑大街 6 号。同时附去一信,说明你打死这只鸟的时间和地点吧。

要是你捕获一只戴脚环的鸟,请记下脚环上的字母和编号,然后把鸟放归自然,并按上述地址把你的发现告诉我们。

要是打死,或捕获鸟的不是你,而是你熟悉的猎人或别的捕鸟人,请你告诉他该怎么办。

鸟脚上的轻金属(铝)环是有人特意给鸟戴上去的。环上的字母表示的是给鸟戴环的是哪个国家、哪个机构。脚环上的那些编号也记在研究人员的记事本里,那些数字就代表他给鸟戴环的时间和地点。

这样一来,研究人员就会了解到鸟类惊人的生活秘密。

我们这里,在遥远的北方某地,也给鸟戴脚环,这些鸟可能会碰巧落到南部非洲或印度人的手中。他们会从那里寄来鸟的脚环的。

况且并非所有从我们这里飞出去越冬的鸟都是往南去的,有的飞向西方,有的飞向东方,也有飞向北的。鸟的这一秘密都是通过我们给鸟戴环的办法而了解到的。

林 间 纪 事

道路泥泞时节

城外一片泥泞,林子和村子里的道路再也坐不得雪橇和马车了。我们好不容易才得到林中消息。

雪下露出的浆果

林子的沼泽地里,雪下露出了酸果蔓。乡下的孩子常去采摘,据说越冬的浆果比新长得还要甜哩。

为昆虫而生的圣诞树

黄花柳的花儿开得正旺。它满树满枝全是小巧而亮晶晶的黄色小球,连那灰绿色的、多节疤枝条都看不到了,整株树出落得毛蓬蓬、轻飘飘的,一副喜气洋洋的样子。

柳树一开花,昆虫简直在过大节。盛装打扮的柳树丛周围 —— 就像是围在圣诞树四周一样 —— 呈现出一片闹哄哄、喜洋洋的景象。熊蜂[①]嗡嗡声不绝于耳,苍蝇没头没脑地四处乱闯乱撞,实干家蜜蜂在雄蕊上忙忙碌碌,采集花粉。

粉蝶在翩翩起舞。瞧,这边是有锯齿状翅膀的黄蝶儿,那边是有棕红色大眼睛的荨麻蛱蝶。

瞧,一只长吻蛱蝶落在毛茸茸的小黄球上,它那深色的翅膀把小黄球完全遮盖起来。它伸出长长的吻管,深深地插到雄蕊间,美滋滋地吮吸花蜜。

紧挨着这株一派节日气氛的灌木丛旁,还有一株树,也是黄柳,也在开着花。可这花儿完全是另一种模样:都是些丑陋、乱蓬蓬的灰绿色小球,上面也停着昆虫,可这株灌木四周却不见像邻近那株那般生气勃勃的景象。

不过偏是这株黄柳的种子正在成熟。原来昆虫已经把黏糊糊的花粉从黄色小球上带到了灰绿的小球上。种子将会在小球内,在每一个瓶子状的长长雌蕊内部生长出来。

■ H. 帕甫洛娃

---

① 体粗壮,全体被厚毛。营群栖性生活,习性与蜜蜂相同。飞行时由于翅的振动儿发出很大声音。对植物的传粉有很大作用,故为益虫。

菜萸花序

大江、小溪岸边和林地变缘地带,菜萸花序已经开放。它们不是开在刚解冻的土壤里,而是挂在被春天的阳光晒得暖暖和和的树枝上。

如今点缀在赤杨和榛树上那一串串浅棕色小穗就是菜萸花序。

它们早在头一年就长出来了,但冬天里,它们变得结结实实,按兵不动,到了春天舒展开来,蓬松而富有弹性。

只要摇动树枝,黄色的花粉就会像轻烟似的洋洋洒洒、飞扬起来。

但是赤杨和榛树上,除了轻扬的花序,还有其他的花 —— 雌花。赤杨上的是褐色的小球,而榛树上的是粗壮的花蕾,里面伸出一根根粉红色的细须,初看像藏在花蕾里昆虫的触须,实际上是雌花的柱头。每一朵雌花都有两三个花柱,偶尔也有五个的。

赤杨和榛树这时候还没长叶子,风在光秃秃的树枝间通行无阻,吹得菜萸花序东倒西斜,把花纷从一株树送到了另一株树。粉红色、细须般的柱头接住了花粉,这些怪模怪样的硬毛似的雌花就这样受精了,一到秋天便变成了榛子。

赤杨树的雌花也受精,秋天结出来的藏着种子的小黑果球。

■ H. 帕甫洛娃

蚁窝动了

我们在一株云杉下找到了一个蚁窝,开始时以为这只是一堆垃圾和枯叶,看不出是蚂蚁的城池,因为见不到一只蚂蚁。

现在上面的雪已经融化,蚂蚁从窝里出来晒太阳了。经过漫长的冬眠之后,它们个个都虚弱不堪,缩成了一个个黑团,躺在窝上。

我们用一根小棍儿轻轻拨弄一下,它们才老大不情愿地动弹了几下,甚至连释放刺激性的蚁酸攻击我们的力气也没有。

几天之后它们才开始劳作。

蝰蛇的日光浴

每天早晨,有毒的蝰蛇[①]爬到干枯的树墩上晒太阳。它爬起来还非常吃力,因为在大冷天,体内的血液还是很凉很凉的。蝰蛇晒了太阳之后,慢慢地恢复了生机,便出去捕猎鼠类和青蛙。

---

① 一种毒蛇。全长 0.9 ～ 1.3 米。生活于山地、平原。捕食鼠、鸟、蛇、蜥蜴及蛙类等。

每天早晨，有毒的蝮蛇爬到干枯的树墩上晒太阳。它爬起来还非常吃力，因为在大冷天，体内的血液还是很凉很凉的。

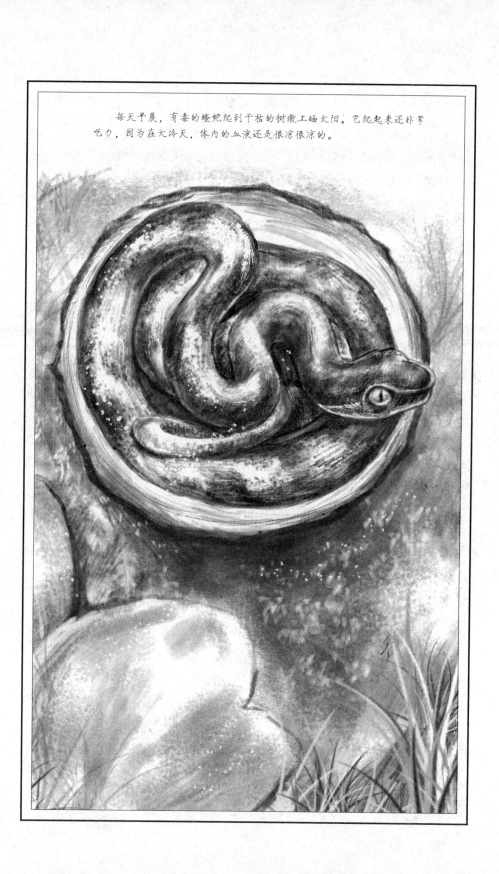

还有谁也苏醒了？

蝙蝠、各种甲虫——扁平的步行虫[①]、圆滚滚的黑色屎壳郎、扣头虫，它们也苏醒过来了。快来看扣头虫变戏法吧：只要把它仰天平放在地上，它就会把头向下一磕，"吧嗒"一声弹了起来，凌空翻了个跟斗，落下来足部就着地了。

蒲公英开花了，白桦树也裹上绿色的轻纱，眼看着就要吐出新叶来了。

第一场春雨后，泥土里钻出粉红色的蚯蚓，初生的蘑菇——羊肚菌和鹿花菌也露头了。

水 塘 里

水塘活跃起来了。青蛙离开淤泥中水藻做的冬眠床榻，产完卵后，跳到岸上来。

蝾螈恰恰相反，这时候它刚从岸上回到水中。

我们这里，列宁格勒郊外的孩子们管蝾螈叫"哈里同"，它黑中带橙色，有尾巴，说它像青蛙，倒不如说更像蜥蜴。冬天里，它爬出水塘，来到森林中，躲在潮湿的苔藓下冬眠。

癞蛤蟆也醒过来产卵了。只是青蛙的卵像小泡泡，凝成黏胶状的团团，漂在水中，每个小泡泡里有个黑圆点。癞蛤蟆的卵可不一样，全都连成一串，像条细带子一样附在水底的水草上。

林中清洁工

冬天常出现冰冻天，鸟类和小兽就会因突如其来的严寒冻死，尸体被雪掩盖起来。春天一来，它们就暴露出来。这些尸体不会长久待在那里，很快就被熊、狼、乌鸦、喜鹊、葬甲虫、蚂蚁，以及其他的林中清洁工收拾走。

它们是春花植物吗？

这时候能找到许许多多开花的植物：三色堇、芥菜、遏蓝菜、繁缕、洋甘菊等。

可别认为这些草本植物都跟雪花莲一样，是从土里钻出来的。要说雪花莲，它先是慢慢地把一条绿色小腿儿伸出一点点，再使尽全身小小的力气，探出身子来，只有到了这时候它的花才露面。

三色堇、芥菜、遏蓝菜、繁缕和洋甘菊压根儿没去哪里越冬。它们用怒放的

---

① 鞘翅目。长2～8厘米。多数为肉食性，能消灭害虫，有些品种是农作物的害虫。

鲜花来迎接冬天。一旦它们不再头顶着白雪,而是一片蓝天,它们就苏醒过来,花朵和蓓蕾又焕发出勃勃生机。

正是上一年深秋见到的那些蓓蕾,这时候正在草丛里摇身一变,成了花朵,望着我们哩。

你觉得能把它们看作是春天开花的植物吗?

■ H. 帕甫洛娃

白 色 寒 鸦

在小雅里奇基村的学校旁边,栖息着一只白色寒鸦。它总是和一群普通的寒鸦群结伴飞行。就是上了年纪的老人也没见过这样的白寒鸦。我们这些小学生也不知道,为什么会有白色的寒鸦。

■ 驻林地记者小学生　波里娅·西妮曾娜
盖拉·马斯洛夫

编辑部的解释

常见的飞禽走兽有时会产下全白的雏鸟和兽崽。

科学家把这种动物称为白化病患者。

白化病可分为全白和局部白两种。这是因为它们体内缺少一种染色体——色素。正是这种物质使羽毛和兽皮变换出种种颜色来。

有多种家禽和家里寄生的动物体内可能就缺乏这种色素:比如白兔子、白鸡、白鼠。

患白化病的野生动物并不常见。

患白化病的动物一般很难存活下来。它们通常还在幼小的时候就被自己的父母杀害了,就算侥幸存活下来,一生也往往受到整个族群的迫害和追杀。即使像小雅里奇基村的白乌鸦那样,为自己亲属所接纳,成了族群中的一员,也很难长命,因为它在族群中很显眼,特别容易引起猛禽的注意。

罕见的小动物

林子里传来一声啄木鸟大声的尖叫声。叫得尖锐而急促,一听就知道,它这是大难临头了!

我赶紧穿过密林,一眼就看见空地上有棵枯树,树上有个齐齐整整的树洞——那是啄木鸟的窝。只见一只古里古怪的动物沿着树干悄悄地向鸟窝爬过去。我并不知道,这到底是什么样的动物!毛色灰灰的,短尾巴上的毛稀稀拉拉,耳朵像小熊崽,又小又圆,一双眼睛却像猛禽,大大的,鼓了出来。

这畜生到了鸟窝跟前,往里瞧了瞧,明摆着是想掏鸟蛋吃……啄木鸟见状猛扑过去！这小动物闪到树干后面。啄木鸟追了过去。小动物围着树干转，啄木鸟也跟着打起转来，紧追不放。

小动物转着、转着，越爬越高，再爬上去就是树梢，无路可逃了！终于被啄木鸟狠狠啄一口！小家伙纵身一跳，落在半空中！……

只见它伸开四只小爪，飘在空中，就像一张秋天的槭树叶。它的身体微微地左右摇晃着，尾巴像船舵一样控制着方向，飞过空地后，落到了一根树枝上。

一见这情景我这才想到，原来这是鼯鼠，一种会飞的灰鼠！鼯鼠的两肋长有皮膜。它只要蹬开四腿，张开皮膜，就能飞起来。好一个林中的跳伞员！可惜的是这种小动物太罕见了。

■ 驻林地记者　斯拉德科夫

鸟 邮 快 信

洪　水

春天给森林居民带来许多灾祸。积雪迅速融化,河水暴涨,淹没了堤岸。一些地方洪水成灾。各地纷纷给我们发来动物受灾的消息。灾难面前,兔子、鼹鼠、田鼠及其他生活在田野上和地下洞穴里的小动物最倒霉。水灌进了它们的窝,它们只好离乡背井,逃离家园。

各类动物各显神通,进行自救。

小个子鼩鼱跳离洞穴,爬上灌木丛,坐等洪水退去。它饿得不行,一副可怜巴巴的模样。

洪水漫上河岸,待在地下的鼹鼠差点儿没被憋死。它爬出地下洞穴,钻上水面,游了起来,好找个干燥的地方。

鼹鼠是游泳高手,爬上岸前,能游过好几十米。游在水面上,它那乌黑发亮的皮毛居然没有被猛禽发现,令它好不得意。

上了岸,它又顺顺当当钻进了地下。

树上的兔子

兔子遭殃了。

兔子原来住在一条大河中央的岛上。夜晚它啃吃幼小的山杨树皮,白天躲在灌木丛中,这是一只幼小而不太机灵的兔子。它压根没觉察到四周河水正哗啦啦冲刷掉岛上的冰。

这天,兔子安安眈眈地待在灌木丛中睡大觉。阳光照得它暖洋洋的,这只斜眼的家伙没有发现,河水迅速涨高,到了身下的皮毛浸湿了,它才醒过来。它一骨碌跳了起来,这才发现周围全是水了。

发大水了。还好水只漫到爪子,它便蹿到了岛中央,那儿还是干的。

可河水涨得很快。小岛的范围变得越来越小,兔子东躲西逃,可眼看小岛很快全要被水吞没了,自己又没有胆量跳进冰冷湍急的河水里 —— 它可游不过这样波涛汹涌的河面。

就这样,苦等苦熬了一天一夜。

第二天清晨,水里露出一小块干地,上面长着一株树,粗粗的树干弯弯扭扭。吓得六神无主的兔子围着树干直打转转。

第三天,洪水已涨到树下了。兔子开始往树上跳,可跳了好几次,都没成功,跌落到水里,溅起了一阵哗啦啦的水花。

最后终于跳上树干最低处的一根树枝上。兔子趴在上面,苦等洪水退去,它发现水已不再涨了。

兔子倒不愁挨饿,因为老树皮虽然又硬又苦,但还是可以充饥的。

最可怕的是风。大风一来,树干摇晃起来,兔子好不容易才稳住了身子。这时候的它,就好比船上爬上桅杆的水手,身下的树枝就像船上的横桁似的摇摆不定,下面奔流着的是又冷又深的洪水。

身下宽广的水面上漂着的是树木、树枝、枯草、麦秸和动物的尸体。

可怜的兔子,看见另一只兔子在波涛里慢慢从它身旁摇摇晃晃漂过去,吓得浑身哆嗦起来。

那只兔子的爪子被树枝缠住,现在只能肚皮朝天,伸出四腿,随波逐流。

兔子在树上苦熬了三天。

洪水终于偃旗息鼓,退了下去,兔子又回到地面。

现在它还得待在河中岛上,一直要待到炎热的夏天,到时候河水变浅,它就能回到岸上去了。

小船上的松鼠

春水淹没了草地,渔夫在里面张起了网,捕捉欧鳊鱼。他划着小船,在半泡在水里的灌木丛间慢慢穿行。

在一丛灌木上,他看见一只稀奇古怪的淡棕色蘑菇。冷不防这蘑菇跳了起来,径直向渔夫过去,落进了小船。

刹那间,蘑菇摇身一变,成了一只湿漉漉、毛蓬蓬的松鼠。

渔夫把松鼠带到了岸边。它立马从船里跳了出来,蹿进了林子。谁也不知道它怎么会落到水中的灌木上,在上面待了多久。

连鸟的日子也不好过

洪水对飞禽来说,当然并不那么可怕,可它们也因为春汛吃够了苦头。

淡黄色的鸫鸟的窝做在大水沟的岸边,已产下了蛋。大水一来,冲走了窝,带走了蛋。黄鸫只好另外选个地方做窝了。

沙锥停在树上,等呀等,就是等不到春汛结束的日子。沙锥属鹬类。生活在林中湿地里,靠自己长长的喙从松软的泥土里找东西吃。它的腿很适合在泥地上行走,在树枝上走起来,好比狗站在木桩围墙上那样难受。

不过它还是待在树上,盼着日后能行走在软软的湿地上,用喙啄出几个洞洞来。它可不能离开自己亲爱的湿地！所有的地方都有主了,别的湿地上的沙锥是不会让它落脚的。

意想不到的猎物

我们的一位驻林地记者是名猎人,一天,他悄悄地向待在湖中灌木丛后面的野鸭摸过去。他穿着高筒靴蹑手蹑脚、小心翼翼。漫到岸上的湖水已深及他的膝盖。

突然,他听到前方灌木丛后面传来响声 —— 是拍水声,接着看见一个灰色、背脊又长又光滑的怪物正在浅水里挣扎。他没有多想,便对这个怪物连打了两发打野鸭的霰弹。

灌木丛后面的水哗哗地响了起来,还泛起了泡沫,接着又悄无声息了。猎人走近一看,发现一条被他打死的梭子鱼①,足有一米半长。

这个季节,梭子鱼都要离开河流和湖泊,到被春水淹没的岸上,在那里的草上产卵。这一带的浅水暖和,日后刚孵出来的小梭子鱼就能随退走的水进入湖泊和河流中。

猎人不知道这一情况,否则就不会违法捕杀梭鱼了。有关法规禁止人们春季捕杀到岸上来产卵的鱼类,即使是梭鱼或其他凶猛的鱼类也不例外。

最后的冰块

小河上有一条冬季车道。所谓冬季车道,指的是庄员乘坐雪橇通行的路。春天来了,河上的冰鼓起来、开裂了。于是车道裂成一块块碎冰块,摇摇晃晃,随着流水向下游漂去。

其中有一块冰很脏,满是马粪、雪橇的辙迹和马蹄印。冰块的中央还有只马掌上的钉子。

开始时,冰块沿河床漂。两岸飞来白色的鹡鸰②,落在冰块上捕食苍蝇。

后来河水漫上河岸,冰块被冲到了草地。冰块下有一起漂来的鱼类,在水淹的草地上游荡。

有一次,冰块旁钻出了一只没眼睛的深色小动物,爬了上来。来客是鼹鼠。水淹草地,它待在地下憋得慌,便游到水面上吸口气。后来冰块的一边被干燥

---

① 生长在淡水中的食肉鱼,身长可达 1.5 米,重可达 3.5 公斤。它体重每长 1 公斤,就要吃掉数倍于此的其他鱼类,是渔业捕捞对象,肉味鲜美。

② 体长 18 厘米。雄鸟上体自头后至后腰际均深黑色,翼表黑底儿缀白斑,其他部分都为白色。雌鸟黑色部分较淡,背部常现褐色。冬时常见于原野,繁殖期迁入山谷,常在水边觅食昆虫。

的小土丘挂住,鼹鼠便跳上小丘,利索地挖洞钻进了地下。

冰块越漂越远,最后进了森林。它撞上一个树桩,卡住了。树桩上聚着整整一群饱受洪灾之苦的陆生小动物:林中老鼠和小兔子。大家都遭灾受难,个个都面临死亡威胁。小动物又冷又怕,身子哆哆嗦嗦,彼此紧紧挨在一起。

不过洪水迅速退去,阳光融化了冰块,上面只留下那只马掌钉,小动物也跳到岸上,各奔东西。

大小江河和湖泊上

小河上漂着密密麻麻的原木段。冬天采伐下来的木材开始成批流送了。小河流入大江和湖泊的地方,木材流送工筑起一道木栅,堵住河口,在那里把木材编成筏,好继续向前流送。

我们州有数百条小河,从密林里流出,其中多条小河流入姆斯塔河,姆斯塔河又流进伊尔门湖,伊尔门湖的湖水又流入宽广的沃尔霍夫河,汇入拉多加湖。最后拉多加湖的水流入涅瓦河。

冬季,我们州的一些偏远森林里都要采伐木材。到了春季,便要把这些木材运到小河里。就这样这些被采伐下来的木材先后沿着水上小径、小道和广阔的大路踏上了征途。原木的树干上往往停着木蠹蛾甲虫,随着进了列宁格勒城。

木材流送工都是些见多识广的人。

一位木材流送工给我们讲了这样一个故事。

在一条林间小河岸上,木墩上蹲着一只松鼠。它的两只前爪捧着一棵大大的云杉球果,啃呀啃。

突然,林子里蹿出一只汪汪叫的狗,向松鼠直扑过来。附近没有一株松鼠爬得了的树。松鼠立时丢下松球,毛茸茸的尾巴翘到背上,一蹦一跳,向小河边跑去。狗在后面紧追不舍。

这时节,小河上挤满了木头。松鼠跳上了就近的一根原木,又从那根原木跳到了第二根,再跳上第三根。

狗一气之下,跟着冲了上去。可狗长着的是四条又长又直的腿,哪能在原木上跳跃? 所以,水中的木头会翻滚起来,狗的后腿一滑,紧跟着前腿也站不稳,跌进了水中。这时候河上正流放来一批木材,一眨眼狗就不见了踪影。

而灵活轻巧的松鼠跳过了一根根原木,最后落到河岸上。

另一名木材流放工看见一只野兽,毛色棕红,个头有两只猫那么大,嘴里叼着一条大欧鳊,跳上了一根单独流送的粗原木上。

那野兽在木头上坐稳了,不紧不慢地享用起了鱼肉大餐,然后梳理一番皮毛,打了个哈欠,溜进了河里。

那野兽便是河里的水獭。

冬天里鱼都忙什么

冬季,天寒地冻,许多鱼都在睡大觉。

鲫鱼和冬穴鱼打秋天开始就钻进河底的淤泥里去了。鮈鱼和鲌似躲进水洼的沙底里过冬。鲤鱼和鳊鱼待在长满芦苇的河湾和湖湾里的深坑里熬过冬季。秋天一到,鲟鱼在大河底的沟里,密密麻麻地挤成一堆,以防冬季严寒的侵袭。因为水越深,水底越暖和。

那么几乎不冬眠的鱼儿是怎么生活的呢?看过这期《森林报》就明白了。

上面提到的那几种冬眠的鱼现在已经睡醒了,正忙着产卵呢。

祝钓钓成功

按一种可笑的古老习俗,人们对去狩猎的人往往要送上一句话:"祝你空手而归!"而对钓鱼的人则说:"祝你钓钓成功!"

我们的读者中有不少热衷钓鱼的人。我们不仅祝他钓钓成功,还要提出建议和忠告,告诉他什么鱼、什么时候、在什么地方容易上钩。

河一开冻,就开始钓江鳕了。钓的时候,饵料蚯蚓要放到河底。池塘和湖泊的冰一融化,就可以钓红鳍鱼,饵料用水蛾。红鳍鱼喜欢待在岸边上一年的杂草丛或木贼丛中。再过些时间就可用底钩钓圆腹雅罗鱼了。

河水变清后,就可用绞竿和角状捕鱼钩捕活鱼了。

我国著名的捕鱼专家费奥佩尼特·帕拉马诺维奇·库尼洛夫说过:"钓鱼的人应该研究鱼类在一年四季不同的时间和气候条件下的生活习性,以便在河流或湖岸上选择好适当的捕鱼地点。"

春水退去后,被水漫过的堤岸就露出来,河水也开始变清,这时候就可钓梭鱼、鲤鱼和鳜鱼了。最佳地点是河口和河岔,浅滩和石堆旁;陡岸和河湾,尤其是岸边被水漫过的树木和灌木附近。在水面平静而狭窄处,把鱼钩抛到河中央。也可在桥墩下、小船和木筏上垂钓。磨坊的堤坝上 ——它的两岸或树丛下,深水和浅水都能钓到鱼。

库尼洛夫还说过:"带漂子的鱼竿,从初春到深秋都适合来钓各种各样的鱼。"

从五月中旬开始,就可以在湖泊和池塘里用红线虫来钓冬穴鱼了。迟些时候,又能钓斜齿鳊、鳜鱼和鲫鱼了。岸边的水草里、灌木丛附近和 1.5 到 3 米深的河湾都是钓鱼理想的地方。不过,不要在同一个地方逗留过久,否则鱼就不再上钩了。那就要换一个地方,换到另一处灌木或芦苇和牛蒡丛的空隙间 ——坐在小船里方便一些。

水流平缓的小河里,水一变清,就可以在岸上垂钓了。这时适宜垂钓的理想地方是:陡峭的河岸、水中有残枝树丛的河心小坑旁和岸边有杂草及芦苇的小河湾。

有时候由于河岸泥泞,到处是水,这种小河湾和树丛很难过去。但可以踩在到草墩上,或穿上高统靴走过去,把饵料甩到牛蒡后或芦苇丛里,到时候就会钓到很多鳜鱼和斜齿鱼了。

在岸上钓鱼要仔细选择好地方。找个没人钓过的地方,拨开树丛,从树枝间伸出鱼竿、甩出鱼钩。

木头桥墩、小河口、磨坊、堤坝都是钓鱼人理想的角落。这里始终能找到鱼、钓到鱼。

钓大的圆腹雅罗鱼就要用豌豆、蚯蚓和蚂蚱做饵料,在岸上用带漂子或不带漂子的钓竿都可以。

用漂浮法钓鱼的季节是从 5 月中旬开始,一直延续到 9 月中旬。

适合用这种方法钓淡水鳜鱼的地方是:大水坑、河流曲折、水流湍急的地方,林中小河水面开阔、水流平缓、河中有被风刮倒的树木的地方。岸边有灌木丛的深水潭,堤坝和石滩下面。在石滩和有暗礁的水面可以钓到鲑鱼和茴鱼。

雅罗鱼、银飘鱼及其他小鱼在水流湍急的浅水河或砾石和岩石底的河岔里都可钓到。

林木种间大战

森林中不同的树种间一直来战乱不停。我们派出几位特约记者去采访现场战况。

我们的记者先去了长着白胡子的百年巨杉王国。这里的每个战士身子都有两根,甚至三根连在一起的电线杆那么高。

这个王国阴森森的。老云杉战士个个笔挺立着,板着脸孔,一声不吭。它们的身板子,从头到脚光溜溜的,只有某些地方翘出些枝条,弯弯曲曲,都是枯死了的。

这些巨人毛蓬蓬的爪子,在空中高高地纠缠在一起,连成黑压压的一片,像个盖子,把整个王国遮得严严实实,阳光也透不进来。盖子下又闷又暗,散发着潮湿、腐朽的气息。偶尔落到这里的一些幼小的绿色植物无不迅速夭折,只有一些灰色的苔藓和地衣对这个国度阴沉沉的生存环境心满意足。它们吸自己主人的血液 ——树汁,贪婪地紧紧依附在战斗中倒下的巨型士卒的尸身上。

我们的记者在这里见不到任何野兽的踪影,听不到各种鸟儿的歌声。他们只遇见一只孤僻的猫头鹰。它来这里是为了躲避灿烂的阳光。被我们的记者惊醒后,它竖起全身的羽毛,抖动胡子,角质的钩嘴发出瘆人的“咕咕”声。

在云杉王国无风的日子,死寂一片;风从上方刮过时,那些笔直挺立着的巨人只是摇动毛蓬蓬的树梢,发出愤怒的呼呼声。

云杉这一族的巨型成员是古老森林中最高大、最强壮、数量最多的成员。

我们的记者从云杉王国出来,到了白桦和山杨王国。

白皮肤、绿头发的白桦和银白皮肤的山杨纷纷发出窸窸窣窣声,表示热烈欢迎记者到来。许多鸟儿在绿叶枝头唱起了歌。阳光透过树梢的绿叶筛落下来,那里的空气斑斓多彩:处处闪烁着斑斑日影,如金蛇漫舞,似有点点星光,又如月牙出没,光滑的树干上斑驳迷离,缤纷多彩。地面上聚集着的是矮小的草类家族,看来待在主人绿色天幕下,它们如鱼得水,大有宾至如归的感觉。鼠类、刺猬和兔子在我们记者脚下来来往往,怡然自得。风吹过树梢头,这快乐的国度里就响起“哗啦啦”的喧哗声。无风的时候,这里也是热热闹闹 ——不论是白天还是黑夜,山杨摇动叶子,发出沙沙声,欢声笑语不绝于耳。

这个国度有条界河,河那边原来也是很大一片树林,冬季树木已被砍伐殆尽,现在成了一片荒野。过了荒漠又是一片郁郁葱葱、密密匝匝、身高体大云杉林,有如一道高墙,屹立在前。

本报编辑部得知,林中的积雪一旦融化,这片荒地不再是荒漠,而变成一个战场。

因为各绿色家族的居住地拥挤不堪,只要邻近腾出一块空地,各家族都争先恐后去抢占地盘。

所以我们的记者过了河,就在树木被砍伐后的空地上搭起帐篷,好亲眼看看一场战争是如何爆发的。

一个阳光和煦的早晨,远处传来一阵噼里啪啦的声音,像是有人在用枪对射。我们的驻林地记者急忙赶过去看个究竟。

原来是云杉发起进攻了:它们派出了自己的空军去占领腾出来的空地。

被阳光烤热的巨形云杉果球,发出噼里啪啦声。果球一个个相继开裂,每开裂一次,就发出像玩具小手枪发出的那种声响。紧包球果的外壳跟着张了开来,球果就好比秘密军事掩蔽所,一张开,里面立刻飞出许多微型滑翔机 ——种子。种子被风托在半空中,打着旋,时而落下,时而升高。

每株云杉树上都有好几百只球果,每只球果中又藏着百来架微型滑翔机 ——种子。大多数种子在空中飞翔,最后落到了空地上。

但是云杉的种子有点重,而且只有一只翅膀,所以轻风不能把它送得太远,就落到地面上,到不了大片空地的一半距离。不过用不了几天,强风刮来,云杉的种子就把全部空地占到手了。

又是几个严寒的清晨,幼嫩的种子受到致命威胁。但是一场和暖的春雨过后,土地变得松软,接纳下这批小小的移民。

云杉族占领空地的时节,河那边的山杨也开花了。它们那藏在毛茸茸的葇荑花序中的种子刚开始成熟。

又过了一个月。夏天快要来临了。

阴沉沉的云杉王国里喜气洋洋,开始过节了。云杉的枝条上点上了红蜡烛 ——新生的球果。云杉已是一身盛装打扮:长满墨绿色针叶的树枝上点缀了金黄色的葇荑花序。云杉开花了,它在悄悄地为来年的种子做准备哩。

当前,它那些埋伏在空地下的种子受到温暖的春水滋润,膨胀起来,眼看着就要破土而出,重见天日了。

这时节桦树还没有开花。

我们的记者相信,这一片新大陆最终会被云杉占领,其他的树种来迟了一步,错失了先机。

可以预见,战争打不起来。

编辑部估计,下一期的《森林报》能收到驻林地记者更详细的报道。

农庄林事

雪刚化,庄员们就驾着拖拉机到田里去了。耕地用拖拉机,耙地也用拖拉机,要是给拖拉机按上钢爪子,拖拉机还能铲除树墩,清理出新的耕地呢。

紧随拖拉机之后的是蓝黑色的白嘴鸦,它们有板有眼,双脚一前一后,迈着方步,而身后不远处,灰色的乌鸦和白腰身的喜鹊蹦蹦跳跳。它们都在翻过来的地上找蚯蚓、甲虫和甲虫的幼虫当美味的小点心吃。

田地耕过、耙平后,拖拉机带着播种机在地里忙开了。播种机均匀地把精选的种子撒进了地里。

我们这里最先种下的是亚麻,接着是娇嫩的小麦,最后是燕麦和大麦等春播作物。

而像黑麦和冬小麦这些秋播作物现在已长到离地好几十厘米高了。它们都是在去年秋天播下的种,出苗后,在雪下过的冬,现在正齐刷刷地长个儿呢。

大清早和傍晚,在喜洋洋的绿茵丛中,传来一阵"契尔 —— 维克! 契尔 ——维克"声,听来像是大车过去发出的嘎吱声,却又不见车的踪影,又像是奇大无比的蝈蝈的唧唧声。

可是这不是大车,也不是蝈蝈。这是美丽的野鸡 ——灰山鹑[1]在呼叫。

这种山鹑浑身灰色,掺杂有白色花纹,颈部和两颊呈橙黄色,红红的眉毛,黄黄的脚。

绿茵深处,它的娇妻 ——雌山鹑在忙着为自己筑巢。

牧场上嫩草已长出新绿。天刚放亮,小木屋里的农家孩子们已被响亮的牛、羊、马的叫声惊醒,牧人纷纷把畜群往牧场赶。

有时候看得见寒鸦和椋鸟怪模怪样地骑在马背和牛背上。奶牛往前走着,这些小小的有翅骑士却用喙啄它的背,笃笃声一再响起。奶牛原可像赶苍蝇那样用尾巴把它们赶走,但没有这样做,却忍耐下来。这是为什么?

道理很简单:小骑士分量不重,又能帮上不少的忙 ——原来椋鸟和寒鸦这是在牛马的皮毛里啄食牛虻的幼虫和苍蝇在伤口处产下的卵。

胖墩墩、毛茸茸的熊蜂已经从冬眠中醒过来了,正在嗡嗡叫,亮闪闪的瘦黄蜂飞来飞去。该是蜜蜂登场的时候了。

---

[1] 雄鸟体长近 20 厘米,裤似鸡雏,头小尾秃,额、头侧、颊和喉等均淡红色。周身羽毛有白色羽干纹。冬季长栖于近山平原,潜伏杂草或丛灌间。以谷类和杂草种子为食。

庄员们把冬季放在越冬蜂房和地窖里的蜂箱搬出来,移到养蜂场去。长着金色翅膀的小蜜蜂从蜂房入口处爬出来,在阳光下小憩片刻,身子暖和后,伸了伸腰板,飞走了。它们去采集花中甜蜜的汁液,采集今年第一批蜂蜜。

农庄的植树造林

每年春天,我们州的农庄都要造好几千公顷的树林。在许多地方每年要开辟面积达 10 ~ 15 公顷的苗木圃。

■ 塔斯社　列宁格勒讯

集体农庄新闻

新　城

昨天,在果园附近,一个晚上就出现了一座新城 —— 蜂房。城里的所有房子都是整齐划一的。听说那些房子都不是现场建的,而是从别处扛过来的。这里的天气暖暖的,城里的居民都很喜欢,爱出去玩。它们在自己的房子上空东转转西看看,好记住自己住在哪条街、哪座屋。

■ H. 帕甫洛娃

好　日　子

要是土豆也能唱歌,你们今儿就能听到以前所没有听到过的最最欢乐的歌。今儿是土豆的喜庆节日:它要被送到田里去了。它们被小心翼翼地装进箱子里,搬上汽车,运走了。

干吗要小心翼翼? 干吗要装进箱子里,而不是放入麻袋?

可不是吗,那是因为每只土豆都长芽了。多奇妙的芽儿! 短短的、胖胖的,毛茸茸的,晒得黑黑的。芽的底部宽宽的,满是白花花的小凸包,正在生出根儿来哩。芽的上端尖尖的,已露出小嫩叶了。

谜一般的坑

从去年秋天起,学校的园地里不知为什么挖出一些坑。青蛙进了坑,心里直纳闷:这该不是专为捕捉它们而布下的陷阱吧。

如今连青蛙也明白这是怎么回事了:那些坑是为栽种果树而挖的。

孩子们在每个坑里分别栽上苹果树、梨树、樱桃树,要不就是杏树什么的。

坑的中央立了根木桩子,小树苗就绑在上面。

修 指 甲

农庄的美容师专门给牛修趾甲。他把牛的四只蹄子洗刷得干干净净。牛很快就要上牧场了,那得给它们好好收拾一番才行。

开始农忙了

拖拉机日夜在田野里忙个不停。夜里只有拖拉机在忙碌,到了早晨,就会有一大群寒鸦紧跟在拖拉机后面。它们放开肚子吃,也吃不完被拖拉机翻出来的蚯蚓。

河流和湖泊附近,跟在拖拉机后面的不是黑压压一大群寒鸦,而是白花花的鸥鸟。鸥鸟也爱吃蚯蚓和在泥土下越冬的甲虫幼虫。

奇妙的芽儿

在一些黑醋栗丛中有些奇妙的芽儿,很大很大、圆圆的。有的芽儿张开了,模样很像极小的甘蓝叶球。拿到显微镜下一看,叫人大吃一惊。里面居然栖息着一些讨人厌的东西。它们的身子长长的、弯弯扭扭,蹬着小腿儿,抖着小胡子。

你说,这么一来小芽儿怎么会不长得鼓鼓囊囊的呢?里面有扁虱子躲着过冬哩。扁虱子可是黑醋栗最可怕的天敌。它们毁了黑醋栗的芽儿,还会把传染病带给醋栗树丛,害得黑醋栗结不了果。

趁着树丛上膨胀开的芽儿还不多,扁虱还没爬出来,赶紧把这些芽儿全摘下,一把火烧了。要是遇到长了很多病芽的树,那干脆把整棵树烧掉。

顺利飞来的鱼儿

"五一"农庄里飞来一群小鱼儿,都是刚满一岁的小鲤鱼。它们是待在矮木箱里搭飞机过来的。虽说鱼儿会在空中飞的说法没道理,可它们个个都活蹦乱跳,健健康康,已在农庄的池塘里快快乐乐地游来游去了。

■ H. 帕甫洛娃

都 市 新 闻

植 树 周

积雪早已融化。大地也已解冻。城市和州里开始了植树周。春季植树的这几天成了我们盛大的节日。

在学校的园地、花园和公园里、房子旁、道路上,到处都有孩子们刨土挖坑准备植树的身影。

涅瓦区少年自然界研究者活动站准备了数万枝果树苗。

苗圃把两万棵云杉、山杨、枫树苗分给了滨海区的学校。

■ 塔斯社 列宁格勒讯

林木储蓄箱

田野一望无际。要防止风灾,得造多少防风林啊!我们学校的孩子们懂得种植防风林带是国家大事。所以 6 年级(1)班摆出一只大箱子——林木储蓄箱。箱子里有枫树子,有白桦树的荑黄花序,有结实的棕色橡子……那都是小朋友们装在桶里带来的。就拿维佳·托尔加乔夫说吧,光榛树子就收集来 10 千克。到了秋天,储蓄箱就装不下了。我们将把收集来的种子交出去,作为开辟新苗圃之用。

■ 丽娜·波丽亚诺娃

在花园和公园里

树木笼罩在透明的、有如呼出来的薄气一样的绿色烟雾之中。树叶刚开始舒展开身姿,雾气便跟着消退了。

大而美丽的长吻蛱蝶粉墨登场了。它浑身褐色,像是披了一身天鹅绒,点缀着天蓝色的斑点,翅膀的末梢颜色次第变白、变浅。

又飞出来一只有趣的蝴蝶,像荨麻蝶,但个头儿小些,色彩没有那么艳丽,不是那种深褐色,翅膀的边缘呈锯齿状,像是被撕碎了似的。

要是捉来仔细看看,就发现翅膀的下面有个白色的字母 "C",就像是有人故意做上的标记。

这种蝴蝶的学名叫作"白 C① 蝶"。

甘蓝菜粉蝶、白菜粉蝶很快也要登场了。

七 星 虫

我们全国,从列宁格勒到萨哈林岛②,大江小溪中,到处都有一种奇怪的鱼出没。这种鱼又窄又长,乍一看还以为是蛇呢。它的身体两侧没有鳍,只长在背部靠尾巴的地方。它游起来身子扭来扭去,很像蛇。它的皮肤柔软,上面没有鳞,它的嘴不像普通的鱼,而是个漏斗状的圆孔 —— 吸盘。一见这个吸盘你还以为那根本不是鱼,而是一条巨形蚂蟥呢。

农村里的人把它叫作"七星虫",因为它的身体两侧,眼睛下长着七个小呼吸孔。

七星虫的幼虫是一种沙栖昆虫,很像泥鳅。孩子们常常捉来做大钓钩上的鱼饵钓凶猛的大鱼。

常常遇到这样情况:七星虫吸附在大鱼身上,跟随大鱼一起在河流中漫游,而大鱼怎么也摆脱不了它。

渔夫还说,七星虫好像也吸附在水下的石块上。它一旦吸附上了,便一个劲儿扭动身子,又是抖,又是扯,直让石块移动了位置 —— 力气好大的鱼呀!七星虫在水底有石块的坑里产卵。

这种稀奇古怪的蚂蟥形鱼学名称"七鳃河鳗"。

这种鱼看上去讨人厌,但用油稍稍煎煎,加点儿醋,味儿可美哩。

街 头 生 命

每到晚上,蝙蝠就在城郊飞舞了。它们不理会来来往往的行人,径自在空中捕捉蚊子和苍蝇。

燕子飞来了。我们这里有三种燕子:一是家燕。家燕有一条开衩的长尾巴,脖子上有一个棕红色的斑点;二是白腰毛脚燕,短尾巴,白脖子;三是小个儿的灰沙燕,灰身子、白胸脯。

家燕的窝做在城郊的木建筑物上。白腰毛脚燕的窝就直接黏附在石头房子上。灰沙燕则在悬崖绝壁的洞里繁殖后代。

这三种燕飞来之后很久,雨燕才来。很容易就能把雨燕跟它们区别开来。雨燕从房顶上掠过时往往发出刺耳的尖叫声。它们看起来浑身几乎是黑的,翅

---

① 这是拉丁字母"C",读音近似"采"。

② 即库页岛,位于俄罗斯东端,而列宁格勒则在西端。这么说代表自西到东的全部领土。

膀不像家燕等燕呈尖角形,而呈半圆的镰刀形。

叮人的蚊子也开始露面了。

城市里的海鸥

涅瓦河一开冻,它的上空就可见到海鸥。它们压根不害怕轮船和城市的喧嚣声,当着人的面心安理得地从水里拖出鱼来。

海鸥飞呀飞,飞累了,就直接落在住房的铁皮屋顶上休息。

飞机上长翅膀的乘客

一听到均匀的嗡嗡声,就能猜到飞机上准待着长翅膀的乘客。在 200 个舒适的小房间 ——胶合板做的箱子里,就待着高加索蜜蜂。飞机这是把 800 个蜜蜂家庭从库班运送到列宁格勒去。

一路上这些小乘客有吃有喝,蜂蜜供应充足着哩。

■ H. 伊凡钦科

摘自少年自然界研究者的日记

蘑 菇 雪

5 月 20 日。早晨,阳光灿烂,东方的天空一片蔚蓝,这时候突然下起了雪。雪花就像是闪闪发光的萤火虫,轻盈而缓慢地漫天飞舞。

冬天,你别吓唬人啦,你下的这场雪的寿命长不了! 这雪就像是夏天的蘑菇雨,挡不住太阳的笑脸,却促使蘑菇更快地生长。

雪花一落地就化了。

不妨出城到林子里看看去,说不准在那里有惊喜等着你哩。说不定在融雪之下的地面上能找到棕色的、满是皱折的伞帽,那是早春头批冒出的蘑菇 ——羊肚菌和鹿花菌的头,可好吃哩。

■ 驻林地记者 维丽卡

"咕 —— 咕"

5 月 5 日早晨,城郊的公园里响起了第一声"咕 —— 咕"声。

过了一星期,在一个暖和、宁静的傍晚,突然,灌木丛中传来口哨声,声声清脆悦耳。开始时轻轻的,继而响了些,接着哨声蔓延开来,宛转而嘹亮,有如珠玉落盘,煞是动听。

这时,人们全明白了,原来是夜莺在啼啭。

少年米丘林工作者大会

三十年前,列宁格勒州的小学生到伊凡·弗拉基米罗维奇·米丘林家做客。伊凡·弗拉基米罗维奇对小客人讲了他们在帮助成年人改造自然的伟大事业中可以有什么作为。

列宁格勒的米丘林工作者在自己的例会上,回忆起当年的情景。列宁格勒市和列宁格勒州的 35000 多名少年自然米丘林工作者派出自己的代表参加那次大会。春天他们做了 45000 多个人造鸟窝,栽种了 20 万株果树,管理树木并保护绿色朋友和农庄的庄稼。

■ 塔斯社　列宁格勒讯

致列宁格勒州全体少先队员和小学生的公开信

我们听说本州许多学校的少先队员和小学生制作了一些出色的标本,搜集了丰富的列宁格勒州的矿物和昆虫、制作了大量的成套植物标本。本州的学校可以与我们交流这些直观教具,而我们本市少先队的成员,也会给他们寄去我们在各地采集得来的成套样本作为回报。

我们已着手汇集一套春季花卉的标本。暑假里,在老师和辅导员的带领下,我们将到附近了解家乡的大自然,为母校采集许多新的珍贵标本。我们多么希望为学校多出点力。

经过暑假休息之后,我们大家都晒得黑黑的,又要在教室里欢聚一堂,老师将在生物课上利用我们采集来的标本给我们讲解新的内容,到时候我们将何等的快乐!

本市许多少先队大队委员会已决定,所有的中队和小队应该参与采集岩石和动植物标本的工作,充实学校的博物馆和博物陈列室。

我们将与其他州学校的少先大队、中队交换我们的陈列品,那时我们州各校陈列室将会有更丰富的直观教具。

基特·维里坎诺夫讲述的故事

这天,《森林报》编辑部来了一位个子不高的男孩。

"您好!"他一进来就开门见山地说,"我叫基特·维里坎诺夫,少年自然界研究工作者。请让我当一名《森林报》驻林地特约记者吧。我编森林故事很在行。"

"您倒是有一手挺怪的专长。"我们听了很诧异,说,"可您的这一套我们不需要。我们只刊登内容真实的稿件。"

"怎么会'不需要'呢?难道你们不需要读者在阅读《森林报》的时候动动脑子吗?"

"我们认为他们会动脑子的。"

"嘿!可我认为,是你们在替读者动脑子,所以他们认为自己没什么可思考的了。你们第一期里刊登的文章中说:'鸟儿抱怨猫和小孩毁了它们的窝',有这话吧?可这些小鸟雏是不会说话的,它们这些可怜的小家伙会哭,可掉下的眼泪谁也看不见,它们说的话儿,哪个能懂?叫它们向谁去诉苦?可读者一准以为鸟儿跑到《森林报》编辑部诉苦来了。准没错!我自己就是名读者。"

"瞧你说的!我们的读者很清楚,鸟儿是不会说人话的。"

"就算是吧!反正他们还没学会分析……或者辩证地对待生物学事实。我编了一个游戏,能帮助他们开动脑子。"

"是吗,您编了个游戏。那就另当别论了。给我们表演表演吧。"

小男孩从口袋里掏出一个皱巴巴的小本本,放到我们面前。

我们大家都觉得他这个游戏很有意思,也很有益,便留下基特的小本子,还请他今后多送些来。

后来我们得知,这个基特·维里坎诺夫小有名气,还经常在列宁格勒无线电台做节目呢。

电台的编导对我们说,基特是名非常优秀的少年自然界研究工作者,观察力强,非常机灵、忠诚、勇敢、乐观。

不过,他的性格过于张扬,甚至连自己的名字也改了。他原来叫基特·马雷什金,改成了现在的基特·维里坎诺夫[①]。他爱笑,喜欢捉弄人,不过归根到底还是不失原名的本性,像个小娃娃那样纯真、是非分明、爱讲真话。

---

① "马雷什金"有"小娃娃"的意思,"维里坎诺夫"则有"巨人"的意思。

我们搞来了他的一张照片。很高兴地刊登在这里 —— 在《森林报》上,让读者认识我们这一位鼎鼎大名的《森林报》记者。

基特对自己讲述的故事做了一些说明,这些文字刊登在书的末尾。我们请读者尽可能以班级或小组为单位,一起来阅读他写的故事。一旦发现故事中的生物观察、介绍、见解或历险故事,在纸条上记下你的判断,如果你认为基特说的是对的,就写个俄文字母"П",反之,如果你认为错了,就写个"В"[①]。

最后,你拿自己的判断与基特·维里坎诺夫的说明做对照,给自己打分 —— 比赛看谁的得分最高。

基特的每个故事都讲述十个现象,都需要你作出判断。共计有四个故事。谁能对所有四十件事都给出正确的判断,就可获得一等奖,授予"聪明冠军"及"打假冠军"称号。而二等奖及"聪明亚军"和"打假亚军"称号的获得者需得到30分。第三名及"打假季军"获得者需得20分。

我的十次观察经历

这个星期天,我很早就起床了,打算到城外去看看,那里的动植物都在忙些什么。

我刚跑到涅瓦河边 —— 老天爷,怪哩! 水面上飞着两只大海鸥,毛色非同寻常:浑身上下雪白雪白的,可翅膀乌黑乌黑的 —— 简直像是染上去的!

桥下几只野鸭在游来游去。哗啦一声,野鸭钻进了水里!

河水清澈见底。我立在桥上,下面的情景看得一清二楚。只见野鸭在水下潜游,来去自如,仿佛是在空中飞翔一样! 多怪呀 —— 它们居然能在水下扑扇着翅膀,游得飞快!

面对这种种怪事,我都惊呆了,看了一会儿我又继续往前跑。跑着跑着,禁不住哼起校园老歌来:

> 谎话,谎话,
> 不过是骗人的鬼话!
> 无非是锤子砸炉子,
> 虾儿割干草……

这不,我坐上电气列车,很快就到了熟悉的车站。下车后,立即到了一个林子,林子后面便是大海 —— 芬兰湾。

---

① 是俄文"прввда"(事实)的第一个字母;"В"是俄文"врака"(错事)的第一个字母。

海上传来阵阵叫声，原来，海面上飞过一群戏水的鸟儿。我爬上一株树，举起望远镜，好看个明白，这一看，惊得我险些抓不稳望远镜——海面上居然有15只天鹅，只只黑如炭！

天大的奇事！除了我，还有谁在列宁格勒近郊见过这样美妙的奇景！我多幸运呀！

再一瞧，一群大雁向天鹅飞过去。整整一大群。想不到吧，每只大雁的背上都跌落几只家燕和雨燕。这时候空中密密麻麻挤满了鸟儿，个个展开轻盈的双翅飞向四面八方。

亲爱的鸟儿，你们终于飞来了！强壮有力的大雁用自己宽大的翅膀把燕子从大海那边驮了过来。多谢了！我们可一直盼着它们光临呢！

该走了，到了该走的时候了！我望了望森林——满林的鲜花怒放，甜甜的蜜香扑鼻而来。高高的椴树挺胸屹立。山丘上处处是亮闪闪的黑色鲜花——我却忘了它们叫什么。时而传来小绵羊轻柔的咩咩声。你们当然知道，绵羊春天里是用尾巴唱歌的吧？

我久久地坐在树上，陶醉在春之声、春之香、春之美中……突然间，我看见灌木丛里跑过一件白花花的东西……开始时我以为是兔子，再一看，不是兔子，比兔子要小，我见到的是只鸟……总算看清了，不是全白的，带着淡黄色的大斑点。

"嘿！"我暗想，"我们这一带有种鸟，冬天像兔子一样穿着一身雪白的冬装，到了夏天就要换上彩装。这不正是这种鸟吗？"

时近正午，我感到有些饿了，便从树上下来，往车站跑。林子里闪过一些黑色的影子。我以为是树梢上燕子掠过。仔细一瞧，原来是蝙蝠！如此说来，它们也从冬天的避难所里爬出来活动了。

就在车站前，在林子边，我成功地做了第十次有趣的观察，确切地说，是第十次成功的发现：我在灌木丛下找到了可口的蘑菇，采了装了整整一帽子！

吃晚饭时，妈妈用蘑菇给我做了一道鲜美的菜。

谁能猜中在我的观察中哪些是真的，哪些是编造出来的，谁猜中一处就得两分。还有一些观察半真半假，答对这类题，得一分。看了我附在书后的"答案"，就知道是怎么一回事了。

■ 基特·维里坎诺夫

狩猎纪事

在马尔基佐瓦湿地猎野鸭

集 市 上

这些日子,列宁格勒的市场上有各种类别的野鸭出售。有身子全黑的,有很像家鸭的,有个头儿很大很大的,也有很小很小的。有的尾巴像锥子,尖尖的、长长的,有的嘴巴宽宽的,像把铲子,还有的嘴巴窄窄的。

要是哪个没经验的主妇买了野禽,那就糟了。你看她买了野鸭回家,烧了要吃,可谁也吃不下,因为鸭肉满是鱼腥味。原来她从市场买回来的是只专吃鱼虾的潜鸭或秋沙鸭,要么压根儿就不是鸭子,而是潜水鹛[①]。

可有经验的主妇一眼就能看出哪是潜鸭,哪只是好鸭子 ——一看它后面那个最小的脚趾就明白了。

公的、母的潜鸭的这个脚趾上有块大而凸出的厚皮,而河里的那些"高贵的"野鸭脚趾上的厚皮很小。

在马尔基佐瓦湿地

春天,许多不同品种的野鸭都被捉来在市场上出售。但还有更多的野鸭待在马尔基佐瓦湿地。

自古以来,芬兰湾位于涅瓦河口与科特林岛之间的那片水域称为马尔基佐瓦湿地。喀琅施塔得要塞[②]就在那个岛上。这里是列宁格勒的猎人狩猎的好去处。

请到斯摩棱卡河边走走。河岸上,在斯摩棱斯克公墓旁,你会看见一种形状奇特与河水同色的小船。这种船底部很平坦,船头和船尾高高翘起,船身不大,却非常宽。

这是一种打猎用的小划子。

傍晚时分,你也许碰巧会遇到一个猎人。他把自己的小划子推进河里,猎

---

① 体形似鸭,而大多小于鸭,趾间有瓣蹼。栖息于河流或湖泊中,极善潜水。营浮巢于芦苇丛中。食蛙类、小鱼、虾、水生甲虫等。

② 现彼得堡州港口城市,位于芬兰湾的科特林岛。1703 年彼得一世在此建海防要塞,18 世纪20 年代起为波罗的海舰队基地。现已开放作为旅游地。

枪和其他东西放进了小划子,掌着尾舵,顺水而下。

20分钟之后,猎人就到了马尔基佐瓦湿地。涅瓦河早已解冻了,但海湾里还有大冰块。小划子穿过灰色的波浪飞快地向冰块划去。

猎人终于到了冰块前,把船靠了上去,人上了冰块。他在毛皮外套上白色的长袍,又从小划子里拖出引诱野鸭的母鸭,用绳子拴着,放进水里。绳子一头固定在冰块上。母鸭立刻"嘎嘎"地叫了起来。

猎人离开了冰块,坐进了小划子。

出卖同类的野鸭和穿白袍的隐身人

没过多久。远处一只野鸭从水里钻了出来。这是只公鸭。它听到了母鸭的召唤,向它飞了过去。

没等到它靠近母鸭,枪声响了 ——"呼!呼!"两声枪响过后,公鸭一头栽进水中。

被当作诱饵的母鸭非常明白自己担当的角色,便一个劲儿地叫呀叫呀,叫个不停。好像是自己收了人家的钱,不能不卖力。

公鸭听到那母鸭的呼唤声,纷纷从四面八方飞过来。

公鸭只看到母鸭,没注意白色冰块旁边还有只白色的小划子和穿白袍的猎人。

猎人一枪又一枪,各种各样的野鸭一只又一只跌落下来,进了他的小划子。

一群又一群在万里海洋跋涉途中就这样先后丧了命。太阳西沉。城市的轮廓渐渐隐去,那个方向亮起了万家灯火。

天太黑,再也开不了枪了。

猎人把当诱饵的母鸭拿回了划子,又将铁锚把小划子紧紧地固定在冰块上,这样小船就能更紧地贴在冰块的边缘上,免得船身被浪撞坏。

该考虑过夜的事了。

起风了。天空乌云密布,四周一片漆黑,伸手不见五指。

水 上 房 子

猎人在船的两舷上固定好两个弧形木架子,解开帐篷,套在木架上,绷紧了。完事后他点燃了煤油炉,从海里舀起一壶水(马尔基佐瓦湿地的水是从涅瓦河流来的,是淡水),放在炉上烧开。

雨水"滴滴答答"敲打在帐篷上。

可这点雨猎人才不在乎呢,因为帐篷是防水的,里面干干的,亮亮的,暖暖的,生着煤气炉,就像生着炉子一样暖和。

猎人喝着热茶,吃着点心,也忘不了给自己的帮手母鸭喂食。他还抽起了烟。

春宵很快就过去了。天空又露出了明晃晃的光带,光带越来越大,越来越宽。乌云在退,风也停息下来,雨不下了。

猎人朝帐篷外望了望。

远处的河岸黑黝黝的。但望不见城市,也见不到一丝灯光。一夜间风把冰块远远地吹到辽阔的大海里去了。

糟了,这下要回城得花不少时间。幸而夜里风没有吹来另一块冰,要不两块冰相撞起来小划子就会粉身碎骨,猎人也跟着被挤成了肉饼。

赶紧干正事啦!

猎 天 鹅

又响起了嘎嘎声。引诱公野鸭的母鸭起劲儿地在叫唤。可是这时候,附近波浪里起起伏伏游着的还有一只很大的白天鹅。它闷声不响,因为它只是个标本。

野鸭游过来了,猎人开了枪。

突然间,头顶传来一阵声音,像是远处号角声:

"克噜——克噜,克噜——克噜,噜噜……"

公野鸭的翅膀扇得"哗哗"响,纷纷落到母鸭身旁——整整一大群。可是猎人没理会。

他利索地换了枪里的弹药。双手拢在一起——那姿势很特别,送到嘴边,学着天鹅的叫声,吹了起来:

"克噜——克噜,克噜——克噜,噜噜,噜……"

在很高很高的云端,三个黑点在渐渐变大。那号角声越来越清晰,越来越响,越来越刺耳。

猎人停止吹叫,不再理会它们了,因为这时候谁也学不像近处天鹅的叫声了。

现在已看得一清二楚:三只白天鹅慢慢地扇动几下翅膀,落到了冰块上。它们的翅膀在阳光下闪烁着银色的光辉。

天鹅越飞越低,兜起了大圈子。

它们从空中已发现了冰上的那只天鹅,以为是在招呼它们下来呢,于是飞了来,对方是不是累坏了,要不就是受了伤,离群落到冰上来了?

它们飞了一圈,又一圈……

猎人坐着,一动不动,只是牢牢地注视着这群大白鸟。天鹅伸出长脖子,离他一会儿近一会儿远。

杀　戮

又兜了一圈，这时候天鹅离小划子很近很近，几乎伸手可及。

砰！最前面的那只天鹅的长脖子像根鞭子，直直垂了下来。

砰！第二只天鹅在空中翻了个身，重重地落到了冰上。

第三只天鹅向高处飞去，消失在远方。

猎人这下可是交上难得的好运了！

赶快回家吧。

可是现在不是说回家就回家了。

马尔基佐瓦湿地上空乌云密布。十步开外什么都看不清了。

城里传来工厂的低沉的汽笛声。汽笛声时而在这边，时而在那边，简直分不清该往哪个方向走。

细小的冰块撞击小划子，发出玻璃破裂似的清脆响声。

船头下响起嚓嚓声，那是细冰碴擦过的声音。

一路上万一撞上坚固的大冰块，那该如何是好？

小划子准会翻个底朝天，一个跟斗沉到了水底！

第　二　天

安德烈耶夫市场上，一群人好奇地打量两只雪白的大鸟。两只鸟搭在猎人的肩头，鸟喙几乎要碰到地面了。

孩子们围着猎人，问东问西："叔叔，鸟儿哪里打来的？这当真是咱们这里常见的鸟儿吗？"

"正要往北方飞，去那里做窝呢。"

"嗬，那窝该是很大很大的吧！"

家庭主妇关心的是另一码事。

"你说说，能吃吗？有没有鱼腥味儿？"

猎人嘴里是回答了，可耳畔还响着活生生天鹅发出的号角声，响着野鸭飞快抖动翅膀时发出的"嗖嗖"声，以及碎冰撞击划子时发出的清脆响声……

这里讲的都是旧时的事。

现在，每年春天，列宁格勒上空仍旧有天鹅飞过，仍旧会从天外传来响亮的号角声。但天鹅的数量已大不如前，少了很多很多了。于是猎人们千方百计，费尽心机，个个都想捕到这么大、这么美的天鹅。简直要把天鹅赶尽杀绝了。

如今，我们这里严格禁止捕杀天鹅。谁要是杀害天鹅，就要受罚，罚款还不少呢。

但在马尔基佐瓦湿地还是允许打野鸭的，因为那里的野鸭很多。

射　靶

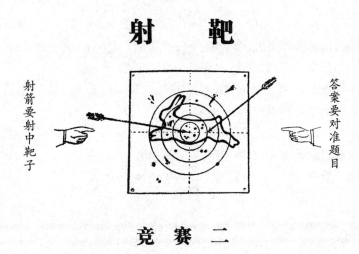

射箭要射中靶子

答案要对准题目

竞　赛　二

1. 一变黑,又会咬,又会斗;一变红,立马变成乖乖宝。(谜语)

2. 春天最早出现的食用蘑菇是哪种?

3. 为什么白嘴鸦在田里爱跟在耕地机后面?

4. 喜鹊窝与乌鸦窝的区别是什么?

5. 哪些蜘蛛被叫作"流浪汉"?

6. 哪种燕子先飞到我们这里,雨燕,还是家燕?

7. 椋鸟屋不够时,椋鸟选在哪里做窝?

8. 为什么椋鸟和寒鸦爱骑在奶牛、绵羊和马的背上?

9. 为什么家鸭和家鹅春天里会突然伤心地叫起来,而且变得烦躁不安?

10. 春汛来了,什么样的鸟日子难过起来?

11. 春汛期内,禁止用枪捕杀什么样的鱼?

12. 哪种动物更怕冷,鸟类还是爬虫?

13. 青蛙的舌头哪个部位与嘴相连?

14. 图中是两类鸟的翅膀。生活在不同环境中的鸟长着不同的翅膀。请指出哪种鸟生活在密林中,另一种生活在旷野里。

15. 前看像锥子,后看像叉子,横看又像卷线机,说起话来像鬼子。背上披块蓝呢子,胸前挂着白布片子。(谜语)

16. 没门环的门一打开,没尾巴的狗儿跑进来。(谜语)

17. 似牛非牛通体黑,六条腿上没蹄子。飞时连声叫,坐下来时把地刨。(谜语)

18. 五月里露头,不是虾,不是鱼,不是兽,不是鸟,也不是人。鼻子长长的,声音细细的,飞起来嗡嗡叫,停下来,不吱声。拍了它一下,流血没了命。(谜语)

19. 有的把水浇,有的拿水喝,还有一个长个儿。(谜语)

20. 不在地上走,不往上面瞧,不见什么窝,孩子却有一大帮。(谜语)

21. 自己不吃也不喝,养活世上所有人。(谜语)

22. 出生时有串小铃铛,慢慢变成大铃铛。(谜语)

23. 没有翅膀会飞,没有脚能跑,没有帆能游。(谜语)

24. 四个爱跑,两个好斗,还有一条鞭子乱抽。(谜语)

┌─────────────────┐
公　告
└─────────────────┘

《森林报》编辑部

"火眼金睛"称号竞赛

　　想获得"火眼金睛"荣誉称号的人,应该仔细研究我们在公告贴出栏的图画,然后根据其形状、足迹和其他种种特征,判断出画中所有树林、田野、水中和空中的鸟类和兽类。

测　试　一

什么鸟在飞?

　　空中飞过四只大鸟。如何判断分别都是什么鸟?

图1

　　这里有一只很大的鸟。它的脖子长长的,翅膀长在后部,短尾巴。这是什么鸟?

图2

　　模样像前面的鸟,但个头小些,浑身灰色,脖子短些。这是什么鸟?

图3

　　翅膀长在身子中间,前面的脖子像根棍子,后伸的腿也像棍子。这是什么鸟?

图4

　　翅膀凸出,后伸的腿像棍子,脖子和头一起就像安在背上的大问号。这是什么鸟?

请踊跃报名

敬请加入救鸟兽救助协会,拯救被水淹的兔子、狐狸、松鼠、鼹鼠和其他种种陆栖兽类。凡是救助被水淹的动物者,将颁发以马扎伊爷爷[①]为名的奖章。

奖章由少年自然界研究者自己动手来做。奖章是用厚纸剪成个圆圈,外面包上一层金色或银色纸。

少年自然界研究者小组决定,金色奖章颁给救大型兽类(驼鹿、鹿等比狐狸大些的动物)的人。

银色奖章颁给救助小动物(兔子、松鼠、鼹鼠、刺猬等)的人。

请为它们打造住处

我们那些大名鼎鼎的歼灭害虫的小朋友——鸣禽,现在正在为自己找住处,以便养育幼雏。

我们恳请读者伸出援手,为它们打造住处。

凡是有树干上掉落腐败枝条的地方,总要留下个凹处,很容易把它挖深,形成一个洞。在腐朽的老树干上也容易挖出洞。山雀、红尾鸲、白腹鹟和其他以树洞为巢的小鸟——小猫头鹰、黑啄木鸟等很喜欢在这样的树洞里安家。

至于那些爱在灌木丛做窝的小鸟,最好帮它们把灌木枝条扎成一束束,如图所示。

给那些爱在浅树洞里做窝的灰鹟和红腹鸲钉一个浅树洞式的窝,见下图。

---

① 从前有个叫马扎伊的老爷爷,每当发大水时,总要划船去救助小动物。俄国诗人 H.A.涅克拉索夫以此为题,写有一首著名的诗歌。

请为猫头鹰和寒鸦做个如图所示的卧式鸟窝。

下图中的这些阔叶是什么树的？这些针叶又是什么树的？

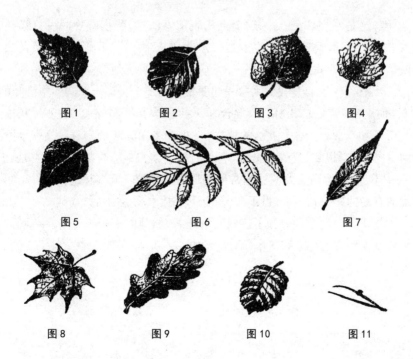

图1   图2   图3   图4

图5   图6   图7

图8   图9   图10   图11

哥伦布俱乐部

第 2 月

神秘乡 —— 做好考察的准备：狐步。鸟的话语。招呼用的名字。小姑娘们突然改名换姓。

在哥伦布俱乐部第二次集会上，俱乐部主任带来了诺夫戈罗德州的详细地图，指着上面的一个叫雷索沃的村子说，他在那里待过一个夏天，建议把这村子作为考察基地，也可以说作为少年哥伦布们生活和开始科学和艺术研究时的立足点。

"瞧，这是圆规。"他说，"这个点代表雷索沃村，我把圆规的一只脚扎在这个点上，另一只脚挪开三度，也就是三公里，然后画出一个圆圈。这个圆圈的半径便是三公里，让我们算一算 —— 对这一带我们一无所知。就把这个地方叫作'新大陆'吧 —— 也就是我们大家一起要发现的那个美洲。该圆圈中已知的有：1）针叶林 —— 奇妙的松林；2）混合林 —— 就像瓦斯涅佐夫①的画《灰狼上的伊凡王子和玛丽娅公主》上画的那样，一小片名副其实的密林；3）一小段温基卡河，一边河岸很陡，另一边低矮，春天时被水淹没；4）收割干草的草地；5）田野 —— 不大，就像诺夫戈罗德州常见的田野一样；6）低湿林地；7）一个叫普罗尔瓦的有趣的湖。湖不大，也不深，但有不少林木茂盛的奇妙岛屿。"

少年哥伦布们立即展开了热烈的争论：该给他们未来的美洲 —— 圆圈内他们将要发现和进行科学和艺术研究的地方 —— 取什么名。

---

① 指 B.M.瓦斯涅佐夫（1848—1926），俄国画家。作品有风俗画《从一家到一家》，以俄国历史和民间壮士歌与传说为题材的抒情的或史诗般的巨幅画《血战之后》《阿廖努什卡》《三勇士》等，他也是舞台艺术家。其弟 A.M.瓦斯涅佐夫（1856—1926）也是画家兼考古学家，绘有富于诗意的昔日莫斯科景色及莫斯科附近地区、乌拉尔等地的史诗般的风景画。

"依我看，还是叫'恩寨'①的好。"安德烈若有所思，慢声慢气地说。

"瞧你说的，"尼古拉不满地说，"恩寨，那可是军事用语，指的是不可随意动用的储备品。怎么的，如此说，这个地方咱们一点也不能碰一碰了？"

"也许安德烈是想把它叫'新西兰'吧？"女画家西格里德挖苦道。

"不行，干脆叫'不寻常的谜'。"雷莫奇卡接口说。

"得了，你！"安德烈不依不饶，固执己见，"'恩寨'就是'新大陆'或'未知的土地'。"

"说得有几分道理！"主任说，"不过字序得稍稍变动一下：还是管它叫'寨恩'——'神秘乡'。同意吗？"

"行！"俱乐部成员异口同声表示同意，于是立即做出决定：对"神秘乡"做全面的考察，详细了解其中有什么秘密和奇迹。为此，首先要编制当地"土著"的详细清单，也就是说那里有什么动植物和飞禽。研究小组便由对这些清单内容有专长的人士组成。按不同的专业分成三个相应的考察组：

"鸟类学考察组"的成员有雷莫奇卡、安德烈、猎人尼古拉和米兰奇卡。

"哺乳动物学考察组"的成员有拉列奇卡和猎人符拉基米尔。

"树木学考察组"的成员有帕甫利克和多拉。

同时，"诗歌艺术学考察组"简称"艺术考察组"，由女画家西格里德和诗人斯拉维米尔，即红发斯拉夫卡组成。这位诗人答应，这个夏天他要写出一整本诗歌集，取名《神秘乡》，女画家给他配插图。

尼古拉和符拉基米尔两位猎人提议："既然我们绝大多数的人是来捕鸟捉兽的，所以事先得学点本事，免得到了林子里把所有的鸟兽都吓跑了。首先要学的就是'佛克斯特罗特'。"

"瞧你说的！"雷莫奇卡表示反对，几个女孩子也随声附和，"那些个乱七八糟的美国舞咱们可不想学！"

"不是！"符拉基米尔赶忙解释道，"不是那回事！'佛克斯特罗特舞'翻译过来就是狐步舞。在林子里，脚步要轻轻地，不可发出声音来。高抬腿，瞧，这样踩下去，动作不能过大，要像狐狸那样，站着一动不动，要不，当地林子里的动物全躲起来，鸟呀，兽呀，不见踪影。其次，还要学会说话、学会鸟的话。知道吗，在林子里可不能大声嚷嚷，大呼小叫。我们教你们一系列鸟的对话。我跟尼古拉在林中打猎时就用上这些话。听我是怎么说的。"

---

① 这是两个俄文大写字母 H 和 Z 的名称合在一起的音译，该两字母系两个俄文单词的缩写，其意在下文尼古拉的话中已有。本文中下面提到的"新西兰"等几个名称在俄文里都分别由这两个字母开头的不同的两个单词组成。

符拉基米尔说罢,吹起了口哨——一会儿短,一会儿长。吹罢解释起来:这是哪些鸟的声音,那又是哪些鸟叫的。

"在林子里行走的时候,"他说,"彼此要保持一定的距离。小心翼翼地过林子时大家就像连在一条链子上。为了避免彼此拉开过大的距离,经常要对前后左右的人吹这样的口哨保持联系'茨维!茨维!',意思是说'我在!我在!'

"要是突然间有人发现前面有情况,得发出信号,让别人知道,该停下来,不要动弹了,以免惊了动物,该仔细看看,前面躲着什么。这时候就要发出这样的信号:停止前进!用的是鹈鸪①的声音。声音很轻,断断续续'特伏基!'

"要是想知道,干吗"特伏基"?干吗停下来?那就用朱雀②的声音,听起来像是问'基——维——基维乌?基维——基维乌?'

"要是是兽类,就得低低的小声回答,像是'乌乌基!乌乌基!'

"要是鸟类——高声回答'维基——依基——依基——依基!'

"要是人——拖长声音,高低有变化,低声'芙乌……',高声'利特!'——用的是大麻鳽③的声音'芙乌–利特!芙乌–利特!'

"最后的信号是——要是需要让前后的人过来,就用金莺声'费乌——利乌!费乌——利乌!'

"窍门全在这里。"说到这里,符拉基米尔算是把要教的本事教完了。

"别忙!"尼古拉说,"我认为,在林子里,相互招呼有时免不了要呼名唤姓。可咱们大家的名字都太长,该短点,只能用一个音节。一个元音野兽和鸟类听起来就像是在警告'留神!',就这么回事。它们就会警觉起来。这就是说,咱们的名字要缩短,不得超过一个音节。免得在林子里彼此招呼时出差错,咱们就这么办。"

他的建议被大家采纳了。首先要做的事就是把名字改短。"安德烈"改称"安德","尼古拉"改为"科尔克","符拉基米尔"是"沃夫克","斯拉夫米尔"是"拉甫",帕甫罗沙是"帕甫④"——这下可把大家乐坏了,因为脑子转不快的帕甫罗沙说起话来一向就不利索,费了好大劲儿才把"帕甫"两字说出来,听得大家好不心焦。

---

① 即"子规""杜鹃"。

② 雀科。体长约17厘米。雄鸟头、颈及背部羽毛主要为鲜红至暗红色;两翼深褐色,各羽缘多带红褐色,尾羽暗褐色,羽缘亦微带红褐色,胸部羽毛现绯红色。雌鸟体羽主要为橄榄褐色。胸部和两胁具灰色条纹,下腹部羽毛近白色。主食多种树木及杂草种子。

③ 羽多为沙灰、黄、褐等色。喙多细长而直,适于涉行浅水、泽地。觅食昆虫、蠕虫或其他水生动物。

④ 俄语"帕甫"是射击时发出"嘭"的一声的拟声词。

刚说到几个女孩的名字,沃夫克突然嚷了起来:

"兔儿兄弟!我首先发现美洲了!姑娘们,你们几个 —— 都变成音符了'多拉'变成'多','雷莫奇卡'改称'雷'","'米兰奇卡'改称'米'。"

"那我就是'拉'了。"拉列奇卡应声道。

"我便是'西'了。"女画家西格里德表示同意。

"我看,咱们主任的名字得有两个音节,"安德烈提出建议'名加父名'。那是出于尊敬。"那就叫'塔里·金'吧,同不同意?"

接着大家开始练习狐步和鸟语。

俱乐部这就变成了小型的学校了。

(待续)

森 林 报

No.3

5 月 21 日至 6 月 20 日

歌唱舞蹈月
（春三月）

太阳进入双子座

第三期导读

一年 ——分 12 个月谱写的太阳诗章

5月到了 ——唱吧,玩吧!春天已认认真真着手干起了第三件事:开始给森林披上新装了。

瞧,森林里欢乐的月份 ——歌唱舞蹈月这就开始了!

胜利,太阳彻底战胜了冬天的严寒和黑暗,取得了完全胜利 ——光和热的胜利。随着晚霞与朝霞握手言和,我们北方的极夜跟着开始了。生命把土地和水掌握在手,又生机勃发,昂首生长了。高大的树木披上绿装,焕发出新生的容光。无数的昆虫展开轻盈的翅膀飞上高空,翩翩起舞;可是,一到黄昏,夜战能手夜鹰和身手矫健的蝙蝠,趁着夜色出来捕捉昆虫。白天,家燕和雨燕在空中来往穿梭,雕和鹰在森林上空盘旋巡视,茶隼和云雀扇动翅膀,像是被一根根线悬吊在田野上空。

不用活页的门开了,长着金色翅膀的住户 ——勤劳的蜜蜂纷纷飞了出来。田野的琴鸡、水上的野鸭、树上的啄木鸟、天上的绵羊 ——鹬,它们无不在树林的上空歌唱、欢舞、嬉戏。用诗人的话来说,如今"我们俄罗斯的鸟儿和兽类无不欢欣雀跃。林中的肺草从上一年的枯叶下钻出来,闪着蓝莹莹的光泽。"

我们把5月称为"哎呀"月。

你可知道为什么?

这是因为有点暖、又有点冷。白天,阳光和煦,夜晚嘛,哎呀,多冷!五月份,树荫下是天堂,可有时还得给马铺上干草,自己也得睡火炕呢。

欢乐的 5 月

哪个不想试试身手,展示一下自己多勇敢、多有力、多灵巧!很少听到歌声,看到舞蹈,见到的尽是龇牙咧嘴地打斗捕杀。绒毛、兽毛和羽毛到处乱飞。林中的居民忙得不亦乐乎,因为这是春天的最后一个月了。

夏天很快就要来到,随之而来的就是为筑巢和哺育后代而费心操劳。

农村里的人都说:"俄罗斯的春天倒乐意像个老姑娘,赖在家里,待一辈子,可总有一天,布谷鸟一叫,夜莺开口一唱,它还不是得让出位来让夏天去坐。"

用诗人的话来说，如今"我们俄罗斯的鸟儿和兽类无不欢欣雀跃。
林中的肺草从上一年的枯叶下钻出来，闪着蓝莹莹的光泽。"

林 间 纪 事

林 中 乐 队

到了这个月,夜莺一放开喉咙,日也唱、夜也唱,恨不得一会儿也不歇着。

孩子们纳闷了:它倒是什么时候睡觉呢?春天里的鸟儿忙个不停,顾不上多睡觉。鸟儿睡眠的时间都很短。唱一会歌儿,唱着唱着,打个盹,转眼又醒过来,再唱。也只是半夜三更,才睡上一小时,中午再睡它一小时。

早霞初染和晚霞满天时,不单鸟类,林中所有的居民无不引吭高歌,尽情玩耍,各尽所能,放声歌唱。有拉琴击鼓、有吹笛弄箫,此外汪汪声、咳咳声、嗷嗷声、尖叫声、哀叹声、嗡嗡声、咕咕声、呱呱声,此起彼伏,不绝于耳。

歌声悠扬的是苍头燕雀、夜莺和鸫鸟;唧唧啾啾叫的是甲虫和螽斯,咚咚击鼓的是啄木鸟,吹笛子的是黄莺和白眉鸫鸟。

狐狸和柳雷鸟哇哇叫,鹿叫起来有如咳嗽。狼在嗥。鹧鸪的叫声像哀叹。熊蜂和蜜蜂忙忙碌碌,嗡嗡声不停,青蛙叫声咕咕呱呱。

放不开歌喉的也不难为情,它们发挥所长,各显神通。

啄木鸟挑选发声响亮的干树枝做鼓。坚硬而灵巧的喙便是鼓槌。

天牛坚硬的脖子嘎吱嘎吱作响,听来活脱脱像提琴声!

螽斯的爪子带钩,翅膀上有倒钩,爪子弹拨翅膀,照样能发出乐声。

棕红色的大麻鳽①的长嘴往水里一伸,开始吹泡泡,水"扑通扑通"响了起来,犹如公牛在叫,响彻整个湖面。

还有田鹬,它连尾巴都能歌唱。你看它伸展开尾巴,昂首飞上高空,然后一头俯冲下来,风儿拨弄得它尾巴嗡嗡作响,听来像煞小羊的咩咩叫。

好不精彩的林中乐队。

过　客

大树和灌木丛下,离地不远的高处,顶冰花那黄色的小花,星星点点,熠熠生辉。

早在树木枝头还是光秃秃、灿烂的阳光畅行无阻直达地面的时候,它们就

---

① 羽色平淡,多为沙灰色而缀有深浅不同的黄、褐等色斑纹。翼和尾部都短,喙细短而直。足细长,适于涉水。常活动于水边、泽地或田野中。主食蠕虫、昆虫、螺类和甲壳类。

露面了。顶冰花便是迎着这样的阳光开放的,与它们做伴的还有盛开的紫堇花。

看到这些最先开放的花儿是何等样的赏心悦目呀! 紫堇花儿上上下下美不可言:形状别致的紫色花朵里连着长托①,在茎的末端汇成一束,青灰色的小叶子,边缘像锯齿一样整齐。

现在顶冰花和它的伙伴紫堇花的花期已过,树荫重重,要是这时候还不准备"回家",生命就要受到威胁了。它们的家在地下。它们在地面上无非充当过客的角色。播撒完种子之后就消失得无影无踪 ——它们那蒜头似的鳞茎和圆形块茎将待在地下深处,安然度过整整夏、秋、冬三季。

要是你想把它移栽到自家园地里,赶紧趁它们迟开的花还未凋谢,把它们挖出来吧。挖的时候千万小心。这些小植物淡白色的地下茎居然有那么长,真令人叹为观止!

在土地冻得厉害的地方,我们这些过客的鳞茎和块茎钻得很深很深,在有保护层、暖和的地方则离地面近些。

■ H. 帕甫洛娃

田 野 蛙 鸣

我和一位同学一起到田里去除草。我们轻手轻脚地走着,忽听到草丛里传来此起彼伏的歌声:"卜齐卜洛齐②! 卜齐卜洛齐! 卜齐卜洛齐!"

我听了回答说:"我俩不就是去除草吗?"

可对方照样唱它的:"卜齐卜洛齐! 卜齐步洛齐! 卜齐卜洛齐!"

我俩经过一个洼地,只见两只青蛙头探出水面,鼓起耳朵后面的鼓膜,一个劲儿地叫。一只在喊:"多啦! 多啦 ——啦!"另一只回应它:"萨马卡卡瓦③! 萨马卡卡瓦!"

我们一走近地头,圆翅膀的麦鸡④就过来迎接我们。它们在我们的头顶上扑扇着翅膀,问我们:"齐伊维⑤? 齐伊维?"它们问了一遍,又一遍。我们只好回答说:"我们是克拉斯诺雅尔卡村的。"

■ 驻林地记者 库洛奇金 (克拉斯诺雅尔卡村)

---

① 专用术语,指花萼下部细长的空管。

② 拟声词,与俄语"去除草"听来相似。

③ 这也是拟声词。前句中的"多啦"是俄语中的"傻瓜",后句的"萨马卡卡瓦"相当于"你自己又怎么样"的发音。

④ 体长近35厘米。前额、头顶和头后色黑而泛绿光,羽冠修长,头侧白色。背羽墨绿带紫铜色光泽;喉下及腹部白色。成对或小群栖河岸边,偶至田野,主食小虾、蠕虫及昆虫。

⑤ 同样是拟声词,意为"你们是哪个?"

海底奏鸣曲

把放在水底的声音录下来,通过广播器材播放了出来,房间里便响起人类闻所未闻的声音,把房间里的人语声全淹没了:有低沉的唧唧声,有刺耳的尖叫声,有呻吟声,有哼哈声,还有别具特色的咯咯声,忽然传来一阵震耳的嗒嗒声……这些都是黑海里的各种鱼类发出的声响。不同的鱼都拥有自己独特的、与水底王国其他鱼迥然不同的声音。

现在通过独特的海底声呐装置 —— 灵敏度高的水下"耳朵",我们深信,水下绝不是个无声的王国,鱼类也不是哑巴。这一发现有很大的实用价值:借助水下测音器,就可以探明什么地方聚集有捕捞价值的鱼类以及它们洄游的路线。这样就可避免出海捕捞的盲目性,而能准确地定位鱼群所在的位置。而且将来人类可以模仿鱼发出的声音来诱捕。

护 花 使 者

花中最娇嫩的就是花粉了,因为它们一遇湿就坏掉了。雨水和露珠对它们都有害。那么它们通常是如何保护自己的呢?

铃兰、黑果越橘和越橘的花好像是一只只悬挂着的小铃铛,所以它们的花粉始终都会得到这些保护罩的呵护。

金梅草的花是朝天开的,但花瓣像只匙子,向里弯着,而层层花瓣的边紧紧挨在一起,从而形成了一个严丝合缝的毛蓬蓬的小球。雨水打来,落到花瓣外面,里面的花粉却安然无恙。

凤仙花 —— 这时候还只是含苞待放 —— 它的花都躲在叶子下。真是一些有心计的家伙:它们的腿都伸过叶柄,牢牢地占据了叶子下的位置,自然可以高枕无忧了。

野蔷薇有许多雄蕊,遇到刮风下雨,花瓣也就闭合起来。白睡莲的花也一样,遇到下雨,也把花瓣闭起来。

毛茛的花每逢下雨就把头垂下来。

■ H. 帕甫洛娃

林中的夜晚

有位驻林地记者给我们写来信:"晚上,我在林中转悠,倾听森林夜晚的声音。我听到了各种各样的声音,都是什么东西发出的,我说不上。你们说,我该如何向《森林报》撰写有关的报道呢?"

我们回答说:"请把听到的声音如实记录下来,让我们做出分析。"

于是他给本报编辑部又寄来了信：

"说实在的，晚上我在森林里听到的都是些乱七八糟的声音，绝不是你们所写的那种乐队演出的乐声。

"鸟的叫声全都停了之后，林子里一片寂静。已经是半夜了。

"这时候，高处响起了低沉的琴声。开始时很轻，慢慢地高起来，越来越响，后来变得非常低沉浑厚——接着又轻下去，轻下去，最后什么也听不到了。

"我心想，反正有了这个开头，算是不错了。哪怕是单弦独奏，到底开始演奏了。

"这时候冷不防周围响起了'哈——哈——哈！嚯——嚯！'声。那声音可吓人了，吓得我背脊直起鸡皮疙瘩。

"我心想，这下倒好，人家这是在给乐手喝倒彩，在嘲笑它哩！

"林子里又静了下来。过了很久，我想，别再想听到什么声音了。

"过了好一会儿，我听到像是有人在给留声机上发条，上呀，上呀，就是听不到有什么乐音出来。我暗想，留声机坏了，还是怎么着？

"不上发条了，悄无声息。不久又上起了发条"嘎吱，嘎吱……"没完没了，烦死人了。

"到底上紧发条了。我想：好了，这会儿该把唱片放上去了，马上就能听到乐声了。

"猛地，有人鼓起掌来了，掌声热烈而响亮。

"怎么回事？我纳闷——没人表演过什么，怎么鼓起掌来了？

"就这么回事。过了一会儿，又一个劲儿地上起了发条，上了很久很久，可就是没放唱片，但掌声一阵接一阵。我一气之下，调头回家了。"

应该说，我们的这位记者真不该生气。

他不是听到过低沉的单弦独奏吗？这是某种甲虫——也许是五月金龟子吧，从他头顶飞过时发出的声音。

他说的令人毛骨悚然的"哈哈"声，是一种叫作林鸮的猫头鹰的叫声。

它生就这样讨人厌的声音，你说有什么办法？

给留声机上发条的"嘎吱嘎吱"声，那是蚊母鸟①在叫，这也是种爱在夜晚出没的鸟，不过它并不是一种猛禽。蚊母鸟压根儿就没什么留声机，那声音是从它的喉咙里发出来的。它还以为自己的歌声美着哩。

鼓掌的也是它，蚊母鸟。它自然不是用手来鼓掌的，而是在空中拍打翅膀

---

① 亦称夜鹰。体长约28厘米。羽色灰暗，背部有纵斑，胸部具横带。白昼多静伏山林间，黄昏时外出捕食蚊、虻等，为食虫益鸟。

时发出的啪啪声！倒是像极了掌声。

它干吗要这么做？编辑部可解释不了，因为我们自己也不知道。

也许它只是觉得好玩吧。

游戏和舞蹈

鹤在沼泽地里开起舞会来了。

鹤聚成一个圆圈后，便有一只或一双来到场地中央翩翩起舞。

开始时倒不怎么样，不过是长腿儿在蹦高。接着可就来劲了：它们迈开大步，连蹿带跳，花样百出，笑死人了！转圈圈、蹦蹦跳，打矮步，简直在跳特列帕克舞①！那些站成一圈的鹤跟着有节奏地扇动翅膀。

猛禽的舞会可是在空中举办的。

尤其是鹰隼与众不同，别有一番情趣。它们高高飞上云端，各显神通。时而，冷不防收起双翅，从令人头晕目眩的高空像石块一样跌落下来，快贴近地面时，才展开翅膀，飞出一个大圆圈，重回云天；时而，在离地面很高很高的地方停住，展开翅膀，身子凝然不动，仿佛被一根线拴在云端；时而，一个接一个翻起了跟斗，简直成了在空中表演的小丑。它不断翻转着冲向地面，翅膀发出猎猎声。

最后飞临的一批鸟

春天快要结束了。我们列宁格勒州飞来了最后一批鸟。它们都是在南方越冬的。

不出我们所料，这些都是装扮得五彩缤纷的鸟儿。

如今，草地上盛开着鲜花，灌木丛和大树披上新绿，枝叶成荫，这里成了躲避猛禽袭击的好处所。

彼得宫②的一条小溪上，出现一只翠鸟③。它来自埃及。这只鸟身披蓝中带绿并杂有咖啡色的外衣。

在树丛中，几只长着黑翅膀的毛色金黄的黄莺，叫声像吹笛子，又像一只瘦弱的小猫在叫。它们来自南部非洲。

在湿漉漉的灌木丛中出现蓝肚皮的蓝喉歌鸲和羽毛斑驳的石雕，沼泽地里

---

① 俄罗斯民间的一种顿足跳的舞。
② 彼得大帝1709年在彼得格勒堡近郊兴建的一座皇家行宫建筑群，有大小宫殿、园林、人工瀑布，和数以千计的喷泉，面临芬兰湾。现已成为旅游胜地。
③ 亦称"钓鱼郎"。体长约15厘米。头大，体小，嘴强而直。额和肩背等部羽毛，以翠绿色、暗绿为主。耳羽棕黄，颊和喉白色。飞羽大部黑褐色，胸下栗棕色。尾羽甚短。常栖息水边或岩石上。伺鱼虾游近水面，突然俯冲啄取，有害渔业。

也有金黄色的鹟鸰出没。

来这里的还有肚皮毛色各不相同的红尾伯劳 [①],毛色各异、领毛蓬松的流苏鹬和绿中带蓝的蓝胸佛法僧鸟 [②]。

长脚秧鸡徒步来到这里

有一种奇异的飞鸟 —— 长脚秧鸡从非洲来到这里。

长脚秧鸡不善飞行,飞行速度也不快。

它们飞行时容易被鹰和隼捕获。

不过长脚秧鸡奔跑起来速度很快,而且对于如何在草丛里巧妙藏身很在行。

所以它宁愿凭着两条腿跨越整个欧洲,悄悄地走过草地和树丛。只有到了海边,无路可走,才动用翅膀,并且是在夜里飞行。

现在长脚秧鸡整天待在高高的草丛上叫唤着:"唧 —— 唧! 唧 —— 唧!"

它的声音倒是容易听到,可要是想把它从草丛中赶出来,看看长什么模样,你倒是试试,看你有没有这样的能耐!

谁该笑,谁该哭

林子里,个个都很快乐,只有白桦在流泪。

在灼热的阳光照射下,桦树白色躯干内的汁水流动得越来越快,透过树皮的孔渗到了外面。

人们认为白桦树汁是一种有益而可口的饮料,便切开树皮,把它的汁水收集起来,装进瓶子里。

树木的汁水一旦流出太多,就会枯死。因为树汁就像人身上的血液,必不可少。

松鼠爱吃肉

整个冬天,松鼠只吃植物。它吃坚果的仁,吃秋天储藏起来的蘑菇。时候到了,现在可以开荤了。

许多鸟儿已筑好了窝,产下了蛋,有的甚至孵出了小鸟。

---

① 喙强而锐利。食大型昆虫及蛙、蜥蜴或小型鸟兽等。体长约28厘米。头、颈和上背呈珠灰色,向后至腰部渐转黄。头侧有贯眼纹,翼及尾羽亦大部分黑色。颊及喉纯乳白色。下体带灰色。夏栖田野,冬居平原。主食昆虫,为农林益鸟。

② 体长约35厘米。背面羽毛淡棕黄至深棕色,翼羽蓝色而具黑色尖端,胸部呈蓝色。栖居山林,主食昆虫。

这正中松鼠的下怀,因为它可以在树枝间和树洞里找到鸟窝,叼走里面的小鸟和鸟蛋美餐一顿。

这种可爱的啮齿动物干起毁损鸟窝的坏事来,丝毫不比任何猛禽逊色。

我们的兰花

这种有趣的花在我们北方可是稀罕的玩意儿。一见到它,不由你不联想到它那些大名鼎鼎的亲属 —— 长在热带丛林里的迷人兰花。热带丛林里,在树上也能见到兰花,可我们这里,它只能长在地里。

我们这儿有几种兰花,它们的根很怪,活像张开手指的胖胖小手。它们开的花有时很美,有时却不怎么好看。不过,无论哪种兰花 —— 香子兰、舌唇兰、红门兰 —— 都香气袭人,闻起来令人陶醉不已。

要说我们这儿哪种兰花最出色,那便是我最近在罗普什见到的那种。这种我不了解的植物开着五朵漂漂亮亮的大花。我伸手把一朵花向上翻了翻,但见一只怪模怪样、暗红色的苍蝇紧贴着花朵,停在里面,我立马厌恶地缩回了手。

我用一个麦穗拍打了一下苍蝇,它一动不动。我仔细一看。原来那不是苍蝇。它的身子毛茸茸的,满是蓝色的斑点,短短的翅膀也是毛茸茸的,此外还有一对小胡子。反正不是苍蝇,而是花的一部分。当时我并不知道那是娥菲里斯蝇状兰的一部分。

■ H. 帕甫洛娃

找浆果去

草莓成熟了。阳光下,哪里都可以见到完全成熟的鲜红草莓浆果 —— 多香,多甜的浆果!只要吃一口,让人回味无穷。

黑果越橘也成熟了。沼泽地里的云莓正在成熟。黑果越橘矮丛上的浆果很多很多,而每棵草莓的浆果至多只有五棵。结果最少的数云莓,它的茎顶只结一颗果实,而且并非每株都会结果 —— 开的尽是些不结果的花。

■ H. 帕甫洛娃

这是什么甲虫

我发现了一种甲虫,但不知道它叫什么、吃什么。

这种甲虫跟瓢虫一模一样,只是瓢虫浑身红色,点缀着黑色小圆点,而这种甲虫通体黑色。它的身子圆滚滚的,比豌豆大一点儿,长着六条小爪子,会飞 —— 背上有两片黑色小硬翅,翅膀下是两片黄色软翅。它翘起黑色硬翅,伸出黄色软翅,就飞起来了。

有趣的是,一旦发现有危险,它就把爪子藏到肚皮下,触须和脑袋缩进身子里,藏了起来。如果把它抓到手心里,说什么也看不出它是甲虫,这时候倒很像一颗小小的黑色水果糖。

可要是过了一会儿,不去碰它,它所有的爪子就会伸出来,接着又探出脑袋,再伸出触须。

我非常想知道,这是什么甲虫,能告诉我吗?

■ 柳霞·留托宁娜,12 岁

编辑部的答复

你已详尽地描述了自己见到的甲虫,我们一下子就判断出那是什么甲虫。那是阎虫,属盾蜡科。它像乌龟,行动缓慢,而且也像乌龟,爱把头脚缩进甲壳里。它的甲壳里有很深的凹陷,藏得下爪子、脑袋和触须。

阎虫有多种:有黑色的,也有其他颜色的。它们全都吃腐败的植物和粪便。

有一种黄色的阎虫,全身长着小茸毛,和蚂蚁生活在一起,来去自由。不飞了,就回到蚂蚁窝。蚂蚁不去碰它,蚂蚁在保护自己巢穴不受外敌破坏的同时,也保护了自己的同居者阎虫。

摘自少年自然界研究者的日记

毛脚燕的巢

5 月 28 日。一对毛脚燕在邻居小木屋的房檐下,正对着我窗口的地方,筑起巢来了。我挺高兴,因为现在我能看到燕子是如何营造自己精美的小圆屋,能看到从开工筑巢到完工的全过程。它们什么时候坐窝孵卵,怎样喂小燕子,我全都会了解得一清二楚了。

我一直注视着,我的燕子往哪儿去找建筑材料 —— 原来就在村子中间的小河边。它们到了近水岸边,用喙啄来一小块黏土后,立即衔着泥土飞回木屋。它们在房檐下轮流换班,把泥土粘在墙上,又匆匆回去取新的泥块。

5 月 29 日。遗憾的是,高高兴兴看着燕子筑新窝不只是我一个人,还有一只待在邻居家叫费多谢依奇的公猫,现在它一早就爬上了房顶。这是一只毛发零乱的灰色流浪猫,在和别的公猫打斗时把右眼打瞎了。

这只猫注视着飞来的燕子,眼睛死死地盯着房檐,看燕子窝做好了没有。

燕子见状发出警报,只要猫不离开房顶,就停工不再做窝了。敢情燕子打算飞走,不再回来了?

6 月 3 日。这几天里燕子做好了窝的底部 —— 薄薄的一圈,像镰刀似的。

费多谢依奇老爱爬上房顶，引起燕子惊慌，影响工程进度。今天，过了午后，就是不见燕子飞来，看来它们打算抛弃这个工地，另找更安全的地方做窝，那样一来我可是什么也看不到了。

6月19日。这几天一直都很热。房檐下镰刀形泥窝已经干了，由黑色变成了灰色。燕子始终没再露面。白天，天空乌云密布，下起了白花花的雨。那可真是一场瓢泼大雨！窗外仿佛挂上一层透明的雨柱编成的帘子。街上奔流着雨水汇成的小溪。哪儿也别想蹚水过去：河水已漫上了岸，发了疯似的"哗哗"流淌，两岸的稀泥淤积得很厚，脚踩下去都没过膝盖了。

快到傍晚，雨停了。房檐下飞来一只燕子。它的身子在那做了一半的镰刀形窝上紧紧贴了一会儿，又飞走了。

我心想："也许燕子不是被费多谢依奇吓走的，而是因为那些天没地方找到潮湿的泥土吧？它们也许还要飞来吧？"

6月20日。飞来了，果然飞来了！不只是一对，而是整整一群——整整一大队人马。它们都聚集在屋顶上转呀转，注视着屋顶下方，叽叽喳喳，显出焦虑不安的神情，像是在为了什么争伦不休。

争论了约莫10分钟之后，燕子一下子全都飞走了。只有一只留了下来。它的两只爪子紧贴那个泥土镰刀，一动不动地停在那儿，只用喙修整着什么，也许是把自己黏稠的唾液涂抹在泥土上。

我相信，这是只母燕——这个窝的主人。因为不久飞来一只公燕，把一小团泥从自己的喙里吐到母燕的喙里。母燕又动手做窝，而公燕又飞走去取泥了。

公猫费多谢依奇上了房顶。但燕子并不怕它，不嚷也不叫，埋头干活，直忙到太阳下山。

如此说来，我能亲眼一见燕窝的落成了！但愿房顶上的费多谢依奇的爪子够不到燕窝。不过燕子不会不知道，自己的窝做在哪里最安全。

■ 驻林地记者　维丽卡

白腹鹟的巢

5月中旬的一天晚上，8时左右，我在自家花园里发现一对白腹鹟。它俩待在板棚顶上，板棚旁边有株白桦树，我在树上挂上一只带活动盖的树洞形的鸟窝。过了一会儿，雄鸟飞走了，雌鸟留下来没走。它飞到我做的鸟窝上，但没有进去。

过了两天，我又见到了雄鸟，它钻进了鸟窝，待了一会儿，飞出来停在一株苹果树枝上。

飞来一只红尾鸲，两只鸟一见面就打起架来。明摆着：白腹鹟和红尾鸲都是以树洞为巢的鸟。红尾鸲想从白腹鹟手中夺过鸟巢,可对方不答应。

白腹鹟夫妇在鸟巢里安下了家。雄鸟老唱着歌儿,喜欢往窝里钻。

白桦树梢来了一对苍头燕雀。但白腹鹟对它们不理不睬。这也是明显不过的事:苍头燕雀不是白腹鹟的对手,窝还是自己动手来做,它们可不住树洞,吃的东西也很杂。

又过了两天。

早晨,飞来一只麻雀,停在白腹鹟的窝前,雄鸟一见便追着麻雀冲进了窝。窝里开始了一场恶仗。

突然一下子没了动静。

我赶忙跑了过去,走近白桦树,用棍子敲了敲树干。麻雀从窝里跳了出来,雄白腹鹟却不见出来。雌白腹鹟在树洞形鸟窝边飞来飞去,惶恐不安地叫着。

我生怕雄白腹鹟已一命呜呼,便往窝里瞧了瞧。

雄白腹鹟还活着,但已遍体鳞伤。窝里有两只鸟蛋。

雄白腹鹟在窝里待了很久,飞出来时,显得虚弱不堪:它落到地面之后,竟遭到几只母鸡驱赶。我担心它再遭不测,便把它带回家,用苍蝇喂它。晚上我又把它放回鸟窝。

过了7天,我又往窝里瞧了瞧。一股霉烂的气味扑面而来。窝里趴着孵蛋的雌鸟,身旁躺着雄鸟,身子倒向洞壁,死了。

我不知道:麻雀是不是又来袭击过,还是第一次打斗后它本就难逃一死的厄运。

雌鸟没有飞出窝,甚至当我把死了的雄鸟从窝里掏出来时,它也没有反应,一心一意孵着蛋。

■ 伏洛佳·贝科夫

林木种间大战

（续前）

你们记不记得，几位记者给我们写的有关那块林中树木被砍伐一空的报道？他们在那里生活了好多时间，他们一天又一天地待着，指望那里又生发出绿意，地上长出幼小的云杉来。

这样的景象果然出现了：经过几场温暖的春雨后，终于有一天，空地上又是绿油油的一片。

可是从地下探出头来见天日的都是什么呢？

不是云杉幼苗！捷足先登的是横行霸道的野草，它们是莎草和拂子茅。它们长得又快又密，尽管云杉苗拼命地从地下往上长，但还是迟了一步，领地已被野草大军占领了。

随之开始了第一场争夺战。

云杉苗举着锋利的矛——树梢，艰难地挑开头顶密密麻麻的野草大军，而野草也不肯示弱，它们仗着人多势众，摆开阵势，往幼树身上压将过来。不论是地上，还是地下，恶战正酣。

野草和树苗的根缠在一起，就像穷凶极恶的鼹鼠，在地底下乱战一气。彼此纠缠成一团，你掐我，我勒你，为了争夺富有营养和盐分的水，争得你死我活。

结果，许多幼小的云杉苗再也见不到天日，活生生的在地下被铁丝一样柔韧而结实的草根勒死了。

而那些有幸钻出地面的云杉苗也遭到野草茎条的缠绕，面临着被憋死的危险。

野草死死缠住结实的云杉树干。幼树千方百计往高处长，同时用尖厉的树梢捅破富有弹性的草茎织成的罗网，但野草死活不让云杉钻到上面沐浴到阳光。

侥幸从拼死阻挠的野草大军魔掌中逃脱的云杉苗可说是寥寥无几。

在界河对岸空地上恶战正酣的时候，白桦刚开花。但山杨已做好出征的准备，要登上河对岸那块空地。

山杨的葇荑花序已经张开，每个花序里都飞出几百个顶着白毛的小种子，它们就是一个个张着白色降落伞的独脚小伞兵。

风欢快地抓住小茸毛，托着种子，轻盈地在空中打着旋，像朵朵白云，在小河上转呀转。转过了河，种子撒到了空地的四面八方，直撒到云杉王国的边缘。

这些独脚的小伞兵雪片般降落在云杉和野草的头上。第一场雨把它们冲下来，埋进了地下，再也见不到它们的踪影了。

日子一天天过去。空地上的战斗仍在继续。但看得出，野草在云杉面前已无能为力了。

野草拼着老命往上长，但很快再也长不高了，可云杉有的是时间和精力去长个儿。

这时候野草族的日子糟透了。小云杉舒展开那长满黑黝黝、密麻麻叶子的枝条，劈头盖脸向野草压过来，害得对方再也见不到阳光。在树荫的遮盖下，野草日见枯萎，瘫了下去。

但是从地下又冒出一支军队，那是山杨大军。它们出来时一簇簇、一丛丛，紧紧挨在一起，显得战战兢兢，浑身哆哆嗦嗦。

因为它们自知姗姗来迟，说什么也斗不过强壮的云杉啊。

云杉浓密的枝叶黑压压地盖在小山杨的头顶，小山杨只好屈服退让，在阴影中无奈憔悴下去，最后枯萎。

山杨是种喜爱阳光的植物，缺了阳光，根本活不下去。

眼看云杉就要大获全胜了。

这时候空地上又降落一批新的来犯的空降兵。它们是架着双翅滑翔机来的。

起初，它们也像山杨，一来就到地下埋伏起来。它们就是白桦的种子。它们嘻嘻哈哈地过了河，也四面八方散布在空地上。

它们能不能战胜第一批占领军——云杉呢？我们的记者还不得而知。

下期的《森林报》将刊登他们的最新报道。

农 庄 纪 事

庄员的活可多了：播种之后，要把厩肥和化肥运到地里，把肥料撒到地里，为来年的秋播作物做好准备。然后干园地里的活儿：首先是种土豆，接着栽种的是胡萝卜、萝卜、黄瓜、芜菁和甘蓝。这时候亚麻已长高，得除草了。

孩子们也在家里待不住了。无论是田头，还是菜园和花园，他们都能帮上忙。他们可以种庄稼、除草、给树木修枝剪叶。农活可多哩！他们要扎好够一年用的桦树枝条扫帚，摘野荨麻的嫩头，用来做汤料。这种嫩头和酸模做的绿色菜汤可好吃了。他们还要捕鱼：捉欧鲌、拟鲤鱼、红眼鱼、河鲈鱼、梅花鲈、小欧鳊鱼、小雅罗鱼。捉小狗鱼用网和鱼篓；捉河鲈鱼、狗鱼、江鳕鱼用诱饵，其他的鱼用鱼竿儿钓。

晚上用大抄网(张在一个带长柄的框子上的口袋状渔网)，什么鱼都能捕到。

夜里从岸上撒下捕虾的网袋，自个儿稳坐在篝火旁，等更多的虾儿聚弄过来。与此同时，几个人谈天说地，说笑话，讲恐怖故事，不亦乐乎。

清早时分，再也听不到野公鸡——灰色山鹑的啼声，因为秋播的黑麦已长到齐腰高，而春播作物也已长高。

野公鸡还在老地方，可不能再叫唤了，因为近在身旁的窝里有蛋，母鸡正坐在窝里孵蛋呢。这时候要是叫出声来，就会招灾惹祸了：要是被大鹰、小孩或狐狸听到，个个都闻声赶过来——这些家伙可都是掏鸟窝的高手。

帮大人干活

假期一开始，我们少先队小队就开始帮大人干农活了。我们给庄稼除虫，消灭虫害。

我们又休息、又干活，劳逸结合。

还有许多事等着我们去干、要我们操心。很快庄稼就要收割了。到时候我们要去拾麦穗，帮助女庄员捆麦束。

■ 驻林地记者 安妮娅·尼基金娜

新 森 林

俄罗斯联邦的中部和北部地带，春季造林已经结束。新的造林面积达到10万公顷左右。

今年春季,苏联欧洲部分的草原地区和森林草原地区的农庄种植了大约25万公顷的防护林带。

与相同时,农庄还开辟了大量的苗圃,将为来年提供超过10亿棵各种品种的树木和灌木的幼苗。

到了秋季,俄罗斯联邦的林场将种植几十万公顷的新森林。

■ 塔斯社讯

集体农庄新闻

逆风来帮忙

"突击队员"农庄从亚麻地里给我们寄来了投诉信。亚麻幼苗抱怨说,地里出现了敌人——杂草,害得它们活不下去了。

农庄立马派出女庄员去助亚麻一臂之力。她们动手整治这些敌人,而对亚麻百般呵护。她们脱了鞋袜,光着脚,小心翼翼地迈着步,始终顶着风走。女庄员踩过后,亚麻倒伏下去。但是一阵逆风吹过,亚麻的细茎被风一吹,立了起来。亚麻又能没事似的,立稳脚跟,挺直身子了。而它们的敌人已被消灭干净。

今天头一次

一小群牛犊今天头一次被放到牧场上。你看它们东奔西跳,摇头晃尾,别说有多开心了。

绵羊脱下棉袄

"红星"农庄的绵羊"理发室"里,十位经验丰富的剪毛工,在用电动推子给绵羊理发。说是理发,那简直是要剥掉绵羊的一层皮——把人家浑身上下的毛全给剪掉了。

我的妈妈在哪里?

羊妈妈的一身毛被牧羊人剪得精光,被送到羊宝宝身边。

"妈妈,你在哪里?你在哪里?"羊宝宝哭喊着问。在牧羊人帮助下,它们这才找到了自己的妈妈。接着,又一批绵羊被送到理发室去剪毛了。

牲口群越来越兴旺

农庄里的牲口群规模日益扩大。今年春天出生了多少小马、小牛、小绵羊、小山羊和小猪呀!

单昨天一个晚上,"小河"农庄的小学生 —— 小小牲口饲养员们的牲口群就扩大了 4 倍。原先只有一只山羊,如今有 4 只了:山羊妈妈库姆什卡和 3 只羊崽 —— 库扎、姆扎和施卡里克。

重要的日子到了

果园生命中的重要日子到了。草莓已经开花,低矮而滚圆的樱桃树上盛开着雪白的花朵,昨天,梨树枝头已是花蕾点点。再过一两天,苹果树也花满枝头了。

在"新生活"农庄里

昨天"新生活"农庄池塘旁的新园地里来了新住户 —— 南方的蔬菜番茄。过去番茄都长在温室里。黄瓜搬来与它们做起了邻居。这些番茄都是些结结实实的小伙子,正准备开花。黄瓜可都是些小娃娃,它们都躺在白色的封套里,只露出鼻尖哩。大地母亲呵护着这些小娃娃,免得被馋嘴的鸟儿发现。黄瓜儿能快快长大,赶得上番茄吗?

来帮帮六只脚的朋友吧

一说到与农业有关的昆虫,我们首先就想到了一大帮个儿小小的,但对庄稼十分有害的敌人。可我们忽略了那些六脚的朋友,它们在田地里为了我们忙碌着,它们个儿虽小,却数量众多。我们也忽略了它们在为植物授粉方面所起的重要作用。六只脚、长翅膀的昆虫种类繁多,其中有蜜蜂、丸花蜂、姬蜂、甲虫、蝇类、蝶类,它们无不为黑麦、荞麦、大麻、苜蓿、向日葵等植物授粉,把花粉从这朵花送到那朵花上。

通常遇到这种情况,这些小小的劳动者力气太小,提供的花粉满足不了所有庄稼的需要,我们就需要亲自动手助它们一臂之力。

我们用一根绳子来为黑麦、荞麦、亚麻、苜蓿等授粉。两个人拉着一根绳子,一人拉一端,从开花植物梢头上拖过,梢头被碰得弯下来时,花粉跟着从花上落下来,随风飘散到整个田地里,或粘在绳子上,被带到别的花上去。而给向日葵授粉的方法是:把花粉收集在一块兔子皮上,再把兔子皮上的花粉扑到开花的向日葵的花盘上。

■ H. 帕甫洛娃

都 市 新 闻

列宁格勒的驼鹿

5月31日清晨,在密切尼科夫医院旁边发现一头驼鹿。这几年,在城市边缘地区发现驼鹿已不是第一次了。正如大家猜测的,驼鹿是从弗谢沃洛斯克区的森林来到列宁格勒的。

鸟 说 人 话

《森林报》编辑部来了一位公民,他说:"早晨我在公园里溜达,冷不防灌木丛里响起了口哨,高嗓音,挺执拗,像是问我:'见过特里什卡吗?'四周没个人影,只有一只鸟——浑身红彤彤的,待在树丛里。我打量了它一眼,心想:'这是啥鸟,叫得这么清晰?它问的那个特里什卡又是哪个?'它还是问那话儿:'见过特里什卡吗?'我跨上一步,来到它跟前,想看个明白。可它'嗖'的一声钻进树丛,没了踪影。"

这位公民见到的鸟叫朱雀,是从印度飞来的。它的叫声里确实能听出像是在问什么。不过要是用人类的语言翻译过来,不同的人听来有不同的意思。有人以为是:"见过特里什卡吗?"也有人说是问:"见过格里什卡吗?"

海 上 来 客

最近几天大量的胡瓜鱼密密麻麻从芬兰湾游到涅瓦河来。它们是来涅瓦河产卵的。这下可把渔民累坏了:网里进了这么多鱼够他们忙的。

胡瓜鱼产完卵又回到大海里去了。

海洋深处的客人

海洋里有许许多多各色各样的鱼都要到江河里来产卵。孵出来的小鱼儿又从江河返回大海。

只有一种鱼出生在深海,再从深海游到江河里待上一辈子。这种鱼的出生地是大西洋的马尾藻海①。

这种奇里古怪的鱼叫铜板鱼。

---

① 因漂浮以马尾藻为主的藻类,故名。属北大西洋环流中心,海流弱,富低等海洋生物。

诸位没听说过吧？

这也难怪，因为只有在这种鱼还很小、生活在大海的时候，才叫它铜板鱼。

那时候它通体透明，连肠子也一目了然。两侧扁扁的，像张纸。一旦长大了便像蛇。

说到这里，你想起它的真名来吧：它就是鳗鱼。

铜板鱼在马尾藻海生活了三年，到了第四年，它们摇身一变，成了玻璃一样透明的小鳗鱼儿。

这个时节，玻璃般透明的鳗鱼成群结队，浩浩荡荡来到涅瓦河。

从大西洋深处自己神秘的故乡来到这儿，它们游过的距离有 25000 千米之多。

试 飞

在大街、公园或街心花园行走的时候，不妨抬头看看，免得被从树上掉下来的乌鸦和椋鸟的雏鸟，或从房顶上跌落的麻雀和寒鸦的幼鸟，砸到脑袋。这些雏鸟这时节正从窝里出来，学飞行呢。

斑胸田鸡在城里昂首阔步

最近，郊区的居民夜间常听到断断续续的低声尖叫："福奇 —— 福奇！……福奇 —— 福奇！"叫声开始时是从一条沟里传出来的，后来又从另一条沟响起。

这是斑胸田鸡 —— 一种生活在沼泽地里的雌田鸡正在穿过城市。斑胸田鸡是长脚秧鸡的近亲，也是徒步跨越欧洲来到我们这儿的。

采 蘑 菇 去

一场温暖的春雨过后，你可以到城外去采蘑菇了：红菇、牛肝菌和白菇纷纷从土里钻出来了。

这是夏天第一批长出来的蘑菇 —— 抽穗菇。之所以取名抽穗菇，那是因为它们出现的时候，越冬的黑麦正好抽穗。一到了夏末这些蘑菇就不见了。

一发现花园里的丁香花开始凋谢，你就知道春季已结束，夏天来了。

有生命的云

6月11日，列宁格勒涅瓦河畔的滨河大街上人来人往，熙熙攘攘。晴空万里，闷热异常。房子里和柏油马路上热得叫人喘不过气来。孩子们变得烦躁不安。

突然,宽阔的河对面出现一大块灰色的云团。

行人都停下脚步,抬头看了起来。云团在低空移动,简直贴在水面上了——眼看着它越变越大。

说话间,行人被一阵阵窸窸窣窣声包围,这才明白过来,这不是云,而是一大群蜻蜓。

刹那间,周围的一切变戏法似的,全变了样。

不知其数的翅膀扇动起来,刮起了一股凉凉的轻风。

孩子们不再淘气,他们兴高采烈地看着阳光透过斑斓多彩的、云母般的蜻蜓翅膀,在空中闪烁出彩虹般的光。

行人的脸全都变得绚丽多彩,张张脸孔上闪烁着一道道微小的彩虹,日影和亮光星星点点,闪闪烁烁,斑斑驳驳。

有生命的云团伴着窸窸窣窣声,掠过滨河街上方,升向高处,消失在楼群之后。

这些都是刚出生的小蜻蜓。它们成群结队,齐心协力,立即飞去寻找新的住处。可是它们是哪里出生的,降落到什么地方,我们不得而知。

成群结队的蜻蜓常常在不同地方出现。如果你见到了,应该注意一下,它们是从哪儿飞来的,打算飞到哪儿去。

列宁格勒州新出现的野兽

在我们州叶菲莫夫区和邻近区域的森林里,最近几年,猎人们常常遇见一种当地居民陌生的野兽。它的身子跟狐狸一般大小。这便是乌苏里貉,模样像浣熊,或直称它乌苏里浣熊。

它怎么会到这里来的?

道理很简单:用火车运来的。

10 年前,人们运来 50 只小乌苏里貉,放进了我们的森林。现在,它们在这里已大量繁育,数量之多,可以允许捕猎了。

乌苏里浣熊的毛皮很珍贵,整个冬季都可以捕猎,因为它们在我们这里不冬眠,不像在它们的故乡,天气太冷了,是要冬眠的。

欧 鼹

有人认为,欧鼹是啮齿类动物,跟所有地下的鼠类一样,生活在地下,吃的是植物的根。但这冤枉了欧鼹,它根本不是鼠类,而更像刺猬,只不过它身上穿的是天鹅绒般的柔软的皮衣。它也是一种以昆虫为食的兽类。它爱吃金龟子和其他害虫的幼虫,因此对我们有益,而且并不危害植物。

不过欧鼹也会在花园和菜园地里挖土刨洞,形成了一个个小土堆,损坏了花卉和可口的菜蔬,因而人们都很讨厌它,不过尽可以平心静气把一根长竹竿插在地上,上面装上小风车就行了。

风吹动风车,风车一转,竹竿抖动起来,下面的土地也跟着颤动,发出声响,欧鼹很快被吓得"跳之夭夭"了。

■ 少年自然界研究者　尤拉

蝙蝠的回声探测器

一个夏天的晚上,一只蝙蝠从敞开的窗子里飞了进来。

"赶走它,赶走它!"小女孩急急忙忙用头巾包住自己的头,嚷嚷道。可秃头的老爷爷唠唠叨叨说:"它扑的是光,干吗往你的头发里钻?"

就是前几年科学家也还不明白,夜里,黑暗中,飞行的蝙蝠怎么会认得路。

蒙上它的眼睛,堵上它的鼻子,蝙蝠照样能避开重重障碍,甚至连拴在房间里的细线也能绕过去 —— 机灵地逃过了罗网。

如今发明了回声探测器,这个谜才得以破解。现在已确认,蝙蝠在飞行过程中,嘴里发出超声波 —— 人耳听不到的微弱的尖细叫声。这种声音一遇到障碍就反射回来,蝙蝠灵敏的耳朵就能"接收"到这样的信号:"前面是墙!"或"有线!"或"有蚊子!"。只有女性浓密的细发不能很好地传送和反射超声波。

秃头老爷爷自然用不着害怕,可小姑娘一头浓密的头发实际上被蝙蝠误当作是"窗子里的亮光"了,所以它才会冲着其中的"一扇窗"扑过去。

给风力定级 [①]

风是我们的朋友 —— 风小的时候。

夏天,炎热的中午,如果一点儿风也没有,我们会热得喘不过气来。完全无风的时候,烟囱冒出来的烟笔直地升上天空。如果空气流动的速度每秒不超过 0.5 米,我们感觉起来以为没有风,便给它打了 0 分。

软风的风速是每秒 1 ~ 1.5 米,即每分钟 60 ~ 90 米,也就是每小时 3.5 ~ 5.5 千米。这是人步行的速度 —— 烟囱出来的烟已不笔直了。这时候我们觉得脸上有凉意,呼吸通畅。我们给软风打 1 分。

轻风的风速是每秒 2 ~ 3 米,即每分钟 120 ~ 180 米,每小时 7 ~ 11 千米。

---

① 文中的风级标准与蒲福风力等级表所载标准略有出入,如无风的标准是每秒 0 ~ 0.2 米,软风是每秒 0.3 ~ 1.5 米,轻风是每秒 1.6 ~ 3.3 米等等。

差不多相当于人奔跑时的速度。树叶被风吹得沙沙作响。我们在风的记分册里给轻风记上 2 分。

风速达到每秒 4 ~ 5 米,即每小时 14.5 ~ 18 千米 ——大约相当于马小跑时的速度。这种风称为微风。微风只能吹得细树枝摇晃,轻轻松松推动水里的纸折小船跑。我们给微风在记分册里记上 3 分。

气象学称扬起路上的尘埃、掀起海浪、晃动粗树枝的风为和风,速度为每秒 6 ~ 8 米。和风得 4 分。

清劲风的速度为每秒 9 ~ 10 米,即每小时 32 ~ 36 千米,与乌鸦飞行速度相当。清劲风能吹得树梢喧啸,摇动森林里的细树干,使大海涌起波浪,吹散蚊蚋。清劲风得 5 分。

强风已开始捣乱了。它摇晃林中的树木,把晾晒在绳索上的衣服吹落在地上,刮掉戴在头上的帽子,吹得排球偏离方向,有碍球赛顺利进行,风速与火车客车行驶速度相当,约为每小时 39 ~ 43 千米。好在气象学家采用的是 12 分制,要是用的是学校的 5 级分制,那就没法给强风记分了。因为我们给强风记的是 6 分。

接下去还有什么风,请参看《森林报》第八期,到时候将刊登有关极猛烈的风的报道。在我们地区,秋季风最大。

狩猎纪事

我国幅员辽阔,列宁格勒近郊狩猎季早已结束,而北方的江河刚开始进入汛期,狩猎正值旺季。许多热衷于狩猎的人这时正往北方赶。

坐船进入春水泛滥的水域

天空乌云密布,夜晚黑漆漆的,像是已进入秋夜。

我和塞索伊·塞索伊奇驾着小划子,在一条林间小河里顺流而下。河岸陡峭。我拿着桨,坐在船尾,他坐在船头。

塞索伊·塞索伊奇是位什么飞禽走兽都打的猎人。他不爱捕鱼。连垂钓的人也不放在眼里。虽说今晚我们是去捕鱼的,可他仍不改初衷,硬说自己出去为的是"猎鱼",而不是"钓鱼""网鱼"或用别的什么渔具捕鱼。

陡峭的河岸很快过去之后,我们来到了一片辽阔的泛滥区。有的地方水面露出一丛丛灌木梢头,往前去,黑乎乎的树影幢幢,再往前,屹立着的是黑压压的林木,形成一道树墙。

夏天,一条窄窄的堤岸把一条小河与一个不很大的湖隔开,岸上长满了灌木。小湖分出一条小河汊与小河相通。不过这时候已没有必要寻找水道,因为到处的水都很深。小划子可以在灌木丛间穿行。

船头的铁板上放着干松枝和松脂。

塞索伊·塞索伊奇用火柴点燃了松枝。

船上的篝火发出红黄色的火光,照亮了宁静的水面,映出了船四周光秃秃、黑黝黝的灌木枝干。

但我们无意观赏四周的景色,只留意身下,注视被照亮的湖水深处。我轻轻地划着桨,并不把桨拿出水面。小舟悄无声息地过去。

我的眼前浮现出一个奇幻的世界。

我们已到了湖上。水底下一些植根于泥土中的庞然大物若隐若现,它们长长的发须交互纠结,左右摇晃。它们是水藻还是水草?

好一片黑洞洞的水潭,深不见底。也许,实际上并不那么深,因为火光透进去照亮的地方最多只有两米深。但见了这么一个黑漆漆的无底深渊怎不叫人毛骨悚然!真不知道里面藏着什么?

突然从水下升上来一只银色的小球,开始时升得很慢,后来越来越快,越来越大。

这时候它已飞快地冲我蹿了过来,即刻就要飞出水面,眼看撞到我的脑门上……我不由自主地把头一偏。

只见小球变成红色,钻出水面,破裂了。

原来是普通的沼气泡泡。

我像是坐在飞船里,在一个陌生的星球上空飞行。

身下漂过一座座岛屿,长满挺拔的密密的林木。是芦苇吗?

一个黑色的怪物摇摇晃晃,向我伸出多节疤的触手来。这怪物像章鱼,也像鱿鱼,但触手还要多,模样更丑陋,更可怕。这是什么东西?

原来是露出水面的树墩。是个盘根错节的白柳的茬子。

塞索伊·塞索伊奇的一系列动作引起我的注意,我抬起了头。

他站在船上,左手拿着鱼叉——他是个左撇子。他的双眼紧紧盯着水里,目光炯炯,一副军人的气派。看来这位小个子、长满胡子的战士想用长矛吓唬倒在自己脚下的敌人。

鱼叉的木柄有两米长,底端装着五根闪闪发亮、带倒钩的钢齿。

塞索伊·塞索伊奇把被篝火映得通红的脸转向我,扮了个可怕的鬼脸。我渐渐停下船。

这位猎人小心翼翼地把鱼叉伸进了水。我朝下一望,只见水深处有个直直的黑色带状物体。开始时我以为那是根棍子,细一看,原来是一条大鱼的背脊。

塞索伊·塞索伊奇慢慢地把鱼叉往深处伸,打斜里过去,他手里拿着鱼叉,人一动不动地站着。

突然间他把鱼叉直直叉下去,说时迟,那时快,眨眼间鱼叉有力地刺进了黑色的鱼背。

他把猎物拖出水面时,湖水涌动起来,只见钢齿上挣扎着一条重约两千克的圆滚滚的雅罗鱼。

小船继续前行。很快我发现了一条不大的鲈鱼,脑袋钻进水下的灌木丛中,停着一动不动,看来像是陷入了苦思冥想之中。

鲈鱼距水面很近很近,甚至看得清鱼腹上的黑条纹。

我看了看塞索伊·塞索伊奇。他摇摇头。

我明白,在他看来这鱼微不足道,不值得猎取。我们便放过了它。

我们就这样在湖上划了一遍。水下王国神奇的景象在我面前一幕幕漂过。需要再次停下船来,看着塞索伊·塞索伊奇这位猎人猎取水下猎物时,我还是不忍把视线从美景上移开。

又一条雅罗鱼、两条硕大的鲈鱼、两条金灿灿的细鳞冬穴鱼从湖底落到了我们小船的船舱。黑夜很快就要过去了。这时候我们的船在被淹没的田野上滑行。燃烧着的树枝和红红的火炭落入水中,发出咝咝声。偶尔听到头顶野鸭扇动翅膀发出的声音,但看不见野鸭的踪影。在一片孤岛似的黑漆漆树林中,麻雀大小的小猫头鹰在用温柔的声音安抚谁:"我睡了!我睡了!"灌木丛后传来悦耳的叽叽叫声,是小野鸭在叫。

我发现船头的水域中有一段短原木。我把船头转向一边,免得撞上它。突然听到塞索伊·塞索伊奇气呼呼低声喝道:"停!……停!……狗鱼①!"他激动得说起话来都含糊不清了。

他麻利地把绳索缠到手上,而绳索的另一端系在鱼叉柄端。他仔仔细细地久久瞄准目标,小心翼翼地把自己手中的家伙伸进水里。

他使出全身气力,向狗鱼刺去。

得,我们两个人反被狗鱼拉了过去!好在钢齿深深地刺进了鱼身,它怎么也脱不了身。

看来狗鱼足有七千克左右重。②

塞索伊·塞索伊奇到底把鱼拖上了船,这时候天快亮了。黑琴鸡絮絮叨叨、嘹亮的"叽叽呱呱"声透过轻雾从四面八方传了过来。

"听着!"塞索伊·塞索伊奇欢快地说,"现在我来划桨,你来打猎。可别错过了。"

他把烧剩下来的树枝扔进水里,我俩调换了位置。清晨的微风吹散了薄雾,碧空如洗。好一个美妙、清朗的早晨!

我们的船沿着一块笼罩着绿色轻烟的林中空地前行。桦树白色光滑的躯干和云杉深色粗糙的树干直挺挺地从水里钻了出来。看前方,森林就像是悬在半空之中。看近处,两座森林静静地在眼前漂着,漂着,一座树梢朝上,另一座树梢向下。水面一平如镜,魔术般地映照出黑、白色的树干,细枝条摇曳,轻波荡漾,涟漪连绵。

"准备……"塞索伊·塞索伊奇轻声提醒我。

我们驶近一个长着白桦的谷地——一个小树林。我们这是在淹没在水中的林间空地上行驶。一群乌鸦栖息在光秃秃的树梢上。怪的是,这些细枝条在大鸟的重压下竟没有折断。

明亮的天空清晰地映衬出黑琴鸡结实的黑色躯体,细小的脑袋和末端拖着两根弯弯曲曲羽毛的长尾巴。而毛色浅黄的雌黑琴鸡则显得更朴素,更小巧,

---

① 体延长,侧扁,长达一米。色青褐,具许多黑斑。头扁平,吻长,口宽大,具犬牙,性凶猛,栖息北半球寒冷地区淡水中。

② 俄罗斯已有许多地区已禁用鱼叉捕鱼。——作者原注

更轻盈。

黑色和浅黄色的大鸟的影子头朝下，伸长了的身子在下方谷地下的水中晃来荡去。我们离它们很近很近。塞索伊·塞索伊奇悄无声息地划着桨，小船沿谷地行进。我为了不惊动警惕性很高的鸟儿，从容不迫地举起双筒猎枪。

黑琴鸡全都伸长脖子，小脑袋转向我们。它们都挺惊奇：漂过来的是啥？危险吗？

黑琴鸡都是些笨头笨脑的家伙。我们离得很近很近，离得最近的那只只有五十来步了。可它还在不安地摇头晃脑，寻思着：一有情况，该往哪儿飞？它的两只脚交替着缩上又踏下，踩得身下的细树枝弯了下来。它惊慌中猛扇了两三下翅膀，免得失去平衡。

可跟它一起的伙伴还是一动不动地待着。它也觉得没事了。

我开了枪。"砰"的一声，枪声像气团，从水面滚向树林，碰到了树墙又反射回来。

黑琴鸡黑色的躯体扑通一声落入水中，溅起了五颜六色的水柱。鸟群猛烈地拍动翅膀，立即从白桦树上飞走了。

我又开了一枪。匆忙中瞄着一只飞走的黑琴鸡，但是没有打中。

一清早就有了收获，打来这么一只羽毛丰满、美丽的鸟儿，还有什么不满足的呢？

"祝满载而归！"塞索伊·塞索伊奇道起贺来。

我们俩收拾起湿淋淋、耷拉着身子的死琴鸡，不慌不忙地划着船，打道回府。

一群群野鸭在水面上疾飞而过，鸬鸟在叫，黑琴鸡还是在岸上更加响亮、更加警觉地絮絮叨叨，气呼呼地啾啾叫个不停。森林上空升起一轮红日。

云雀在田野上鸣啭。我们一夜未眠，却毫无睡意。

■ 本报特约记者

放 诱 饵

熊在我们这一带胡闹。不时听到这农庄里牛犊被咬死，那农庄的母马送了命。

塞索伊·塞索伊奇在会上发言，说得挺在理：

"别傻等着咱们的牲口遭殃才动手，趁早采取行动。这不，加甫里奇哈家的小牛犊死了。交给我吧，拿它来当诱饵。要是熊已经围着咱们的牲口群转，说明是盯上了，那准保它上钩。它一来，管叫它碰不到牲口群。我已想出对付的招儿了。"

塞索伊·塞索伊奇是我们这儿的一等的好猎手。

农庄把加甫里奇哈的牛犊给了塞索伊·塞索伊奇,说了句:"放手干吧!好让咱们过上安生的日子。"

塞索伊·塞索伊奇把死牛犊放上大车,运到林中,然后把牛犊放在一块干干净净的空地上,牛头朝日出的方向。

塞索伊·塞索伊奇是这一行的好手。他知道,熊是不会触碰头朝南和西躺着的死尸,它会疑心那是人家设下的圈套。

死牛的四周用没有去皮的白桦树干搭了一圈低矮的栅栏。离栅栏20步的地方,在两棵平排的树上,离地面约两米高处,做了一个观察点。观察点是枝条搭成的一个小平台,夜间坐在那里守候野兽。

全都准备就绪。这时候还用不着爬上观察点,不妨回家睡上一觉。

过了一星期——这期间他都睡在家里。早晨,他抽空去了趟林中空地,围着栅栏走了一圈,卷好烟卷,抽了会儿马哈烟,就回家了。

我们的庄员忍不住取笑起他来了。小伙子眨巴着眼睛,说:"怎么着,塞索伊·塞索伊奇,待在家里睡热炕是不是更美?不喜欢上林子里守夜了?"

他回答说:"缺了小偷,守夜也白搭。"

对方说:"小牛犊可就发臭啦。"

他说:"那才好哩!"

凭你怎么问他,他还是我行我素,真拿他没办法。

该怎么办,塞索伊·塞索伊奇心中有数。他知道熊已经不是第一次围着牲口群转了。既然眼皮底下躺着一头动物死尸,何必再去扑杀活的牲口?

塞索伊·塞索伊奇知道,熊已经闻到死尸的味儿了,不是吗,猎人敏锐的眼睛已看到围着死牛犊的栅栏四周有不像人踩出来的脚爪印。可那畜生没动过牛犊。看得出来,它有的是吃的,肚子不饿,要拣味道好的来吃呢——等到动物的尸体散发出强烈的臭味来。这头毛茸茸的林中野兽爱的就这种味儿。

死牛犊在林子里躺了两星期,可塞索伊·塞索伊奇还是睡在家里。

他到底从脚印上看出熊已过了栅栏,从牛身上咬了块好肉吃了。

当天晚上塞索伊·塞索伊奇带上枪爬上了观察点。

夜晚的林子里静悄悄。飞禽走兽全睡了。

说是都在睡觉,但也有不睡的。猫头鹰扇动毛茸茸的翅膀,飞过来,飞过去,悄没声息。它这是在窥探草丛中走动时发出沙沙声的老鼠;刺猬在林子里游荡,寻找青蛙;兔子在啃吃山杨的苦树皮,发出"咔嚓咔嚓"声;獾在泥土中寻找只有它才看得见的草根。熊呢,它正偷偷地向诱饵摸过去。塞索伊·塞索伊奇已困得睁不开眼皮。夜间这种时候他原本已睡得很沉,这已成了它的习惯。他打了个盹。

传来一声"咯叽"声,他猛地打了个寒战。

这不是他听错了?

不!没有月亮,但北方夏天的夜晚没有月色天还是很明亮的。他清清楚楚看见白桦栅栏上有一头黑色的野兽。

熊已到了美食跟前,"吧嗒吧嗒"享用起来了。

"别急!"塞索伊·塞索伊奇心想,"我还有更好吃的铅丸子来招待你哩。"

想到这里,他端起枪,仔细瞄准熊的左肩胛骨。

出其不意的枪声雷鸣般响彻沉睡中的森林。兔子惊得高高蹦起来,离地半米高;獾吓得嗷嗷叫,急忙往自己洞里钻;刺猬把身子卷成了满是刺的小球球;老鼠忙不迭向穴里蹿;猫头鹰悄悄躲进了一棵大云杉暗黑的阴影里。

森林又恢复了宁静。昼伏夜出的动物壮着胆,又操起了各自的营生。

塞索伊·塞索伊奇才从观察点上爬下来,走近栅栏。他卷起烟卷,抽了起来。他不慌不忙回家去,天还未大亮,好歹还能睡一会儿。

全农庄的人都醒了,塞索伊·塞索伊奇对小伙子们说:"我说,小子们,套好大车,上林子里运熊肉去吧。熊再也不会来祸害咱们的牲畜了。"

森林报

射　靶

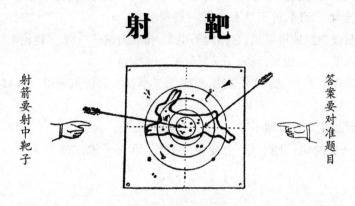

射箭要射中靶子

答案要对准题目

竞 赛 三

1. 哪些甲虫用它出现的月份来命名？

2. 蝰斯靠什么发声？

3. 沙锥用什么发出"咩咩"的叫声？

4. 为什么棕红色的鹭——大麻鸦——被称为"水中的公牛"？

5. 蜘蛛有几只脚？

6. 甲虫有几对翅膀？

7. 哪些鸟从南方到我们这儿，大部分路程是徒步行走的？

8. 椋鸟孵出雏鸟以后，把碎蛋壳搬到哪里去了？

9. 谁的耳朵长在脚上？

10. 什么鸟的叫声像瘦猫叫？

11. 青蛙卵和癞蛤蟆的卵有什么不同？

12. 长脚秧鸡的个头有多高？

13. 什么鸟叫声像狗吠？

14. 什么鸣禽最后飞临我们这儿？

15. 丁香开花的时间在春季还是夏季？

16. 树林底下忙忙碌碌，树林中间打铁忙，森林上空亮堂堂。（谜语）

17. 能帮走路的,能帮行车的,治愈害病的。(谜语)

18. 白如雪,黑如铁,绿如叶,转起来像中了邪,上树就像登台阶。(谜语)

19. 挂着一面网,可不是手编的。(谜语)

20. 长丝细丝掉进草里,自己爬不出来,却放出孩子一帮。(谜语)

21. 求我来,盼我来,我来了又躲起来。(谜语)

22. 母牛不长角,脑门宽又阔,眼睛细又小,碰不得,摸不得,牲口群里有它就遭殃。(谜语)

23. 什么生来就有胡子?

24. 一个爱说:"跑!"一个爱说:"躺!"第三个说:"咱们来抓痒痒吧!"(谜语)

公 告

场景和音乐

良机莫失

静悄悄的林中,在满是芦苇的湖上,有一场精彩的演出。观众应该在岸上搭一个小窝棚,藏身其中。

在一个晴朗的早晨,朝霞初升的时候,两位盛装打扮的演员从水草丛里游了出来。这是两只奇异的鸟儿,细红嘴巴,蓬松的羽毛做的领子直盖住了面颊,在上升的阳光下,闪烁着金属光泽。这是两只潜鸟,也就是鹏鹈。你得老老实实坐着,看它们有什么样的演出。

你看,它俩肩并着肩,并排出场了,活像是队列中的两名士兵。猛地,像是听到了"齐鞠躬!"的命令,各自分了开来。

一个猛转身,面对面,鞠起了躬,仿佛跳起了舞。

接着,它们各自伸长脖子,仰起脑袋,张开嘴,好像是在发表庄严的演说。突然头一低,眨眼间,

"扑通"一声钻进了水中,却连水泡泡也没一个! 过了约莫一分钟,一只接一只先后蹿出水面。它俩在水上,就像待在地上一样,直直地挺立起整个身子,彼此给对方嘴里送去水底下掏来的一片片绿藻。就像在交换两条绿手绢。

看到这么精彩的表演,你禁不住会给它们鼓起掌来,却不料鸟儿不见了,都消失在芦苇丛中!

测 试 二

"火眼金睛"称号竞赛

如何辨别它们?

图 1:如何根据在水面上的姿势辨别潜鸭和野鸭?

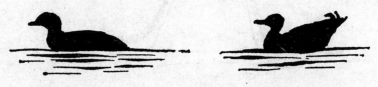

图 1

图 2 和图 3 中是两种俄罗斯的兔子,灰兔和雪兔。冬季,两种兔子很容易辨别:一种是灰的,另一种是白的。可是到了夏天,两种都变成灰色的了,那该如何辨别?

图 2   图 3

下面是三种小兽。如何把它们区分开来?它们分别有什么名称?

图 4   图 5   图 6

图中有三种蛇和一种没有脚的蜥蜴。哪一幅图画的是蜥蜴?其中哪些蛇是有毒的,用什么咬人?哪些是无毒的?

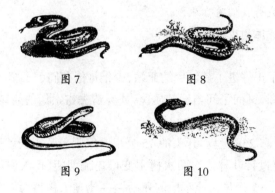

图 7   图 8

图 9   图 10

哥伦布俱乐部

第 3 月

上路 —— 熊角 —— 布谷鸟行动的由来 —— 朱雀的窝 —— 试验开始

幸福的一天来到了。哥伦布俱乐部全体成员济济一堂,在安德和雷带领下,上了车厢。大家放下塞得满满的背囊,而科尔克和符的手中还拿着枪,这便是他俩随身所带的全部家当了。

火车驶了整整一夜,清早,俱乐部的成员洗完脸,便开始唱起俱乐部诙谐的会歌:

> 车子载着我们跑呀跑,
> 跑向遥远的边疆 ——

这时候车子正好进了赫沃伊纳亚站,少年哥伦布们下了车。

查了查地图,又问了问当地的居民,才弄清去雷索沃的路线,接着大家欢天喜地继续赶路。

路很远,足有 25 公里。开头的 15 公里大家唱着歌很快就过去了。早晨空气清新,道路穿过针叶林。有两次树木变得疏疏朗朗,行人便从原木铺成的路上走,又经过了一个个早已成草地的死湖 —— 当地人称为"维里伊"。一路上只有一次遇到一帮女庄员,肩上扛着棍子。正是过节的前夕 —— 女人赤着脚,卷起花花绿绿的裙子,鞋子用木棍挑着上车站去。

后来是一片田野,一条小小的溪流,溪上有座村庄。他们第一次停下来小憩,喝了浓稠得像奶酪一样奇妙的牛奶。此后的行路越发难走,开阔的田野里正午的阳光直嗮,非常热,但谁也没抱怨叫苦。

到了第二个村子,一条长达一公里的路穿过村子,他们又停下来第二次小憩,因为小胖子帕甫在一个水井边的一张长凳上一屁股坐下来硬是不起来。井台上有块牌子,上面写着:

严禁
饮马

"我……可不是马!"小胖子不满地说,"我……可没有义务一走就是一百俄里①。我不从这口井里喝个饱绝不走……再说……我得喘口气。"

"听我说,伊凡奴什卡②老弟,"科尔克挖苦道,"像你这么个胖子,喝了这井水即使不变成山羊,不变成其他的动物那才怪哩。"

可心地善良的拉放下吊杆,从井里给帕甫打了些水。小胖子喝饱了水,坐了一会,跟着少年哥伦布们又动身上路了。

过了村子,接着又是一片林子,但已不是松林,而是像车站那边的郁郁葱葱的混合林,古老的白云杉与银灰色的山杨和通体白色而挺拔的桦树长在一起。原本欢快的交谈声自动停了下来。这里是通向"神秘乡"的必经之路。塔里·金在这里迎接了他们。这群筋疲力尽的行路人很快就到了雷索沃村,在两座塔里·金租下的空木屋里安顿了下来——一座给女孩子,另一座归男孩子住。

首先让少年哥伦布们惊奇的是,这里竟这等宁静,完全出于这些城里人的意料,觉得有些不习惯。既听不到来来往往有轨电车发出的金属嘎嘎声,也没有人群的喧哗声,天上没有飞机的轰鸣,甚至连远处电力机车的汽笛声也听不到。少年自然界研究者不禁觉得,他们真的来到一个不可知的、从未经人发现的、远离故乡十万八千里的国度。

公鸡的啼叫,母牛的哞哞声丝毫打不破这里生机勃勃的宁静。

"真是个名副其实的'熊角'。"安德说,"顺便告诉你们,在密林里,靠近这儿的道上,我发现了一些——可不能当着小姑娘的面说!——发现了一些被熊掏出来的一堆堆蚂蚁。"

女孩子齐声说,她们没一个害怕什么熊。

"这就对了,"塔里·金说,"我打算很快就让你们见识见识那掏蚂蚁窝的熊,我相信到时候你们是不会觉得他有多可怕。"

"当然啰,"沃夫克在女孩子面前从不错过机会,显显自己是多么见多识广,他说,"这些捣毁蚂蚁窝和糟蹋燕麦地的熊完全是种小野兽。"

塔里·金看了他一眼,想说什么,可转而一想改变了主意。

第二天早晨,塔里·金按小组领着少年哥伦布们到了"神秘乡"的四周转了

① 1俄里 =1.06公里。
② 指头脑简单、傻呵呵的人。

117

一圈。花费了大半天时间熟悉这块地方。眼前的所见所闻使大家惊叹不已：欢快流淌的小溪、一小片名副其实的原始密林、宁静的湖及湖上林木丛生的岛屿、田野及上面已整整齐齐长出的密密秋播黑麦、壮丽挺拔的松林和枝条间跳来窜去的棕色松鼠。

拉甫若有所思地说：看到这些笔直匀称的树干，令人想到里斯和祖尔巴干这样一些神奇的海港，那些地方聚着世界各地众多的帆船，它们的桅杆就像森林。说到这里，他立即赋起诗来，他管这些诗句为节奏文，因为它们都不讲究押韵：

> 桅杆的森林和针叶林，
> 绿色的帆，
> 横桁上，
> 我看见棕红色水手的尾巴。

"那我就把你说的棕红色的水手。"哺乳动物专家拉笑吟吟地说，"录入神秘乡土著清单中，要知道，这些是咱们在这里看见的第一批哺乳动物。"

"可不是，你们研究的居民这里并不是很多，"米插言道，"可我们是研究鸟类的，一个早晨就记下了 37 种当地飞禽。棒不棒？"

"算什么？以后我们还有更多的。我们的土著见了我们都躲起来了。我们的土著想来还是不少的，不过，当然不会比你们的多。"

说话间，女孩子们听到模仿黄鹂的叫声，立即向塔里·金奔过去，这时他正站在大灌木丛后，挥动一只手招呼他们过去。

"我答应过你们，让你们见识见识掏蚁窝的熊。"他神秘地低声说道，"瞧！"

米和拉一听吓得差点儿没嚷出来。只见一棵松树下，一个蚂蚁窝前立着一只毛茸茸的大兽。他双腿直立。女孩子一看明白过来了，那哪是野兽，是位高大的老人，上身的羊皮短袄反穿着，显得毛蓬蓬的。他挺身直立，扔掉手中的一根树枝，从身上掸掉蚂蚁，又从地上捡起一个装了什么东西的袋子，搭在肩后。然后转过身，满是胡子的脸对着女孩子们，看来像林中的人形妖怪。然后慢慢地进了密林深处。

"他是九十岁高龄的勃列多夫老爷爷。"塔里·金解释说，"这里的人管他叫勃列德爷爷。过去他做守林员，如今耳朵全聋了，两条腿也不好使唤。于是自己就想出了活儿。成天在林子里转悠，养起了野蜂来，也就是说找野蜂——这可是诺夫戈罗德人古老的营生——还收集蚂蚁卵呢。乡下的孩子管这些叫'馅饼儿'。"

"那叫蚂蚁怎么办？"好心肠的拉听了好不伤心。

"雌蚂蚁会生出新的卵来，工蚁很快修好毁坏了的城堡。夏天里，勃列德爷爷不会再去毁同一个窝。"

傍晚，累坏了的少年哥伦布们在"草莓丘"上集合。他们管一个满是树木的山丘叫"草莓丘"，因为丘上遍开着茂盛草莓的白色花朵。

飞来了一只布谷鸟，落在他们头顶一株高高的山杨枝头。

"咕——咕！咕——咕！咕——咕，咕——咕！"鸟儿叫了一声又一声，像是准备给全体少年哥伦布们叫上一百年。

"看来，"塔里·金笑着说，"这家伙非要把自己的想法塞进我们大家的脑袋里不可了。雄鸟咕咕叫的时候，雌鸟悄悄地飞到别人家的窝前，掏出一只蛋，把自己的蛋放到别家蛋放过的地方。大多数情况下，窝的主人不会把布谷鸟的蛋抛出去的，反而当作自己下的蛋孵了起来。以后还要给贪吃的小布谷鸟喂食哩。这主意妙极了！一些鸟居然喂大另一类鸟的雏鸟！人类还没有用这一办法来满足自己经济上的需要。要是让母鸡孵出家鸭，鹅孵出火鸡来，那多好。要是在野禽窝里放上由于某种原因我们需要繁育的家禽蛋，让它们孵出来，那多好！布谷鸟的这一主意为我们开辟了极大的机会。我们管这主意叫'布谷鸟行动'。"

"首先，"雷这个人对别人的主意一向都很支持，她说，"这样就可以挽救一些没了爹娘，而还没有出生的小鸟。"

"其次呢，"一向文静而爱动脑子的安德表示支持，"可以从国外购买一箱箱加利福尼亚山鸡蛋和极乐鸟蛋，装上喷汽式飞机运来，然后让咱们的山鸡和松鸡把它们孵出来。"

"走吧！"性急的科尔克霍地站起身来，口气坚决地说。

"哪儿去？"少年哥伦布们问。

"按布谷鸟的主意办去！大规模地实施布谷鸟行动！"

"你呀你……真够性急的了！"帕甫先是膝盖着地，然后站起了身，懒洋洋地说。

"首先要做的是，"这时安德边走边说，"要搞清楚，是不是任何的蛋，只要大小差不多就可以从一个窝移到别的窝去？到了新的地方人家是不是还接纳……然后……"

不过这时候少年哥伦布们已四散开来，但形成一条链子彼此保持五十步的距离，在道路与河岸间仔细地搜索起灌木丛来，边走边低声发出山雀的叫声。

"奇——维！奇——维！奇——维！奇——维！"但大家还是保持住联系。

只要从草丛或灌木丛里飞出鸟，少年哥伦布就停住脚步，打量起来——看它那里有没有窝。

突然塔里·金发出断断续续的鸸①叫声："特伏基！"——"特伏基！"——"特伏基！"他向人链的左右发出这样的信号，意思是"停！"少年哥伦布们便跟着站了下来，细听起来。

"甫——里乌！"塔里·金学黄鹂呼唤起来。

"甫——里乌！——甫——里乌！——甫——里乌！"声传遍了人链，少年哥伦布们无声无息地走过来，一分钟后，聚到了塔里·金跟前。

"这儿有个朱雀窝。"塔里·金用小棍子指了指前方的稠李丛，低声说，"你们一个个跟过来，每人对它说几句亲切的话。"

"干吗？"少年哥伦布们感到很怪，低声问。

"兴许我错了吧。"塔里·金轻声说，"可我觉得，鸟儿对人的声音不会不当回事的。粗鲁、狠毒的高声尖叫让它们感到害怕。自然啰，它们怕的不是话中的意思，怕的是说话的声调。友好、低声悦耳的声调，就像平稳的动作让它们放心，人家怎么对待它，鸟儿心中有数着呢。你爱抚它，动物都能感觉得到。声音对它们尤其能起作用，因为鸟儿，特别是鸣禽，异常敏感，最爱听悦耳的声音。"

于是少年哥伦布们一个个跟着走到灌木丛前，用手轻轻地拨开树枝，对这个待在干草窝里、相貌平平的褐色小鸟儿说几句亲切的话。

"我已经教会它了。"塔里·金说，"每天我都去它跟前，与它说说话。如今它不怎么怕人了。"

可小朱雀偏偏耐不住性，离开了窝，飞到树枝上，丢下五只淡蓝色、胖胖的头上带有黑

斑点的蛋。但鸟儿没有飞走，待着不动，发出惊恐不安的金丝雀般柔和而惶恐的声音，似乎在问："切——伊？切——伊？切——伊？②"

"自己人！自己人！我们不会碰你的！"雷笑着回答，"你的蛋可好看了。"

这一天少年哥伦布们还先后四次打扰了朱雀。第一个是雷，她从干草搭成的窝里取出一只淡蓝色的蛋，放进白色带红斑的春季歌手柳莺③蛋。就当着朱雀的面调换！

安德找到了一个黑头莺的窝，取出第二只淡蓝色的蛋，放进了一只肉色带棕褐色斑点的莺蛋。女画家西拿来了一只灰鹟淡灰的蛋。

---

① 小型鸟类，体长约12厘米，背羽蓝灰色，腹部棕黄色，头侧具有一黑色条纹。尾短。常营巢于树洞中，主食昆虫和种子。

② "切伊"声近俄语"谁的"。

③ 莺科，体型远较麻雀瘦小，体羽主要为黄绿以至暗褐色。体长约为10厘米，具显著黄色眉纹，常活动于森林草丛间。觅食昆虫。

就连性急的大个子科尔克也像捧着草上的小露珠，小心翼翼地拿来了一只草地石雕绿色的蛋，小心翼翼地放进了朱雀窝内。少年哥伦布们在取出鸟蛋过程中，没磕破或压坏一只朱雀蛋。

塔里·金看到少年哥伦布这样忙乎，感到很高兴。如今他跟前的这些小家伙与他自己过去在读小学时的那班学生对待鸟儿的态度真是千差万别！

那时候的小姑娘对鸟窝丝毫不感兴趣，男孩子呢……唉，要是不感兴趣倒是谢天谢地了！男孩子们心肠就是硬，成百成千的鸟窝坏在他们手里，满不在乎！还美其名曰："收藏鸟蛋"哩。有人爱集邮票，可也有人喜欢收藏鸟蛋。邮票收集起来会好好保存下来，可蕴藏在易碎的蛋壳里的小生命毁了。收藏家居然把蕴藏着生命的蛋黄和蛋白扔掉，保存下空壳，过了一两年，兴头过去了，就往垃圾桶里一扔完事。你看，少年哥伦布们这可爱的一代最终取代了一代代无数生命的无情摧残者。他们生来就热爱生命，维护生命，揭示生命中越来越新的奥秘，而过去的男孩子们对这一切却漠然置之。

到了第二天，少年哥伦布们发现，这只朱雀看来是个很称职的母亲，它把所有非自己亲下的形形色色的一大堆蛋都接纳下来，并耐心地孵起来。

"布谷鸟行动"吸引了全体哥伦布俱乐部的成员，不问是什么专业的人，都参加进来。大家都去找鸟窝，把找到的蛋移过来孵化。有的蛋用黑墨水写上标记，放在别的窝里。俱乐部准备了好几本厚厚的笔记本，里面有条不紊地记下：是谁、什么时候、从什么地方取来的，移到哪里——最后产生什么结果。

很快结果出来了：有的鸟——那些慈爱心重的、充满自我牺牲精神的母亲，让它们去孵化别人的蛋完全靠得住。反之，另一些鸟，说什么也不愿接纳别人的蛋。譬如说，有那么一只灰色的鹟连续三次把放在一棵老松树的浅树洞窝里的蛋推出去。到了第四天，虽然窝里还有四只自己下的蛋，竟离弃自己的窝走了。伯劳鸟是鸣禽中的一种小猛禽，笑纳下别人的蛋……然后毫不客气地把别家的蛋吞下了肚。

少年哥伦布们不单忙于布谷鸟行动，人人忘不了自己的专业，个个都编好了神秘乡种种"土著"的名录。内中数鸟类学家的进展最快。不过树木学家名录编制的进度也不慢，已记下了不少当地特有的树木，只是帕甫越来越胖，越来越没精打采，生着法子尽量少到林子里去，即使去了待的时间尽量的短。不过多却跑遍了神秘乡的角角落落，研究遍大大小小的林子，有一次甚至意外地穿着衣服在河里洗了回澡——想方设法折柳树枝的时候。她对柳树情有独钟。

名录编得最慢的数哺乳动物学组。一般来说，当地有多种多样的四腿动物，可地面见到的不多，要见到它们也不是件容易的事，它们可不是一动不动的树木。

每天晚上,少年哥伦布们不是玩排球,就是写信,吃了晚饭,直到临睡前,要是天气好,大家聚在一起,女孩子待在阳台上——她们的房子顶楼上有个小阳台,男孩子则在底下的土台上。有的忙着自己的事,有的相互开着玩笑——上上下下互相说说笑笑。

拉甫的一首诗里就写了其中一个晚上的情景:

> 太阳已落入树林之后,
> 月亮抽起了烟斗,
> 山丘间的小谷地上,
> 兔儿煮起了啤酒。
> 蚊子密密麻麻
> 来日将是个暖和天。
> 西在木屋后描绘紫色的阴影
> 科尔克敲打起碗盏,
> 夜间好戏从此开场,
> 树木酣然入睡,
> 夜猫子放开了歌喉。

拉甫聚精会神地听着庄员们的交谈,把他们说的话全记下来。诗中"月亮抽起了烟斗"说的是乌云盖住了月亮,"兔儿煮起了啤酒"指的是谷地上的夜雾,从前诺夫戈罗德人在这谷地上自己煮啤酒,把烧烫的石子放到装着农村自酿啤酒的几口大锅里,篝火里冒出的烟在湿漉漉的草地上空弥漫。拉甫在什么地方读到过,说诺夫戈罗德的方言是俄罗斯最古老的方言。大家熟悉的、爱黄昏出来活动的叫"夜莺"的鸟,这里称为"夜猫子"。

（待续）

夏

лето

森 林 报

No.4

筑巢月
（夏一月）

6 月 21 日至 7 月 20 日　　太阳进入巨蟹座

第四期导读

一年 ——分 12 个月谱写的太阳诗章

6 月, 蔷薇色的 6 月。候鸟回家, 夏天开始。一年中这个季节的白昼最长, 在遥远的北方太阳始终不下山, 完全没有了黑夜。潮湿的草地上, 花儿更富阳光的色彩。金梅草、驴蹄草、毛茛的花儿金灿灿的, 染得草地金黄一片。

这个季节, 在阳光灿烂的时刻, 人们纷纷外出采集有药用价值的花、茎、根, 以备不时之需, 好在患病时, 把这些药用植物内贮藏起来的阳光的生命力转移到自己身上。

6 月 21 日夏至日, 一年中最长的一天就这样过去了。

从此, 白天慢慢地, 慢慢地 ——可又觉得是那么快, 像春光一样, 慢慢地变短了。俗话说得好:"夏天从篱笆缝里探出头来……"

各种鸣禽都有了自己的窝, 所有的窝里都有五颜六色的蛋。娇嫩的小生命破壳而出, 在探头探脑打量这个世界哩。

动物住房面面观

已是孵育雏鸟的时候了。森林里的鸟儿都在筑巢造窝。

我们的记者决定去看个究竟, 看飞禽走兽、鱼类昆虫都居住在什么地方, 生活得怎么样。

精 致 的 家

你看, 这时候的森林上上下下, 角角落落, 全是窝, 再也找不到空闲的地方了。有住地上的, 有待地下的, 有选水面的, 有在水底的, 有栖树上的, 有藏树内的, 有居草丛的, 也有生活在空中的。

家在空中的是黄莺。它用亚麻、草茎、羽毛和绒毛编成个轻盈的小篮子, 挂在离地高高的白桦枝条上。小篮子内放着自己下的蛋。真是件怪事儿: 风吹来, 树枝摇摇晃晃, 黄莺蛋怎么不会破呢?

云雀、林鹨、黄鹂和其他许许多多的鸟儿在草丛内安家。我们的记者最喜欢的是柳莺造的小窝棚。小窝棚用干草和苔藓打造, 上有盖儿, 出入的门安在侧面。

在树内, 也就是树洞内安家的有飞鼠(一种长蹼的松鼠)、甲虫木蠹虫、小蠹虫、啄木鸟、山雀、椋鸟、猫头鹰等。

鼹鼠、老鼠、獾、灰沙燕、翠鸟和种种昆虫的家都安在地下。

凤头鹏鹕——一种潜鸟类的水鸟——爱在水上做漂流的窝。这种窝由一堆沼泽地的野草、芦苇和水藻构成。凤头鹏鹕趴在窝上，像乘着木筏，任湖水漂流。

在水下安家的有石蛾和水蜘蛛。

哪一种动物的住宅最好

我们的记者决定寻找动物最好的住宅。看来，判断起来并不容易。

其中最大的数鹰巢。鹰巢由粗树枝筑就，造在高大粗壮的松树上。

最小的是黄头戴菊鸟的窝。整个窝不过拳头大小，而鸟本身的个头还不如一只蜻蜓。

鼹鼠窝造得最有心计。窝里有许许多多备用通道和进出口，谁也没法从它的窝里逮住它。

长鼻子的小甲虫象鼻虫的窝最精巧。象鼻虫先啃下白桦树叶的叶脉，等树叶枯萎卷成筒状，再用唾液将叶子粘住。象鼻虫就在这样筒状的小房子里产下自己的卵。

最简单的窝是剑鸻和夜莺的窝。剑鸻把自己的四个蛋干脆产在河岸的沙里，夜莺的蛋就产在树干下树叶堆成的坑里。这两种鸟是不会在筑巢上多下功夫的。

最美丽的窝是柳莺的窝。柳莺的窝编织在树枝上，并用地衣和轻薄的桦树皮来装饰，此外还不忘把从别墅花园里捡来的五颜六色的花纸片编织进去美化一番。

长尾山雀的巢最舒适。这种鸟又叫汤勺鸟，因为它很像舀汤的大勺子。汤勺鸟的巢内部用羽毛、绒毛和兽毛编成，外部则是苔藓和地衣粘牢。这种巢通体圆圆的，像只小南瓜，入口在巢的正中央，也是圆圆的、小小的。

最方便的是水蛾幼虫的窝。

水蛾是一种有翅膀的昆虫。它落下来以后收拢翅膀，盖在背上，把整个身子都盖了起来。可水蛾的幼虫并没有翅膀，赤裸裸地光着身子，无遮无盖。水蛾都生活在小溪、小河的底部。

幼虫找到火柴大小的干树枝或芦苇的茎，便用小沙粒在上面粘成一个小圆筒，身子倒着爬了进去。

这下可方便了。愿意的话，完全可躲进圆筒，安安稳稳睡大觉，谁也发现不了；想出来吗，前面的小腿儿一伸，连同小房子一起满水底爬，反正小房子轻得很。

一只水蛾的幼虫找到了一个丢弃在水底里的香烟嘴,爬了进去,作了一番旅游。

水蜘蛛的窝令人叹为观止。水蜘蛛把蛛网结在水草之间,并用自己毛茸茸的肚皮带来一些气泡,放在蛛网下,自己就住在这样的气泡泡里。

还有哪种动物有窝

我们的记者还找到了一些鱼类和鼠类的窝。

刺鱼造的是名副其实的窝。做窝的担子完全落在了雄鱼身上。雄鱼只用分量特别重的草茎做窝,因为即使用嘴把这种草茎从水里衔上水面,它也不会漂浮的。雄鱼把草茎固定在水底的沙上,用自己唾液黏结四壁和天花板,再用苔藓堵塞房内所有的孔隙。刺鱼窝的壁上开着两扇门。

有种小老鼠做的窝跟鸟窝很像。这种窝是用小草和撕成细丝状的草茎编织成的。鼠窝就挂在刺柏的树枝上,离地两米高。

什么动物、用什么材料给自己做窝

森林里动物的窝什么材料做的都有。

善歌的鸫鸟把朽木的粉末当作混凝土,用来涂抹自己圆窝的内壁。

家燕和毛脚燕的窝是用自己的唾液黏结泥土做成的。

黑头莺的窝是用轻而黏的蛛丝牢牢黏结细树枝而做起来的。

有一种叫鸸的鸟,能在直立的树干上头朝下倒着奔跑,就住在入口很大的树洞里。为防止松鼠钻进自己的家,鸸鸟用泥土把入口堵死,只留很小的一个口子,容自己挤进去。

最好玩的数毛色翠绿、咖啡和湖蓝三色相间的翠鸟的窝。它在河岸上深深地挖了一个洞,洞内的地面上铺上细鱼骨。这种垫子还挺软哩。

寄 居 别 家

有什么动物自己不会,或懒得做窝,它就会寄居别人家。

布谷鸟把卵产在鹡鸰、红胸鸲、莺和其他善于持家的小鸟窝里。

林中白腰草鹬找到旧的乌鸦巢,在里面产下自己的卵。

一种叫鲄鱼的小鱼爱找岸边水下被废弃的蟹洞。鲄鱼就在里面产卵。

麻雀做窝的手段非常狡猾。它先是把窝做在房檐下,可还是被小孩子扒了。那就做在树洞里吧,蛋又被伶鼬偷走了。那只好把自己的窝跟雕的巢做在一起。雕的巢是粗树枝搭成的,麻雀在这些树枝间做个窝不怕找不到地方。现在麻雀可算是自由自在、无忧无虑了。像鹰这样的庞然大物怎么会把小小的麻雀放在眼里?从此不管是伶鼬、猫,还是鸢鹰,甚至孩子都不会来动它的窝了。可不是吗,谁都怕大雕三分。

公 共 宿 舍

森林里也有公共宿舍。

蜜蜂、黄蜂、熊蜂和蚂蚁筑的巢就容纳了成百上千的房客。

一座座花园和小林子被白嘴鸦占据,成了它们的殖民地;鸥鸟的领地是沼泽、有沙滩的岛屿和浅滩;灰沙燕则在陡峭的河岸上凿出密密麻麻一个个小洞,用来栖身。

形形色色的鸟蛋

窝里有蛋,可不同鸟的蛋各不相同。

要说怎么个不同,情况可就复杂了。

田鹬的蛋满是斑斑麻点,而歪脖鸟的蛋是白中稍带点绯红色。

问题是歪脖鸟的蛋产在很深的暗洞里,谁也看不见。田鹬的蛋直接产在小草墩里,完全是外露的,要是白色的,那就很容易被人发现。所以就变成接近草墩的颜色,可能你还没发现,就一脚踩上去了。

野鸭的蛋差不多也是白的,它们的巢也筑在草墩上,同样是无遮无掩的。不过野鸭便耍了点小花招 —— 当它准备离巢的时候,便拔下自身腹部的羽毛,把蛋盖起来,这样蛋就不会暴露了。

那么为什么田鹬会产下一头尖尖的蛋,可像鹫这样的个儿又大又凶猛的鸟产下的蛋却是圆圆的呢?

这也很好理解:田鹬小小的个头,只有鹫的五分之一。要是这些蛋不尖头对尖头,尖头向上,紧紧挨在一起,那占的地方就大,田鹬小小的身子怎么遮掩得了这么大的蛋呢?

那为什么小小田鹬的蛋像个头大的鹫的蛋差不多大呢?

这个问题只能在下一期的《森林报》上回答了,到了那时候小田鹬该啄破蛋壳出生了。

林 间 纪 事

狐狸是怎样把獾撵出家门的

狐狸遭灾了:它的洞穴塌了顶,险些压死了小崽子。

狐狸一见大祸临头,非搬家不可了。

它去找獾。獾的洞穴远近闻名,是自己动手挖出来的。有多个进出口,还有备用的侧洞,以应付意外袭击事件。

獾的洞很宽敞,两个家庭合住也绰绰有余。

狐狸请求獾让它住进去,可獾不干。它可是个办事讲究的房主,喜欢事事有条有理,家里干干净净,一尘不染。拖儿带女的外人住进来如何是好?

于是,獾把狐狸赶了出去。

"好哇!"狐狸寻思道,"你竟这样对我,等着瞧吧!"

狐狸装着要回林子里去,其实就躲在小灌木丛后,坐等机会。

獾探头往外一看,狐狸没在,便离开窝上林子里去找蜗牛吃去了。

狐狸赶忙溜进了獾的窝,满地拉屎,搞得满屋臭气冲天,然后跑掉了。

獾回家一看,老天爷,这是怎么了!它懊恼地"哼"了一声,丢下窝,再找地方挖新居去了。

这正中了狐狸的下怀。

于是狐狸拖儿带女搬进了獾那舒舒服服的家。

有趣的植物

池塘上漂满了浮萍。有人说那是水藻。可水藻是一码事,浮萍又是另一码事。

浮萍是种有趣的植物。它的模样跟其他植物不一样。根细细的,浮在水面上的绿色小瓣带有椭圆形的突出物。这些突出物就是小茎和枝条。浮萍没有叶,可有时会开花,但很少见。浮萍用不着开花。它繁殖起来又快又简便。只要从圆饼似的小茎上分出一个圆饼似的小枝,一株浮萍就变成了两株。

浮萍的日子过得很滋润,自由自在,无拘无束,四海为家。鸭子从身旁游过,浮萍贴了上去,粘在鸭掌上,跟着鸭子去另一个水塘闯荡了。

■ H.帕甫洛娃

变戏法的花儿

草地和林中空地上,紫红色的矢车菊盛开了。一见这种花,不由得让人联想到它和伏牛花一样会变小戏法。

矢车菊开的不是一朵朵的花,而是一个个花序。它那美丽的叉状小花是无实花。真正的花长在中间位置,是一种深紫红色的小管子。管子里面才是雌蕊和会变戏法的雄蕊。

只要触碰一下紫红色的小管,它就朝旁边一晃,一团花粉就从管口撒了出来。

过会儿再碰一下这朵小花,它又是一晃,又给你落下一团花粉。

它变的就是这样的戏法!

它这样撒起花粉来可不是无缘无故的,而是为了满足昆虫的需求按份发放的。拿去吃了也罢,粘到身上也罢,只求把花粉带给另一株矢车菊就好了,哪怕是几小粒。

■ H. 帕甫洛娃

神秘的夜行大盗

森林里夜间出现了神秘的盗贼。引起森林居民极大恐慌。

天天夜里总有几只小兔子失踪。一到夜里,小鹿呀,花尾榛鸡呀,母黑琴鸡呀,兔子呀,松鼠呀,谁都不得安宁。不管是树丛里的鸟儿,树上的松鼠,还是地上的老鼠,谁都不知道,盗贼会从哪儿冒出来。神秘的盗贼出其不意,时而来自草丛,时而来自树丛,时而来自树上。也许盗贼不是一个,而是一大帮吧。

几天前,森林里有一种小鹿 —— 它们是一大家狍子:公的、母的,还有两只幼狍,夜间在林间空地上吃草。公狍在离灌木丛8步的地方放哨。母狍带着两只幼崽在空地中央吃草。

冷不防,树丛里蹿出一个黑影,直向公狍的背猛扑过去。公狍倒了下去,母狍带着孩子跑进了林子。

第二天一早,母狍回到林中空地,只见公狍的身子只剩下两只角和四条腿了。

昨天夜里驼鹿也遭到袭击。当时驼鹿正在静静的林子里走着。这时它发现一棵树的枝丫上似乎多出了一个大赘瘤。

身高体大的驼鹿怕过谁?它头上那一对角,连熊也不敢冒犯它。

驼鹿来到树下,刚要抬头看树丫上那个赘瘤到底是啥玩意儿,只觉得一种可怕而沉甸甸的东西猛地落到后脖子上,那分量足有30千克!

驼鹿这一惊非同小可——实在大出乎它的意料——不禁猛地一摇头,把盗贼从背上甩了下来,自己扭头就跑。它始终不明白,夜间袭击它的到底是什么家伙。

我们的林子里没有狼,再说狼也不会上树。熊吗,现在它都钻进密林里忙着换毛,况且熊也不会从树上往驼鹿的后背跳。这神秘的盗贼到底是什么玩意?

眼下还不得而知。

夜鹰蛋神秘失踪

我们的记者找到了一个夜鹰①窝。一个坑里放着两只蛋。人走近时,母夜鹰飞离鸟蛋,跑掉了。

我们的记者没有去碰夜鹰巢,只是想好好记住鸟窝所在的位置。

过了一小时,他们又回到鸟巢前,但巢里的蛋不见了。

过了两天我们才搞清楚:夜鹰蛋哪里去了。原来是母夜鹰把蛋衔到另外地方去了。它怕人会毁了自己的蛋。

勇敢的小鱼儿

我们在前面已经介绍过,雄刺鱼在水下造了个什么样的窝。

房子造好后,雄刺鱼挑选了一条雌刺鱼带回自己的家。雌鱼进了门,产下卵,立即进了别家的门。

雄鱼又觅新欢。领回一条又一条,先后领了四条,最后雌刺鱼在家里全待不下去,产下鱼卵让雄刺鱼照料,自己私奔了。

雄刺鱼待在家里,孤零零的,独守一大堆鱼卵。

河里有的是食客,它们对刚产下的新鲜鱼卵垂涎三尺。可怜的小雄刺鱼只得守护好自己的家,防止凶残的水下怪物的袭击。

不久前,一条贪婪的鲈鱼袭击了刺鱼的家。小小的鱼窝主人奋起反抗,与怪物做英勇斗争。

它竖起身上所有的5根刺:3根在背上,2根在肚皮下,机灵地朝鲈鱼面部猛刺过去。

原来鲈鱼全身披鳞带甲,只有面部不设防。

勇敢刺鱼的这一招吓得鲈鱼逃之夭夭。

---

① 见"蚊母鸟"。

谁 是 凶 手

（请参阅《夜间神秘的盗贼》一文）

今天夜里，又发生了一起谋杀案，被害者是树上的一只松鼠。我们察看了凶案现场。根据凶手留在树干上和树下地上的痕迹判断，终于查明了神秘的夜间盗贼是哪个，正是它不久前杀害了狍子，害得整座林子惶惶不可终日。

根据爪印判明，这是我国北方来的一种豹子，也是森林中最凶猛的猫科动物——猞猁①。

现在猞猁的幼崽儿已长得有点大了，猞猁妈妈就带着自己的子女满林子跑，到处爬树。

夜里，猞猁的视力与白天一样好，谁要是在睡前不好好躲起来，准要招来杀身之祸！

六只脚的鼹鼠

我们一位驻林地记者从加里宁州发来报道说：

"为了体育锻炼，我准备在地上插一根竿子，挖土时把一只小动物和土一起抛了出去。

它的前趾有爪，背部长着翅膀似的薄膜，身上满是黄棕色的细毛，仿佛披着一张密密的短毛皮。这只小兽长有 5 厘米，样子像黄蜂，又像鼹鼠。从它的 6 只脚我判断，它是只昆虫。"

编辑部的解释

这只与众不同的昆虫确实像小兽。怪不得它得了个与兽类有关的名称：蝼蛄②。总的来说，蝼蛄与鼹鼠最相似。它的两只前爪（手掌）很宽，是掘土的能手。此外，它的两只前爪像剪刀。对它来说，这很有用：在地下来来往往时，正好用这两把"剪刀"剪断植物的根。个头和力气更大的鼹鼠干脆把这些根用强有力的爪子挖掉或用牙齿啃掉。

蝼蛄的颚长满牙齿似的尖角形的薄片。

蝼蛄一生大部分时间都生活在地下，像鼹鼠一样，不停地在土中挖通道，在里面产卵，也像鼹鼠一样，在卵上堆上小土堆。此外，蝼蛄还长有大而柔软的翅膀，所以善飞。在这方面鼹鼠可就大为逊色了。

在加里宁州蝼蛄比较少见，在列宁格勒更不多见，但在南方各州蝼蛄非

---

① 属猫科猛兽，俗称大山猫，体长可达 109 厘米，尾长 24 厘米。耳朵上有一撮竖毛。

② 俄语中"蝼蛄"一词与"熊"同源。此词另一意义是"熊皮"或"熊皮大衣"。

常多。

想要找到这种独特的昆虫,就到潮湿的泥土中找去,水边、花园和菜园里尤其多。捕捉的方法是:傍晚时,在某个地方浇上水,再在上面盖些木屑。到了夜里,蝼蛄就会钻到木屑下的烂泥中来了。

救人一命的刺猬

玛莎早早醒来,披上连衣裙,和往常一样,光着脚丫子往林子里奔。

林子的小山岗上有许多草莓。玛莎麻利地采了满满一篮后,转身回家了。她跳过了一个又一个被露水浸得冰冷的土堆。冷不防她滑了一跤,痛得高声喊叫起来。从土堆跌下来时她的一只光脚丫被尖尖的东西戳出了血。

原来土堆下待着只刺猬,刺了人后它立即蜷成一团,呼呼地叫唤起来。

玛莎哭起了鼻子,坐到旁边的一个土堆上,用手帕擦脚上的血。刺猬也不吱声了。

突然,一条灰色的大蛇直向玛莎爬过来,它的背部有黑色"之"字形的斑纹。这可是条有毒的蝰蛇!玛莎吓得手足无措。蝰蛇"咝咝"地吐着开叉的信子,步步逼近。

想不到这时候刺猬转过身,迈着小步快速地朝蝰蛇迎了过去。毒蛇挺起上半身,向刺猬扑去,鞭子一样抽打对方。但刺猬机灵地用身上的刺抵挡着。蝰蛇可怕地"咝咝"叫起来,企图转身逃走。刺猬紧追不放,牙齿咬住蛇头后方的部位,两只爪扑打着蛇背。

玛莎回过神来,立起身,赶忙逃回家去了。

蜥　蜴

我在树林的一个树桩边捉到一条蜥蜴,把它带回了家。我在一只大玻璃罐子里放了些沙子和小石子,让蜥蜴待在里面。每天我都换罐子里的土、草和水,还喂它一些苍蝇、小甲虫、毛毛虫、蚯蚓、和蜗牛。蜥蜴便张开大口,狼贪虎咽起来。它尤爱吃白色的菜蝶。一见菜蝶,便转过头来,张开嘴,伸出自己开衩的小舌头,然后跳起来,像狗一样,扑向自己的美餐。

一天早晨,我在石子间的沙里发现了十几粒椭圆形的白色小蛋,蛋外面包着一层薄薄的软壳。蜥蜴为这些小蛋蛋挑选了一个阳光晒得到的地方。一个多月之后,蛋壳破了,里面爬出一些机灵的小不丁点儿,模样很像自己的母亲。

如今这一小家子正趴在石头上,懒洋洋地晒着太阳呢。

■ 驻林地记者　舍斯基雅科夫

摘自少年自然界研究者的日记

毛脚燕的窝

6月25日。每天我都看见燕子在忙忙碌碌做着窝，眼看着窝慢慢地变大。燕子一大早就开始工作，忙到中午休息两三小时，然后又接着修理、建造，直到太阳下山前约莫两小时才收工。不过也不能连续不断地干，因为这中间需要些时间让湿泥土变干。

有时其他的毛脚燕登门做客，如果公猫费多谢伊奇不在房顶，它们还会停在屋顶上坐一会儿，好声好气地聊聊天，新居的主人是不会下逐客令的。

现在燕子窝变得像个下弦月，就是月亮由圆变缺，两个尖角向右时的模样。我非常清楚燕子为什么造这种样子的窝，为什么窝的两边不向左右两边平均发展。那是因为雌燕和雄燕都同时参与了做窝工程，可雄的和雌的下的功夫不一样。雌燕衔着泥飞来，头始终向左落在窝上，它做起左边的窝来非常卖力，而且去衔泥的次数比雄燕多得多。雄燕呢，常常是一去好几小时不见踪影，怕是在云彩下和别的燕子追逐嬉戏呢。雄燕回到窝上时，头总是朝右。这样一来它造窝的速度老赶不上雌燕，所以右半边始终比左半边短一截。结果是燕子窝的进程永远是一快一慢不平衡。

雄燕，好一个偷懒的家伙！它怎么不为此害羞呢！不是吗，它的力气可是比雌燕大呀。

6月28日。燕子不再做窝了。它们开始把麦秸和羽毛往窝里拖——在布置新床哩。我没想到，它们的整个工程这么顺溜地完成了。我还以为，窝的一边要慢，会拖了后腿呢！雌燕把窝造到了顶，而雄燕到头来还是没有达到要求，结果造起来的窝成了个右上角有缺口的、不完整的泥球。这个样子的窝正合用，因为呀，这个缺口正好成了它们出入的一扇门！要不燕子怎么进屋呢？嘿，我骂雄燕，可冤枉它了。

今天是雌燕第一次留在窝里过夜。

6月30日。做窝的工程结束了。雌燕再也不出窝了——怕是已产下第一只蛋了。雄燕时不时带些蚊子什么的给雌燕吃，还一个劲儿地唱呀唱、嚷呀嚷——它这是在祝贺，自己心里乐着哩。

又飞来一个"使团"——整整一群毛脚燕，它们飞在空中，挨个往新家瞧了瞧，又在窝边抖动翅膀，说不定还亲了亲伸出窝外幸福的女房主的嘴哩。这帮毛脚燕"叽叽喳喳"叫唤了一阵后飞走了。

公猫费多谢伊奇时不时爬上房顶，往房檐下探头探脑，它是不是在等着窝里的小燕子出世呢？

7月13日。雌燕在窝里连续不断地趴了两个星期了,只有在正午天最热的时候才飞出去——这个时候柔弱的蛋不怕受凉。它在房顶上空盘旋一阵,捕食苍蝇,然后飞向池塘,贴近水面,小嘴儿抄点水喝,喝够了,又回窝里去。

今天雌燕和雄燕双双开始经常从窝里进进出出。有一次我看见雄燕嘴里衔着一片白色的蛋壳,雌燕的嘴里是一只蚊子。如此说来,窝里已经孵出小燕子来了。

7月20日。可怕呀,多可怕!公猫费多谢伊奇爬上房顶,从屋檐上倒挂了下来,正用爪子掏燕窝呢。只听得窝里的小鸟儿可怜巴巴地叫唤个不停!

说话间,冷不丁不知从哪儿冒出整整一群燕子。它们叫着、嚷着,围着公猫扑棱着翅膀,几乎要碰到公猫的鼻子了。哎哟,猫爪子差点没逮住一只燕子。哎哟……又扑过去抓另一只了……

太好了,灰色的强盗落空了,它从房顶上掉了下来——扑通!……

摔倒没有摔死,可看来够它受的了,你看它喵喵地叫唤着,踮着三条腿,跑了。

活该!从此公猫再也不敢来惹燕子了。

■ 驻林地记者 维丽卡

苍头燕雀的幼雏和它的母亲

我们家的院子绿意盎然。

我在院子里转悠,走呀走,突然脚下飞出一只刚出窝的苍头燕雀①的雏儿。这只头上长着一撮尖尖绒毛的小家伙飞起来,又落下。

我捉住它拿回家去。爸爸建议我把它放在敞开的窗台上。

不出一个时辰,它的爹娘就飞过来给它喂食了。

小鸟儿在我家一待就是整整一个白天。到了晚上我关了窗,把它放进笼子里。

第二天一早,5点钟我就醒了,只见窗台上停着燕雀的妈妈,嘴里衔着一只苍蝇。我跳起身来,赶忙去开窗,然后躲在房间角落里往外细看。

很快苍头燕雀的妈妈又露面了。它停在窗口,小燕雀"叽叽喳喳"叫开了——它这是饿了要吃的呢。燕雀妈妈一听叫唤鼓起勇气飞进了房间,跳到笼子跟前,隔着笼栅给小鸟儿喂食。

喂完了,它又飞走找吃的去了。我从笼子里取出小鸟,带到院子里放生了。

---

① 亦称"花鸡""花雀"。体长约16厘米。嘴黄色,尖端微黑。尾羽黑色,最外侧的一对部分带白色。翼羽黑色。体羽下部白色,其余多为褐黄色。食昆虫和种子。

当我想再看看小苍头燕雀时,在原地已找不到它,它的妈妈领着它飞走了。

■ 沃洛佳·贝科夫

金 线 虫

在江河、湖泊和池塘里,甚至在普通的深水坑里,栖息着一些奇异的生物——金线虫。老人说,这是死而复生的马的鬃毛。据说,人在洗澡时,金线虫会钻进皮肤里去,在里面爬来爬去,害得人奇痒难熬……

金线虫很像某种动物粗糙的棕红色毛发,但更像一段被钳子绞下来的金属丝。金线虫非常结实,即使把它放在一块石头上,再用另一块石头砸它,也奈何不了它。这时候它的身子一会儿伸,一会儿缩,最后盘成巧妙的一团。

其实,金线虫是一种无害的没脑袋的软体动物。雌虫满肚子是卵。卵在水里孵化出微小的幼虫,小幼虫长着角质长吻和钩刺,附着在水栖昆虫的幼虫身上,然后钻进对方的体内,被外皮覆盖起来。要是金线虫的幼虫的寄主没有被水蜘蛛或别的昆虫吞进肚里,那么它的生命就完了。反之,一旦到了新寄主的肚子里,金线虫的幼虫就变成无脑袋的软体虫,钻出来,回到水里,来吓唬迷信的人了。

枪 打 蚊 子

国家达尔文自然资源保护区的楼房坐落在一个半岛上。它的周围是雷滨海。这是个新的、特别的海,不久前,这儿还是一片森林。海不深,有的地方水面上还露出树梢。这儿的海水是淡水,摸着很温暖,因此海水面上繁殖了数以亿万计的蚊子。

这些小吸血鬼钻进科学家的实验室、食堂和卧室里,害得人无法好好工作,寝食不安。

晚上,每个房间突然响起了霰枪弹的枪声。

出事了?

没什么特别的事,只不过是在枪打蚊子。

枪里装的当然不是子弹,也不是铅霰弹,只是把少量的普通打猎用的火药装在带引信的弹壳里,再紧紧堵上填弹塞。然后在弹壳里满满地装上杀虫粉,堵好以防杀虫粉漏出来。只要一开枪,杀虫剂就像细粉尘那样在室内角角落落弥漫开来,钻入每个缝隙里,这样蚊子就被灭杀了。

少年自然界研究者的梦

一位少年自然界研究者要在班里做报告,题目是:《昆虫——森林和田野里的害虫,我们要与它们做斗争》。他正做着准备工作。

"为了用机械和化学的方法与甲虫做斗争,花去了13700万卢布,"这位少年自然界研究者读到了这样的文字,"……用手已捉了13015000只甲虫。如果把这些昆虫装在火车里,就需要813节车厢。""在与昆虫做斗争中,每公顷土地耗费20～25个人的劳动力。"

读了这样的叙述,这位少年自然界研究者只觉得头昏眼花。顿时那一串串数字像是一条条蛇,拖着由"零"构成的尾巴,在他眼前晃来闪去。他只好睡觉去。

噩梦折磨了他一整夜。黑森森的林子里,爬出多得没完没了的甲虫、幼虫和毛毛虫,争先恐后地爬过田野,把他团团围住,害得他喘不过气来。他用手掐,通过软管用药水杀,可害虫不见减少,还是一个劲儿地爬过来,爬过来,它们经过的地方,无不变成了一片荒漠……少年自然界研究者吓得醒了过来。

到了早晨,看来事情并没有那么可怕。少年自然界研究者在自己的报告中提出建议,在爱鸟日那天,大家准备许多椋鸟屋、山雀窝、树洞形窝。鸣禽捉甲虫、幼虫和毛毛虫的本领比人要强得多,而且也不用花钱。

不 妨 试 试

据说,在上面没有遮拦的养禽场,或在没有顶盖的笼子上,交叉拉上几根绳子,那么猫头鹰,甚至雕鸮在扑向睡在栏子或笼子里的鸟儿之前,一准会落在绳子上歇歇脚,在它们看来,这些绳子都很牢固。但是一旦落到绳子上,准会来个栽倒葱,因为绳子太细,拉得也很松。

这些猛禽一头栽下来后,会脚朝天倒挂着,直到天明。在这种情况下,它们是不敢扑腾翅膀,害怕跌到地面上摔死。天亮以后,你就可以把这些小偷从绳子上取下来了。

真是这样吗?你不妨试试。不用绳子,也可以用粗铁丝。

测 钓 计

还有一种说法:如果你想在哪个湖或哪条河里钓鱼,先从那个湖或那条河里捞些小鲈鱼来,养在鱼缸或装果子酱的大玻璃罐里,这样你就可以知道,今天值不值得去湖(或河)边钓鱼了。只需在出发前,给鱼缸里的小鲈鱼喂点东西。如果它生龙活虎般抢吃东西,说明今天的鲈鱼或别的鱼将非常吃钓,你一定会满载而归。而如果缸里的鱼不来吞食,那么当天湖里或河里的鱼胃口也不好,说明气压不适宜,天气有变,也许会有雷雨。

要知道,鱼儿对空气和水里的一切变化是非常敏感的。根据它们的行为可以预测到未来数小时内天气状况。每个热衷于钓鱼的人都应该试验一下,看看这种有生命的晴雨表,在室内和露天条件下是不是同样准确。

空 中 大 象

空中飘着乌云,黑压压的,看起来像头大象。它时不时把长鼻子伸向大地。象鼻子一接触到地面,就扬起尘埃,尘埃像一根柱子,转着,转着,越转越大,最后与空中的象鼻子合二为一,成了一根上顶天,下接地、不断旋转的巨形柱子。大象把这根大柱子吸了过去,继续向前奔去。

空中大象跑到一座小城上,悬在上面不走了。突然大象身上撒下了大雨。你看,这是场多大的雨,简直就是泼盆大雨!房顶上,撑开的伞上,"噼噼啪啪"响个不停。你知道是什么东西在作怪吗?蝌蚪、小青蛙和小鱼儿!它们落在街上的水洼里,蹦蹦跳跳,窜来窜去。

后来查明,原来是大象状的乌云在龙卷风 —— 从地上一直卷到空中的旋风 —— 帮助下,从林中的湖里吸饱了水,连同水里的蝌蚪、青蛙和小鱼儿一起,在空中跑了好几千米后,把自己的猎物全吐到小城上,自己继续往前跑。

绿 色 朋 友

过去,人们都认为,我们的森林无边无际,大得不得了。

因此,从前毫无算计的大地主人 —— 地主,不知道保护森林,不去爱惜森林。他们毫无节制地砍伐森林,毫无节制地消耗土地。

森林消失了的地方就出现沙漠和沟壑。

田野周围没有了森林,远方沙漠干燥的风就滚滚而来。赤热的沙粒把田地掩埋起来。庄稼枯死,再想保护为时已晚。

江河湖泊和水塘岸上没有了森林,积水就会干涸,沟壑开始向田野延伸。

人民赶走了不爱惜森林的地主,亲手掌管自己巨大的财富。他们已向干风、旱灾、沙灾和沟壑宣战。

绿色的朋友 —— 森林成了他们重要的助手。

我们派遣森林到被掠夺一空的江河湖泊和池塘去,需要它们去抵挡烈日的暴晒。雄伟的森林巨人般的身躯高高屹立,郁郁葱葱的树梢使江河湖泊和池塘免受阳光暴晒。

为了使我们辽阔的田野免受凶狠的干风荼毒,使我们的耕地不受远方沙漠热沙的掩埋,我们种树造林。森林巨人挺起胸脯迎战凶狠的干风,筑起牢不可破的长城,保护田野免受风灾……

凡是土地塌陷、沟壑纵横,耕地被肆无忌惮地吞噬掉的地方,我们都造林植树。我们绿色的朋友——森林牢牢地立稳脚跟,用自己强壮有力的根须保护土壤,阻挡沟壑蔓延,不许它们继续啃食我们的耕地。

征服干旱的战斗已经打响。

森 林 重 生

季赫温区有几个采伐地正进行人工造林。在 250 公顷的土地上种上松树、云杉和西伯利亚落叶松。230 公顷林木被严重砍伐过的地方,现在翻松了土地,好让那些幸存下来的树木结的种子,落在翻松的土壤上更快发芽。

10 公顷地上播下了西伯利亚落叶松的种子。小树苗已发出粗壮的嫩芽。繁殖这种树木,可以丰富列宁格勒州森林珍贵的建筑用材的产量。

已开辟了一个苗木场,培育出多种供建筑用材的针叶树和落叶树。

还计划培育多种果树和产橡胶的灌木——瘤枝卫矛。

■ 塔斯社　列宁格勒讯

林木种间大战

（续前）

小白桦也遭遇了野草族和小山杨相同的命运——被云杉欺负死了。

现在在采伐地再也没有与云杉抗衡的对手了。我们的记者收拾好帐篷,移师另一块采伐地——不是去年,而是前年伐木工人砍伐过树木的地方。

在那里,它们亲眼看到占领者云杉在战后第二年的境况。

云杉的族人都很强壮,但它们有两大弱点。

第一个弱点是,虽然它们扎在土里的根伸得很广,但并不深。秋天,开阔的采伐地上大风肆虐。许多幼小的云杉被狂风刮倒,也有被连根拔起的。

第二个弱点是,幼小的云杉还没长壮实时怕冷。

小云杉枝条上的芽一遇严寒,全冻死了,冰冷的风一刮,柔嫩的枝条全被折断。到了春天,在那块被云杉征服了的土地上,一棵小云杉也没有留下来。

云杉并非年年都结籽。结果是,虽然云杉很快就初战告捷,但这场胜利并不巩固,在很长的一段时间内,它便丧失了战斗力。

蓬勃生长的野草族新春一到便钻出地面,立刻便投入了战斗。

这一回它们是的对手是山杨和白桦。

山杨和白桦都长高了,便轻而易举把细嫩轻巧的小草从身上抖落开去,众草类植物紧紧地围住山杨和白桦,反倒让它们占到了便宜——上一年的枯草像条厚厚的毯子覆盖了地面,腐烂后散发出热量。而新草掩盖住刚出生的娇嫩树苗,起了保护作用,叫它们免受危险的早霜侵害。

矮小的野草怎么能与迅速长高的山杨和白桦比高下呢?它们节节败退,刚一败北,就见不到天日了。

每一株小树,一旦高过小草,就伸开自己的枝丫,高居在上。山杨和白桦虽没有云杉那样浓密的针叶,但它们有的是宽叶子,树荫大着呢。

要是小树长得稀稀拉拉,小草的日子还能对付过去。可是白桦和山杨密密麻麻地在采伐地遍地生长起来,它们齐心协力,伸出枝条,手挽着手,形成了一个个紧密的队列。

这可是紧密的绿荫天篷。见不到阳光,底下的野草死期近了。

我们的记者很快就看到,第二年战争以山杨和白桦的完全胜利而告终。

于是我们的记者又转移阵地,到第三块采伐地去继续观察。

欲知他们在那里见到了什么,请看下期报道。

祝钓钓成功

钓鱼与天气。夏天常有强风。暴风雨逼得鱼往平静的水面游,躲到了深坑、草丛和芦苇丛里。遇到连续几天的风雨天,所有的鱼都聚集到最僻静的水域,变得无精打采,给东西也不吃。

大热天,鱼寻找凉爽的地方——有地下泉水,水温低的地方。热天,只有在大清早或傍晚暑气消退的时候,鱼儿才来吃食,容易上钩。

夏季干旱的时候,江河湖泊的水位下降,鱼儿聚集在深潭里,但潭里的食物不多,这时候找个落脚的地方,就大有收获,特别是用鱼饵。

最好的鱼饵是麻油饼,用平底锅煎一下,磨碎捣烂后,添上煮烂的燕麦、黑麦、大麦、小麦、米粒、豆子,这样一来,鱼饵就有新鲜的麻油味。鲫鱼、鲤鱼和许多其他的鱼都非常喜欢。为了让鱼儿习惯一个地方,就要天天撒鱼饵,以后食肉类鱼,如鲈鱼、狗鱼、鳜鱼和海鳒等都会尾随而来。

阵雨和雷雨会使水变得凉爽,有利于增加鱼的食欲,雾后的好天气,也是钓鱼的好时机。

每个人都应该根据晴雨表、云量的多少、鱼咬不咬钩、日出即散的夜雾和露水,学会事先判断天气的变化。明亮的紫红色早霞说明空气的湿度大,可能会下雨。金红色的早霞说明空气干燥,最近几小时内不会有雨。

除了用带漂或不带漂的鱼竿钓鱼外,还可以坐在小船上,边划边钓。这种情况下,就要准备好一条牢固而足够长的绳子(约50米),在用手拉的地方接一段钢丝或牛筋,再准备一条假鱼。用绳子拴住假鱼,离小船大约25~50米远。船内两个人,一人操桨,另一人拉绳子。假鱼就拖在水底或水中。鲈鱼、狗鱼和刺鱼等食肉类鱼看到经过头顶上的假鱼,以为是真的鱼,扑过去,一口吞了下去,于是扯动了绳子。钓鱼的人感到有鱼上钩,把绳子慢慢往身边拉过来,用这种方法钓到的往往是大鱼。

湖泊上用假鱼和长绳钓鱼最合适的地方是在长着芦苇、高而陡的湖岸下的深水潭,上面杂乱地堆着被风刮倒的树木;此外还有开阔水面岸边的芦苇丛和草丛。在江河里,船要沿着陡岸划,或者在水深而平静、水面开阔的地方。要避开石滩和浅滩,在滩的上、下方都可以。用假鱼垂钓时,船要划得慢,尤其是风平浪静的时候,因为在这种情况下,即使隔得很远,鱼也听得见桨轻轻触动水面的声音。

捕　虾

5—8 月,这四个月是捕虾的最佳季节。

要捕虾必须了解虾的生活习性。

小虾是由卵孵化出来的。一只雌虾产卵的数量可达 100 个之多。虾卵存在雌虾的腹足(河虾有 10 只脚,最前面的一对是虾钳)和尾巴下面的腹部。虾卵在雌虾身上度过冬天,到了夏初,虾卵裂开,孵出来蚂蚁大小的小虾。古时候人们都认为,只有最精明的人才知道虾是在什么地方越冬的,现在人人都知道虾是在江河湖泊的岸边洞里越的冬。

虾在出生后的第一年要蜕 8 次皮(皮是虾的外壳),成年后一年就蜕一次了。旧皮蜕了后,新的壳还未变硬前,就赤身裸体待在洞里。蜕皮中的虾是许多鱼类爱吃的美食。

虾喜欢在夜间活动。白天就待在自家的洞里。不过,要是发现猎物,即使在阳光底下,它们也会出洞捕捉的。这时候就会看到水面上会冒出些气泡,它这是在呼气。水中的各种小生物:水虫呀,小鱼呀都是它的捕捉对象,尤其是腐肉,最爱吃,即使隔得老远,它也闻到腐肉的气味。

人们常根据虾爱吃腐肉的习性来捕虾:用一块臭肉、死鱼、死蛙来做饵料。晚上虾从洞里出来,在水底转悠,寻找猎物 —— 头朝前(虾只在逃跑时才倒着走),寻找猎物。

把饵料固定在虾网里。虾网紧绷在两根直径 30 ~ 40 厘米的木框或金属框上,防止虾进了网就把饵料拖走。用细绳把网系在长竿子的一端,从岸边放到水底。虾多的地方,很快就有虾进了网,进去就出不来了。

还有一些更复杂的捕虾手段。最简单又行之有效的方法是,在水浅的地方,边走边在水底找,找到了,一把找住虾背,从洞里直接拖出来。当然,这样做,手指常常会被虾钳钳住 —— 这并不可怕,再说我们这种捉虾的方法也不是针对胆小的人提出的。

如果你随身带着一口小锅,外加盐和小茴香,那就可以在岸上烧开一锅水,放上盐和小茴香,直接煮虾吃了。

在暖和的夏夜,待在河岸或湖岸上,在点点星光映衬下,吃着味美的虾,那可真是件赏心乐事!

农庄纪事

黑麦长得比人还要高，已开花了。黑麦田就像是座林子，里面的野公鸡——山鹑伴着雌鸟，身后随着小雏鸟，一家几口正在溜达。小雏鸟活像黄色的小绒球，滚动着。它们才破壳而出不久，但已经能出窝了。

正是割草的季节。庄员们有的用手工割，有的用机器。机器在草场上作业，挥动着光溜溜的翅膀，身后留下多汁而芬芳的青草，高高地码得一排排、一列列，整整齐齐，仿佛是用直尺划出来的。

菜园一垄垄的地里，堆着绿色的洋葱，孩子们正在搬运。

女孩子跟着男孩子一起森林里采浆果。月初，在阳光照耀的小丘上，甜美的草莓已经成熟。现在是浆果最多的时候：在林子里，黑果越橘和覆盆子正在成熟，而在多苔藓的林间沼泽地上，有一包籽儿的云莓由白色变成了绿色，又由绿色变成了金黄。想采就采，爱采哪种就采哪种吧！

孩子们还想多采些，可家里还有很多活等着他们去干：挑水、给园子浇水，还得给菜地除草。

集体农庄新闻

牧 草 投 诉

牧草投诉说，庄员欺负它们。牧草刚准备开花。可有些已开起花来了，白色羽毛状的柱头从穗子里探出脑袋来，纤细的花茎上挂满了沉甸甸的花粉。

突然开来了割草机，把所有的牧草，不分青红皂白，一律齐根割了下来。这下开不了花了！可人家只能重新生长了！

驻林地记者对这事做了调查。现已查明，割下的草要晒成干草。要给牲口储足越冬的干草。所以不等草开完花就把它们全割下来，准备充足的牧草，这种做法完全正确。

地上喷洒了神奇的水

杂草一遇到这种神奇的水，就没命了。对杂草来说，这种水是夺命水。

可是神奇的水碰到庄稼，庄稼照旧生机勃勃，活得快快乐乐。对它们来说，这种水是活命的水。这种水对庄稼不但不会造成损害，还帮助它们生长：消灭

它们的敌人 ——杂草。

阳光的受害者

在"共青团员"农庄里,两头小猪在散步的时候,背脊被阳光灼伤了。灼伤的地方起了水泡。饲养员立刻请来兽医给小猪治病。以后呀,天气炎热的时候,禁止小猪出来散步,有猪妈妈带着也不行。

避暑客失踪了

不久前"河岸"农庄里新来了两位避暑的女子,可突然就失踪了。大家找呀找,找了很久,才在离农庄 3 千米远的干草垛上找到了她们。

原来这两位避暑客迷路了。事情是这样的:清早,她俩去洗澡,记得自己是由天蓝色的亚麻地里走过来的。午后,要回去时,怎么也找不到那条路,就这样迷了路。

这两位避暑客不知道,亚麻清晨开花,到了中午花就凋谢了。亚麻地也跟着由天蓝变成了绿色。

母鸡疗养院

今天一大早,农庄的母鸡动身去疗养院。它们带着全套的设施,坐着车去的,还待在专门的包厢里呢。

母鸡的疗养院设在收割过后的田地上。庄稼收割后,地里只留下庄稼的根须,还有落在地上的麦粒粒。为了不白白浪费掉这些麦粒,所以就把母鸡送到这儿来疗养。这儿要建立一个完整的母鸡新村。不过只是为期不长的临时性的。等母鸡把地上的谷物吃得干干净净,一粒不剩的时候,它们又要坐上车到别处疗养,接着检麦粒。

绵羊妈妈的不安

绵羊妈妈们变得非常不安,因为人家把自己的羊宝宝给夺走了。可羊宝宝都已经三四个月大,长大了,总不能让它们一直围在妈妈身边转吧? 这也说不过去呀。该是让它们学会独立地过羊生活了。此后羊宝宝就独自去吃草了。

整 装 待 发

马林果呀,茶藨子呀,醋栗呀,这些浆果全成熟了。它们该从农村启程上路去城市了。

醋栗不怕路途遥远。

"送我去吧,我受得了,越快动身越好,我如今还没熟透,硬硬的。"

茶藨子说了:

"包装注意点,我能坚持到底。"

马林果早就泄气了:

"还是别碰我的好,让我留在原地吧!我最怕的就是走远路。一路的颠簸,那还不要我的命吗。颠来倒去,到头来我就变得稀巴烂了。"

乱糟糟的食堂

在"五一"农庄的池塘里,水面上露出几个木牌子,上面写着"鱼食堂"几个字。每个水下食堂里,都摆着一张有边的大桌子。不过,鱼食堂里可不设座椅。

每天清早,木牌四周的水像开了锅似的,翻滚起来,原来是鱼儿在等着吃食呢。鱼儿不懂守秩序,你挤我,我撞你的,争先恐后,乱成一团。

7点钟,饲料工厂这个大厨房给食堂用船运来了早餐:煮土豆、杂草种子做的团子、晒干的小金虫和许多别的可口美食。

这个时间,食堂里的鱼可就多了——每个食堂少说也有400多条。

■ H. 帕甫洛娃

一位少年自然界研究者讲的故事

我们的农庄在一片小橡树林旁。过去很少有布谷鸟飞来。来了也只叫一阵子就飞走了!如今不同了,夏天经常能听到"布谷——布谷"的叫声。恰好就在这个季节,农庄里的牲口被赶到这片林子里吃草。吃中饭的时候,一名放牧工跑过来,嚷嚷着说:"牛发疯了!"

我们赶紧往橡树林跑。那儿简直闹翻天了!乱哄哄的太吓人了!母牛叫着到处跑,尾巴抽打着自己的背脊,身子糊里糊涂往树上撞。真怕它们不小心撞坏了脑袋,保不了还要踩死我们呢!

赶紧把牛群赶往别处去。这到底是怎么回事?

罪魁祸首是一些毛毛虫。都是一些棕色、毛茸茸的虫,大得不得了,简直像是些小野兽。满树满枝全是,有些树叶被啃得精光,只剩下光秃秃的树枝。毛毛虫身上脱下来的毛,风一吹,到处飞扬,迷了牛的眼睛,刺得好痛——吓死人了!

还好有布谷鸟在,有好多好多的布谷鸟,这辈子还没见过这么多的布谷鸟!除了布谷鸟,还有金灿灿、带黑条纹的美丽黄莺和翅膀上有天蓝色条纹的樱桃红色的松鸦。周围的鸟全都聚集到我们的橡树林里来了。

真想不到,橡树挺过来了:不出一星期,毛毛虫全给消灭了! 真是好样的,是不是? 要不我们的橡树林就完了。那该有多可怕!

■ 尤拉

狩 猎 纪 事

不打飞禽，也不打走兽

夏季里既不打飞禽，也不打走兽。确切地说，那甚至不是狩猎，而是进行一场战争。夏季，人类有许多敌害。譬如说，你们开辟了一个菜园子，种下了蔬菜，浇了水。可你们能保护蔬菜不受敌害祸害吗？

在杆子上竖几个稻草人管什么用？稻草人倒可以赶走麻雀和别的鸟儿，可作用并不大。

菜园子里还有一些敌害，别说是稻草人，就是人拿着真刀真枪，它们也不怕。这些家伙木棍打不死，枪也打不着。只能想法子对付它们。这时候需要的是时刻警惕的敏锐眼睛。别看它小小的个儿，能耐谁也比不过。

跳来跳去的敌害

菜园子里出现了一种深色的小甲虫，背部有两道白色的花纹。它们像跳蚤，在树叶上跳来跳去。得警惕了，菜园子要遭灾了。

可怕的敌害——菜园里的跳甲虫。两三天内它们就可以毁了几公顷的菜园。它们会把尚未成熟的嫩叶子咬出一个个小洞，叶子因此就变得筛子一样全是孔，菜园这不是全完了吗？对萝卜、芜菁、冬油菜和大白菜来说，跳甲虫尤其可怕。

讨伐跳甲虫

应该这样来对付跳甲虫：武器是系着小旗子的杆子。小旗子的两面涂上厚厚一层胶水，只在下部的边缘留出约莫7厘米的地方不涂胶水。

带上这样的武器到了菜园，在一垄垄菜地间来回走动，在蔬菜上方不停地挥动小旗子，只让那没涂胶水的边缘碰到跳甲虫。

跳甲虫一碰到旗子的边缘就往上跳，便被胶水粘上了。到此为止，还不能以为自己已胜券在握了，因为新的一批害虫可能还要来祸害菜园子。

一大早，趁着青草上的露水未干的时候动身，用细孔的筛子给蔬菜撒上草木灰、烟末或熟石灰。对农庄大面积的菜地来说，人工撒不管用，得动用飞机。

这一招对蔬菜不会造成损害，而能驱除菜园子里的跳甲虫。

飞来飞去的敌害

蛾子比跳甲虫还要可怕。它们神不知鬼不觉地在菜叶上产下卵。卵里孵化出来的毛毛虫啃食菜叶和茎。最危险的蛾子是：白天活动的有菜粉蝶（啃吃菜叶，有一对杂有黑斑点的白翅膀）和芜菁粉蝶（食性和模样与菜粉蝶差不多，只是体型小些）；夜间活动的有菜螟蛾（体型小，翅膀下垂，前部呈赭黄色）、菜夜蛾（有茸毛，灰褐色）和菜蛾（细小的浅灰色蛾子，样子很像衣蛾）等三种。

跟它们只能打白刃战：把卵收集起来，用手弄碎就可以了。

还有一招：在蔬菜上撒上灰，与对付跳甲虫的办法相同。

还有一种更可怕的敌害，它们会对人发起直接攻击。

这些敌害虫就是蚊子。

在死水里游动着一种毛茸茸的小蠕虫和肉眼不易发觉的蛹，与身子相比，蛹的头部大得不成比例，而且还带有小小的角状物。

这些就是蚊子的幼虫孑孓和蛹。我们这儿的沼泽里就有蚊子的卵，粘在小船上，四处漂流，有的附着在沼泽的草上。

两 种 蚊 子

蚊子与蚊子各有不同。有的被叮了之后，只觉得痒痒的，还起了个疙瘩。这是普通的蚊子，不危险。还有一种蚊子可不一样，被它叮了之后，人就会打摆子，科学家称它为"疟疾"。得了这种病，一会儿感到热，一会儿感到冷，冷的时候身子就哆嗦起来。一两天后好像好了一些，不久又要复发。

这种蚊子叫疟蚊。右下图的就是疟蚊。

看外表两种蚊子很相像，但雌疟蚊的吸吻旁有触须，吸吻上方粘有有毒的微生物。疟蚊叮人时微生物进入人的血液，破坏血球。因此人就会患病。

科学家用高倍显微镜观察蚊子的血后了解到了这些道理。肉眼是什么也看不到的。

置蚊子于死地

单凭一双手是打不完所有的蚊子的。

科学家趁蚊子的幼虫还在水里时就与它们做斗争了。

从沼泽里用玻璃瓶装一些有孑孓的水。往瓶子里滴几滴煤油。注意看出现什么情况：煤油在水上扩散开来，孑孓跟着像蛇一样蠕动起来，大脑袋的蛹一会儿沉到瓶底，一会儿拼命往上升。

孑孓用小尾巴,蛹用小角想冲破那一层煤油膜,煤油堵住了孑孓的呼吸孔,结果把它们憋死了。还有许多其他的办法来对付蚊子。

住在沼泽地区的人家没有不受蚊子侵扰的,他们就是在沼泽里倒上煤油来灭蚊的。

沼泽里一个月倒上一次煤油就可消灭疟蚊的后代了。

一件稀罕事儿

我们这儿发生了一件不寻常的事儿。

牧童从牧场上奔了过来,嚷嚷道:"小母牛让野兽咬死了!"

庄员们一片惊呼,挤奶女工号啕大哭。

那可是我们最好的一头小母牛,展览会上还得过奖哩。

大伙儿放下手头的活,全跑到牧场上去看个究竟。

在草场 —— 就是我们说的牧场 —— 远处的角落里,林子边,躺着小母牛的尸体。它的乳房已被吃掉,后颈被撕碎,其他的部位完好无缺。

"熊干的!"猎人谢尔盖说,"熊老这样:咬死后就丢下了。等肉腐烂发臭了再来吃。"

"错不了!"猎人安德烈表示赞同,"明摆着的事。"

"大伙散了吧!"谢尔盖接着说,"我们会在树上搭个棚子。不是今儿,就是明晚,熊兴许会来。"

到了这时候,他们才想起了第三位猎人 —— 塞索伊·塞索伊奇。他个儿小,混在人群里很不起眼。

"你不跟我俩一起去守夜吗?"谢尔盖和安德烈问。

塞索伊·塞索伊奇没吭声。他转身到了一边,仔细察看起地面。

"不对!"他说,"不会有熊来。"

谢尔盖和安德烈耸了耸肩。

"随便你怎么想吧。"

庄员们散了,塞索伊·塞索伊奇也走了。

谢尔盖和安德烈砍下树条,在附近的松树上搭了个棚子。

他俩一看,塞索伊·塞索伊奇扛着枪和自己的猎犬佐尔卡回来了。

他又仔细地察看了小母牛四周的泥土,还莫名其妙地察看了附近的树木。

然后他进了林子。

谢尔盖和安德烈在棚子里守了一夜。

这一夜没有什么野兽来。

又守了一夜,熊还是没有来。

第三夜,野兽仍旧没来。

两个猎人失去了耐心,相互说道:

"看来塞索伊·塞索伊奇摸到了咱俩没看出来的什么东西。明摆着的:熊没来!"

"问问去?"

"问熊?"

"干吗问熊? 问塞索伊奇。"

"没处可问,只得去问他了。"

两个猎人去找塞索伊·塞索伊奇,对方刚从林子里回来。

塞索伊·塞索伊奇把一只大袋子往角落里一扔,径自擦起枪来。

"这么回事,"谢尔盖和安德烈说,"你说得对! 熊没来。倒是怎么回事,行行好,说说吧。"

"你们啥时候听说过,"塞索伊·塞索伊奇问他俩,"熊吃掉母牛的乳房,反而把肉丢下?"

两位猎人彼此交换了眼色,可不是,熊是不干这种胡闹的事的。

"查看过地上的脚印没有?"塞索伊·塞索伊奇接着问。

"可不是,看了。脚印的间距宽宽的,有 20 多厘米。"

"那爪子大不大?"

这下可把两位猎人问住了,叫他俩好不尴尬。

"脚印上没见着爪印。"

"这就对了。要是熊的脚印,第一眼看到的就该是爪印。你们倒说说,什么野兽走起路来收起爪子?"

"狼!"谢尔盖脱口说道。

塞索伊·塞索伊奇哼了一声:

"瞧你们还是猎人呢!"

"得了吧,你。"安德烈说,"狼的脚印和狗的脚印差不多,只是稍大点,窄点儿。倒是猫 ——猫走起路来确实把爪子收起来的,脚印圆圆的。"

"这就对了。"塞索伊·塞索伊奇说,"咬死小母牛的就是猫。"

"你这是开玩笑吧?"

"不信,那就看看袋里装的是什么。"

谢尔盖和安德烈忙冲过去把袋子解开来一看,是一张有棕红色花斑的大猞猁皮。

这下弄明白了:到底是哪种动物要了我们小母牛的命。要说塞索伊·塞索伊奇在林子里怎么遇到猞猁,又怎么打死它,那只有他和他的猎狗佐尔卡知道了。知道是知道,可就是不露一点口风,对谁也不说。

　　猞猁攻击小母牛的事一般很少见,可我们这儿确实发生了。

天　南　地　北

无线电通报

请注意！请注意！

列宁格勒广播电台,这里是《森林报》编辑部。

今天是 6 月 22 日,夏至,是一年中白昼最长的一天。我们将举办一次全国各地的无线电通报。

我们呼叫冻土地带、沙漠、原始森林和草原地区、海洋和高山地区。

请告诉我们,现在 ——正当盛夏时节,在一年中白昼最长、黑夜最短的日子里,你们那里的情况。

请收听！请收听！

北冰洋岛屿广播电台

你们问是什么样的黑夜？我们几乎忘记了什么是黑夜,什么叫黑暗。

现在我们这里白天最长:整整 24 小时全是白昼。太阳时而升起,时而降落,可始终不会在海平面上消失。这样要持续三个月的时间。

阳光始终没有暗下去,地上青草生长的速度不是按日,而是按小时计算,就像童话里讲的那样,它们从地下钻出,长出绿叶,开出花朵。池沼里长满了苔藓。连原本光秃秃的岩石上也布满五颜六色的植物。

冻土带焕发出勃勃生机。

是的,我们这里没有美丽的蝴蝶和蜻蜓。没有机灵的蜥蜴,没有蛙和蛇。我们这里也没有冬天就钻进地下、在洞穴里睡过一冬的大小兽类。永久冻土带的泥土被封住了,即使在仲夏时节也只有表面的土层解冻。

乌云一般密集的蚊子在冻土带上空嗡嗡叫,但我们这里没有对付这些吸血鬼的歼击机 ——身手敏捷的蝙蝠。即使它们飞到这里来度夏,叫它们如何活得下去？因为它们只能在傍晚和黑夜才出来捕食蚊子,可我们这里整个夏季既没有黄昏,也没有黑夜。

我们这里岛屿上的野兽不多。有的只是身体和老鼠一般大小的短尾巴啮齿动物兔尾鼠、雪兔、北极狐和驯鹿。偶尔能见到身高体胖的北极熊从海里游到我们这里,在冻土上转悠一阵,寻找猎物。

不过说到鸟儿,我们这儿的鸟儿可真是多得数也数不清!虽说这里所有背阴的地方全是积雪,可早有大批鸟儿飞来了。其中就有角百灵、鹨、鹡鸰、雪鹀——所有会唱歌的鸟儿都结伙来了。更多的是海鸥、潜水鸟、鹬、野鸭、大雁、暴风鹱、海鸠、嘴形可笑的花魁鸟和其他稀奇古怪的鸟,这些鸟你们也许连听也没听说过。

到处是鸟鸣声、喧闹声和歌唱声。整个冻土带,甚至光秃秃的山崖上都布满了鸟巢。有些岩壁上成千上万的鸟巢紧紧挨在一起,岩石上只要有小凹坑的地方都成了鸟窝,哪怕只能容得下一个蛋也是好的。喧闹声使这里简直成了鸟类的集市了。要是有什么凶猛的杀手胆敢靠近,黑压压的鸟群会乌云般扑到它身上,叫声震聋它的耳朵,鸟喙会将它啄死——鸟儿可不想让自己的子女遭殃。

你看,现在我们的冻土带多热闹!

你们也许会问:"要是你们那里没有夜晚,那鸟兽什么时候休息和睡觉呢?"

它们几乎就不睡觉,没时间呀。打会儿盹,立马就忙乎起来:有的给孩子喂食,有的筑巢,有的孵蛋,要干的活太多了,没一个不忙忙碌碌,匆匆忙忙的,因为我们这里的夏天特别短暂。

睡觉的事放到冬天再说吧——到时候把全年的觉都补过来。

中亚沙漠广播电台

恰恰相反,我们这儿大家正在酣睡呢。

毒辣辣的阳光把绿色植物全烤干了。我们已记不得最近一场雨是什么时候下的。更怪的是,不是所有的植物都会旱死。

刺骆驼草本身只有半米来高,可它使出高招,把自己的根扎到灼热的地下五六米深的地方,吸取那里的水分。还有一些灌木和草类不长叶子,而生出绿色的细丝。这样呼吸时就可减少水分的蒸发。梭梭树是我们沙漠里的矮树,一点叶子也不长,只生细细的枝条。

风一刮,当空就笼罩着黑压压乌云似的滚滚沙尘,遮天蔽日。这时突然间就会响起令人心惊肉跳的喧闹声和鸣叫声,仿佛有上千上万条蛇在发出"咝咝"声。

但这不是蛇在叫,而是狂风袭来时梭梭树的细枝相互抽打而发出的"咝咝"声和鸣叫声。

这时候蛇都睡着了。红沙蛇身子深深地钻进沙里,也在睡。它可是黄鼠和跳鼠的冤家。

黄鼠和跳鼠也在睡。细脚黄鼠害怕阳光,用泥土堵住了洞口,只在大清早出来找吃的。它得跑多少路才找得到没有被晒干的小植物呵！黄色的黄鼠干脆钻到地下去，睡上一个长长的大觉：整整夏、秋、冬三季，到了开春才醒过来。一年中它只有三个月出来活动，其余的时间全在睡大觉。

蜘蛛、蝎子、多足纲的昆虫、蚂蚁都害怕炎炎烈日：有的躲在岩石下，有的藏在背阴的泥土里，只在黑夜出来。无论是身手敏捷的蜥蜴，还是行动迟缓的乌龟，都不见了踪影。

兽类都迁徙到沙漠的边缘地带，靠近水源的地方去了。鸟类早已把子女抚养长大，带着它们远走高飞了。迟迟不走的只有飞得快的沙鸡。它飞数百千米到最近的小河边，自己饮饱喝足了，再把嗉囊灌满水后，快速飞回窝里给雏儿喂水，这一场奔波，对它说来算不了什么。但是一等小鸟学会了飞行，沙鸡也要飞离这可怕的地方。

不怕沙漠的只有我们苏联人民。我们以强有力的技术为武器，在条件具备的地方，开渠挖沟，从远处的高山上引水灌溉，让没有生命的沙漠变成绿色的田野和草地，开辟出花园和葡萄园。

但凡没有人的地方，风就会横行肆虐。风是人类头号敌害。它搬动干燥的沙丘，掀起沙浪，赶着它们逼近村镇，掩埋了屋舍。只有人才对它无所畏惧：人与水和植物联起手，严格地给风设定了边界。在人工灌溉的地方，筑起了树林和草地两道屏障，青草将无数的根须扎入沙中，让沙寸步难行。

不错，夏季的沙漠和冻土地带完全不同。阳光下，所有的动物都在睡觉。夜里，也只有在黑暗的夜里，一些被阳光折磨得奄奄一息的动物才敢怯生生地出来活动。

请收听！请收听！

乌苏里原始森林广播电台

我们这儿的森林令人称奇：既不像西伯利亚的原始森林，也有别于热带丛林。森林中生长的是松树、落叶松和云杉，此外，还有阔叶树，上面缠绕着的是枝条纠结、有刺的藤蔓和野葡萄藤。

我们这里的兽类有：驯鹿、印度羚羊，普通的棕熊和黑熊，还有兔子、猞猁和豹子、老虎、红狼和灰狼。

鸟类有：文静温和的灰色榛鸡和美丽多彩的雉鸡，灰色和白色的中国雁、叫声嘎嘎的普通鸭和栖息在树上五颜六色、美丽绝伦的鸳鸯，此外还有白头长喙的白鹮。

原始森林里白天闷热、昏暗，阳光穿不透茂密的树冠所构成的稠密的绿色幕帐。

我们这里的夜晚和白天都是黑漆漆的。

我们这里所有的鸟类现在都在孵蛋或哺育幼鸟,所有的野兽的幼崽已长大,正在学习觅食。

库班草原广播电台

机器和马拉收割机摆开宽广的队形在我们辽阔而平坦的田野上行进——大丰收在望。一列列火车运载着白亚尔产的小麦,从我们这里运到莫斯科和列宁格勒去。

雕、鸢和隼在收割一空的田野上空翱翔。

现在正是它们好好收拾那些窃取丰收果实的盗贼——野鼠、田鼠、黄鼠和仓鼠的大好时机,因为现在,即使隔得很远,只要这些窃贼从洞穴里一钻出来,就被它们看得一清二楚,逮个正着。早在庄稼连着根还没有收割的时候,这些可恶的有害小动物吃掉了多少麦穗,想来都叫人吃惊。

现在它们收拾掉在地上的谷粒,运回去充实自己地下的仓储,供越冬之用。比起猛禽来,兽类也不甘落后。不是吗,狐狸正在收割过的庄稼地里捕捉鼠类,对我们帮助最大的要数草原白鼬,它们正在毫不留情地消灭所有的啮齿类动物。

阿尔泰山广播电台

深谷里闷热而潮湿。在夏季炎热的阳光照射下,早晨的露水很快就蒸发一光。傍晚草地上浓雾弥漫。水蒸气升腾,给山崖带去湿气,冷却后凝成了山巅上的白云。抬头望去,黎明前的高山上空云雾缭绕。

白天,阳光把高空上的水蒸气变成了水滴,接着乌云里落下了倾盆大雨。

山顶的积雪慢慢地融化。只有在四季常白的雪山最高峰才保留下终年不化的冰雪。那就是一整片冰雪的原野——冰川。冰川上,在极高的山巅,气候异常寒冷,即使是正午的阳光也不能使冰雪融化。

但是冰川下,雨水和消融的雪水奔腾而下,汇成了湍急的溪流,沿山坡滚滚而下,形成飞溅的瀑布,从山崖上落下,流入大江。这是一年中江河由于大量积雪融水而第二次猛涨,溢出河岸,在谷地泛滥——第一次洪水泛滥在春天。

我们的山区可说是应有尽有:山下的坡地里是原始森林,往高处是肥沃的草地——高山草原。再往高处,只有苔藓和地衣了,很像遥远的北方寒冷的冻土地带。到了最高处,那是冰雪的世界,成了北极那样终年的寒冬了。

在这样的高山之巅,既没有野兽出没,也见不到鸟类的踪迹。飞临这里的只有身强力壮的雕和秃鹫，它们在云端居高临下，凭借敏锐的双眼发现猎物。但是低处，仿佛在多层的高楼之中，现在已有形形色色的栖息者在安营扎寨，各占据各的层面，各的高度。

最高处，在光秃秃的山崖上，只有公野山羊才能攀登，而稍低处待着的是母野山羊和小羊羔，还有如火鸡般大小的大山鹑——雪鸡。

在青草肥美多汁的高山牧场，牧放着一群群盘羊——直角的高山绵羊。雪豹因此跟踪而至。这里还有整群整群身肥体壮的旱獭——草原旱獭和许多鸣禽。再往低处，在原始森林里便是沙鸡、松鸡、鹿、熊等的天下了。

过去只在谷地里种植粮食作物，现在我们也能在越来越高的山区耕种田地了。那里，耕地不用马，用的是牦牛。牦牛是一种通体披着长毛的高山牛。我们已投入大量劳力，以便获得更好的收成。我们一定能做到！

请收听！请收听！

海洋广播电台

我们伟大的祖国濒临三个无边无际的大洋：西临大西洋，北依北冰洋，东面是太平洋。

我们坐轮船从列宁格勒出发，经芬兰湾和波罗的海，就到了大西洋。在这里经常遇到外国的船只，有英国的、丹麦的、瑞典的、挪威的，有商船，也有客轮和渔船。他们在这里捕捞鲱鱼和鳕鱼。

出了大西洋我们就来到北冰洋。我们沿欧洲和整个亚洲部分的海岸走上了伟大的北方航线。这是我们的海洋，也是我们的航线。这条航线是我们俄罗斯勇敢的海员开辟出来的。过去它被看作是不可通行的，处处是坚冰，充满了死亡的危险。现在我们的船长引领着一支支船队，在强大的破冰船引导下，在这条航线上航行。

在这片荒无人烟的地方，我们见到了许多奇迹。起初漂流而来的是墨西哥湾暖流，接着我们遇到了移动的冰山，在阳光照射下特别耀眼，让人睁不开眼睛。我们在这里捕捞海星和鲨鱼。

此后这股暖流折向北方，向北极流去，于是我们开始遇到一片片巨大的冰原在水面上静静地移动，裂开来又合拢。我们的飞机在做侦察，随时给船只通报哪里的冰块之间可以通行。

在北冰洋的岛屿上，我们见到了成千上万正在换毛的鸿雁。它们处于彻底无助而绝望的境地。因为它们翅膀上的羽毛开始脱落，所以不能飞行。人们走着就能把它们赶进用网围起来的栅栏里。我们见到了长着獠牙的体型庞大的海象，它们正爬上浮冰休息；还见到各种奇异的海豹：大海兔和冠海豹。冠海豹突然在头上鼓起一个皮袋子，仿佛戴上了一顶头盔。我们也见到了满口厉牙、可怕的虎鲸。虎鲸猎食其他鲸鱼和它们的幼崽。

不过有关鲸鱼的故事留待以后再说 ——因为当我们进入太平洋的时候，那里的鲸鱼会更多。再见！

我们夏季的"天南地北"的无线电通报到此结束。

下次广播的时间是 9 月 22 日。

射　靶

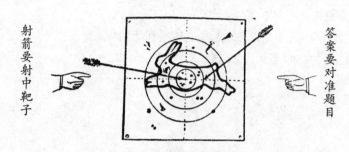

射箭要射中靶子

答案要对准题目

竞　赛　四

1. 夏季从哪天开始(按日历),这一天有什么独特之处?

2. 什么样的鱼编织窝?

3. 什么小兽会在草丛和灌木丛中编织窝?

4. 哪些鸟不做窝,而在土坑和沙窝里哺育小鸟?

5. 下图这些鸟的蛋是什么颜色?

6. 蝌蚪先长出哪两条腿,前腿还是后腿?

7. 普通刺鱼的刺是怎样分布的,它身上有多少根刺?

8. 城里的燕子(毛脚燕,尾短)的窝和乡村的燕(家燕,尾巴开叉)的窝,从外观上看,有什么区别?

9. 为什么不能用手去碰鸟窝里的蛋?

10. 雄萤火虫有翅膀吗? 夜里在林子里用玻璃杯罩住一只雌萤火虫,它发出的光能把雄萤火虫引到玻璃杯子跟前。

11. 什么鸟用鱼骨做窝里的垫子?

12. 为什么很少见到苍头燕雀、红额金翅雀、柳莺造在树枝上的窝?

13. 所有的鸟夏天只孵一次雏鸟吗?

14. 我们这里有食肉的植物吗?

15. 什么动物在水下用空气做窝?

16. 小宝宝还没出生,已经被交给别人抚养了,这是什么动物?

17. 雄鹰不怕山高路遥,展开双翅遮住了太阳。(谜语)

18. 倒了森林,起了高山。(谜语)

19. 串串珠宝挂树梢,填饱肚子全靠它。(谜语)

20. 赤身裸体,"扑通"一声,跳到水里,不见踪影。(谜语)

21. 推也推不开,拿也拿不起,时间一到,自会离开。(谜语)

22. 只见拔草,不编草鞋。(谜语)

23. 没有身子也能活,没有舌头也能说,谁都没见过,谁都听到过。(谜语)

24. 不是裁缝,针儿却永不离身。(谜语)

公　告

测　试　三

"火眼金睛" 称号竞赛

哪个住在这里面？

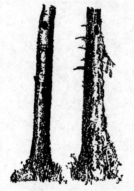

图 1　　　图 2

花园里有两个树洞，里面都有小鸟的叫声。经过仔细观察之后，如何辨认哪个洞里住的是什么鸟？

图 3

住在地底下的是哪一种我们用肉眼看不见的动物？

图 4

这些洞穴里住着什么动物？

图 5

这个用苔藓做的小屋是什么动物的？

图 6　　　　　　　　　图 7

两个洞穴很相似，都是同一动物挖的，可住在里面的不是同一种
动物。判断一下，每个洞里分别住着那都是什么动物？

请爱护朋友！

　　孩子们常常去捣毁鸟窝——毫无理由，纯粹是调皮捣蛋。他们就不想想，这会给国家造成多大的损失。科学家测算过，每只鸟，哪怕是最小的鸟，每年夏天给农业和林业带来的益处约合25卢布。知道吗，每只鸟巢内就有4到24只鸟蛋或雏鸟。算算吧，毁了一个鸟窝，给国家造成多大的损失？

孩子们！

　　组织起保护鸟巢的小队，不让任何人破坏鸟巢。不要让猫进入灌木丛和林子，来了就赶走它们，因为猫会捕捉鸟，破坏鸟巢。告诉所有的人，为什么要爱护鸟类，它们是多么出色地保护我们的森林、田野和花园，它们是如何保证我们的庄稼不受无数难以捕捉的可怕敌害——昆虫的侵害。

哥伦布俱乐部

第 4 月

布谷鸟行动试验继续 —— 总管妈妈 —— 皮皮什卡和小雏鸟 —— 送给雌黑鸡的礼物 —— 横放着的石块下的水 —— 诗和自然力 —— 担忧

做"养妈"的鸟儿很快就把人家的蛋孵化出来了。在布谷鸟行动实施期间，偶尔也有一些鸟把不像是自己的蛋扔出了窝。窝内的黄口而无助的小鸟儿一旦孵化出来 —— 哪怕它的模样有多怪异 —— 没一只鸟会欺负它，会不关照它的。小雏鸟在别人的窝里出世之后，就要吃的 —— 人家也不管它是不是自己的孩子，照样喂它。

对朱雀实施的"布谷鸟行动"取得很大的成功。小个儿养妈把五只蛋全孵化出来，跟雄鸟(一只红脑袋、红胸脯的帅哥)开始热心地喂养起雏鸟。朱雀夫妇飞回窝里，迎过来的是五只细绳般的细脖子，连在摇摇晃晃的五只脑袋上，眼睛还闭着，头顶上长着细细的绒毛。其中三只是吃虫子的小嘴儿 —— 石雕、鹟和柳莺，两只是食谷物的胖嘴儿 —— 一只小朱雀和一只苍头燕雀。

不过做爹娘的并不厚此薄彼，给五只雏儿全都喂了毛虫和其他软软的昆虫。所以少年哥伦布们就用不着为朱雀窝内的几只毛色各异的雏鸟的生命担忧了。

少年哥伦布还换过一只娇小的鸟蛋 —— 把白鹡鸰的蛋移进普通的麻雀窝里，而把普通麻雀的蛋移进鹡鸰窝里。结果比起鹡鸰来，麻雀早两天就给小鹡鸰喂食，而鹡鸰给小麻雀喂食却推迟了两天。当雏鸟离窝飞得越来越远，鹡鸰和麻雀凭叫声认出了自己的孩子，这时候真正的父母便轻而易举领回了各自的孩子。

朱雀也是这样。朱雀只有到雏鸟学会了飞行，飞回自己的亲生父母身边，才不给别家的小鸟喂食。不过朱雀还是留下了自己的孩子，此外在别家窝里孵化出来的小朱雀也回到它的窝。在少年哥伦布看来，朱雀是最出色的母亲，把鸟蛋在不同窝里调换孵化，不论对成年的鸟，还是对雏鸟来说都是完全无害的。

　　有几名少年哥伦布亲手抚养起小鸟来了。他们直接从鸟巢里取来几只刚刚学飞、却羽毛未丰的雏鸟喂养起来。

　　雷是女孩子中年龄最大的,她心地善良,办事认真,讲究条理,且精力充沛,被公认是所有小鸟的总管"妈妈"。她那个小鸟幼儿园里什么鸟儿都有——小鸦呀,赤胸朱顶雀呀,苍头燕雀呀,大脑袋的小伯劳呀,穿得花花绿绿的小啄木鸟呀。跟它们一起的还有几只小猫头鹰——浑身全是绒毛,但长着猛禽的长钩喙,眼睛突出。所有这些"小娃娃"——少年哥伦布们都这样称号它们——一大早,就饿得"叽叽喳喳"叫开了,把总管妈妈给吵醒,她转而唤醒了其他女孩子——她们可都是保育员。所有的小鸟及时得到一份早餐——吃得饱饱的小猫头鹰再也不骚扰自己的小伙伴了。少年哥伦布们的蚂蚁卵饼全是勃列德老爷爷提供的,小猫头鹰常常分得了一块块新鲜的肉。

　　男孩子中只有安德参与了给小鸟喂食的繁重工作,但这并不妨碍他同时对"神秘乡"的广泛研究工作。安德用桦树皮做了几只轻巧的小盒子,别在自己的腰间。一只里装满蚂蚁卵饼,其余的盒子放进"小娃娃",安德安安心心带着这些小盒子到林子里去。一听到盒子里响起鸟叫声,安德便停下来,坐到最先遇到的树墩上,打开盒子,用木镊子给这些饿得张开小嘴儿的雏鸟喂食。

　　科尔克和沃夫克这时候满林子跑,寻找鸟窝,放置捕捉鼩鼱和小啮齿类动物的捕兽器。这些动物就生活在落叶下面的草丛中,难以发现,他们又在地里深处埋放罐头,里面放上诱饵,罐头的边缘和地面一样高。拉甫在方方面面做他们的得力助手。但是,有时候正如大家说的,他突然间消失得无影无踪。原来他躲开大家,藏在林中草地的浓密草丛中,或小河边的陡岸上,躺在地上,兴奋之余,一只手支着火红色的脑袋,眼睛死盯着下方神秘的深渊,或仰视无边无际的高空,眼前浮现出一艘艘无形的船只,小船张着想象中白云的船帆,漂流而过,或沉思中,凝视着郁郁葱葱的密林,想象中一头灰狼,背着一位公主,一闪而过,猛地又显现出一座造在鸡腿上小木屋,或恍惚中见到只有鼻孔、没有背脊的林妖。

　　猛地他醒悟过来,惊奇中发现,此时已是暮色苍茫时分。他一骨碌跳了起来,嘴里暗自嘟嘟囔囔,合着节拍,挥动一只手,跟跟跄跄地赶回家去。凭着他那一脸沉思的神情,来找他的伙伴一眼就看出,他这一路上准在构思诗歌,大家缠着他赶紧说出来听听。每逢这时候女画家西总是掏出纸和彩色铅笔快速地画出他诗歌的意境。白天她画出风景,晚上补上拉甫诗中的艺术形象。

　　"幸好,那只是些松林中的松鼠,"她对小姑娘们抱起怨来,"要不怎么能画出他心爱的那些主人公——自然现象呢? 你们还记得他那首阴雨天后的四行诗吗?

太阳归来了！
风，那是天上清洁工 ——
把天空打扫得一尘不染
然后躺下安然入梦。"

　　"那你就画清洁工吧！"米提出建议，"可不是普普通通的，而是天上实实在在的清洁工 ——满脸是毛蓬蓬的大胡子。"
　　"还有，他睡的时候，"拉补充说，"掉下扫帚，安然地躺在云端上。"
　　还有，他那首写河上柳树的诗：

河岸上的那株奇异的柳树，
生有多少长长的尖舌头！
岸边秘密知多少……
幸好柳树不多嘴又多舌。

　　"还有描写风的各种诗句：

阳光下睡莲警觉地打盹，
蓦然间风儿拉响了警报！
顿时在睡意蒙眬的水面，
睡莲举起莲叶作为盾牌

　　还有：

风啸啸来自下面的悬崖，
岸下的涟漪你追我逐。
一声响亮的尖叫，
吓坏了红嗉子的潜鸟。

吹昏了河岸上方的长舌妇，
风儿上高空，又入河里，
在深深的浪涛中
翻翻滚滚，消失得无影无踪。"

"那就让科尔克给我瞧瞧长舌妇吧!"西说,"听说,它就待在我们这儿的湖上,周围这样的家伙多的是。可又要吹出口哨,又要兴波逐浪,那样的风怎么画?"

"你就好生想想吧。"雷提醒说,"就像莎士比亚的书里写的,李尔王对他说:'吹吧,风,吹吧,趁着还没有折断脖子的时候使劲吹吧。'①就画张鼓起腮帮子的丑脸得了。"

少年哥伦布们你一言我一语帮着女画家出主意,常常给诗人诗中的形象提建议 ——整个俱乐部仿佛成了一个诗歌的灵魂。

只有帕甫一个人独来独往。当多拖回来一大堆、一大堆大树和灌木的枝枝叶叶后,他干脆不再去林子,老把树叶摊在纸上用手压平,又把树叶挪过来,放过去,变换地方——在纸条上编上号 ——整整好几天都忙着干他所谓的"整理植物标本"。有一天,全体少年哥伦布异口同声威胁他说,要用绳子拉着他跟大伙在一起,说是如果整天待在书桌前,干吗千里迢迢跑到这儿来。听了这番话,他突然开了腔,那可笑的样子,说得大伙惊呆了:

"你们……这个……从早到晚,上气不接下气……东颠西跑的,可谁也没发现什么。"

"瞧你倒是发现了!"科尔克不屑地打断他的话,"要说找到了什么,那是多,可不是你。你这个死脑子,是块平放着的石头,滴水渗不进。"

"等着瞧吧……我……我可是'渗'进去了!"冷不防帕甫得意扬扬地声称,"我是个坐办公室的科学家……可……可不像你们,老在林子里窜来窜去。我……哎,哎……坐着,坐着,发现的东西更多,哎,哎……比那个蹦来蹦去得多要多。你们听说过一种叫'阿列伊'的树吗?啊哈!没话说了吧!谁也不知道。我翻遍了带来的植物图鉴,哪儿也找不到。翻了'A'部,也翻了'O'部,因为我以为这个词是由'鹿'字来的②。可没有这种树!这就是我的新发现!"

看帕甫那得意劲儿,说起话来再也不结巴了。

"有意思。"多表现出了好奇,"你在哪儿见到的?"

"那倒……还……没有见到。听乡亲们说过。要是在近处,我早就见到了。说是在米内耶沃村,有18公里远。旧社会地主不知从哪里带来的。也许是非洲,要么是澳大利亚吧。都说,树很高大,还产蜜哩,引来了蜜蜂围着嗡嗡叫。多出

① 见莎士比亚:《李尔王》第三幕,第二场。
② 俄文的"阿列伊"第一个字母是"A","鹿"字的第一个字母是"O",在发音时因该词中的O不带重音,读如A。

色的树！产蜜的。天赐的美食——可真是玉液琼浆。"

"既然是从澳大利亚来的，那就不是这里的土著。"小胖子这一发现出人意料，给大家留下很深的印象，沃夫克想泼点冷水，"再说你自己哪怕树枝也没见着一条——反正我们信不过你的'发现'。"

"那就更有意思了！"帕甫瞧也不瞧他一眼，打断了他的话，"这可是从遥远的国家引进来的。听说长得可高了。要想看树顶，非把头上的帽子看掉下来不可。都是些百年古树。"

第二天早晨，沃夫克拿来了一只小獾，大家对帕甫的意外发现也一下子就没了兴趣。

村里的孩子在林子里指给他看了一个有许多出入口的獾洞。

沃夫克很有耐心，没等天亮就爬到树上去观察獾洞。他在树枝上一坐就是好几小时，最后耐不住肚子饿，他想下树了，突然——这时已近中午——一只母獾从洞里探出小脑袋，晃了晃，又不见了……过了约莫五分钟，它又从洞里爬出来，嘴里叼着一只小獾。母獾把小獾放到草丛间的一块空地上晒阳光，自己回洞里去了。

沃夫克以为母獾去再衔一个出来。

不过他没等母獾出来，就从树上爬下来，到了小獾跟前，抓住脖子，赶快跑了！

沃夫克想把小獾送给米，可米没有领情，因为，她说，爸爸妈妈不让她把这样的动物养在家里。等你和它有了感情，到头来还是要送到动物园里去的……于是沃夫克把小獾给了讨好地看着自己的拉。

拉能亲手喂养小獾该多高兴！可是小家伙野性十足，对自己的抚养人还不习惯。最初几天，拉的手指儿都包扎上了，一不留神，缺管教的小獾就会让自己的领养人看看它的牙齿有多厉害。

不过，应该看到，拉很勇敢，很有耐心，坚强地忍受着疼痛，在同学面前硬是不流泪，不让大家看到一双伤痕累累的手！对自己的"皮皮什卡"她一次也没揍过，连轻轻地拍一下也没有。

"要是在教育皮皮什卡的过程中，用了体罚，"拉解释说，"那就败坏了它的性格。我的叔叔米沙·马里谢夫斯基——你们知道吗，他就在莫斯科家的四楼养着一只很有名气的雄狐，《星火》杂志上还登过它的照片呢——我的马里谢夫斯基叔叔常说，要是他当了教育部长，就让所有的幼儿园老师首先要学会如何教育幼兽，然后再去教小孩子。他常说，一般来说，不论是人还是兽，甚至鸟，幼小的时候都一个样。他们需要的是爱，对他们要有耐心和恒心。米沙叔叔就是这样教育自己的狐狸的。在果戈理大街的街心花园里的那些小家伙——还记得那张照片吗？他们把手指放到它嘴巴里，拉拉它的舌头，可它——那只野兽，压根儿就没咬他们，连咬的念头都没动过。"

可不是吗，过了两三天，小獾不但不再咬人，还让自己的抚养人拎住脸蛋儿，抓住脖子，打滚，甚至玩的时候，把它抛上空中。小兽对她表现出充分的信任，时刻离不开她，像狗一样，老跟着她。

已是7月20日，雌鸟抱窝的季节就要结束。几乎所有的鸟都已孵出了小鸟。冷不防米和雷跑了来，激动不安地说，林子边的灌木丛下找到了一个雌黑琴鸡的窝，里面有五只蛋。

"怎么回事？"雷觉得很奇怪，"狩猎的季节很快就要开始了，松林里所有野鸟的雏鸟都已长大，可这个傻瓜还搁着蛋没孵呢！"

"明摆着，它的第一窝蛋毁了！"塔里·金说，"今年春天的天气糟透了。鸡呀，鸭呀，陆地上所有的飞禽把蛋全都孵了。可冷不防受到严寒天气的袭击，一窝蛋全毁了。可还有第二茬，又孵上了，所有的蛋又毁了！这只雌黑琴鸡看来第三次坐窝了。这么着，咱们接过手来吧，也算是再试一次布谷鸟行动吧。"

塔里·金去了鸡舍，把一只五彩鸡从鸡笼里赶了出来，拿出一只蛋。雷和米跑进林子，把这只白色的鸡蛋跟黑琴鸡黄褐色的蛋放在一起，换走了一只黑琴鸡蛋。

回到家，黑琴鸡蛋冷冷的，原来是只孵不出雏鸟的蛋。

"我听到了！"米说，"我们黑琴鸡的蛋内已有小鸡在叽叽叫了。"

"有意思！"塔里·金说，"这会有什么结果呢？。黑琴鸡窝里那个白蛋很显眼。敢情黑琴鸡接纳下它了？"

"明摆着，"安德说，"它准会丢下窝的。孵呀孵，结果还是个孵不出来的蛋——啥也孵不出来。到底还是要人把能孵的蛋放进去才行。明摆着——它吓坏了。"

吃晚饭的时候大家边吃边说了上面的一番话。科尔克、米和西早在白天就到湖上去了，不知在什么地方耽搁下来还没有回来。

吃完了饭，还不见他们。天快暗了。黑夜来了。

米、西和科尔克还是没有回来。

（未完待续）

森 林 报

No.5

育雏月
（夏二月）

7月21日至8月20日

太阳进入狮子座

第五期导读

一年 ——分 12 个月谱写的太阳诗篇

7月 ——正是盛夏时节,它不知疲倦地装扮着大地上的一切。它命令黑麦低头对土地鞠躬致敬。燕麦已长袍加身,而荞麦却连衬衫也没穿。

绿色植物用阳光塑造自己的身躯。成熟的黑麦和小麦像金灿灿的海洋,我们把它们储藏起来,够一年食用。我们为牲畜储备好草料。你看,无边的青草已被割倒,堆起了小山似的草垛。

鸟儿变得沉默寡言:它们已顾不上歌唱了。各个鸟窝里已有雏鸟出没。它们出生时赤条条的,眼睛还没有睁开,长时间需要父母照顾。但是大地、水域、森林,甚至空中,到处有小鸟的食物 ——喂饱它们绰绰有余。

森林里,处处都是小巧玲珑而汁水横溢的果子:草莓、黑莓、越橘和茶蘼子。在北方,生长着的是金黄色的桑悬钩子,南方的花园里有樱桃、草莓和甜樱桃。草场脱下金色的裙子,换上洋甘菊的花衣裳 ——白色的花瓣好反射掉灼热的阳光,因为现在这个季节可不能小觑生命的创造者 ——太阳的威力。她的爱抚反而会使受抚者灼伤。

森林里的小宝宝

谁有几个小宝宝

罗蒙诺索夫市城外的大森林里,有一头年轻的母驼鹿,今年生下了一头小驼鹿。

同一座森林里,还有一个白尾雕的窝。窝里有 2 只幼雕。

黄雀、苍头燕雀和黄鹂各有 5 只幼雏。

蚁鴷 ① 有 8 只雏鸟。

长尾山雀有 12 只。

灰山鹑有 20 只。

刺鱼窝里每只卵产下一条小刺鱼,共孵出 100 条小鱼。

欧鳊鱼有数十万个宝宝。

---

① 亦称"地啄木""歪脖"。啄木鸟科。雄鸟体长约 20 厘米。全身羽毛淡银灰色,密布暗褐色细纹。对趾足。常啄木搜索蚁类和蛹,也在地面觅食,有益农林。

大西洋鳕鱼的宝宝更是数不胜数,也许有 100 万条之多。

孤苦伶仃的小宝宝

欧鳊和大西洋鳕鱼对自己的儿女压根儿不关心。它们产下卵就一走了之,听凭小娃娃自生自灭,这也是众所周知的事。可不是嘛,一下子产下了数十万个孩子,能照顾得过来吗? 你说该怎么办?

一只青蛙只有 1000 个孩子 —— 即使这样,它也不想担负起照料儿女的重任来。

孤苦伶仃的小宝宝日子确实不好过。水底下有许许多多贪嘴的怪物,它们就爱吃可口的鱼卵和青蛙卵,爱吃小鱼和蝌蚪。在没有长大成大鱼、青蛙前,有多少幼鱼和蝌蚪夭折了,它们面临着多少危险啊,想想都让人害怕!

可怜父母心

不过母驼鹿和所有的雌鸟都称得上是操心的好妈妈。

母驼鹿为了自己的独生子女甚至愿意献出自己的生命。即使是熊胆敢攻击它,它也会前后蹄并用,四条腿又踢又蹬,乱蹄之下,米什卡①下次再也不敢靠近小驼鹿了。

有一次,我们的记者在田野里偶遇一只小公山鹑:就在他们脚边蹿了出来,一溜烟地跑进草丛躲了起来。

我们的记者捉住了它,它就没命地"叽叽"叫起来! 小山鹑的妈妈不知从哪里突然冒了出来,一见儿子被人抓住,急得团团转,"叽叽咯咯"叫个不停,身子伏在地上,耷拉下翅膀。

我们的记者还以为它受伤了,忙丢下小山鹑,跑过去看望它。

母山鹑在地上一瘸一拐地走着,眼看着用手就能逮住它了,可是只要一伸手,它就闪到一边。他们就一直追呀追呀,冷不防母山鹑的翅膀一扑腾,从地上飞了起来,大模大样从人眼前飞走了。

我们的记者转身来找小山鹑,可连个影子也没见着。原来是当妈妈的为了救儿子,才装出受伤的样子,把人从儿子身边引开。它对自己的孩子个个都爱护备至,因为它一共才有 20 个子女。

鸟的劳动日

天刚蒙蒙亮,鸟儿就展翅忙碌开来了。

---

① 米什卡是俄国人对熊的谑称。

不过母驼鹿和所有的雌鸟都称得上是操心的好妈妈。

椋鸟一昼夜要干17小时的活,城市里的燕要干18小时,雨燕每天干活的时间是19小时,而红尾鸲要超过20小时。

我去查了查,这都是事实。

是呀,它们想少干活可不行。

知道吗,雨燕要喂饱自己的儿女,每天来来往往回窠里送食物不能少于30到35次,椋鸟大约是200次,城市里的燕高达300次,而红尾鸲则要450次之多!

一个夏季,鸟类消灭掉的森林害虫和它们的幼虫到底有多少,谁也算不清!

鸟类可是时刻不停地在劳作呀!

■ 驻林地记者　H.斯拉德科夫

田鹬和鸮孵出什么样的幼雏

图中画的是刚破壳而出的幼鸮[①]的像。它的喙上有个白色小疙瘩,叫作"卵齿"。当它们要破壳而出的时候,就用"卵齿"啄破蛋壳。

待到幼鸮长大后,就会成为极残忍的猛禽 —— 啮齿类动物的克星。

可是现在它还是个小娃娃,毛茸茸的,半闭着眼睛,挺逗人的。

它显得那么软弱无助,娇弱无力,寸步也离不开爹娘。要是爹娘不来给它喂食,准得饿死。

不过鸟类中也有从小好斗的:刚从蛋里孵出来,马上就会蹦蹦跳跳,转眼就会去找东西吃。它们不怕水,来了敌人自己也会躲起来。

下图是两只小田鹬。它们孵出来刚一天,就能离开窝,自己出来找蚯蚓吃了。

所以田鹬的蛋才那么大,好让小鸟儿在蛋里快快长大。(参看第四期《森林报》)

前面说到的山鹬的儿子也是好斗的主儿,一出世就能健步如飞了。

还有一种野鸭 —— 秋沙鸭也是如此。

小秋沙鸭刚出世,就摇摇晃晃往河里跑,扑通一声钻到水中,优哉游哉游起来。它会扎猛子,还会稍稍挺起身子站立在水面上伸伸懒腰,完全像个成年鸭子了。

相比之下,旋木雀的女儿可娇气了。它在窝里一待就是整整两个星期,这

---

① 鹰科,体长约51厘米。通体羽毛褐色,尾部稍淡,两翼下各具一白色横斑,但尾圆而不分叉。常翱翔高空,或栖止田野高树和电杆上。主食鼠类,为农田益鸟。

时候飞出来,赖在木桩上就是不肯动弹。

瞧它那模样儿,一脸的不高兴,它在怪妈妈怎么还不回来喂食,它饿着呢。

它都三个星期大了,还爱"叽叽喳喳"叫唤个不停,张着嘴盼着妈妈把毛虫和其他好吃的东西塞进来呢。

科特林岛上的聚居地

在科特林岛的沙滩上,一群小海鸥待在那里避暑。

一到夜里,它们就在小沙坑里睡觉。一个坑睡三只。整个沙滩满是坑坑洼洼,成了海鸥很大的聚居地。

白天它们学飞行、游泳,在大哥哥、大姐姐带领下捕捉小鱼小虾。

年长的海鸥一边当老师,一边机警地保护自己的孩子。

敌人逼近时,它们就成群结队地飞上天,发出一阵阵响亮的叫声和呐喊声,向敌人扑过去 ——这架势,谁见了都害怕。

雌 雄 颠 倒

我们收到来自辽阔的祖国各地的稿件,描述了他们与一些奇异的鸟相遇的情况。

这个月,人们在莫斯科郊外、阿尔泰山区、卡马河畔和波罗的海及雅库特和哈萨克斯坦等地方都见到了一种鸟。这种鸟很可爱,毛色很艳丽,很像城里卖给年轻钓鱼人的那种鲜艳的漂子。这种鸟不怕人,即使你离它只有 5 步的距离,它也会在近岸的地方畅游,丝毫没有害怕的样子。

这时节,别的鸟都待在巢里或在孵化小鸟,可这种鸟已成群结队周游全国了。

怪的是,这种毛色艳丽的小鸟都是雌鸟,而其他的鸟,都是雄的比雌的鲜艳、美丽。而这种鸟则相反,雄的灰不溜秋,雌鸟则色彩缤纷。

更怪的是,这种鸟的雌鸟对自己的孩子完全不管不顾。在遥远北方的冻土带,雌鸟把卵产进坑里后,飞走就不再回来了!雄鸟则留下来孵蛋、哺育,保护小鸟。

简直是雌雄颠倒!

这种鸟叫鹬 ——圆喙瓣蹼鹬。

到处都能见到这种鸟:今天在这里见到,明天在那里也能见到。

林 间 纪 事

残忍的小鸟

瘦小温和的鹟鸰在窝里孵出 6 只赤条条的细小雏鸟。其中的 5 只长得像模像样，而第 6 只则成了丑八怪 —— 浑身包着一层粗糙的皮，青筋毕露，脑袋大大的，一双眼睛蒙着薄膜，鼓了起来，一张开嘴，准会吓你一跳，因为那张大嘴简直是个无底洞。

出生后的第一天，它还老老实实待在窝里。只有在鹟鸰爸妈飞回来喂食时，它才艰难地抬起沉甸甸的大脑袋，有气无力地吱几声，张开了嘴，意思是说：喂喂我吧！

第二天清晨，冷飕飕的，爹娘都出去找吃的东西，它开始动弹了。它低下头，抵住窝里的地面，又开两条腿分得很开很开，身子开始往后退。

它退着退着，撞上了其中的一位小兄弟，便往对方的身下钻。它把自己光秃秃的弯翅膀往后一伸，像把钳子，紧紧地夹住这个小兄弟，背着它不断往后退，一直退到了窝边。

它的这个小兄弟又小又弱，眼睛还没睁开，躺在它的背上，就像是落到一只勺子里，不断挣扎着。而这丑八怪用头和腿抵着，把对方抬起来，越抬越高，直把它抬到了窝的边缘。

这时候丑八怪运足了力气，猛地一掀屁股，把小兄弟抛出了窝外。

鹟鸰的巢就筑在河岸上方的悬崖上。

这只赤条条的小鹟鸰"啪"的一声跌在鹅卵石上，摔死了。

狠毒的丑八怪自己也差点没摔出窝去，它在窝边上摇摇晃晃，摇摇晃晃，亏得有个大脑袋，才保持住了平衡，身子终于跌回了窝里。

丑八怪制造的这一恐怖的事件前后只用了两三分钟。

这时候丑八怪已筋疲力尽，在窝里一动不动，足足躺了一刻来钟。

爹娘飞回来了。丑八怪伸出青筋嶙嶙的脖子，抬起沉甸甸的脑袋，夺拉着眼皮，若无其事地张开嘴，"吱吱"叫唤起来：喂喂我吧！

吃饱了，歇够了，它又打起另一位小兄弟的主意来了。

这一次可没那么轻易得手 —— 小鹟鸰激烈反抗，多次从它背上滚下来，可丑八怪不达目的绝不罢休。

过了五天，它的眼睛睁开了，看到窝里只剩下它自己一个 —— 其他五个兄弟全被它挤出窝外摔死了。

只有到了它出世后的第十二天,身上终于长满了羽毛,到了这时,才真相大白,原来可怜的鹡鸰夫妇养育的是一只被别人偷偷放进窝里的弃婴——布谷鸟。

可是它可怜巴巴地叫唤着,叫声多像它们自己死去的几个孩子,你看它抖动翅膀,叫得那么惹人怜爱,乞求吃的,娇小、温柔的鹡鸰夫妇难以拒绝它的哀求,不忍丢下它活活饿死。

鹡鸰夫妇自己过着半饥不饱的日子,忙得顾不上填饱肚子,从早到晚,夫妇俩忙着为丑八怪送肥壮的毛虫,不惜将头伸进它那宽大的嘴中,将食物送进贪得无厌的喉咙里。

鹡鸰夫妇一直把丑八怪喂养到秋天。丑八怪这才飞走,此后,它一辈子再也没有回来看望这对鹡鸰夫妇。

小 熊 洗 澡

一天,我们熟悉的一位猎人在林间一条小河岸上走着。走着走着,突然听到很响的枯树枝断裂的声音。他惊慌之余爬上了树。

密林里出来一头棕色大母熊。和大母熊一起的是两只快快活活的熊崽儿和一只小熊——熊妈妈一岁的儿子,充当了两只熊崽儿的保姆。

母熊坐了下来。

小熊用牙齿叼住一只幼崽儿的后颈,把它往河水里泡。

小熊崽儿尖声高叫起来,不停地蹬着,但小熊就是不松口,这才给熊崽儿痛痛快快地洗了个澡。

另一熊崽儿害怕冷水澡,吓得扭头往林子里钻。

小熊追上了它,给了它一巴掌,然后像对第一只熊崽儿那样,也把它往水里泡。

洗呀,刷呀,小熊一阵忙乎,一不小心,松了嘴,熊崽儿落进水里。熊崽儿吓得大喊大叫起来了!母熊见状赶忙跑了过来,把熊崽儿拖上了岸,又狠狠赏了大儿子一记耳光,打得可怜的孩子嗷嗷叫。

两只熊崽儿回到岸上,觉得这个澡洗得挺称心的,因为今儿的天气十分闷热,穿着一身毛茸茸的皮大衣挺难受的。洗了澡,多凉快。

几只熊洗了澡后,又消失在林子里,猎人爬下树,回家去了。

浆 果

各种各样的浆果成熟了。大家忙着采集园子里的马林果、红的和黑的茶藨子,还有醋栗。

林子里也能找到马林果。它是一种灌木。从这样的灌木丛中穿过去,兔不了折断它脆弱的茎条,脚底下跟着响起"噼里啪啦"的声音。但这不会给马林果造成损伤,现在挂着果子的这些枝条,只能活到冬季之前。很快就会有新枝接替枯枝。

瞧,那么多的嫩枝从地下根生长出来。枝条毛茸茸的,缀满了花蕾,到了来年夏季,就该轮到它们开花结果了。

在灌木丛和草丘上,在树桩边的采伐地残址上,越橘快要成熟了,浆果的一侧已经变红了。这些浆果一簇簇的,就长在越橘枝条的顶端。有的树丛上大簇大簇的果子,密密麻麻,沉甸甸的,压弯了树枝,都碰到地面的苔藓上了。

我多想挖来一棵这样的树丛,移栽到自己的家里,用心培育,这样结出的果子是不是更大一些呢?但是目前还没有"失去自由"的越橘栽种成功的例子。越橘可是种有意思的浆果植物。它的果子能保存一冬仍可食用,只要给它浇上凉开水,或捣碎做成果汁就好了。

为什么这种浆果不会腐烂呢?因为它自身已经过防腐处理了。它含有苯甲酸,苯甲酸有防腐作用。

■ H. 帕甫洛娃

猫妈妈和它的养子

我们家的猫春天产下了几只小猫,但都被人抱走了。恰好这天我们在林子里捉到一只小兔子。

我们把小兔子带回家,放到猫的身边。这只猫奶水很足,所以它很乐意给小兔子喂奶。就这样小兔子吸猫奶长大了。

猫和兔子友好相处,连睡觉都在一起。

最可笑的是,猫教会它收养的兔子如何跟狗打架。只要狗一跑进我们家的院子,猫就扑过去,怒气冲冲地用爪子抓它。兔子也跟在后面跑过来,用前爪擂鼓似的敲它,打得狗毛一簇簇满天飞。就这样,四周所有的狗都怕我们家的猫和它喂养大的兔子。

小小转头鸟的诡计

我们家的猫看见了树上一个洞,心想那准是个鸟窝。它想吃鸟,便爬上树,把脑袋伸进树洞,看见洞底有几条小蝰蛇在蠕动,扭来扭去的。还发出咝咝声呢!猫吓坏了,从树上跳下来,跑之夭夭!

其实树洞里根本没有蛇，只有几只转头鸟①的幼雏。这是它们为保护自己免受敌害而变的一套戏法。你看它的脑袋转过来转过去，脖子扭过来又扭过去，像极了蛇的脖子。与此同时，还像蛇那样发出咝咝声。谁见了这架势都害怕。小小的转头鸟就是用模仿毒蛇的方法吓唬敌害的。

一 场 骗 局

一只大鵟看中了一只母黑琴鸡和整整一窝毛茸茸的浅黄色的小黑琴鸡。

大鵟心想：一顿午餐就要到手了。

它看准了目标，正要自上而下猛扑过去，不料母黑琴鸡发现了它。

母黑琴鸡一声惊叫，刹那间，所有的鸡雏不见了。大鵟东瞧瞧，西望望，就是不见鸡雏的影子，仿佛全钻到地下去了。这下它只好去找别的猎物充饥了。

母黑琴鸡又叫了一声，四周蹦蹦跳跳出来一群毛茸茸的浅黄色小黑琴鸡。

原来这群小黑琴鸡哪儿也没去，它们只是就地躺下，身子紧紧地贴着地面。谁有这个能耐分得清哪是小禽鸡，哪是树叶、草和土块呢？

吃虫的花朵

蚊子在池沼上空飞呀飞，飞累了，口渴了。张眼一看，见到了一朵花。花茎儿绿绿的，上面摆着只白色的小铃铛。下面呢，茎的四周是一丛红艳艳的叶子，模样儿像圆盘子。圆圆的叶子上长着茸毛，上面闪烁着亮晶晶的露珠儿。

蚊子在叶子上停了下来，小嘴儿插到露珠中。露珠儿黏黏的，像胶水，粘住了蚊子的嘴。

冷不防那些茸毛全都动了起来，像触手，伸了出来，抓住了蚊子。圆叶子闭合上，蚊子也不见了。

过了一会，叶子又张开来，掉下来蚊子干瘪的躯壳——原来蚊子的血全被花儿吸光了。

这是一种可怕的花，凶狠的花，名叫茅膏菜。茅膏菜专捕小昆虫充饥。

水 下 打 斗

水下的那班小家伙也和陆地上的小家伙一样，爱打斗。

两只青蛙跳进了池塘，看见了一只怪模怪样的蝾螈，瘦长的身子，大大的脑袋，四条腿短短的。

"瞧，多可笑的丑八怪！"青蛙想道，"得狠狠揍它一顿。"

---

① 学名"蚁鴷"，系啄木鸟的一种，另译"地啄木""歪脖鸟"。

两只青蛙跳进了池塘，看见了一只怪摸怪样的蝾螈，瘦长的身子，大大的脑袋，四条腿短短的。

一只青蛙抓住蝾螈的尾巴,另一只抓住它的右前腿。

两只青蛙就这么一拽,蝾螈的腿和尾巴全留在它俩那儿,可蝾螈逃走了。

过了几天,小青蛙又在水下遇见这只蝾螈。现在它已长成一只真正的丑八怪:尾巴没有了,却长出只爪子,而在断了爪子的地方长出了尾巴。

蝾螈比蜥蜴的本领更高强,腿断了,能长出新腿,尾巴没了,还能生出新尾巴来。只是有时候会乱了套 —— 在断肢的地方会长出与原来肢体不符的东西来。

帮忙的不是风,不是鸟,而是水

我禁不住想说说景天开花时的情景。我很喜欢这种小植物。我尤其喜欢它那肥厚的、圆鼓鼓的灰绿色的叶子,长得密密麻麻,连着叶子的茎条都看不到了。景天的花太漂亮了,红艳艳的,像亮晶晶的五角星。

现在这个时节见不到景天的花了。花儿已结出了果实。果实也是扁扁的五角星,紧紧地闭合在一起。但这并非说种子没有成熟。景天的果实晴天时总是闭合着的。

我要让它立刻张开来。先从水洼里取些水来,一小滴足够了。把小水滴滴在小五角星的中央。现在我的目的达到了:果壳慢慢张开,马上露出了种子。不像许多别的怕水的种子,景天的种子遇水也不躲避,反而出来迎接。再滴上两滴,种子就顺着水掉下来。水托着种子,带着它散播到别处去。

帮助景天传播种子的不是风,不是鸟,不是任何的动物,而是水。我见过一棵景天长在陡峭的岩石缝里。这是流经岩壁的雨水把景天的种子带到了那里。

■ H. 帕甫洛娃

矶凫

一次,我到湖里去洗澡,看见一只矶凫在教孩子怎么躲开人。矶凫像只船在水上浮动,而它的孩子在潜水。小矶凫钻进水中,大矶凫就游到小矶凫下潜的地方,东张西望。最后它们在芦苇丛旁钻出了水面,游进了芦苇丛中,我就洗起澡来。

■ 驻林地记者　波波夫·瓦连京

别具一格的果实

老鹳草是一种杂草,却能结出别具一格的果实。它长在园子里,其貌不扬,表面毛糙,开的花像马林果的花,很一般。

这时节,它的一部分花已经凋谢。在每个花萼上突出个"鹤嘴"。每个"鹤嘴"

就是五颗尾部连在一起的果实,但很容易就把它们分开。好一种别具一格的果实,尖尖的头,满身刺毛,长着小尾巴。长在末端的小尾巴呈镰刀形,下面卷成螺旋状。这个螺旋遇潮就会变直。

我把一颗果实放在掌心里,对它呵了口气,它就旋转起来,弄得手痒痒的。的确,它再不是螺旋状,而变直了。但是在掌心里放了一会儿后,它又卷了起来。

这种植物为什么玩这套戏法呢?原因是:果实在落下时会扎进土里,可是它的小尾巴却用镰刀形的末端勾在小草上。在潮湿的天气里,螺旋变直,尖头的果实就扎进土里了。

果实再也不可能从土里出来了,因为刺毛上翘着,顶住上面的泥土,堵住了出路。

老鹳草就这样自己把种子播到地里,这一招真叫巧妙!

若问它的尾巴有多灵,一个事实就能说明:过去它就被用做水文测量仪,用来测量空气的湿度。人们将果实固定住,小尾巴当作指针,根据小尾巴的移动状况就可看出空气的湿度了。

■ H. 帕甫洛娃

小凤头鸊鷉

我走在河岸上时,看见了水上有一种鸟,不像野鸭,也不像别的鸟。我心里直纳闷:这些到底是什么鸟呢?不是吗,野鸭的嘴是扁平的,可这些鸟的嘴却是尖尖的。

我麻利地脱掉衣服,游过去抓它们。它们一见我就避到对面的岸边,我便紧追过去。刚要被我抓住,它们又游回到这边的河岸!我再回头去追,它们又躲开我。就这样追来追去,我跟着它们顺流追去,追得我筋疲力尽,好不容易才游回岸上,最终还是抓不到一只!

此后我多次见到这种鸟儿,可再也不敢下水去抓了。看来这不是野鸭,很像是鸊鷉的孩子。

■ 驻林地记者　库罗奇京

摘自少年自然界研究者的日记

夏末的铃兰

8月5日。我家园子旁的小溪对面长着铃兰。在所有的花卉中,我最喜欢的就是这种花。铃兰是种谷地百合,5月开花,是大科学家林耐① 给它取的拉丁文的名字。我喜欢它,是因为它朴实无华,铃铛似的花朵白得像晶莹剔透的瓷器,碧绿的花茎柔韧如丝,长长的叶子凉爽滋润;我喜欢,是因为它的花香袭人,整朵花又是那么清透纯洁,朝气勃勃。

春天,我大清早就起来,涉水过溪,去采摘铃兰花,每天都会带回一束鲜花,插在水中,于是一整天我的小木屋里都芬芳四溢。在我们列宁格勒郊外,铃兰是6月开花。

现在已是夏末,心爱的花又给我带来了新的喜悦。

偶然间我在它尖头的大叶下发现一种红红的东西。我跪下来展开它的叶子,看到叶面下有些坚硬而略带椭圆形的橙红色的小果实。它像花一样漂亮,我禁不住想用这些小果实穿成耳环,送给我所有的女友。

■ 驻林地记者　维丽卡

天蓝的和碧绿的

8月20日。今天我起了个大早,望了望窗外,不禁失声叫了起来 —— 草色竟是这等蔚蓝!野草被露水压弯了腰,晶莹闪烁。

如果把白色和绿色颜料掺和起来,得到的是天蓝色。正是点缀在碧草上的露水,使它呈现出天蓝的颜色。

几条绿色的小径穿过蓝色的草地,从灌木丛通向小板棚。这时,一群灰色的山鹑趁大家睡觉的时候,跑来吃村里的谷物。因为板棚里有一袋袋粮食。瞧,它们就在打谷场上 —— 蓝色的母鸟胸口有一道咖啡色、半圆形的花纹。它们的嘴巴不停啄着,发出连续不断的"笃笃"声。趁大家还在睡觉,赶紧吃呀。

更远处,在林子的边缘,还未收割的燕麦地里,也是一片蔚蓝。那里有名猎人,手拿着枪正走来走去。我知道,他这是在守候黑琴鸡的雏鸟,它们在妈妈带领下离开林子,到田里来吃个饱。有它们出没的地方也呈现出一片绿色,因为它们来来去去时把露水抖落了。猎人没有开枪,显而易见,因为黑琴鸡妈妈带着一窝儿女及时撤离回林子里了。

■ 驻林地记者　维丽卡

请爱护森林

要是干燥的森林遭到闪电袭击,那就要遭殃了。要是有人在森林里扔下一根没有熄灭的火柴,或没有踩灭篝火,那也就闯下大祸了。

---

① 瑞典博物学家,动植物分类法的创始人。

正旺的火苗,像条细细的蛇,从篝火里爬出来,钻进了苔藓和干枯的树叶中。突然火苗又从那里蹿出来,火舌舔到了灌木丛,再向一堆干枯的树枝奔去……

要刻不容缓,采取措施:这可是林火!火小、势弱的时候,你自己也许可以处置。那就快折下一些鲜树枝,扑打小火,使劲扑打,别让它变大,别让火势蔓延到别处!呼唤别人前来帮助。

如果身边有铁锹,哪怕有根结实的棍子,就用这些工具挖土,用泥土和草皮来熄灭火。

如果火苗已从地上蔓延到了树上,那已经蔓延成一场真正的大火,也可以说是高空大火了。赶紧跑去叫人来扑救吧。赶紧发出警报吧!

林木种间大战

（续前）

我们的驻林地记者辗转来到了第三块采伐地。10年前采伐工在这里砍伐过树木，现在这块地盘控制在山杨和白桦手中。

胜利者不允许别的植物闯进自己的领地。每年春天，草类植物试图从地下钻出来，但很快就被阔叶铺就的浓荫所窒息，活不下去。云杉树每隔两三年结一次种子，再把这些种子散播在林中的空地上。但是云杉种子还是见不到天日，因为白桦和山杨把它们摧残死了。

幼树时时刻刻在长大，又粗又密地挺立在林中空地上。它们渐渐感到太拥挤。于是彼此之间也发生了争斗。

棵棵树木都想在地下和空中争得更多的空间。它们长高了，变粗了，觉得地盘不够了，便排挤起自己的邻居来。这块采伐地变得更加拥挤，一场争斗在所难免。

强壮的树木凭着自己身高的优势压倒了孱弱的树木，因为它们的根更粗壮，枝条伸得更长。就有那么一棵强壮的小树，它的枝条高高伸到邻树的顶上，把对方遮盖得严严实实，使对方再也长不高，再也见不到天日。

在遮天蔽日的树荫下，最后一批体弱的小树死了。矮小的草类终于破土而出。这时候它们对大树已构不成威胁，那就让它们蔓延吧，也好借此给自己保保暖。然而胜利者自己的后代 —— 种子落到这块又暗又潮的地牢里憋闷而死了。

但是云杉仍痴心不改，继续不断地每两三年把自己的种子空投到这片草木丛生的林中空地上。胜利者对这些小不丁点儿不屑一顾，它们奈何得了自己吗？让它们在地牢里苟且偷生吧。

小云杉终于有机会破土而出了。它们生活在潮湿而黑暗的环境里，日子不好过。但毕竟得到了赖以成长的阳光。它们长得又细又弱。

但是在这样的地方，风不来欺负它们，不会把它们从土里拔出来。即使在暴风雨发作时，白桦和山杨被刮得呼呼响，身子东倒西歪，而大树下却安然无恙。

地面上有的是吃的，也挺暖和。在这里，不像在空旷的空地上，小云杉不会受春季早霜和冬季严寒的侵袭。进入秋天，白桦和山杨开始落叶，地上的落叶腐烂，提供了热量。野草类植物也奉献出温暖。需要的是要有耐心，能忍受地牢里遥遥无期的昏暗日子。

小云杉并不像白桦和山杨那样喜好阳光,它们能承受昏暗,顽强地生存下去。

我们的记者同情它们。

他们又辗转到第四块采伐地去了。

我们期待着他们的后续报道。

农 庄 纪 事

收割庄稼的季节到了。我们农庄的黑麦和小麦地一望无际,恰如无边无涯的大海。高高的麦穗又饱满又壮实,里面麦粒多得喜人。庄员们付出的劳动结出了硕果。很快,金色的谷物源源不断流入国家和农庄的粮仓之中。

亚麻也已成熟。庄员们都去收割亚麻了。这件农活是由机器来完成的:拔麻用的是拔麻机。

用机器可快多了!女庄员跟在拔麻机的后面,把倒下的亚麻捆起来,把捆好的亚麻一排排放好,再堆成垛,每垛 10 捆。很快,整个田野里满是亚麻垛,恰如一列列兵阵。

公山鹑和母山鹑一起,只好领着自己所有的子女从秋播黑麦地里转移到春播作物地里。开始收割黑麦了。在收割机的钢牙铁齿下,饱满壮实的麦穗一束束倒伏在地。男庄员把它们扎起来,堆成垛。麦垛堆在田地上,恰像列队接受检阅的运动员的队列。

菜地里的胡萝卜、甜菜和其他蔬菜也成熟了。庄员们把它们运到车站,再由火车运送到城里去——这些日子,城市居民人人都能吃上新鲜可口的黄瓜、甜菜做的红菜汤和胡萝卜馅饼。

农庄里的孩子们去林子里采蘑菇、成熟的马林果和越橘。凡是有榛子林的地方,就少不了采榛果的孩子们,他们采呀摘呀,直采得口袋装得满满的,才恋恋不舍地离开。

但是大人们却顾不上去采坚果,庄稼需要收割,亚麻得在打谷场上敲打,耕过的土地还得用机器耙上一遍,因为很快就要播种越冬作物了。

森林的朋友

在卫国战争[①]期间,我国的许多森林被毁了。林业部门正千方百计恢复森林。我们的中学生便是这方面的帮手。

为了栽种新的松林,需要数百千克的松果。孩子们在三年之内就采集到了七吨半的松果。他们帮助整理好土地,照料种下的树苗,护林防火。

■ 驻林地记者　亚历山大·察廖夫

---

① 指1941年至1945年前苏联军民抗击德国法西斯军事侵略的战争,是第二次世界大战的重要组成部分。

人人都有事可做

早晨天刚亮,庄员们全在干活了。哪儿有大人,哪儿也少不了孩子。割草场、田头、菜地,都有孩子们帮着庄员干活。

孩子们扛着耙子来了。他们快速地把干草耙拢来,装上大车,运往农庄的干草房。

孩子们也不放过杂草,他们在亚麻地和土豆田里拔除了苔草、滨藜、木贼等杂草。

到了收割亚麻的时候,孩子们抢在机器到来前赶到地上。

他们拔掉了田头地角的亚麻,以便拖拉机方便拐弯。

在收割过的黑麦地里,同样也有他们干的活。孩子们把收割后落下的麦穗耙拢,收集起来。

■ 普斯科夫州斯拉夫科夫区 广阔田野农庄

集体农庄新闻

"红星"农庄寄来了稿件。谷物在报告中说:"我们这里一切进行得都很顺利。庄稼成熟了,很快就要把它们割倒在地。你们再也不要为我们操心了,甚至用不着看望我们了。缺了你们,我们也对付得了。"

庄员们听了大笑起来。

"好像不是这码子事! 能不看望田地吗? 马上就有大堆的活儿要干了!"

拖拉机和联合收割机开到了地里。联合收割机可是多面手:收割、脱粒、簸扬,哪样都能干。联合收割机开到田里的时候,黑麦长得比人高。从田里开走的时候,田里只剩下低矮的残株了。联合收割机交给庄员们的是干干净净的谷物。庄员们把它们晒干、装进麻袋里,运去交给国家。

■ H. 帕甫洛娃

变黄了的田野

我们的一位记者到"红旗"农庄去采访。他注意到,这个农庄里有两块土豆地,其中一块大一些,深绿色,另一块很小,变黄了。第二块地里的土豆茎叶枯黄,好像要死了。

我们的记者决定去查查,到底是怎么一回事。他把结果给我们做了如下的报道:

昨天变黄的地里来了一只公鸡,刨松了地里的土,招来几只母鸡,用新鲜的土豆款待它们。一位路过的女庄员见了这情景,笑着对同伴说:"你瞧瞧!彼佳①倒是抢先来挖咱们早熟的土豆了。看来它知道,咱们要到明儿才来挖呢。"

从这一段话可以知道,变黄的土豆——早土豆,已经成熟了,所以茎叶才变黄。而在暗绿色的大田里种的是晚熟的土豆。

林 中 简 讯

农庄林子里长出了第一株白蘑。这个白蘑好不壮实,好不肥硕!

白蘑伞上有个浅坑儿,周围挂着湿漉漉的穗子,上面粘了许多松针。白蘑四周的泥土拱起来。只要挖开这里的土,就能找到许许多多、大大小小的卷边乳菇!

远 方 来 信

鸟 岛

我们坐船在喀拉海②东部航行。四周是浩渺无际的水域。

突然,索具兵叫了起来:

"船头正前方,有一座倒立的山!"

"他不是在说梦话吧?"我心想,爬上了桅杆。

没错,我清清楚楚地看到,我们的船正驶向一座岩石嶙峋的岛屿,岛屿倒悬在空中。

山崖悬空,头朝下,脚向上,没有任何东西撑着。

"我的朋友,"我自言自语道,"你这不是脑子出毛病了吗?"

这时,我猛地想起了"折射现象"四个字,禁不住笑了起来。这真可算是奇妙的自然现象。

这里,在极地海域常出现光的折射现象,也就是海市蜃楼。空中会突然间会出现倒立的远方海岸和轮船,这就是它在大气中颠倒的映象,就像在相机的取景框里看到的景象。

数小时后,远方的海岛离我们很近了。这海岛自然没有打算要头朝下,倒悬起来,而是全部山崖稳稳当当地矗立在水中。

船长确定了方位,看了看地图后说,这是比安基岛,位于诺登舍尔得群岛的

---

① 俄罗斯民间故事中常称公鸡为"彼佳"。

② 北冰洋边海,临俄罗斯,在新地岛、法兰士约瑟夫地群岛和北地岛之间。

海湾入口处。这个岛是为了纪念一位俄国科学家,也就是瓦连京·科沃维奇·比安基①而命名的,《森林报》也是为了纪念他而创刊的。所以我认为,你们也许对这是一座怎么样的岛、岛上都有些什么会感兴趣的。

这个岛是由岩礁、巨大的漂砾和片石堆积成的。岛上既不长灌木,也不生草,有的地方只有淡黄和白色的小花,耀人眼目,再就是岩石背风向南的一面,覆盖着地衣和短短的苔藓。这里的苔藓,很像我们那儿的松乳菇,嫩而多汁。这样的苔藓是别的地方见不到的。在坡度平缓的岸滩上,堆积着一堆堆漂来物,也就是原木、树干和木板,也许都是数千千米外的大洋送来的吧。这些木材都非常干燥,弯起手指轻轻一敲,都会发出"咚咚"声。

现在是 7 月底,这里的夏季刚开始。但岛旁照样静悄悄地漂过一块块的冰和不大的冰山,在阳光照射下闪烁着耀眼的光芒。这里经常有浓雾,而且低低地压在海面上,所以海上过往的船只,能看到的只有桅杆。不过过往这里的船只非常稀少。岛上没有人烟,所以这里的野兽压根儿不怕人 —— 只要你随身带着盐,就可以往它们的尾巴撒去②。

比安基岛是不折不扣的鸟类天堂。这里虽然见不到鸟集市的场面 —— 数万只鸟密密麻麻在山崖上筑巢的景象,但在岛上自由自在安家落户的鸟却为数不少。在这里筑巢的有数以千计的野鸭、大雁、天鹅、潜水鸟、形形色色的鸥。聚在它们上方光秃秃的山崖上的是海鸥、海鸠、暴风鹱。这里的海鸥形形色色:有白鸥和黑翅鸥,有小小的红鸥和叉尾鸥,也有以鸟蛋、小鸟和小兽为食的硕大而凶猛的北极鸥。这里还有身躯庞大的北极猫头鹰。有着美丽的白翅、白胸的雪鸮飞到高空,云雀般宛转啼鸣。北极云雀,长着黑胡子,头上有尖尖的黑色角状毛,在地上边跑边唱着歌。

那么野兽呢? 多着哩……

我带上早餐,在岸上,也就是海岬后面坐了坐。坐着坐着,就见到大群的旅鼠在四周蹿来蹿去。这是一种小型啮齿类动物,毛茸茸的,毛色灰、黑、黄相间。

岛上有许多北极狐。我在岩石间就见到一只。只见它偷偷摸摸地靠近一只还不会飞的海鸥雏鸟。海鸥冷不防发现了北极狐,便成群结队冲了过去,叫叫嚷嚷,好不热闹! 这小毛贼一见这阵势便夹起尾巴,落荒而逃。

这里的鸟儿都有一套自卫的本事,善于保护自己的子女不受野兽欺凌,害得野兽只能过着忍饥挨饿的日子。

我转而向海上眺望。水面上也有许多鸟类在浮游。

---

① 他就是本书作者维塔里·比安基的父亲。

② "往尾巴上撒盐"是俄语中的一个成语,文中的意思是:谁也不可能惹得野兽惊慌不安。

我吹了声口哨。突然,近在岸边的水下钻出了一个个光溜溜的圆脑袋,一对对深色的眼珠好奇地盯着我看,像是在问:哪来这样的怪物,他吹口哨干吗?

这些是环斑海豹,一种体型较小的海豹。

接着,在更远处的海面上出现一只很大的海豹——髯海豹。再后来出现的是长着胡须的海象,个头比髯海豹还要大。猛地,它们全都钻到水底下消失了。与此同时,只听得鸟儿鸣叫起来,纷纷飞向空中,因为这时候从水下伸出一个脑袋,一头北极熊正在岛旁游过来。北极熊是北极地区最强大、最凶猛的野兽。

我觉得饿了,便去找早餐。我清楚记得早餐就放在身后的石块上,可就是找不到。石块底下也没有。

我霍地站了起来。

石头下蹿出一只北极狐。

小偷,小偷,准是小偷偷了去了!是小偷偷偷摸摸过来,拖走了我的早餐,你看,它的牙齿间还夹着灌肠面包的包装纸呢。

瞧,这里的鸟类居然把体面的兽类逼到如此不堪的境地!

■ 远航的领航员　基里尔·马尔德诺夫

基特·维里坎诺夫讲述的故事

钓鱼人的故事

我喜欢在河岸或湖岸边垂钓。静悄悄地坐着,一动不动,用不着惊扰任何人,看到的却是周围许许多多的景物。

野兽和鸟类对此也习以为常,也许有些动物还以为你压根儿就是一个不会喘气的木桩哩,于是无所畏惧地爬了出来。难怪你看到的尽是些稀奇古怪的事儿!至于鱼儿吃不吃食,有没有胃口,已不是我首要考虑的事。只要看到什么有意思的事,我就不会再去注意鱼漂子了。常常还会有这样的时候,脑子东想西想,想着想着,慢慢地什么也不想,不知不觉间打起了盹来。

就说上次吧 ——那是夏初的事 ——我就坐在湖畔的峭壁下。阳光暖洋洋的,照得我忘了钓鱼,径自打起盹来。后来差不多睡过去了,险些从树墩上跌落下来。我一个激灵清醒过来,往四周看了看,唯恐被人看见而笑话自己。

附近倒没有什么人影儿,头顶上只有雨燕在飞来飞去,在空中捕捉蚊子,然后向悬崖飞去了。悬崖上可有它们的巢穴 ——是它们产蛋的地方。

我低头看了看草丛,老天爷!我这不是来到克雷洛夫① 老爷爷的寓言世界了吗!我的脚下居然有一只蜻蜓,还有一只蚂蚁!停在草茎上的蜻蜓湛蓝湛蓝的,张着翅膀,就像一架小飞机。它停在那儿,像是在听蚂蚁说些什么。勤劳的蚂蚁在蜻蜓的鼻子底下,晃动小触须,一本正经地在向对方讲解着什么。也许说,整个夏天可不能光唱唱歌,跳跳舞,打发过去 ——得为越冬做准备了!蜻蜓呢,"嗡"的一声就飞走了。后来落在我的鱼漂子上。

这不,我笑话了它们一顿,然后抬起头,看见远处河下游的岸上,有什么东西在闪闪发光!倒是什么东西?我拿起望远镜看了看 ——望远镜是钓鱼人必备的器具,我一直随身带着 ——老天爷,那是一只白色的海鸥,正停在树桩上!它可不是像通常的那样用脚站着,而是像狮子那样趴在台座上。知道吗,在列宁格勒的海军部大厦,在宫廷大桥边上狮子就是这样趴着的。

它这是玩的什么把戏?

我拿着望远镜东张张西望望,只见树墩上方露出的是它的头,尾巴呢?就

---

① 俄国寓言作家,1809—1834 年间共创作了 200 余篇寓言。他的作品中多以蚂蚁、蜻蜓、狐狸等动物为主人公,内容充满民主精神,笔法讽刺辛辣,语言犀利,深受读者喜爱。

在那儿，还有那儿……它们怎么全聚在一起了，疯了不成？

看了这情景我心慌意乱起来，胸口有点发紧，心想："得先吃点东西充充饥了。"

我从家里带来一小篮麝香草莓果，饿的时候可以拿来充充饥。我三两下把果子清洗干净。好可口的果子，吃起来不亚于草莓！

我坐着打量了一眼湖面，心里渐渐平静下来。岸边绿草青青。正是这一片绿色使人在心慌意乱的时候平静下来，这比喝缬草酊还管用。

湖岸上长着各种各样的芦苇，不是吗，有的顶着像玻璃灯泡似的褐色大穗子，有的像竹子，长着硬实的管状茎，有许多节，尖尖的长叶子。此外，还有一种软软的芦苇。用手指一掐，茎里面软软的，像海绵，完全没有叶子。水面上的植物真是千奇百怪！

欣赏罢这一片绿色的世界，我转而看了看鱼竿上的漂子，漂子像是被什么东西拉了一下，猛地一下沉入水中，不见浮起来。

"好啊，上钩了！"我心想，"看来是条大鱼。"

我跳了起来，赶紧扯鱼竿。扯了几下——硬是扯不动。鱼竿弯成了弧形，可还是没有把鱼拉出水面。这时候只得遛鱼，同时慢慢地收线。我把渔线往身边不停地拉着，扯着。显然，水底下肯定是条黑乎乎的大家伙，可到底是什么，看不清。

用力再那么一拉！好家伙，上来的竟是头野兽！模样真叫怪：圆圆的脑袋，满是胡子，身子胖胖的，还有尾巴哩！哎呀，到底把这怪东西拉上了岸。一看，真叫人吃惊：那尾巴就像一把大铁锹！

一见这家伙，我的心就凉了大半截：我拉上来的居然是珍稀动物，这下可吃不了兜着走啦！这个傻瓜蛋居然挡不住诱惑，把做鱼饵的蠕虫吞下去，这下可好，得请大夫给它动手术了！

看来这是只河狸，一只小河狸。幸好鱼钩吞得不很深，我轻轻松松地就从它嘴里把鱼钩取了出来，再把它放回湖里。它的尾巴在水面上拍打几下，拍得我心头一震！

都说钓鱼是件气定神闲的事。瞧我这一钓，好个气定神闲！我这不是把全湖的鱼全吓跑了吗？鱼儿都有这样的特性：一旦挣脱了鱼钩，就要向同类通报信息："当心，那儿有个钓鱼的，别去那地方，更别吃那儿的虫子，虫子连着钩子呢！"鱼儿当然不会在水下叫叫喊喊，像人那样互通讯息，可它们到底有所谓的"信息系统"，有什么第三或第几的感觉吧？

反正它们始终能互报险情。河狸的铁锹似的大尾巴在水面上这么一拍——虽说它不是鱼，也足以让所有的鱼明白，它这是警告说："能逃命快逃命吧！"

我拿起了鱼竿，因为我知道，这个地方现在再待下去反正是不会有好结果的。于是我沿着湖岸往前去，后来到了一个灌木丛前。我刚扔下鱼竿，灌木丛里钻出一只小鸟，朝着我迎面扑来，嚷嚷着："切伊？切伊？切伊 ① ？"叫声活像金丝雀。模样儿也像金丝雀，只是不如金丝雀漂亮，浑身红褐色。它的喙像麻雀的喙。

面对这场面我自然而然立刻想到，附近一准有它的雏鸟。我放下钓竿，走进灌木丛。找了一小会儿真的见到了鸟窝！怪的是窝里果然有一只浅褐色的小鸟，和刚才见到的一模一样，瞪着大眼睛，怯生生地打量我，却不飞走。

我用手指轻轻地碰了碰它，它这才飞走。

我朝鸟窝一瞧，老天爷！窝里有 5 只蛋。大小一个样，可颜色全不同！一只是淡蓝色的，杂着黑色的小斑点，另一只通体有小红斑，第三只带灰斑点，第四只是浅蓝绿色的，第五只是纯粉红的。那简直是色彩的大拼盘！

大自然的奇迹令我惊叹不已。我赶紧掉头离开灌木丛，免得惊扰这位奇妙的小妈妈，它千万别丢下这窝蛋才好！

我回去找鱼竿，发现那位英勇的小鸟又出现了，看来是从另一个方向飞过来的。我沿着它飞来的方向去找鸟窝，它干脆跟我玩起了"捉迷藏"。它叫起来，声音一会儿低，一会儿高 —— 我走近鸟窝的时候，它的叫声就高。这倒好，让我很快就找到了它的老窝。窝是麦秸搭成的，就在灌木丛中，与搭在醋栗丛中的窝一模一样。窝离地面不高，一米多点。这个窝里已有小鸟，都是小雏儿，身上光秃秃的没一根毛，眼睛还没有睁开。它们的妈妈担惊受怕，唯恐我来掏它的窝，便飞过来直啄我的手，啄呀啄，不停地啄。

"瞧你！"我心想，"真是条好汉！不过别惹恼了我，我一掌拍下去，你一准成肉酱了。得了，得了，小家伙，别啄了！"

我稍稍退到了一边，在灌木枝条上捉了各种各样大大小小的毛毛虫，来到窝前，毛毛虫放在手心里，给鸟妈妈递了过去。想不到它居然明白我的用意，飞到我的手上，抓住了一条毛虫，飞回去给了自己的孩子。它把毛虫塞给第一个张开嘴的孩子。接着又回到我的掌心。

难道这不是件怪事？一只你完全陌生的鸟儿突然飞到你跟前，冲你嚷嚷着，啄你，但是当你递给它毛虫，它竟心平气和地从你手中叼走食物，去喂自己的孩子！现在，当它看到我对它没有所谓的"心怀叵测"，就让我安安静静地坐下来钓鱼。可是结果鱼还是没有上钩。

---

① 音译，意为"谁家的"。

  我坐呀坐，一直干坐着，猛听得林子里的布谷鸟叫了起来。听到这一声声哀怨的鸟声，我的心都快碎了。这种时候禁不住想起了我老奶奶那凄凉的古老儿歌：

> 远处的小河边，
> 布谷鸟声时断时续：
> "布——谷！布——谷！"
> 为痛失自己的孩子
> 可怜的鸟儿在声声哭诉！

是的，谁不为自己失去孩儿而伤心断肠！
我拿起钓竿回家去了。

■ 基特·维里基坎诺夫

狩 猎 纪 事

在幼鸟还没有长大,没有完全学会飞行的时候,怎么可以狩猎呢?别打幼鸟。这时节法律禁止捕猎鸟兽。

但是夏季里,允许捕猎专吃林中幼小动物的猛禽,也允许捕猎危险和有害的动物。

黑夜惊魂声

夏夜里,外出时,常听到林中传来阵阵咕咕声和哈哈大笑声,听了不由人不心惊肉跳,背上直起鸡皮疙瘩。

要不就是在阁楼里或屋顶上,黑暗中响起不明物体嘶哑的声音,似乎唤你跟着去:

"来 ——吧! 来 ——吧! 上墓地去⋯⋯"

紧接着,在黑漆漆的半空亮起两个绿莹莹的光点 —— 两只邪恶歹毒的眼睛,一个无声无息的影子从眼前一闪儿过,险些触到脸上。这时候怎不叫人胆战心惊?

由于恐惧,人们才不喜欢鸮和猫头鹰。刚才就是猫头鹰夜里在林子里发出的尖厉的笑声,而纵纹腹小鸮则发出不祥而险恶的唤声:

"来 ——吧! 来 ——吧!"

甚至在大白天,也会从暗黑的树洞里突然伸出一只长着黄晃晃大眼睛的脑袋,钩状的喙大声啄着,也会把人吓了一大跳。

如果夜里家禽中突然骚乱起来,鸡呀,鸭鸭,鹅呀,在窝里叫个不停,发出咯咯、嘎嘎声,到了早晨,主人点数时发现少了,免不了要怪罪猫头鹰和鸮了,认为是它们在作怪。

光天化日下的打劫

庄员们不但在夜里,而且在光天化日之下也被猛禽搅得吃尽了苦头。

抱蛋的母鸡一不留神,小鸡就被老鹰叼了去。

公鸡刚上篱笆,鹞鹰"嚓"的一声,一下子就把它抓住了! 鸽子一从屋顶上飞起,隼就从天而降,冲进鸽群,一爪子下去,立即就鸽毛飞扬;隼抓住被害死的鸽子,顿时消失得无影无踪。

所以要是猛禽被庄员撞见了,他一气之下,便不分青红皂白,谁对谁错,凡是长钩嘴子、长爪子的鸟儿格杀勿论。他说干就干，把周围的猛禽消灭得一干二净，但很快就后悔不迭：地里的田鼠不知不觉间大量繁殖起来，黄鼠会把整片庄稼吃光，野兔也不放过所有的白菜。

不懂算账的庄员们这下经济上的损失可就大了。

谁是敌，谁是友

为了避免这种事再发生，首先就要学会分清猛禽中哪些是有害的，哪些是有益的。有害的猛禽袭击野鸟和家禽；有益的是另一些，它们消灭田鼠、黄鼠和其他使我们蒙受损失的啮齿动物，以及螽斯、蝗虫等有害昆虫。

就拿猫头鹰和鸮来说吧，不管样子多可怕，它们几乎都是益鸟。有害的只是猫头鹰中个头最大的那些——张着两个大耳朵、巨大的雕鸮和体大头圆的林鸮。不过这两种鸮也捕食啮齿动物。

常见的猛禽中数鹞鹰危害最大。鹞鹰分两类：个头大的苍鹰和个头小的（较瘦小，比鸽子略大）的鹞鹰。

鹞鹰和别的猛禽很容易区分。鹞鹰呈灰色，胸脯上有波浪形花纹，头小额低，淡黄的眼睛，翅圆尾长。

鹞鹰身强力壮，极其凶猛，能杀死个头比自己大的猎物，即使在吃饱的时候也不假思索地残害其他鸟类。

老鹰的力气不如鹞鹰，根据它末端开衩的尾巴轻而易举就可区分哪是老鹰，哪是别的猛禽。老鹰不敢贸然攻击大型野禽，只是四处张望，看哪里能叼走一只笨头笨脑的小鸡、小鸭，哪里找到动物的死尸。

大型的隼也是害鸟。

隼长着镰刀形的尖翅膀，它是鸟类中飞得最快的，往往捕杀飞行中的猎物，以避免捕杀落空时胸脯着地而撞死的危险。

最好不要捕杀小型的隼，因为其中有多种有益于我们的隼。

比如说红隼，也就是俗称的"抖翅鸟"。

经常在田野上空见到棕红色的红隼。它悬在空中，仿佛有一根线把它挂在云端，同时抖动翅膀（因此被称作"抖翅鸟"），因为这样好看得清草丛中的老鼠、螽斯和蝗虫。

雕的害处大于益处。

捕 猎 猛 禽

有害的猛禽允许全年捕杀。捕杀的方法多种多样。

窝 边 捕 猎

窝边捕猎是最简便的捕猎方法,但也很危险。

大型猛禽为保护自己的幼雏,会叫叫嚷嚷地直接向捕猎者扑过来。这时候只好近距离射击,动作要快,当机立断,否则眼睛会被啄瞎。但是鸟巢不容易找到。雕、鹞鹰、隼把自己的窝设在无法攀登的山崖上,或莽莽林海的高树上。雕鸮和巨大的林鸮把巢筑在山崖上,或茂密的原始森林的地面上。

潜 猎

雕和鹞鹰常停在干草垛、白柳或孤零零的枯树上窥视猎物。这时候只能用远程步枪、用小子弹射击。

带只雕鸮猎杀

带上一只雕鸮,好捕猎喜爱白天活动的猛禽。

猎人常在小丘上插一根带横档的杆子,又在离木杆几步远的地方在地上栽一株枯树,并在附近搭一个小棚子。

一早,猎人带上雕鸮来到这里,让它停在杆子的横档上,拴住它,自己躲进棚子里。

用不了等太久,鹞鹰或隼只要发现这可怕的怪物,就会立刻向它扑去,因为雕鸮往往在夜里出来打劫,它们恨不得仇敌血债血还。

鹞鹰或隼在雕鸮周围盘旋一阵之后,向它发起攻击,停在枯树上,向盗贼叫喊个不停。

雕鸮是被拴住的,只好竖起浑身羽毛,眨巴着眼睛,钩喙啄得"笃笃"响。

被惹怒的猛禽顾不上注意棚子,这时候你尽管朝它们开枪吧。

黑 夜 里

夜里猎杀猛禽最有意思。老雕和其他猛禽在哪儿过夜是不难发现的。比方说,雕就在没有山崖的地方,通常在孤立的大树梢睡觉。

猎人选择一个较黑的夜晚,找到那样一棵大树。

这时候雕在熟睡,猎人就能摸到树下而不被发觉。猎人出其不意,点起随身带来、事先点亮而遮盖起来的灯(电筒或电石灯),把一束强光射到雕脸上。雕被突如其来的光惊醒,但睁不开眼睛,只能眯着。它什么也看不见,不知是怎么回事,呆呆地停在那儿。

树下的猎人却看得一清二楚,瞄准之后,开枪便是。

夏 季 开 猎

从 7 月底开始,猎人们就跃跃欲试,急不可耐了。他们很是心焦:眼看着一窝窝小鸟、小兽已经长大,可是州执行委员会还没有把开猎的日期确定下来。

这一天终于盼来了:报纸上宣布今年对森林和沼泽地野禽、野兽的捕猎期从 8 月 6 日开始。

人人都备足了弹药,反复多次检查了猎枪。5 日。下班之后,城里所有的火车站都人满为患,个个都扛着猎枪,牵着猎狗。

这儿的狗应有尽有!有短毛猎狗,也有尾巴像树枝一样而笔直的向导狗。它们什么样的毛色都有:白色带黄色小斑点的,黄色带花斑的,咖啡色带花斑的,白色的,但眼睛、耳朵、全身夹杂黑色花斑,深咖啡色的,全身乌黑发亮的。还有长毛、尾巴像羽毛的塞特狗:毛色白白的,全身布满泛着蓝光的黑色小斑点,还带有几块黑色大花斑;有"红色"的塞特狗:浑身火黄,红里带黄的,几乎全红的,以及大型塞特狗,它们身体重,行动迟缓,全身黑色,并杂有黄色小花点。所有这些狗属于追踪狗,培育它们的唯一目的是在夏季狩猎中对付整窝的新生野禽。它们全都学会一旦发觉野禽便就地伺伏,也就是待在原地不动,等候主人到来。

还有另外一些小型狗,毛长,腿短,两只长耳朵几乎耷拉到地,尾巴只有短短的一截。这是西班牙猎犬。它们不伺伏,但带着它们便于在草丛和芦苇里打野鸭,在林中杂草丛生、难以通行的地方打黑琴鸡。

无论在水里,还是在稠密的灌木丛里,西班牙猎犬都能从各个角落把猎物赶出来,把打死或打伤的猎物衔来,交给主人。

大部分猎人都坐近郊列车下乡,每个车厢里都有。车上的乘客无不注意他们,欣赏他们的猎犬。车厢里人们谈论的话题都离不开野禽、猎犬、猎枪和打猎的事迹。于是猎人个个都觉得自己成了英雄好汉,面对这些乘车不带枪、不带猎狗的"普通百姓"自觉风光无限。

6 日晚到 7 日晨,还是同样的火车,把同样的客人往回送。可是,唉!许多猎人的脸上再也见不到洋洋自得的神情,背上的背囊瘪瘪的,好不可怜。

"普通百姓"对不久前的英雄笑脸相迎。

"野味哪里去了?"

"拉在林子里了。"

"让它们飞到海外送死去了。"

但是见到一位在一个小站上车的猎人,人们无不发出赞叹的窃窃私语,因为他的背囊鼓鼓的。猎人对谁也不看一眼,径自找可以落座的地方,很快有人

给他让了座。他大模大样地坐了下去。但他的邻座眼睛很尖,向全车厢的人宣告:

"哎……你的野味怎么长的是绿爪子?"说着,毫不客气地把对方的背囊揭开一角。

背囊里露出云杉的树枝梢头。

真叫人无地自容!

射　靶

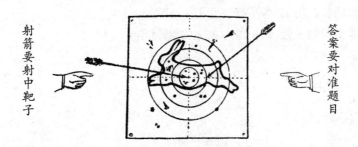

射箭要射中靶子

答案要对准题目

竞　赛　五

1. 鸟通常什么时候有牙齿？

2. 什么样的奶牛吃得更饱,有尾巴的,还是没有尾巴的？

3. 为什么人们称这种蜘蛛为"割草蛛"？

4. 一年中哪一季猛兽和猛禽吃得最饱？

5. 哪一种动物出生两次,却一次就死了？

6. 哪一种动物成年前出生三次？

7. 为什么人们用"像水从鹅身上淌掉"来形容那些无关紧要的事？

8. 为什么狗感到热时会吐出舌头,而马不会？

9. 什么鸟不认得自己的母亲？

10. 什么鸟在树洞里会像蛇那样发出咝咝声？

11. 如何根据喙的形状区分老年的和年轻的白嘴鸦？

12. 哪种鱼在自己的孩子长大前一直照料它们？

13. 蜜蜂在用刺蛰过别的动物后,它自己会怎么样？

14. 新生的蝙蝠吃什么？

15. 中午时,向日葵的"头"朝哪个方向？

16. 公羊在山上走,母羊在田埂上溜;公羊叫一声,母羊眨眼睛。(谜语)

17. 早晨,田野里的亚麻是天蓝的,为什么到了下午就变绿？

18. 几个戴红帽子的老头站着,谁走近,谁就点头鞠躬。(谜语)

19. 身穿红衫子,立着细杆子,亮亮的肚子,满是石子。(谜语)

20. 从树丛里发出咝咝声,走起路来扭身子,张嘴朝你脚上咬。(谜语)

21. 躺在地上睡大觉,一到早晨没了影。(谜语)

22. 哪种动物在林子里不用斧头造房子,造出的房子没棱没角?

23. 眼睛长在角上,房子扛在背上。(谜语)

24. 花朵美如天仙,爪子像魔鬼尖尖。(谜语)

公　告

测 试 四

"火眼金睛"称号竞赛

猜 谜 语

谁是父亲,谁是母亲,谁是孩子？

请帮帮无家可归的小动物

本月是雏鸟月。我们常常会见到坠落窝外或失去母亲的幼鸟。它趴在地上,或无可奈何地把头往灌木丛和草墩里钻,想躲开你这个可怕的两条腿的庞然大物。可它的小腿儿虚弱无力,还不能飞,又不知道往哪儿躲的好。你当然会抓住它,把它捧在手心里,仔细打量起来,心里猜想:

"你是什么鸟,小家伙？是什么品种？你的妈妈在哪儿？"

可它只是"叽叽"叫个不停——叫得好响,好凄惨,一听就知道,它这是在呼唤妈妈。你也想让它回到妈妈爸爸身边,可问题是,它们是什么鸟呢？

你禁不住张开嘴巴,犯难了:怎么办呢？你还是闭上嘴巴,睁大眼睛吧。不错,要弄清它是什么鸟可不是件简单的事。你看它们小不丁点儿,一点也不像自己的爸妈。再说,鸟爸爸和鸟妈妈彼此长得就不相像。不过你不是有一双火眼金睛吗？仔细看看,小雏鸟长着什么样的脚和什么样的喙,再在成年的鸟儿身上找相似的脚和喙——雌的和雄的都可以。它父母的羽毛可能不一样,不过雏鸟身上压根就没毛,要么长着的是绒毛,要么干脆赤条条。但可以凭着喙和爪子认出它的父母来。这样你就能把无家可归的小鸟还给它们的父母了。

辫子鸟雄黑琴鸡

之所以叫它辫子鸟,是因为它尾巴上有两根弯曲的小辫子。不过你还是别看小辫子的好,因为雌黑琴鸡是另一种形状的尾巴,而小黑琴鸡压根儿就没什么尾巴。

嘎嘎叫的野鸭子

喙是扁平的,幼鸭和公鸭一个样儿。脚趾间有蹼。仔细看看这层蹼,别把鸭子和潜水的鸊鷉混淆了。

雌苍头燕雀

和所有会唱歌的鸣禽一样,苍头燕雀的幼鸟出壳时,个儿小小的,浑身赤条条的,软弱无力。它的父母无论在体型,还是个头和尾巴,彼此很相似,只有毛色不一样。根据爪子的形状就可认出苍头燕雀来。

红脚隼妈妈

猛禽的喙显得很凶猛 —— 钩形的,脚子上有利爪。幼隼的爪子也一样。

潜水的鸊鷉

这是雄鸟,雌鸟与雄鸟很相似。从趾间的蹼和喙很容易认出幼鸟来 —— 与野鸭完全不一样。

图1　　　　　　图2　　　　　　图3

图4　　　　　　图5　　　　　　图6

图7　　　　　　图8

图9　　　　　　图10

　　以上有五种不按顺序排列的鸟的幼鸟和它们各自的爸爸或妈妈的图片。请拿一张纸，把它们全都按这样的顺序临摹下来：鸟爸爸画在幼鸟的左边，鸟妈妈画在幼鸟的右边。

哥伦布俱乐部

第 5 月

寻找失踪者 —— 恐怖之夜 —— 地狱美洲 —— 野公鸡 —— 雨燕归去

夜漆黑漆黑的,下着雨。但没一个少年哥伦布去睡觉。内中数符最激动。他坐立不安,满屋子乱转,像只关在笼子里的野兽。他时不时冒着雨往湖边跑。据塔里·金推测,米、西和科尔克就宿在普罗尔瓦湖岸上的村子里。沃夫克一再坚持:

"我觉得米出事了,准发生不幸的事儿。难怪这湖名①听起来很不吉利!"

窗外终于露出了姗姗来迟的曙光,少年哥伦布们全体出动,去寻找失踪的人。他们已做出决定,直接到普罗尔瓦湖畔的别列若克村去找,但沿途要在湖周围的密林里仔细找找。

雨停了,但脚下尽是坑坑洼洼,泥泞不堪 —— 尤其进入黑洞洞森林的时候。事前已决定让帕甫从从容容沿道路走,时不时吆喝几声,其余的人七个一组,前后相连,进林子,用口哨相互联络,以免迷路。总管妈妈雷留在家里,照料小獾和其他小鸟的饮食。

沃夫克穿越密林时劲头十足,每当迎面有树木和灌木丛变得稀疏时,他的脑海中就出现幻象,觉得在昏暗的树林中,米的尸体仿佛就躺在黑森森的云杉树下。她和其他两位同学怎么会遭到怎么样的灾难呢,他难以想象。

他的左右响起了同伴们发出的山雀声。沃夫克做了回答。他的前面灌木丛中冷不防响起古怪的声响,一阵黑黝黝的翅膀折断树枝发出的"噼啪"声之后,很快就消失了,可把他吓了一跳。过了好一会儿他才明白过来,原来那是我们这一带森林中一种大型野鸡 —— 松鸡。在曙色苍茫中密林显得非常神秘、恐怖,充满神奇的怪异。

蓦地,他停下了脚步,似乎听到了一种声响,像喊声,又像呻吟声。这声响

---

① "普罗尔瓦"有"深坑""无底洞"的意思。

从哪里来的,他不知道,便侧耳细听起来……

又听到了!有谁在用嘶哑的声音喊叫,像是在叫,却又分不清是不是说:

"……是呀!……不对!在这里!"

沃夫克挪动脚步,可前面什么也看不清,他还是往密密的云杉林中奔去。他来不及看清前面的个大坑,脚下一滑,说时迟,那时快,一个跟跄跌了进去。

跌下去时他只觉得耳朵嗡嗡作响,刹那间失去了知觉,所以他怎么也不明白自己这是在哪儿,谁在用嘶哑的声音凑着他的耳边,跟他说话:"欢迎光临!我们可是翘首久盼了。一切随意,不要客气!"

"见鬼了!"沃夫克说了一句粗话,"黑得像是在地狱里。"

"这儿可真是地狱,"一个嘶哑的声音说,"这不,就有死尸骨骸哩。"

他好不容易转过头来——他的脖子痛得厉害——看见身边有几块骨头,在黑暗中泛着微微的白光,稍远处是科尔克挺立着的骨骸。

"这是哪儿?"他转过头,刚要问,不意见到西坐在另一边,膝盖上搁着米的脑袋。

"她怎么了?"沃夫克跳了起来,大声问。

"没事儿,没事儿!"米自己回答说,"一条腿受了点小伤,没大不了的。"

"喊人呀!"沃夫克说,"我可是把喉咙都喊哑了!"

猛然间符想起了自己去找人的事,还是大声高喊起来:

"来人哪!来人哪!"

而他的身后响起了女孩子的声音:

"当心!这儿有个坑!"

过了几分钟,传来了塔里·金的声音:

"哎,在地底下呢!干吗跑到这儿来?你们感觉怎么样?沃夫克在你们那儿吗?"

"我们这是在研究地狱美洲哩!"沃夫克高高兴兴地答道,"米的一条腿脱骱了,这儿足有六米深。"

大家好不容易把几个人从深坑里拉了出来。得给米做个担架。大力士安德和沃夫克把她抬回了家。

回家后,科尔克把事情的经过给大家说了:

我们在湖上耽搁了一会儿,回来时天暗下来了,又是在森林里。米走在前头,到了一个地方我突然听到她低声叫了起来。我跑了过去——自己也跟着她掉进了那天杀的坑里去。随我俩之后,完全是念同窗情谊,有难同当吧,西也跟着落了进去。

里面黑洞洞的,伸手不见五指!过了一会儿,眼睛才适应过来,勉强才看到点东西。一边是条走道,另一边也是走道。明白了,原来我们落进了地下通道里去了!我原想去侦察一番,看这两边的走道通到哪儿去——弯着腰能过去。可两个丫头求起来了,说是别走,我们害怕!可要把遭了殃的米从那天杀的井里弄出来万难办到:那井可深哩,井四边是泥壁,笔直到底……再说,压根不能指望你们来。黑夜里你们往哪里找?不到天亮甭想得到帮助。况且你们能不能找到我们也是个大问题。

好在我带着满满一盒火柴。我擦亮了一根,还是赶紧灭了的好,因为四周糟透了。脚下到处都是死尸骨头和骷髅。是的,都很小,可小姑娘家跟这些玩意儿一起太煞风景了,哪怕是少年自然科学研究者也不合适!我知道,那是兔子呀,青蛙呀,癞蛤蟆呀、蛇呀什么的,掉进了那儿——坑的边缘光溜溜的油滑,休想再爬得上去!

我们只得苦苦坐在那儿,黑咕隆咚,啥事也干不了。脑子里各种想法就冒出来了。我们一直琢磨着,这倒是条什么样的地下通道?谁挖的?挖起来干吗?西说,兴许是等法西斯分子一来,好做个藏身的地方。兴许是游击队员挖的。米说,她记得曾经读过一则童话,说的是一个水怪,自己一湖的鱼都输给另一个水怪,他只好挖一条从自己湖通向另一个湖的地下通道,好把鱼转移走。水怪走不了旱路。

刚说完,她突然尖叫起来:

"啊!眼睛!……瞧!在那儿!"

确实,我也看见了:说话间,黑洞洞中两只眼睛闪烁着凶险的邪光,直看得我满身起了鸡皮疙瘩。那眼睛开始时发出绿光,然后是红光,最后熄灭了。

"这是水妖在窥视咱们!"西低声说,声音发颤。

我跟她说:

"别作声!"

这时那眼睛又亮起来。唉,可惜的是当时我手头没带武器!我以为那是狼,只要对它开上一枪,就完事了!两个小姑娘往我身边挨,身子哆哆嗦嗦,我呢,有什么法子?能赤手空拳跟人家斗吗?明摆着,人家在监视我们。

就在这时候,我猛地想道:野兽不是非常害怕人的声音吗?那我这就吓唬它一下!我把自己的主意低声对姑娘说后,大吼一声:"哇——啊!"姑娘也跟着尖声高叫起来,声音之高,差点没震聋我的耳朵。

"你这一喊,打雷似的,声音也喊哑了。"西说。

"这会儿哑是哑了,可那眼睛不见了,该高兴了吧!"

"反正过会儿又会出现的!"西还不服输,说。

"它呀,"科尔克接着说,"压根就跑不掉,兴许,过道并不长,那里本来就堵着出不去。"

一般来说，我并不想再高声嚷嚷，而是擦亮火柴。只要眼睛一靠近，我就不容分说，擦亮火柴！幸好，现在是夏天，夜不是很长。上面终于亮起了曙光。我们也听到了沃夫克的声音：米一下子就听出那是他的声音！

西证实说，科尔克说的都是事实，并真心实意承认：

"哦，同学们，可把我们吓苦了！老实说吧，要不是有我们的沃夫克在，我和米吓得准没命了。你们倒是设身处地想想，那双光闪闪的眼睛有多恐怖 —— 吓得魂都掉了。哇！这会儿还觉得，那可怕的怪物这就向我们扑过来了 —— 我们的骨头被咬得叽嘎响！"

那地底下的洞里到底有什么动物，到如今还是个谜。安德、沃夫克和科尔克决定日内搞它个水落石出。可大伙还有更多的事急着要办，地下怪物的探查工作只好暂时放一放了。

8月5日开始狩猎。从此沃夫克和科尔克每天都带回的不是黑琴鸡，就是野鸭和鹬。少年哥伦布们对这些鸟都做了仔细的研究。鸟身上的每个部位，细到羽毛，都不放过：它们的大小，重量一一记录在案，肉烧来吃，五颜六色的羽毛夹进鸟类纪念册里，西再填上薄纸。少年哥伦布们有严格的规定，哪怕消灭了这些出色生物的肉体，也要留下点念想。凡是珍稀鸟类的皮毛，都要剥下来，塞进棉花或麻丝。

雌黑琴鸡的布谷鸟行动有结果了。用鸡蛋调换黑琴鸡蛋后的第二天早晨，小姑娘发现雌黑琴鸡不在窝里，而窝里黄褐色的鸟蛋冷冰冰的，说明被丢弃了，此外还散落一些白色的蛋壳。雏鸟哪里去了，不得而知。是不是母鸟把它啄破了 —— 由于自己的蛋没有孵化出来而心怀怨恨？它自己的四只蛋，少年哥伦布们都看过，像第一只蛋一样，都是孵不出雏的蛋。

有一天早晨，科尔克从林子里突然回来说：

"我在密林的地边走 —— 那儿种着燕麦。根据露珠我看出，黑琴鸡在那儿待过。它们在燕麦上经过，抖落了露水。我'哇'地叫了一声，一只黑琴鸡果然飞了起来！跟在它们后面的是小鸟，就一只 —— 真个是小傻瓜蛋，毛色不是黄的，浑身五颜六色，满是花斑！我放下枪寻思着：啥玩意儿？

"母黑琴鸡远远飞走了，可那小怪物忽地一下子飞上了树枝，停在半树高的地方，离得很近很近，不用望远镜我也看得一清二楚：是只小鸡雏！咱们母鸡的孩子。棒极了！

"这时候，母黑琴鸡好声好气呼唤它：'喔，喔！咯，咯咯！'它这才离开树枝，飞走了。飞得真叫好，飞得跟黑琴鸡一模一样漂亮！你说，是不是它养妈教会的？小家伙飞到另一棵树上，躲进树枝中去，跟我玩起了'躲猫猫'。可不是，干脆成了只野鸡,猎人眼中的野禽了!我多次听人说过家鸡变野的事,可这还是第一次亲眼所见。看起来咱们可以通过布谷鸟行动培育出野鸡的新品种,好改变家鸡了!"

以上一席话是科尔克在全体少年哥伦布们正围着一株大云杉下的一张大餐桌吃早餐的时候说的。几只已长大的小鸟,没有关在笼子里,大家吃饭的时候都飞了过来,停在他们的肩上,跳到饭桌上,拣些面包屑来吃。

小獾皮皮什卡蹲在拉的脚前,很乖很乖,等着桌子上会不会给自己掉下些好吃的东西来呢?

8月21日这天来到了——每年的这一天是我们这里最后一批雨燕飞离的日子。塔里·金一周前就提醒过我们雨燕飞离的日期,这是大家都知道的。现在少年哥伦布们相信,这些很快能飞的鸟儿严格遵守节令,尽管还用不着匆匆忙忙,因为空中有的是它们爱吃的猎物:苍蝇和蚊子。家燕和爱夜间活动的夜莺吃的也是苍蝇,可它们还没有要离开的想法。

少年哥伦布们也要动身回城了,因为9月1日就要开学了。一星期后哥伦布俱乐部的成员要回列宁格勒。

已做出决定,离别前夕,全体人员要在普罗尔瓦湖上聚集——整整的一天都要在那里的一个岛上度过。

(未完待续)

森 林 报

No.6

成群月
（夏三月）

8 月 21 日至 9 月 20 日

太阳进入室女座

一年 ——分12个月谱写的太阳诗章

8月——闪光之月。夜里,一束束稍纵即逝的闪光无声无息地照亮了森林。

草地做了夏季最后一次换装。现在草地上五彩缤纷,花朵的颜色越来越深——都是淡蓝色的,淡紫色的。阳光渐渐变得虚弱无力,草地该把这些弥留的阳光储藏起来了。

蔬菜、水果一类的大型果实开始成熟。晚熟的浆果也快要成熟了,它们是马林果、越橘;池沼上的蔓越橘、树上的花楸果也快要熟透了。

长出了一些蘑菇,它们不喜欢灼热的阳光,藏在阴凉处躲避阳光,活像一个个小老头。树木不再增高、变粗了。

森林里的新习俗

林子里的小家伙长大了,都纷纷出了窝。

春天里的鸟儿成双成对,结伴待在自己的地盘里,如今也带着子女满林子游荡开了。

林子里的居民现在也忙着走亲访友。

就连猛兽和猛禽也不严格地守护自己的地盘,猎物到处都有,够大家分享的。

貂、鼬和白鼬到处乱窜,反正吃食随处可得:傻头傻脑的小鸟、不懂世故的小兔、粗心大意的老鼠。

鸣禽成群结队,在灌木丛和大树上徜徉。

族群间各有各的习俗。

以下就来介绍一下它们的习俗。

我为人人,人人为我

谁第一个发现敌情,就有义务发出尖叫或鸣声,那是对大家发出的警报,整个群体听到后立即四散开来躲避敌害。要是有哪个遭难,大家就齐声呐喊,吓唬来敌。

成百双眼睛睁得大大的,成百对耳朵竖得高高的,警惕来犯之敌,成百张利嘴时刻准备着对付敌人的进攻。族群里的新生成员越多越好。

族群里为小辈定下了规矩:务必处处仿效长辈。长辈不慌不忙啄食,你也跟着啄食。长辈抬起头,一动不动,你也得纹丝不动。年长者逃跑,你也跟着逃跑。

教 练 场

鹤和黑琴鸡都为年轻一代设立了名副其实的教练场。

黑琴鸡的教练场设在森林里。年轻的雄黑琴鸡观摩发情的老黑琴鸡的一举一动。

老黑琴鸡"咕咕"叫唤起来,小黑琴鸡也跟着"咕咕"叫。老黑琴鸡"啾啾"叫,小黑琴鸡也"啾啾"叫——轻声细语地叫。

不过,这时候的老黑琴鸡已不像春天时那样"咕咕"叫了。那时它是在叫唤:"我要卖掉外套,买来皮袄。"现在则变成:"我要卖掉皮袄,买件外套!"

小鹤排着队列飞到教练场。它们在练习如何在空中保持正确的队形——排成"人"字形飞行。为了日后在远程飞行时保存体力,这一套本领不能不掌握。

飞在"人"字队列最前面的是体力最强的老鹤。作为领队者,它首当其冲,要克服空气阻力,就要付出更多的气力。当它感到累了,就落到队尾,它原先的位置由另一只精力充沛的鹤取而代之。

年轻的鹤就这样跟在领队的后面,头尾相连,一只紧跟一只,有节奏地扇动翅膀飞行。体力最强的飞在最前面,最弱的飞在最后面。"人"字形队列最前面的鹤冲开气浪,恰如船头,劈浪前行。

"咕尔——雷! 咕尔——雷!"

这是领队的鹤在发布命令,意思是:"听口令:目的地到了!"

鹤一只接一只落到了地面。在这块田野中的小空地上,幼鹤学起了舞蹈和技巧:蹦跳、旋转和按节奏做出的各种灵巧的动作。还有最难的练习:用嘴把石子抛起,再用嘴接住。

这都是为远距离飞行做准备……

会飞的蜘蛛

没有翅膀,怎么飞?

可有些蜘蛛就是飞行家——它们可有奇招。

蜘蛛从肚皮里吐出细细的蛛丝,再把蛛丝搭在灌木上。让风托着蛛丝四散飘动,而细丝就是扯不断,因为它像丝线一样结实。

蜘蛛待在地面上,蛛网就结在树枝和地面之间,凌空挂着。蜘蛛坐着吐丝。蛛丝把它浑身裹住,就像裹在丝茧里,但蜘蛛还在吐出更多的丝。

蛛丝变得越来越长,那是因为风吹得越来越强。

蜘蛛用脚牢牢顶住地面。

一、二、三！蜘蛛迎着风跑过去，同时快速地咬断固定在树枝上的一端。

一阵风吹来，蜘蛛脱离了地面。

蜘蛛飞起来了！

快解开缠在身上蛛丝！

就像个气球飞得越来越高……高高地在草丛和灌木丛上空飞行。

好个飞行员居高临下，它在仔细观察：哪里适合降落？

身下是森林，小河。往前，再往前！

瞧，这是谁家的小院子，苍蝇围着一堆粪飞舞。

停！停！飞行员把蛛丝绕到自己身下，用小爪子把丝绕成个小球。小球越降越低……

准备：着陆！

蛛丝的一头粘住了一株小草 —— 成功着陆！

可以在这里安居乐业了。

当许多蜘蛛和蛛丝在空中飘舞时 —— 这种事常发生在秋季天气晴朗和干燥的日子 —— 村里人就说这是"夏天老奶奶"，你看，秋天里空中飘飘扬扬的蛛丝不正是老奶奶的银丝白发吗？

林间纪事

一只羊吃光一座林

这并非笑话,一只山羊确实吃掉了一座森林。

山羊是护林员买回来的。他把山羊运回林子,拴在草地的一根柱子上。晚上,山羊挣脱掉绳子,跑到林中去了。

周围全是树木,它能躲到哪儿去呢?幸好这一带没有狼。

一帮人找了3天,就是不见踪影。到了第4天,山羊自己跑了回来。"咩!咩!咩!"叫个不停,好像在说:"你好,我回来了!"

晚上,邻近的一位护林员跑来说,他守护的那个地段的树苗被啃得一干二净——羊吃掉了整整一座林子!

树木幼小的时候完全没有自卫的能力,什么牲口都能糟蹋它:把它连根拔起,吃掉。

山羊看中了细嫩的松树苗。树苗看起来怪可爱的,活像一棵棵小棕榈树:细细的红色树干,树梢上盖着扇子似的一团柔软的绿叶。山羊一定觉得那玩意儿非常可口。

想来山羊未必敢靠近成年的松树,那些松针可不是好惹的!

■ 驻林地记者 维丽卡

捉 强 盗

黄色的柳莺成群结队满林子游荡。从这株树搬到那株树,从这灌木丛移到那灌木丛。每一株树,每一丛灌木,不被它们上上下下爬遍搜尽,绝不罢休。树叶下,树皮上,小洞中,哪里有蠕虫、甲虫、蛾子,它们全都啄了吃,要不就拖走。

"啾咿奇!啾咿奇!"一只鸟警惕地叫唤起来。大伙全都警觉起来。只见一只凶猛的白鼬在树根间偷偷摸摸地过来,时而黑黝黝的背脊,一闪而过,时而隐没在枯枝间。它那细细的身子像蛇,蜿蜒而来,凶狠的眼睛像火光,在阴影里闪烁。

四面八方响起了"啾咿奇!啾咿奇"的叫声。整群鸟儿离开了那棵树。

白天还好,只要哪个发现来敌,大家就得救了。可一到夜里鸟儿都蜷缩在树枝间睡觉。可敌人不会睡觉。猫头鹰悄无声息地扇动柔软的翅膀,飞到跟前,一发现目标,就"嚓"的一下!睡梦中的小鸟吓得晕头转向,四散逃生,可还有三两只落入强盗的钢牙铁嘴之中,拼死挣扎。黑天真是糟糕透了!

鸟群一棵棵树、一丛丛灌木迁移过去,继续向森林深处搜寻害虫。轻盈的小鸟飞过绿树碧草,正深入到最为隐秘的角落里去。

密林中央有一个粗树桩,上面长着一只形状丑陋的树菇。

一只柳莺飞到近前,想看看这里有没有蜗牛。

突然树菇的灰色眼皮慢慢睁了开来,下面露出两只凶光毕露的圆溜溜的眼睛。

到了这时候,柳莺才看清那张猫一样的圆脸和脸上凶猛的钩嘴。

柳莺吓得退到了一边。鸟群慌做一团,发出"啾咿奇!啾咿奇!"的叫声。但没有哪个飞走。大家都勇敢地把树桩团团围住了。

"猫头鹰!猫头鹰!猫头鹰!请求援助!请求援助!"

猫头鹰只是怒气冲冲地"吧嗒"着钩嘴:"缠上我啦!连个安稳觉也不叫人睡!"

就在这时,小鸟儿听到柳莺的警报后从四面八方飞了过来。

捉强盗!小巧的黄头戴菊鸟从高高的云杉上冲下来。活跃的山雀从树丛里跳出来,勇敢地加入到冲锋的队伍中。它们就在猫头鹰的鼻子底下飞来飞去,翻身腾挪,嘲弄它:

"来呀,碰吧,抓吧!追过来呀!你这卑鄙的夜行大盗,敢在光天化日之下动手吗?"猫头鹰只有把钩嘴扣得"笃笃"响,只有眨巴着眼睛的份儿:大白天它看不见,又能拿小鸟们怎样呢?

小鸟聚得越来越多。柳莺和山雀的叫声和喧哗声引来了整整一群勇敢而强大的森林乌鸦——松鸦。

猫头鹰吓坏了,翅膀一展,逃之夭夭。趁现在毛发未损,逃命要紧,要不准会被这一群鸟活活啄死。

一群群鸟紧追不舍。追呀追,把强盗逐出这片森林才罢休。

这天夜里,柳莺总算能睡上一个安稳觉了。受到这一顿教训后,猫头鹰久久不敢回到老地方来了。

草 莓

林地边缘,草莓正红。鸟儿常常找到红艳艳的草莓,叼走吃了,这样就把草莓的种子撒到了远方。但也有部分草莓后代留在母亲身边,一起成长。

瞧,这一株灌木丛旁边长出了一条条蔓生的细茎——蔓枝。蔓枝的顶上派生出小小的幼株:拉花型的一簇小叶和根芽。此外,在同一根蔓枝上已长出三簇叶子。第一簇叶子已经壮实了,而第三簇——长在梢上那根——发育还没有完全。蔓枝丛母株向四面八方蔓延。要找母株和派生株应当到草类稀少的地方去找。比如这一株吧：母株在中央，它的四周围着一圈圈派生株，共有 3 圈，每圈平均有 5 株。

就这样，草莓一圈紧挨一圈地生长，不断拓展自己的地盘。

■ H. 帕甫洛娃

一吓就死的熊

一天晚上，猎人从林子里回村子的时候已经很迟了。他到了燕麦地边一看，麦地里有个黑乎乎的东西在打滚，那是什么呀？莫非是牲口进了不该去的地方？

他仔细一瞧，老天爷，燕麦地里有头熊！它趴着，两只前爪搂着一捆麦穗，塞在身下，正美美地吮吸着燕麦的汁水。只见它懒洋洋地趴在地上，心满意足地发出"哼哧哼哧"声。看来燕麦的汁水还挺合它的胃口哩。

不巧的是猎人子弹用光了，只剩下一颗小霰弹，那只适合打鸟。不过他是个勇敢的小伙子。

"哎，管它呢。"他心想，"好歹先朝天开上一枪再说。总不能眼看着熊瞎子糟蹋庄员的庄稼不管。要是没伤着它，它是不会伤人的。"

他托起了枪，在熊的耳朵上方"砰"地开了一枪！

熊瞎子被这突如其来的枪声吓得跳了起来。地边有堆枯树枝，它从这堆枯枝上，像只鸟那样快速蹿了过去。

熊瞎子摔了一跤，爬起来，头也不回往林子里跑去。

猎人见熊瞎子胆子这么小，笑了笑，回家了。

第二天早晨，他心想："我这就瞧瞧去，地里的燕麦到底给祸害了多少。"他到了原地方，看到昨晚的熊居然被吓得屁滚尿流，大便失禁，从地头到林子，一路上都留下它拉下的粪便。

猎人循着粪迹找过去，发现熊倒在那儿，死了。

这么说，熊是被出其不意的枪声吓死的——熊可还算是森林里力气最大、最可怕的动物呢！

食 用 菇

雨后又长出了蘑菇。

最好的蘑菇是长在松林里的白蘑菇。白蘑菇也就是牛肝菌，味道好，长得粗壮、肥厚。它的伞盖呈深咖啡色，有一种特别好闻的气味。

牛肝菌长在林间小路两边低矮的草丛中，有的直接就长在车辙里。幼嫩的牛肝菌，样子像小线团，显得很好看。样子虽好看，但滑腻腻的，所以身上总粘着一些东西：不是干树叶，就是小草。

同样在松林的小草地上，还有松乳菇。这种松乳菇呈棕红色，颜色很深，老远就能发现。数量可多啦！老的松乳菇比小碟子小一点，伞盖被虫咬得满是大洞小洞。菌褶微微泛绿。最好的是中等大小，比五戈比硬币稍大的那种。这些菌很壮实，伞盖中央凹进，边缘上卷。

云杉林中也有许多蘑菇。既有长在云杉树下的白蘑，也有松乳菇，但都与松林里的蘑菇不一样。白蘑菇的伞盖有光泽，颜色微黄，伞柄细而高些。云杉林的松乳菇颜色与松林中的松乳菇颜色完全不一样。伞盖上不是棕红色，而是蓝色带绿的，伞面上有一圈圈纹路，与树桩上的纹路差不多。

白桦和山杨树下长着是另两种蘑菇，分别叫作"桦下菌"和"杨下菌"[①]。其实"桦下菌"长在离桦树很远的地方，倒是"杨下菌"与山杨紧挨在一起的。它只能长在杨树根上。美丽的"杨下菌"体态匀称、规整，无论是伞盖还是伞柄都像是精心雕刻出来的。

■ H. 帕甫洛娃

毒 蕈

雨后也滋生出不少的毒蕈。如果说食用菌颜色主要是白的，那么主要的毒蕈往往也是淡白的。所以你得留心区别！这种毒白蕈含有最毒的毒素。吃下一小片这样的毒蕈，比被毒蛇咬一口还要厉害。它是致命的。中了这种毒，生还的希望很渺茫。

幸好识别毒白蕈并不难。它与食用菌的区别表现在：毒白蕈的柄仿佛就是大肚子瓦罐的细颈。据说毒白蕈与香菇很容易混淆（两种菇柄都是白色的），但是香菇的柄像伞柄，谁也不会联想到它曾在瓦罐里插过。

毒白蕈最像毒蝇蕈，有时甚至被称为"白毒蝇蕈"。如果用铅笔描下来，不容易辨得出是毒蝇蕈还是毒白蕈了。毒白蕈也和毒蝇蕈一样，伞盖上有白色的破裂痕，伞柄上像围着一圈小领子似的。

还有两种危险的毒蕈，可能被误认为是白蘑：一种叫胆汁蕈，另一种叫撒旦[②]蕈。

它们与白蘑的区别在它们的伞盖的背面不像白蘑那样是白色或淡黄的，而是绯红，甚至是鲜红的。此外，如果掰开白蘑的伞盖，它仍然是白的，可是胆汁

---

① 这两种蘑菇的学名分别叫"鳞皮牛肝菌"和"变形牛肝菌"。

② 即魔鬼。

蕈和撒旦蕈的伞盖掰开后起初变红,后来又会变黑。

■ H. 帕甫洛娃

雪花飘飘

昨天,我们这里的湖上刮起了暴风雪。轻盈的白花花的雪片在空中飞舞,纷纷落在湖面上。落下又升起来,转着转着,又从高空向下落。天空晴朗,烈日当头。灼热的空气在灼热的阳光下流动。没有一丝风。可是湖面上却雪花飘飘。

今天早晨,整个湖面和湖岸撒满了干枯而了无生机的雪片。

这雪可怪了,在毒辣辣的阳光下竟不融化,在日光下也不闪光。雪片暖洋洋的,而且很脆。

我们便去看个究竟。到了岸边一看,才知道那不是雪,而是成千上万长翅膀的昆虫——蜉蝣。

昨天,它们从湖里飞出。整整三年,它们都生活在黑暗的深处,那时它们都是些模样丑陋的幼虫,在湖底的淤泥中蠕动。

它们吃的是淤泥和腐烂发臭的水藻,从来见不到阳光。

就这样生活了三年——整整1000天。

昨天它们爬到湖岸上,蜕下讨人厌的外皮,展开轻盈的小翅膀,伸出尾巴——三根长长的细线,飞到了空中。

只有一天供它们在空中享受生命,尽情舞蹈,所以它就被叫作"一日飞蛾"。

这整整的一天里,它们都在阳光下翩翩起舞,在空中翻飞,盘旋,看起来就像是飘扬的雪花。雌蛾落到水面上,把细小的卵产在水中。

太阳下山、黑夜降临时,成千上万个蜉蝣的尸体便散落在湖岸和水面上。

幼虫从蜉蝣的卵里爬出,在混浊的湖底深处度过1000个日日夜夜,才变成长翅膀的快乐蜉蝣,然后飞上湖面上空享受一天的光明。

白 野 鸭

湖中央落下一群野鸭。

我在湖岸上观察它们,惊奇地发现,在一群夏季毛色全是纯灰的雌、雄野鸭中,居然有一只的羽毛颜色很浅,十分显眼。它一直待在鸭群中央。

我拿起望远镜,仔细地对它做了全面的观察。它从喙到尾巴,浑身都是浅黄色的。当清晨明亮的太阳从乌云中出来时,这只野鸭突然变得雪白雪白,白得耀眼,在一群深灰色的同类中显得非常突出。不过其他方面,它并无与众不同之处。

在我50年狩猎生涯中,从来没有亲眼见过这种得了白化病的野鸭。患这湖中央落下一群野鸭。

　　我在湖岸上观察它们，惊奇地发现，在一群夏季毛色全是纯灰的雌、雄野鸭中，居然有一只的羽毛颜色很浅，十分显眼。它一直待在鸭群中央。

种病的动物血液里的色素都不足。它们一出生毛色就是白的,或只是很浅的颜色,这种状况要继续一生。所以它们就缺了保护色,而保护色在自然界生存条件下对于动物是生死攸关的,有了保护色在生活的环境中就不容易被天敌发现。

我当然很想把这只极罕见的鸟弄到手,看看它是如何逃过猛禽的利爪。不过此时此刻是绝对办不到的。因为这时一群野鸭都停歇在湖中央,为的是不让人靠近枪杀它们。这场面搅得我好不心焦,没法子,只有等待机会,看什么时候白野鸭能游到近岸,离我近些。

想不到这样的机会很快就来了。

正当我沿着窄窄的湖湾走时,突然从草丛中蹿出几只野鸭,其中就有这只白鸭子。我端起家伙就是一枪。不料在我要开枪的刹那间,一只灰鸭子过来挡在白鸭子的前面,灰鸭中弹倒了下去,白鸭跟着其他几只鸭子逃走了。

这是偶然的吗?当然是偶然的!那个夏天,我在湖中央和水湾里好几次见过这只白鸭子,但每次都有几只鸭子陪着它,好像在护卫着它。自然啰,猎人的霰弹每每都打在普通的灰鸭身上,而白鸭子在它们的保护下安然无恙地飞走了。

我最终没有把白鸭弄到手。

这件事发生在皮洛斯湖上 —— 就在诺夫戈罗德州和加里宁州的交界处。

■ 维·比安基

绿 色 朋 友

应当种什么

你可知道什么树种最适合用来造新的林地？

我们为此选了16个树种和14个灌木品种，这些树种适合在我们国家不同地区播种。

最主要的树木和灌木品种是：橡树、白杨、山杨、白桦、榆树、枫树、松树、落叶松、桉树、苹果树、梨树、柳树、花楸、金合欢、野蔷薇、茶藨子。

小朋友们都应该了解这些知识，以便永远记住该采集哪些植物种子供开辟苗圃之用。

■ 驻林地记者　彼得·拉夫罗夫　谢尔盖·拉里昂诺夫

机 器 植 树

现在要栽种那么多的树木和灌木，单凭我们的两只手是忙不过来的。

于是请机器来帮忙。人们发明并制造了各种各样灵巧和聪明的植树机械，从种子到树苗，甚至连大树都能种植。有用来种植林带、绿化谷地的机械，也有用来挖掘池塘、处理土壤的机械，甚至还有用来养护苗圃的机械。

新 开 湖

列宁格勒有许多河流、湖泊和池塘。夏季也不怎么热。而我们克里米昌地区以前池塘很少，根本就没有湖泊。有条小河流经这里，但一到夏天，小河就逐渐干涸变浅，只需卷起裤脚就可以蹚水过河了。

我们的农庄、果园和菜地吃尽了干旱的苦头。

但是现在再也不为缺水而发愁了。我们的庄员开挖了新的水库，一个很大很大的人工湖，足足容纳得下500万立方米的水。

这个湖够我们浇灌500公顷菜地，还可以用来养鱼和水禽。

■ 第聂伯罗彼得罗夫斯克州克里米昌区少先队员

瓦尼亚·普隆钦科　列娜·卡巴特钦科

我们帮助年轻的森林成长

我国人民正从事和平的劳动。他们在伏尔加河、第聂伯河和阿姆河上建造前所未见的水电站,把伏尔加河和顿河连接起来,营造防护林带,从而使田地免遭恶劣的风沙侵害。所有的苏维埃人都投身建设共产主义的事业。我们少先队员和中小学生都希望帮助大人们从事美好的事业。每一名少先队员都记得自己曾在同学的面前许下诺言,一定要成为一名合格的公民。这就是说,我们的责任是为建设祖国做我们力所能及的事。

几十万棵年轻的橡树、枫树、山杨沿伏尔加河成行成列,从这一头到那一头,遍布整个草原。现在树还幼小,还不够强壮,它们中的每棵树都可能遭到许多敌害的侵扰:有害的昆虫、啮齿动物和燥热的风。

我们学校的共青团员和少先队员决定帮助年轻的树木抵御敌害。

我们知道,一只椋鸟一天能消灭 200 克的蝗虫。如果这些鸟能住在防护林带附近,就会给森林带来很多益处。我们同乌斯季库尔丘姆斯克和普里斯坦斯克少先队员一起,在年轻的森林旁边制作并悬挂了 350 只椋鸟屋。

黄鼠和其他啮齿类动物给年轻的森林造成巨大危害。我们将和农村的孩子们一起消灭黄鼠:在它们的洞穴里灌水,用夹子抓捕。我们将制作一批用于捕黄鼠的夹子。

我们州的庄员将在防护林带上补种苗木,为此需要许多种子和树苗。我们在夏季采集了 1000 千克的树木种子。我们将在乌斯季库尔丘姆斯克和普里斯坦斯克的学校里建起苗圃,为防护林培育橡树、枫树和其他树木的树苗。我们将和农村的朋友们一起组织少先队员巡逻队,保护防护林带免受火灾、牲畜践踏和其他破坏。

当然,这一切不过是少先队员应尽的义务。但是如果苏联其他的少先队员和中小学的同学都像我们一样采取行动,那我们大家一定会为祖国建设添砖加瓦。

■萨拉托夫市第六十三中(男子七年制学校)全体学生

林木种间大战

（续前）

我们的记者来到了第四块采伐地，这里的树木是大约 30 年前砍伐过的。他们发来了如下的报道：

幼小无力的白桦和山杨被自己强有力的同胞亲手扼杀了之后，密林的低层只剩下云杉一种树木还能生存。

高大而身强力壮的白桦和山杨则在阴暗中茁壮长大，继续在高处争斗和打闹。历史再次重演：谁能长得比自己的邻居高，谁就能取得胜利，并毫不手软地置手下败将于死地。

战败者饱受干渴之苦，最后倒下。于是在枝叶覆盖的天篷上出现了一处缝隙，阳光从中照射下来 —— 直射到年轻的云杉梢头。

云杉害怕阳光，不免害起病来。

星移斗转，它们也逐渐适应了阳光的照射。

它们慢慢得到康复，换掉了身上的针叶，趁机迅速长高。等到它们的仇敌想来补上天蓬的空隙，为时已晚。

这些幸运的云杉已长高，至少可以与高大的白桦和山杨平起平坐了。紧接着其他强壮的云杉也把自己尖尖的树梢伸到了最高层。

到这时，无忧无虑的胜利者白桦和山杨才发现，居然让多么可怕的敌人闯进了自己的地盘！

我们的记者亲眼看到了仇敌间你死我活的肉搏战。

一阵强劲的秋风刮起，让挤在这里的那些林中族类不免亢奋起来。阔叶树向云杉猛扑过去，用自己的枝干狠狠抽打对方。

山杨一向胆小，身子始终哆哆嗦嗦，说话低声细语，这时候连山杨也糊里糊涂地挥舞起枝干，想与黝黑的云杉斗上一场，折断它们长着针叶的枝条。

但山杨不是个善战的主儿，它没有韧性，手臂也容易折断。坚韧的云杉没有把它放在眼里。

可白桦不一样。这是一种强壮有力而富有弹性的树种。它那柔韧、伸屈自如的手臂 —— 枝条，即使在微风里也能挥舞起来。要是白桦也行动起来，周围的朋友，你们可得当心了，万一被它碰到，那就太可怕了。

白桦与云杉展开了肉搏战。白桦那柔韧的枝条抽打云杉的枝叶，一簇簇的针叶纷纷应声落地。

云杉的针叶枝条一旦被白桦抓住，那准会落得干枯而死的下场。只要树干被白桦撞上，那云杉的树冠定会干枯。

云杉能打退山杨，却敌不过白桦。云杉是一种坚硬的树种，虽不容易折断，可也很难弯曲。它直挺挺的枝干难以用作抵抗的武器。

这场林中大战会是个什么样的结局，在这个地方我们的记者不可能看到，想要看到，非要在那里住上好多年，所以他们就去找一个大战已经结束的地方。

这是个什么样的地方呢？且看下期的报道。

我们帮助复兴森林

我们少先队大队参与了营造新森林的工作。我们采集各种树木的种子，交给我们的农庄和防护林站。我们在自己学校内的园地里造了一个不大的苗圃，在里面种上了橡树、枫树、山楂树、白桦和榆树。种子是我们亲手采集来的。

■ 少先队员　加丽娜·斯米尔诺娃

妮娜·阿尔卡迪耶娃

园 林 周

政府已做出决定，每年在我国的村庄和城市举办一次园林周。在中部和北方各州，园林周在 10 月初举行，而南方各州则在 11 月初举行。

首届园林州是在筹备 10 月革命 30 周年庆典的日子里举行的。数千个重新开辟出来的农庄花园、数百万棵栽种在国有农场中心区，以及农业机械站、学校、医院的庭园和街道两旁的果树 —— 这就是少年林艺师和园艺师在伟大庆典前的日子里献给国家的厚礼。

现在，在园林周活动行将开始之际，国营苗圃里已储备了 1000 万棵以上的苹果树和梨树的幼苗，以及大量的浆果植物和观赏植物的幼苗。在尚无花园的地方，也已经开始筹备营造花园的工作。现在正是大好时光。

■ 塔斯社

农 庄 纪 事

我们这里农庄的庄稼快要收割完了。现在正是田间工作最繁忙的时候。首先,要把最好的粮食献给国家。每个农庄都把最好的劳动果实献给国家做为了头等大事来办。

庄员已收割完黑麦,接着收割小麦;收割完小麦就要收割大麦;收割完大麦就要轮到收割燕麦;割完了燕麦,就要收割荞麦。

装着粮食 —— 农庄的新收成 —— 大车不断从各农庄向火车站驶去。

而拖拉机仍在田野间忙碌:已播下秋播作物的种子后,现在正忙着翻耕春播地,好为来年的春播做准备。

夏季的浆果已过了时令,现在正是苹果、梨子、李子成熟的季节。森林里有许多蘑菇,满是苔藓的沼泽地上长着红艳艳的红莓苔子。乡村的孩子用长竿子从花楸树上打下一串串沉甸甸的红色果子。

野鸡 —— 公山鹑和母山鹑拖儿带女,日子可不好过了:它们刚从秋播作物田转移到春播作物地,现在又不得不过着颠沛流离的生活,从一块春播地飞到另一块春播地。

最后,山鹑躲进了土豆地。在那里不用担心有人会来打扰它们。

可是很快庄员们又在土豆地里忙活起来了 —— 挖土豆。挖土豆的机器开动起来。孩子们燃起了一堆堆篝火,就地安上土炉子,边烤边吃焦黄的土豆。弄得个个都成了大花脸,黑乎乎的,叫人看了直想笑。

灰色的山鹑又要离开土豆地,再次亡命。它们的后代终于长大。已允许猎人捕杀它们了。

得找个觅食和藏身的地方 —— 可在哪里呢?地上的庄稼都已收割完了。好在秋播的黑麦田里已齐齐整整长出小苗。那里正是觅食和躲开猎人敏锐视线的好地方。

火眼金睛的报道

8月26日,我正在运送干草。我驾着车一路驶去,突然看见一个干柴垛上停着一只很大的猫头鹰,全神贯注地盯着干柴里面。我停下了马车,觉得这事怪怪的:猫头鹰离我那么近,为什么不飞走?我下了大车,走了过去,离猫头鹰更近了,便拿来一根木棒向它抛了过去。猫头鹰这才飞走。猫头鹰刚走,柴垛里飞出几十只小鸟儿。原来它们在那里躲避自己的天敌 —— 猫头鹰哩。

■ 驻林地记者　Л.鲍里索夫

农 庄 新 闻

迷 惑 计

在只剩下鬃毛长短的麦秸茬子的田地里藏着敌害——杂草。它们的种子紧贴着泥土,根则深深扎到地下去。这些敌害盼着春天到来。一到春天,土地翻耕过了,种上土豆,这时杂草也长高了,开始祸害土豆了。

庄员们决定对杂草巧施骗术。他们把浅耕机开到田里,浅耕机把杂草种翻到土里去,把杂草的根截成一段段。

杂草以为春天来了,你看天气多暖和,泥土又松又软。杂草于是便兴冲冲生长起来,草籽开始发芽,一段段根茎也发出芽来。田野一片翠绿。

庄员们笑开了,因为敌害上当了。杂草长出来后,到了深秋时节,我们把地再翻耕一遍,让杂草来个底朝天。一到冬天它们全会被冻死。杂草啊杂草,这下看你们怎么祸害土豆!

一 场 虚 惊

林子里的飞禽走兽都惶惶不可终日:树林边来了不少人,在地上铺起干的植物茎。莫不是新式捕鸟兽器吧?莫非森林里动物的末日到了?

可是,这不过是一场虚惊:人来这里并没有恶意。他们铺在地上的是亚麻,铺了薄薄的一层,一条条铺开去,恰如平平整整的小路。亚麻放在这里,日后受雨露滋润,变潮变湿。经过这一番浸泡之后,要取出亚麻茎上的纤维就不难了。

瞧这一家子!

在"五一"农庄里,母猪多什卡产下过 26 只猪崽儿。2 月份刚给它道过喜,祝贺它产下 12 只小猪。瞧这一家子,人丁真叫兴旺!

公 愤

黄瓜地里议论纷纷,大家无不愤愤不平:"这些个庄员干吗每隔一天就闯到田里来,把我们年纪轻轻的小黄瓜摘了去?让它们安安生生长大成熟该多好。"

不过庄员们还是留下少量的黄瓜当种子。其余的趁它们还绿油油的就采走了。绿油油的黄瓜又嫩,汁水又多,很可口,太老了,就不好吃了。

帽子的式样

林子里,田野上,道路两旁,处处都有松乳菇和牛肝菌。松林里的松乳菇模样儿俏:颜色棕红,矮矮胖胖,壮壮实实,头上的帽子满是一圈圈的花纹。

孩子们说,松乳菇帽子的式样是从人这儿学去的。不是吗,它们的帽子活像一顶草帽。

可这话并不适合牛肝菌的帽儿。它们的帽子跟人的帽子丝毫不相像。别说是男的,就是年轻的姑娘,为了赶时髦,也不会戴这样的帽子。牛肝菌那帽子又黏又滑,戴着别说多受罪了。

无 功 而 返

一群蜻蜓飞到"曙光"农庄的养蜂场偷吃蜂蜜。结果扑了个空,原来蜂场上见不到一只蜜蜂。蜻蜓事先没得到丁点的消息,说7月中旬起,蜜蜂就把家搬到林中盛开的帚石南花丛中去了。

蜜蜂就在帚石南花丛中酿制黄灿灿的蜂蜜,待到帚石南花谢了再搬回老家。

■ H. 帕甫洛娃

狩 猎 纪 事

带着猎狗去打猎

8月的一个清新的早晨,我随塞索伊·塞索伊奇去打猎。我的两只西班牙猎犬吉姆和鲍埃欢天喜地地又叫又跳,扑到我的身边,塞索伊·塞索伊奇的那条硕大而漂亮的塞特狗拉达把前爪搭在小个子主人肩头,舔他的脸。

"嘘,淘气鬼!"塞索伊·塞索伊奇用袖口擦着嘴唇,装作没好气地说,"去哪儿?"

三条狗没等他说完就离开我们,跑到割过草的草地上去了。美人儿拉达迈开步子,奔跑起来,它那白里带黑的身影在翠绿的灌木丛后时隐时现。我那两条矮脚狗像是受了委屈,哀怨地叫嚷起来,拼命追赶,却怎么也赶不上。让它们撒欢去吧。

我们来到一丛灌木前。吉姆和鲍埃听到我的口哨声回来了,在附近忙个不停:把每片树丛和土丘都嗅了个遍。拉达呢,在前面穿梭似的跑来跑去,时而从左边,时而从右边,在我们前面一闪而过。跑着跑着,它突然停了下来,不走了。

拉达像是撞上一道无形的铁丝网,站着一动不动,却保持着停止奔跑那一刹那间的姿势:头左偏,富有弹性的背脊弓起来,抬起左前腿,蓬松的尾巴像根大羽毛,伸得直直的。

原来它停下来不跑不是因为撞上了什么铁丝网,而是闻到了一股野禽的气息。

"您想打吗?"塞索伊·塞索伊奇问我。

我谢绝了。我把自己的两条狗叫过来,命令它们在我脚旁躺下来,免得它们碍手碍脚,反而惊了野禽,逃过拉达的伺伏。

塞索伊·塞索伊奇不慌不忙向拉达走去,到了跟前,停下脚步。他从肩上取下枪,扣上扳机。他不忙着指令猎狗往前去,显而易见,他也和我一样,欣赏猎犬那迷人的身姿:它那优雅的姿势、蓄势待发的激情和压抑着的紧张。

"向前!"塞索伊·塞索伊奇终于下了命令。

拉达却不加理会。

我知道,这里有一窝山鹑。只要塞索伊·塞索伊奇再次发命令,它准会向前跳出一大步 —— 到时候灌木丛里就会"噼里啪啦"蹿出一群棕红色的大鸟来。

"向前,拉达!"塞索伊·塞索伊奇边举猎枪,边下命令。

拉达迅速向前冲去。它跑了半个圈子，又停下来不走，还是保持伺伏的姿态，但针对的是另一丛灌木。

怎么回事？

塞索伊·塞索伊奇又走到它跟前，又命令道："向前！"

拉达竖起耳朵朝灌木丛听了听，又绕着灌木丛跑了一圈。

从灌木丛里悄无声息地飞出一只浅棕红色、个头不大的鸟。它懒洋洋地挥动翅膀，动作似乎不太熟练，两条长长的后腿耷拉下来，像是被打断了。

塞索伊·塞索伊奇放下枪，并怒气冲冲地招呼拉达回来。

原来这是只长脚秧鸡！

这种生活在草丛中的鸟，春天会发出尖锐刺耳的叫声，听到这种叫声，猎人倒感到有几分亲切，但到了狩猎的季节，猎人就感到讨厌了，因为长脚秧鸡不等猎犬作好伺伏，就悄悄地在草丛中溜掉了，让猎狗白白伺伏一场。

不久我和塞索伊·塞索伊奇分头行动，说好在林中一个湖边会合。

我沿着一条绿树掩映的狭窄河谷走。跑在我前头的是咖啡色的吉姆和它的儿子——黑、白和咖啡色三色相间的鲍埃。我时刻保持警惕，眼睛盯着两条狗，因为西班牙狗不会伺伏，

随时都有可能惊起野禽。每遇一丛灌木它们都钻进去，消失在高高的草丛中，过了一会儿又出现在我的视野里，它们半截子的尾巴像螺旋桨转个不停。

是的，不能让西班牙狗留长尾巴，否则，它们的长尾巴拍打草丛或灌木，会弄出很大声响，而且也容易被灌木蹭破皮。西班牙狗在长到三个星期大的时候就要把尾巴截短，以后尾巴就不会再长了。留下来的半截尾巴，以备不时之需：一旦不小心陷进泥沼里，就可以抓住它的尾巴，把它拖出来。我的注意力全集中在两条狗身上，实在闹不明白，我是怎么同时看得清周围的一切，欣赏到成百上千美好而奇特的景物。

我抬头一看，太阳已升到树林上空，枝叶和草丛间跳动着无数金灿灿的光点，像兔子，又像蛇。再一看，一棵松树的树干巧妙地弯下来，形成一张巨型椅子，上面该坐着童话中的树精吧。不，在那宝座上，在一个小窝里，蓄满了水，旁边几只蝴蝶轻轻地扇动翅膀。

它们在饮水哩……我也口渴得嗓子眼在冒烟。我的脚旁翠绿的羽衣草那宽宽的叶子上有一颗硕大的露珠，恰如一颗无比珍贵的宝石，晶晶亮。

得非常小心地弯下身去——千万别让它滚落下去——把羽衣草的这片叶子摘来，它的褶皱里可蕴藏着世上最纯净的露珠，精心收集了朝阳的全部喜悦。毛茸茸、湿漉漉的叶子触到嘴唇，清凉的水珠即刻滚到了干渴的舌头上。

吉姆突然吠了起来："汪，汪！汪！汪！……"我再也顾不得那为我解渴的

叶子,任叶子飘落在地。

吉姆汪汪叫着,同时往小溪边跑去,它的尾巴螺旋桨似的扇动起来,越来越频繁,越来越迅速。

我也往溪边赶去,想赶在吉姆之前到达溪岸。

但还是迟了一步,一只刚才没发现的鸟轻轻拍打着翅膀,从一棵枝叶繁茂的赤杨后面飞了出来。鸟儿径直向赤杨后面的高空飞去——原来是只嘎嘎叫的大野鸭。我太激动了,来不及瞄准,举枪就放,子弹穿过树叶飞过去,野鸭应声仰面跌落在前面的小溪中。

这一切发生得太突然,我甚至怀疑自己没有开过枪——是我的意念把它打下来似的。我只是动了打它的念头,它就掉下来了。

吉姆已经游过去,把猎物衔到岸上来了。它顾不上抖落身上的水,嘴里紧紧衔着野鸭(野鸭的长脖子耷拉到地上),交到了我的手上。

"谢谢,老伙计,谢谢,亲爱的!"我弯下身抚摸它。

可它径自在抖落身上的水,溅得我一脸的水星子。

"呵,好个没礼貌的家伙!走开点!"

吉姆跑开了。我用两个手指头抓住鸭嘴尖,拎起来掂了掂分量。好家伙!鸭嘴竟没有断,还吃得消整个身子的重量。那就是说,这是只壮年的鸭子,不是今年出窝的新鸭。

我匆匆忙忙把鸭子挂到子弹带的皮背带上,因为我那两条狗又在前面叫开了。我赶紧跑过去,边跑边装弹药。

狭窄的溪谷这时候变宽了。一个小池沼一直延伸到了山坡前,上面布满了草墩和苔草。

吉姆和鲍埃在草丛里钻进钻出。那里藏着什么?

大千世界都融汇到这个小小的池沼里了。猎人心里只有一个愿望,那就是快点知道猎犬在草丛了嗅到了什么,从中会飞出什么野禽来——别失手才好。

我的两条矮脚狗落在高高的苔草中不容易被发现,但它们的耳朵,像翅膀,时而这里,时而那里,在草上掠过,它们这是在作跳跃式的搜索——跳起来好看清近处的猎物。

只听见"扑哧"一声——这声音很像从池沼烂泥里拔出靴子时的声音——一只长脚田鹬从草丛中飞了出来,飞得很低,做"之"字形飞行。

我瞄准好,开了一枪,却让它飞走了!

它绕了大半圈,伸出笔直的双脚,又落下来,钻进离我很近的草墩里去。它停在那里,利剑一样的长喙插在地面上。

它离我很近,况且还停着没飞,我不好意思朝它开枪了。

但吉姆和鲍埃来到我身边,逼得它又飞起来。我用左边的枪管开了一枪,还是没有打中。唉,真倒霉! 你看我打了 30 年的猎,平生到手的田鹬少说也有几百只了,但是只要见到飞行的野禽,手就痒痒。我这性子也太急了点。

有什么法子呢? 现在得去找黑琴鸡了。否则塞索伊·塞索伊奇见了我的猎物,准会轻蔑一笑:在城里的猎人眼中,田鹬是了不得的猎物,味道好极了,可在乡间的猎人看来,那算什么鸟,小玩意一件,微不足道。

塞索伊·塞索伊奇在小山后面已开了三枪了。也许,打到的野禽少说也有 5 千克了。

我过了小溪,爬上一座峭壁。站在高处向西望去,能看到很远的地方。那边有一块很大的采伐地。采伐地后面是一大片燕麦田。只见拉达的身影在闪来晃去。塞索伊·塞索伊奇也在那里。

啊哈,拉达站住不动了!

塞索伊·塞索伊奇走了过去,只见他开了枪:砰,砰! 双管连发。

他捡猎物去了。

我可不能光看热闹了。两只狗已跑进密林。我该怎么办? 我立下过规矩:我的狗在密林里时,我就走林间小道。

林间小道其实很宽畅,鸟儿飞过时完全来得及开枪。要是猎狗能把它们往这边赶就好了。

鲍埃叫了起来,吉姆也跟着叫起来。我赶紧跑过去。

我很快来到两条狗跟前。可它们在那儿磨蹭什么? 黑琴鸡,错不了。它钻进了草丛,引得狗跟着团团转 —— 我知道它这套把戏!

"特啦 —— 塔! 塔 —— 塔 —— 塔 —— 塔!"还真是黑琴鸡。果然飞起来,黑得像烧焦的黑炭。它冲出来沿着林间小道直往远处飞。

我追着它连开了两枪。

它拐了弯,消失在高高的树后不见了。

难道我又失手了? 不可能,我似乎瞄得很准哪……

我吹起口哨呼唤狗过来,自己便朝黑琴鸡消失的林子走去。我在找,两条狗也在找,可哪儿也没找到。唉,多懊恼! ……今天注定是个枪枪打不中的日子! 再说也没什么可抱怨的:枪是好枪,弹药也是自己亲手装的。

我还得试试 —— 也许到了湖上会交上好运。

我又上了林中小道。沿着这路走不多远 —— 约莫 500 米 —— 就到了湖边。心情算是坏透了。这时两条狗不知跑到哪里去了,怎么叫唤就是没有回应。

管它们呢! 我一个人去算了。

不料鲍埃不知从哪里冒了出来。

"你去哪里了？你以为你是猎人,我只是个只帮你开开枪的,还是怎么着?这枪你拿着,自己去开吧。怎么样?不行?我说你干吗四脚朝天躺着?你倒是来讨饶了?那以后可得听话。瞧你们西班牙狗,个个都傻里傻气的,长毛猎狗就比你们强——会伺伏。

"要是让拉达来伺伏,可就简单了。那样我准能百发百中。野禽——就像被绳子拴住了似的——你想,它能逃得了吗?"

前方,在树干间,露出一个小湖,湖面上银光闪闪。我的心头涌现出新的希望。

湖岸边长满了芦苇。鲍埃"扑通"一声跳入了水中,向前游着,搅动了高高的绿色芦苇。

只听得"嘎"的一声,一只鸭子叫着从芦苇丛中飞了出来。

那野鸭飞到湖中央的时候,我的枪声响起,它的长脖子随之耷拉下来,身子落到了水里,扑腾着翅膀,溅起阵阵水花。鸭子肚子朝天躺在水面上,两只红红的爪子朝天,乱划着。

鲍埃向那野鸭游过去。猎狗张开嘴巴,在就要咬住鸭子的刹那间,冷不防鸭子钻进水里不见了。鲍埃被搅得莫名其妙:那家伙钻到哪儿去了?它东转转,西找找,就是不见鸭子的影子。

突然猎狗的头扎进了水里。怎么回事?被什么东西缠住了?沉到水底去了?怎么办?

野鸭又露面了,它正向岸边慢慢游来。游得很怪,侧着身子游的,头却在水下。原来是鲍埃叼着它!鲍埃就在它的身后,因而看不见脑袋。太棒了!它居然潜到水下,叼回了鸭子。

"干得真叫漂亮!"传来塞索伊·塞索伊奇的声音。他悄悄地从我身后走了过来。

鲍埃游到一个草墩边,爬了上去,放下鸭子,抖起身上的水来了。

"鲍埃,你真不害臊!给我叼过来。"

真是个不听话的家伙——对我的命令竟不理不睬!

突然吉姆不知从哪里冒了出来。它游到草墩前,气呼呼地数落了儿子一顿,叼起鸭子,来到我跟前。

吉姆抖落几下身上的水,就奔进灌木丛,想不到从里面带回来被我打死的那只黑琴鸡。

我这才明白,我的老伙计这么长时间到底哪儿去了:它在林子里四处找,找到被我打死的黑琴鸡后,拖着它走了500多米的路,才赶上我。

在塞索伊·塞索伊奇面前,我因为有了它们感到脸上有光彩。

老伙计,忠诚的猎狗!十一年来你忠心耿耿、任劳任怨为我出力,但是这很可能是你与我一起狩猎的最后的一个夏天,因为狗的寿命是短暂的。我还能找到另一位这样忠诚能干的朋友吗?

以上这些是我在篝火旁喝茶的时候的想法。小个子的塞索伊·塞索伊奇干练地把野味挂到桦树枝上:两只年轻的黑琴鸡、两只沉甸甸的同样年轻的松鸡。

三条狗蹲在我的四周,贪婪地注视我的一举一动,像是在说:"会不会给我们丢点什么吃的呢?"

当然忘不了它们:三条狗干得太漂亮了。都是好样的!

下午了。天好高好高,好蓝好蓝。隐约听到头顶上山杨树叶摇曳时发出的瑟瑟声。

多美好的时光!

塞索伊·塞索伊奇坐了下来,悠闲地卷起烟卷儿。他陷入了沉思。

太妙啦,我马上就能听到他讲讲自己狩猎生涯中又一次有趣的经历!

现在,整窝整窝的野禽在生长,正是狩猎的好时光。为了猎取警惕性高的鸟儿,猎人们费尽心机,什么手段都用上了!但是要是他事先不了解鸟类的生活和习性,什么手段都起不了作用。

猎 野 鸭

猎人们早就发现,小鸭子会飞的时候,就会整窝整窝,成群结队,从一个地方迁徙到另一个地方,一昼夜里迁徙两次。白天,它们躲进密密的芦苇内睡觉,休息。太阳一下山,

它们就从芦苇丛内飞起来,踏上征途。

猎人早就做好了准备。他知道,野鸭要飞到田野去,于是就在那里候着它们。他就守在岸上,埋伏在灌木丛中,面朝水面,对着日落的方向。

太阳落下的地方,天边燃烧着一条宽宽的光带。一群群野鸭黑色的身影在光带的映衬下分外醒目。它们直接对着猎人迎面飞来。猎人轻而易举就能瞄准目标。从灌木丛里出其不意地开枪,往往能打中许多野鸭。

一枪又一枪,不到天黑不停手。

晚上鸭子就在庄稼地里觅食。

天明后就飞回芦苇丛。

归途中很容易中了猎人的埋伏。这时候,猎人早就背向水面,脸朝东方,埋伏好了。

鸭群正好撞上猎人的枪口上。

助　手

一整窝黑琴鸡在林间空地上觅食。它们一直待在离林子很近的地方，一有情况，好躲进林子里逃命。

它们在啄食浆果。

黑琴鸡一发现风吹草动，就抬起头，看见草丛上露出一张可怕的兽类嘴脸。耷拉着的肥厚的嘴唇，来回抖动着。一双贪婪的眼睛紧紧盯着伏在地上的小黑琴鸡。

小黑琴鸡缩成富有弹性的一团。一双小眼睛瞪着野兽那双铜铃大眼，等着看下一步该如何应付。只要对方稍有动作，小黑琴鸡就一展强有力的翅膀，闪到一边——有能耐就上空中来抓我吧！

时间慢慢地一分一秒过去。野兽那张嘴脸还搭在缩成一团的黑琴鸡上方。小鸟不敢飞起

来，野兽也不想动弹。

冷不防响起威严的声音："向前冲！"

野兽冲了过去。小黑琴鸡"噼噼啪啪"振翅飞了起来，箭一般向救命的林子飞去。

林子里响起"砰砰"声，火光一闪，烟雾腾腾。小黑琴鸡翻着、滚着，坠落在地。

猎人捡起禽鸡，命令狗继续上路："走，别出声！找找去，拉达，找找去……"

在山杨林里

云杉林里黑森森的。

万籁无声。

太阳刚落到林子后面去。猎人不慌不忙在沉默不语、挺拔的树干间穿行。

前方传来了"窸窸窣窣"的声响，像一阵突然而起的风吹动树叶而发出来的：前面必定有片山杨林。

猎人停住了脚步。

静悄悄，声息全无。

响起了犹如稀疏的大雨滴，打在树叶上："嘀，嘀，嗒，嗒，嗒……"

猎人悄无声息地举步向前走去。这时候山杨林已近在咫尺。

"嘀，嗒，嗒，嗒……"突然又不响了。

隔着浓密的枝叶，什么也看不清。

猎人停下来，一动不动站着。

看哪个更有耐心：是待在山杨林里的那位，还是持枪埋伏在树下的这位。

久久没有出声。一片寂静。

过了一会，又响起：

"嘀，嘀。嗒，嗒，嗒……"

啊哈，到底把自己暴露出来了。

树枝上停着一个黑乎乎的东西，用喙啄着山杨细细的叶柄。

猎人仔细地瞄准了目标。粗心的年轻松鸡像一个沉甸甸的土块迅速坠落下来。

这是一场公平的游戏。鸟儿躲起来，猎人悄悄逼近。

哪个最先找到对方？

哪个更有耐心？

哪个眼力更好？

试看下文。

不公平的游戏

猎人走在浓密的云杉林中的一条小道上。

"普尔，普尔尔，普尔尔尔！"

就在他脚边飞出——8只、10只——整整一窝花尾榛鸡。

不等他举枪，鸟儿全都飞进浓密的云杉树丛中去了。

还是别想的好，别枉费心机寻找：它们都躲到哪里去了，哪怕把眼睛睁得老大，也是看不清。

猎人干脆在小道边的一棵云杉后面躲了起来。

他从口袋里掏出一支小木笛，吹了几下，然后在树墩上坐下来，扳起扳机，又把木笛送到嘴边。

游戏开始了。

小家伙全都躲起来，藏得稳稳当当。妈妈没发"可以出来"的信号，就待着动也不动，翅膀也不扑棱一下。每只鸟都待在自己的树枝上。

"比——依——依克！比——依——依克！比克——特尔尔尔！比亚季，比亚季，比亚季捷捷列维！"①

这就是信号，意思是说："可以出来了。"

是妈妈满怀信心的召唤："可以了，可以了，飞到这儿来吧。"

一只小榛鸡悄悄地从树上溜到地面。它在听，妈妈的声音打哪儿来。

---

① 这是在模拟鸟叫声。"比亚季捷捷列维"正好是俄语中"五只花尾榛鸡"的意思。

"比 —— 依 —— 依克,特尔尔尔尔,特尔尔尔 —— 在这儿,过来吧,过来吧!"

小鸡雏跑上了小道。

"比 —— 依 —— 依克 —— 特尔尔尔!"

妈妈就在这里,在一棵云杉后面,那儿有个树墩。

小榛鸡拼命地在小道上跑,向猎人直奔过来。

枪声响起 —— 猎人又拿起木笛。

小木笛的声音酷似母鸟轻细的呼唤:

"比克 —— 比克 —— 比克 —— 特尔尔尔! 比亚季,比亚季,比亚季捷捷列维!……"

又一只上当受骗的小榛鸡就这样乖乖地跑去送死了。

■ 本报特派记者

射 靶

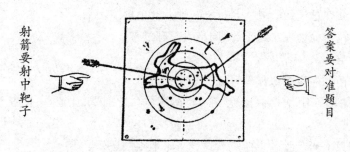

射箭要射中靶子

答案要对准题目

竞 赛 六

1. 鱼的体重是多少？

2. 十字圆蛛埋伏在蛛网旁时,怎么知道有猎物落到网上？

3. 什么兽类会飞？

4. 小鸟在白天发现猫头鹰时怎么办？

5. 小小动物,随身带剪刀,却不是裁缝,身上有鬃毛,也不是鞋匠。(谜语)

6. 蜘蛛什么时候飞,怎么飞？

7. 哪种昆虫(成年时)没有嘴巴？

8. 为什么雨燕和家燕在天气好的时候飞得高高的,而在潮湿天贴近地面飞？

9. 为什么母鸡在下雨前用嘴梳理羽毛？

10. 怎么通过观察蚁穴知道快要下雨了？

11. 蜻蜓吃什么？

12. 哪种凶狠的猛兽喜吃马林果？

13. 夏季观察鸟类脚印的最佳地点在哪里？

14. 我国最大的啄木鸟是什么颜色？

15. "魔鬼烟"是怎么回事？

16. 心脏摆在院子里,脑袋搁在桌子上,腿儿留在田野里。(谜语)

17. 我们穿它的皮,丢掉肉,吃掉头。(谜语)

18. 身子黑时又蛰人,又好斗,一旦变红,成了乖乖宝。(谜语)

19.好个庄稼汉,横躺在地,身披金衣,腰系丝带,自己不动,要人抬起。(谜语)

20.一个无形喇叭,不停学你说话。(谜语)

21.没人吓唬它,却要哆嗦个不停。(谜语)

22.瞎子也能认得出的草是什么草?

23.什么东西长在庄稼地里,却不能放在嘴里吃?

24.瞪大眼睛蹲着,说的不是人话,生在水里,活在地上。(谜语)

公 告

寻 鸟 启 事

椋鸟哪里去了？白天有时还能在田间和牧场见到。但是它们躲到哪里过夜了？小鸟刚一出窝，它们就离弃了自己的窝，再也不回来了。

■ 本报编辑部启

给读者带来问候

我们是来自北冰洋的岛屿和海滨的髯海豹、海象、格陵兰海豹、白熊和鲸托我们向读者问好。

接下来，我们还会将读者的问候带给非洲的狮子、鳄鱼、河马、斑马、鸵鸟、长颈鹿和鲨鱼。

■ 从北方飞经此地的鹬、野鸭和海鸥

测 试 五

"火眼金睛" 称号竞赛

这是哪种动物的身影？

图1   图2   图3   图4

图中哪幅是雨燕，哪幅是其他的燕子？

你坐在一个开阔的地方 —— 田野、山冈、河边陡岸上。太阳当空。从你面前的田野、沙滩或水面上掠过或滑过你头顶的是在空中飞翔的猛禽的身影。

假如你的眼睛很敏锐，而且训练有素，你可以用不着抬头，凭着影子，凭着在地面上掠过的黑色轮廓，你能判断出哪是什么猛禽吗？

这是快捷而轻盈掠过的影子。窄窄的翅膀像镰刀,长长的尾巴,圆圆的尾巴尖。(图5)

这是什么鸟?

图 5

鸟的身材跟图五的鸟差不多。但身子要宽些,翅膀厚厚的,尾巴是直的。(图6)

这是什么鸟?

图 6

影子更大,翅膀更厚,尾巴呈扇形,尾尖圆圆的。(图7)

这是什么鸟?

图 7

也是很大的影子,翅膀弯得很厉害,尾巴尖呈凹形。(图8)

这是什么鸟?

图 8

影子更大,翅膀呈三角形,翅膀尖上像被剪去了一截,尾部呈直角。(图9)

这是什么鸟?

图 9

非常大的影子,翅膀巨大,翅膀末端像张开的手指,头和尾巴似乎比较小。(图10)

这是什么鸟?

图 10

哥伦布俱乐部

第 6 月

从小窝棚里出来 —— 远方来客 —— 舰队 —— 无人岛上 —— 漂移的美洲 ——美洲居民 ——离别

怪的是：在少年哥伦布的眼中，新大陆不但没有变成旧大陆，"神秘乡"反而显得越来越奇妙，越来越神秘。布谷鸟行动为少年自然科学研究者们展现全新的、前所未有的机会。从未知的国度移植来的神秘的阿列依娜树，因为体胖而难以攀爬的帕甫还没打算去采摘它的叶子，所以至今被认为仍是个未知数。米、科尔克和西曾意外跌进去的那个神秘地下通道依然是个谜：谁建造的，什么时候造的，目的何在？最近几天，猎人科尔克和沃夫克开始采集到一些飞禽，完全不可能是"神秘乡"的"土著"。

狩猎一开始，科尔克和沃夫克在普罗尔瓦湖岸上用芦苇和树枝为自己搭了两个小窝棚：科尔克的窝棚搭在湖湾的一处岸上，沃夫克的则搭在另一处岸上。从黎明到中饭前 ——诺夫戈罗德人把这段时间称为"不停工的时刻" ——两位少年自然科学研究者带着枪和望远镜守候在各自的窝棚里，而沃夫克常常还有第二个"不停工的时刻"，那就是午饭后到太阳下山。两位猎人避开鸟类敏锐的眼睛，观察到许许多多奇异的现象。

通常首先在湖岸上露面的是宿在林子里的鹭鸟①。鹭鸟慢慢地扇动自己圆圆的、像零头碎布做成的翅膀，从高处下降，伸出两条笔直的长腿，不慌不忙地落到了地面。它一边在近岸处来回走动，在湿沙上留下大大的三趾爪印，一边仔仔细细地观察岸边的浅水域。说时迟，那时快，不意间它用那匕首般的喙闪电般猛啄呆呆望着它的青蛙，长脖子抬得老高老高，像是感谢老天给它送来如此味美佳肴，而青蛙的腿抽搐一阵之后，就消失在这驼背大鸟的喉咙里。鹭鸟

---

① 体形一般高大而瘦削，喙强直而尖，颈和足皆长，趾具半蹼，适于涉水觅食。常活动于河湖岸边或水田、泽地。

迈开步子,沿着湖岸,不慌不忙、有节奏地走向前去——它从躲在窝棚里的猎人非常近的地方走过,即使不用开枪,用枪杆也可以捕获它,但是,猎人从来没有这样干过。

野鸭飞来了,有小水鸭,有笨头笨脑'嘎嘎"叫个不停的大鸭,也有翅膀天蓝色的琵琶鸭和体态匀称的赤颈鸭,它们飞着、飞着,屁股朝下,次第降落下来,停在芦苇丛中,翅膀上闪烁着绿宝石般的光彩。短尾巴的沼泽鸡从一个芦苇丛迁徙到另一个芦苇丛。鸢在高空徐徐飞过,寻找岸上的死蛙,或水中白肚皮朝天的死鱼。但少年自然科学研究者还是没有动枪。

但只要湖面上一旦出现这里的夏季没有的、飞行速度极快的鹬群,它们一旦在岸上四散开来,高高的细腿闪来闪去,小窝棚里就会迅速闪出火光,跟着枪声响起。这班飞禽异客就倒在沙地上,意外地结束自己的征途,再也去不了远方的越冬地了。

大群大群的鹬的迁徙在进行中,它们从新地岛、阿尔汉格尔斯克和科拉湾的冻土带飞到炎热的非洲去。最近,两位少年自然科学研究者几乎每天都会送来这里的夏天见所未见的长脚鹬、黑腹滨鹬、弯嘴滨鹬和滨鹬。有一天,科尔克从自己的窝棚里看到一只在鸟类图鉴里也找不到的鸟。这只鸟毛色五彩缤纷,黑胸脯,腿不是很长,喙也不长,它往每根树枝下面和每一丛倒伏在水里的芦苇下张望,然后迈着碎步,朝前走去。附近从未见过这种鸟成群结队出没,它们总是独来独往的。

科尔克搞到了一只拿回了家,塔里·金一见,就惊叫起来:

"知道吗,这可是翻石鹬!是生活在海岸边的鸟——怎么会落到咱们这里这么遥远的大陆深处来的呢?太有意思了,可说是件小小的新发现!"

第二天全体俱乐部的成员最后一次到湖边去。在这告别的前夕,多给少年哥伦布们带来很大的不安:早晨,她对谁也没说自己要到哪里去,中饭和晚饭也不来吃。大家都打算到林子里找她去了,都猜想她是不是掉进地下通道里去呢?就在大家议论纷纷的时候,她露面了。回来后她只说了一句话:她这是跟几个女友一起去了一趟米涅耶沃,问她在那里看到了什么,她不愿回答。

第二天一早,气压开始下降,这也影响不了少年哥伦布们的决心,天刚蒙蒙亮,他们就动身去湖边了。

大家聚集一起,快速穿过林子,在别列若克村,向渔民借了一条小船和两条叫作"罗依卡"的船。一行人划着桨。小船作旗舰,随后的是科尔克和沃夫克乘坐的"罗依卡"。"罗依卡"是种很原始的船,打从石器时代起就在诺夫戈罗德的湖泊上行驶了。"罗依卡"是由两段山杨干挖空拼造成的——像两只长长的洗衣盆。这种船行驶起来不灵便,速度也不快——石器时代的人并不需要急急忙忙到哪里去。不过这种船坐起来很稳。想捕鱼吗，伸手就可以捕，要游水吗，直接跳下去就是，用不着担心翻船。

在前面为这支小舰队领航的是一位新结识的小伙子——瓦尼亚特卡，也是坐着"罗依卡"。瓦尼亚特卡是位整天乐呵呵的庄员，胖胖的脸，春天刚升六年级了。他对这湖很熟悉，知道哪里可以捕到什么鱼。他对这班城里人自豪地介绍起这个湖，听了少年哥伦布们把自己叫作"当地老住户"，很是受用。

几条船很快就到了一座无人岛。少年哥伦布们上了岸，对岛做了一番仔细的考察。但没花多少时间，因为这岛看来只有四百步长，最宽的地方才有两百五十步。正如瓦尼亚特卡说的那样，岛上有一窝黑琴鸡，后来几名猎人就打了三只用做中饭的小菜。令树木学家惊奇的是，这里生长着高大壮丽的松树，按热情的多的说法，跟生长在美洲的巨型红松一模一样。

在这个无人岛上，少年哥伦布们感到分外的亲切，仿佛自己就是在这里土生土长似的，自己都变成印第安土著了。男孩子的头上插上黑琴鸡的羽毛，个个成了酋长，小姑娘则成了红皮肤的印第安女子——这对她们来说不费吹灰之力，因为她们一个夏天来，皮肤被晒得红红的。大家动手一齐搭起了一座尖顶的印第安人小窝棚，下起雨来好进去躲躲：你看天空变得阴沉沉的了。

瓦尼亚特卡不愧是位富有经验的打鱼人，他带领大家去捕鱼。教这些酋长如何在鱼钩上装鱼饵，指导大家鱼漂离鱼钩该多大距离。

沃夫克不想待着钓鱼。他一边暗自轻轻哼着——但能让埋头钓鱼的人都听到自己新编的歌词：

> 1月，2月，3月，4月，
> 钓鱼的人是一群傻瓜！

一边跑着去查看岛上都有什么兽类。

他还没跑上一百步，就看见地上有些未见过动物的新鲜脚印，显然是从水里出来的。这不可能是水老鼠，水老鼠在湖里多的是：脚印要大得多。要说是水貂吗，脚印似乎小了些。

脚印向着岛上一个伸到水上、长满青草的土墩延伸过去。沃夫克蹑手蹑脚，免得惊动这动物——沿着这陌生的脚印旁边走。上了小土墩，他脚下的泥土摇晃起来。

"是个泥塘。"沃夫克寻思道，"但愿别陷进去！"

但是他刚走几步，草丛里发出了"窸窸窣窣"声——紧接着响起了"噼里啪啦"的水声，有只棕褐色的动物从草丛里蹿进水中。那家伙长什么模样，甚至有多大,沃夫克没看清。他又迈了一步,看见紧靠水边的草丛上一米见方的平台——大家管它叫"小饭桌"——上面有一些吃剩下来的水草茎的碎屑。明摆着,某种啮齿动物在这里生活,照这些"残羹剩饭"看来,那准是个个头不小的家伙——跟旱獭不相上下。

"我们这里不会有这么大的水生啮齿类动物。"沃夫克心想,"到底是什么动物呢?莫不是河狸吧!"

他深深陷入了沉思,直到乌云压过来,刮起了非同寻常的大风,他才回过神来。这时候沃夫克只觉得脚下的土地晃动起来,自己像是待在木筏上。他抬起头,只见岛上的大树像纤细的芦苇茎,左右摇晃起来。旋风刮起,泥沙和断枝残叶迎面部扑过来——而他站立着的小土墩已脱离了小岛,眼看着他与小岛之间的水面越来越扩大。

"龙卷风!"沃夫克心想,他想跳到岛上去,但脚下被一个低矮的灌木丛绊住了,膝盖着地,跪了下去。

沃夫克可是个硬汉子,而并非胆小之辈,但这一意外,令他不免惊叫了一声。他不会游泳。这湖——按瓦尼亚特卡的说法——"近岸处倒是有盖的,可稍远处,那就深不见底了,简直是个无底深渊!"支撑他双脚的那长着草的土块形状怪怪的,没有陷下去,只是由于他站在上面,重压下东摇西晃起来,像童话里的飞毯。

"老天爷!"沃夫克猛地想起来,"这竟是堆植物!"

沃夫克早就听当地的庄员说起过,他们的湖上有这样一些由植物巧妙纠缠而成的、形状像小岛的地方。这些植物的根不连在地面泥土中,只要小岛没有被风刮到岸边,它就在湖面上漂浮——这些植物的根就没有机会扎进泥土里,它们就稳定不下来,成不了沼泽。当时少年哥伦布们个个都觉得这事儿挺有趣。他们甚至还听说一对苇莺在一个这样的草堆上做了个窝,后来草堆脱离了小岛,鸟窝也就满湖漂来漂去了。

把漂在水面上的草墩吹离小岛的强风——按这里的说法"龙卷风"——终于停息了,湖水被搅得翻江倒海起来,草墩也晃得越来越厉害,慢慢地沿着小岛离湖岸越来越远。沃夫克吓得不敢动弹,也不敢站起来,生怕立脚的这一小块地方不够牢固,支持不了自己的身子,会沉下去,到时候……由于恐惧,沃夫克的脑子里闪现出种种奇里古怪的想法。"瞧!"他想,"哥伦布落到漂浮的美洲上了!唉,要是我像苇莺,能飞,要不像鱼,能游就好了……今年秋天我一准要到游泳池去学游泳。"沃夫克下定了决心。这么一想,他的心情变得似乎不那么紧张了。

可是他的历险并没有就此结束。他突然看到水面上游着一个动物,脑袋上的一排触须掀起一排大浪。大浪向草墩涌过来。"饭桌"上爬出一只湿漉漉……真真实实美洲的野兽！沃夫克一眼就认出，这是一只硕大的，比本地水老鼠大得多的美洲水老鼠——麝鼠①。

"真是一大新发现！"沃夫克想道，"在俄罗斯的大后方，在一个从来没有人繁殖它的湖上居然遇到美洲的水老鼠。这事儿当地的老住户知不知道？"

这一新发现令沃夫克喜出望外，甚至完全忘了自己现在身处险境。他很快站了起来，向前迈开了步子——这一迈害得他跌了一跤，一只脚随之落入水中，水漫过了膝盖。

"啊呀，在漂浮的草墩上呢！"突然从小岛上传来了欢快的声音，"你倒是跑到哪里去了？也把我们给带上吧！向航海家致敬！你这是从哪儿搞来这么一块漂浮的地儿？都带来什么样的动物？"

原来，沃夫克的这块绿色筏子慢慢地在沿小岛漂浮，绕过了那块伸出水面的小土墩，现在正从散落在湖岸上这些钓鱼人跟前漂过。他们是瓦尼亚特卡、安德、雷和帕甫，米立在一旁。

沃夫克顿时摆脱了恐惧。他悄悄地把一只脚从水里抽了回来，双手叉起腰，来掩饰方才历险造成的恐惧，故意笑嘻嘻地回答说：

"呵，眼红了不是！我发现的可不是普普通通的美洲，而是个漂浮的美洲！上面还有美洲的动物。你们瞧见了吗？"

麝鼠听到小伙子们最初的嚷嚷声，立刻从草墩上跳回水中，消失了。但钓鱼的人已经看到了这畜生。

小船就在那里停着。安德和雷跳了进去。船靠近漂浮的草墩，把沃夫克接进了船。好及时呀，因为刚刚沃夫克的双脚立在草墩上，陷得越来越深，眼看着要把它踩破了。

这位"航海家"被人安全地送上了岸，而他那漂浮的美洲还是搁在湖岸边。乌云已经散去，狂暴的旋风也跟着离去了。湖面平静下来。少年哥伦布们仔仔细细地把漂浮的草墩观察了一番。游泳好手安德甚至脱掉衣服，一个猛子扎进水里，从水下察看起来。

很快，太阳又露出了笑容，大家心情又舒畅起来。这一天在岛上过得十分开心。漂浮美洲的主要发现者立即被授予"老海狼"的荣誉称号。

姑娘们请拉甫为勇敢的海狼赋诗。但遭到诗人的拒绝，他说：

---

① 仓鼠科。体长 25～45 厘米。耳短，几为毛所掩盖。后肢有不发达的蹼。体背面锈褐色至暗褐色，腹面较淡。栖居多水生植物的浅湖和河流地区。在泥岸旁筑巢。以水生植物为食，食物缺乏时也吃动物。为很好的毛皮兽。

"我不会写惊险题材的诗,关于漂浮的草墩倒有几行不押韵的,是现成的:

> 风儿把草墩吹到了岸边,
> 这里待着一对伶俐的苇莺,
> 想在树丛中编织自己的房子,
> 孵化出自己的孩子。
> 突然间
> 旋风袭来,刮走漂浮的草墩,
> 落到了湖中! 不幸的苇莺
> 面临着苦日子:湖岸离得太远。
> 为了小雏鸟,众目睽睽下,
> 为了寻觅食物,不惜牺牲生命,
> 穿过宽阔的水面……"

临走前,小姑娘非要到"神秘乡"的角角落落走个遍才算尽兴,最后一次欣赏湖的美景,观赏一平如镜的湖面,向黑黝黝的森林和收割一空的田野鞠躬致敬,与亲爱的湍急小溪作别。

她们一而再,再而三地对村庄里的所有女友发誓,永远、永远不会忘记她们,经常、经常给她们写信 —— 也取得对方的同样诺言。

在"热土地"上举办了一场多么精彩的小型舞会! 这里的人管一个树荫下人脚踏出来的小广场叫"热土地"。在"热土地",年轻人在村里老爷爷手风琴伴奏下跳起了古老的舞蹈。老爷爷演奏的是华尔兹"在满洲里的山冈上",跳的是"四步舞"和"睡觉去"舞,及古老的波利卡舞 —— 塞尔别尔杨卡:

> 塞尔别尔杨卡,塞尔别尔杨卡,
> 时髦的塞尔别尔杨卡,
> 塞尔别尔杨卡,吃只土豆吧,
> 别饿着肚子走!

唱着,唱着,脚就跳了起来。

于是在场的人 —— 不论是老头,还是老太婆,都禁不住跟着跳起来,甚至连顽固的小子布列季卡也参与进来。他也曾扭扭捏捏一番,说自己的一双脚不配对了:一只左,一只右。

临别时,大家唱起了诺夫戈罗德诙谐的歌谣,布列季卡还写了诗作别:

我们一下子就爱上
十个少年哥伦布，
来年夏天再来吧，
我们用大馅饼款待你们。

拉甫不愿欠情，立即赋诗作答：

记住，记住，永远记住，
通向你们的路永远不会忘记；
即使忘记了，也会想得起，
柳索法在东还是在西。

осень

森 林 报

No.7

候鸟辞乡月
（秋一月）

9 月 21 日至 10 月 20 日　　　太阳进入天秤座

第七期导读

一年——分 12 个月谱写的太阳诗章

9 月里愁云惨淡,生灵哀号。天空中开始越来越多地出现阴霾,伴随着呼啸的秋风。秋季的第一个月已来到跟前。

秋季和春季一样,有着自己的工作进程,只不过一切程序都反了过来。秋临大地是在空中初露端倪的。枝头的树叶开始渐渐地变黄、变红、变褐色。树叶一旦缺少阳光,便开始枯萎,很快就失去了绿油油的色彩。枝头长着叶柄的地方开始出现枯萎的痕迹。即使在完全静止无风的日子里,也会蓦然有树叶坠落——这儿落下一片发黄的桦叶,那儿落下一片发红的山杨叶,轻盈地在空中飘摇下坠,在地面上无声无息地滑过。

你清晨醒来的时候会首次发现草上的雾凇,你得在自己的日记里记下:"秋季开始了。"从这一天起(确切地说是从这天夜里起,因为初寒往往总在凌晨降临),树叶会越来越频繁地从枝头脱落,直至寒风骤起,刮尽残叶,脱去森林艳丽的夏装。

雨燕失去了踪影。燕子和在我们这儿度夏的其他候鸟都群集在一起,显然是要趁着夜色踏上遥遥征途。空中正在变得冷冷清清。水也越来越凉,再也不能激起人们游泳的兴致……

突然间,仿佛在记忆犹新的美丽夏日似的,天气回暖了:白天变得煦和、明媚、安宁。宁谧的空中飞舞着一条条银光闪闪的细长蛛丝……田野上新鲜的嫩绿庄稼泛出了喜悦的光泽。

"遇上小阳春了。"村里人怀着浓浓爱意望望生气勃勃的秋苗,笑盈盈地说道。

林中万物正在为度过漫长的寒冬做准备,一切未来的生命都稳稳当当地躲藏起来,暖暖和和地包裹起来,与其有关的一切操劳在来年春回之前都已停止。

只有母兔不知消停,依然不甘心夏季就这么完了——它们又生下了小兔崽!生下的是秋兔。长出了伞柄细细的蜜环菌。夏季结束了。

候鸟辞乡月已然来临。

如同在春季一样,来自林区的电讯又纷纷传到本报编辑部:每时每刻都有新闻,每日每夜都有事件报道。又如在候鸟返乡月一样,鸟类开始长途跋涉,这回是由北向南。

于是秋季开始了。

首份林区来电

穿着靓丽多彩衣装的所有鸣禽都消失了。它们是怎么踏上征程的,我们没有看见,因为它们是夜间飞走的。

许多鸟宁愿在夜间飞行,因为这样比较安全。在黑暗中那些从林子里出来,在它们飞经的路上守候的隼、鹞鹰和其他猛禽不会去惊动它们。而候鸟在黑夜里却能找到通往南方的路径。

在遥遥海途上出现了称群结队的水鸟:鸭子、潜鸭、大雁、鹬。长翅膀的旅行者仍然在春季逗留过的地方小做勾留。

森林里的树叶正在变黄。一只雌兔又生下了六只小兔崽。这是今年它生下的最后一胎小兔崽——秋兔。

在海湾长满水藻的岸滩上不知是谁留下了一个个的十字形印记。整个藻滩上布满一个个小十字和小点儿。我们在海湾的岸上给自己搭了一个小窝棚,我们想窥探个究竟,是谁淘的气。

告别的歌声

白桦树上树叶已明显地稀疏起来。早已被窝主抛弃的椋鸟窝孤独地在光秃的枝干上摇晃。

怎么回事——突然有两只椋鸟飞了过来。雌鸟溜进了窝里,在窝里煞有介事地忙活着。雄鸟停在一根树枝上,停了一会,在四下里东张西望……接着唱起了歌。不过它轻轻地唱着,似乎是在自娱自乐。

终于它唱完了。雌鸟飞出了椋鸟窝,它得赶紧回到自己的群体中去。雄鸟跟着它也飞走了。该离开了,该离开了,不是今天走,而是明天要踏上万里征途。

它们是来和夏天在此养育儿女的小屋告别的。

它们不会忘记这间小屋,到春季还会回来住的。

摘自少年自然界研究者的日记

晶莹清澈的黎明

9月15日。一个晴朗和煦的秋日。和往常一样,我一大早就跑进花园去。

我出屋一望,天空高远深邃,清澈明净,空气中略带寒意,在树木、灌木丛和草丛之间挂满了亮晶晶的蜘蛛网。这些由极细的蛛丝织成的网上缀满了细细小小的玻璃状露珠。每一张网的中央蹲着一只蜘蛛。

有一只蜘蛛把自己银光闪闪的网张在了两棵小云杉树的枝叶之间。由于网上缀满了冰凉的露珠,它看上去仿佛是由水晶织成的,似乎你只要轻轻一碰,它就会叮叮当当响起来。那只蜘蛛自己则蜷缩成一个小球,屏息凝神,纹丝不动。还没有苍蝇在这里飞来飞去,所以它正在睡觉。或许它真的僵住了,冻得快死了?我用小拇指小心翼翼地触了它一下。

蜘蛛毫无反抗,仿佛一颗没有生命的小石子,掉落到地上。但是在地面上,草丛下,我看到它立马跳起来站住了,跑着躲了起来。

善于伪装的小东西!

令人感兴趣的是:它会不会回到自己的网上去?它会找到这张网吗?或许它会着手重新织一张这样的网?要知道多少劳动白费了,它又得一前一后来回奔跑,把结头固定住,再织出一个个的圈。这里面有多少技巧!

一颗露珠在细细的草叶尖儿上瑟瑟颤动,犹如长长睫毛上的一滴眼泪,折射出一个个闪亮的光点。于是一种愉悦之情也在这光点中油然而生了。

最后的洋甘菊花在路边依然低垂着由花瓣组成的白色衣裙,正在等待太阳出来给它们取暖。

在微带寒意、清洁明净又似乎松脆易碎的空气里,万物是那么赏心悦目,盛装浓抹,充满节日气氛:无论是多彩的树叶,还是由于露珠和蛛网而银光闪闪的草丛,还有那蓝蓝的溪流,那样的蓝色在夏季是永远看不到的。我能发现的最难看的东西是:湿漉漉地粘在一起、一半已经破残的蒲公英花,毛茸茸、暗淡无光灰不溜丢的夜蛾子,它的小脑袋也许有点像鸟喙,茸毛剥落得光溜溜的,都能见到肉了。而在夏天蒲公英花是多么丰满,头上张着数以千计的小降落伞!夜蛾也是毛茸茸的,小脑袋既平整又干燥!

我怜悯它们,让夜蛾停在蒲公英花上,久久地把它们捧在掌心里,凑到已经升起在森林上空的太阳下。于是它们俩——冷冰冰、湿漉漉、奄奄一息的花朵和蛾子,稍稍恢复了一点生气:蒲公英头上粘在一起的灰色小伞晒干,变白,变轻,挺了起来;夜蛾的翅膀从内部燃起了生命之火,变得毛茸茸的,呈现出了青烟色。可怜、难看而残疾的小东西也变好看了。

森林附近的某一个地方一只黑琴鸡开始压低了声音喃喃自语起来。

我向一丛灌木走去,想从树丛后面隐蔽地靠近它,看看它在秋季怎么轻声轻气地自言自语和啾啾啼叫的,因为我想起了春季里它们的表演。

我刚走到灌木丛前,它这只黑不溜秋的东西马上就"呋尔"一声飞走了,几乎是从我脚底下飞出的,而且声音大得很,我甚至打了个颤。

原来它就停在这儿,我的身边。而我却觉得那声音很远。

这时远方号角般的鹤唳声传到了我的耳边:它们人字形的鹤阵正飞经森林上空。

它们正远离我们而去……

■ 驻林地记者　维丽卡

林 间 纪 事

泗 水 远 行

草甸上濒死的野草低低地垂向地面。

著名的竞走健将长脚秧鸡已经踏上遥远的旅程。

在万里海途上出现了潜鸭和潜鸟[①]。它们潜入水下捕食鱼类。它们不大振翅飞翔,而是一路游啊游,在泗水中越过湖泊和水湾。

它们甚至不需要像鸭子那样为了使自己的身体一下子沉入水下,先飞离水面,提升一点高度。它们的身体结构使它们只要把头一低,用力划动带蹼的脚掌,就已经潜入水下深处了。

在水下潜鸟和潜鸭觉得自己就像在家里一样。在那里任何一只猛禽都不会加害于它们。它们游泳的速度甚至能赶上鱼类。

如果飞行,它们要远远落后于疾飞的猛禽。它们干吗要让自己冒险去飞行呢?只要可以,它们就泗水走完自己的漫漫旅途。

林中巨兽的格斗

在晚霞升起的时候,森林里传出了低沉而短促的吼声。从密林里走出两头林中巨兽 —— 硕大无朋、头上长角的公驼鹿。它们用仿佛发自内脏的低吼向对手挑战。

斗士们在林间空地上会合。它们用蹄子刨地,虎视眈眈地晃动着沉重的双角。它们两眼充血,低下长角的头颅,彼此冲向对方,将两对角相互碰撞,钩挂,发出脆响和隆隆的撞击声。它们把巨大身躯的全部重量都压过去,力图扭转对手的脖子。

一个回合下来,它们彼此退开,又重新投入战斗,曲颈把头颅低低地垂向地面,又前蹄凌空立起,用双角对打。

森林里一直响着沉重的双角敲击和碰撞的声音。难怪公驼鹿被称为枝形角兽,因为它的角既宽又大,样子像树杈。

常会有战败的对手从战场仓皇溃逃。也常会有对手在可怕双角致命的打

---

① 潜鸭属鸭科,有 15 个品种,潜鸟也是水禽,但身体要大得多,长达 1 米,有红喉、黑喉、白嘴 3 个品种。

击下折断了脖子而倒地,渐渐把血流干。胜利者会用尖利的蹄子将对手踩踏致死。

于是强劲的吼声再度响彻森林。枝形角兽吹响了胜利的号角。

在密林深处不长角的母驼鹿正在等它。胜利者成了这些地盘上的一方之主。

它不允许任何一头别的公驼鹿进入它的领地。连年轻的公驼鹿它也不能容忍,要将它们赶走。

周围很远的地方都响彻它那威严低沉的吼声。

最后的浆果

沼泽地上红莓苔子成熟了。它长在一个个泥炭土墩上,浆果直接在苔藓上搁着。这些浆果老远就能看见,可就是它长在什么上面,却看不出。你只要就近观察一番,就会发现在苔藓垫子上伸展着像线一样细细的茎。茎的两边长着小小硬硬发亮的叶子。

这就是完整的一棵半灌木①。

■ H. 帕甫洛娃

原 路 返 回

每个白天,每个夜晚,都有飞行的旅客上路。它们从容不迫、不露声色,途中做长时间的停留,这和春季时不一样。看来它们并不愿意辞别故乡。

返程迁徙的次序是这样的:现在是光鲜多彩的鸟儿首先起飞,最后上路的是春季最早飞来的鸟儿:苍头燕雀、云雀、海鸥。许多鸟都是年轻的飞在前面。苍头燕雀雌鸟比雄鸟早飞。谁体力好,有忍耐性,谁耽搁的时间越长。

大部分候鸟直接飞往南方 —— 到法国、意大利、西班牙、地中海、非洲。有一些飞往东方:经过乌拉尔、西伯利亚,到达印度,甚至美洲。数千公里的路程在它们的下面闪闪而过。

等 待 助 手

乔木、灌木和草本植物都在急急忙忙地安置自己的后代。

枫树的枝条上挂着一对对翅果。它们已经彼此分离,只待风儿把它们摘下并托走。

---

① 多年生植物,更新芽可保持几年,而枝的上部每年更替,高达80厘米,主要生长在干旱地区。

盼望着风儿的还有草本植物：大蓟，在它高高的茎秆上，从干燥的小兜里伸出蓬勃的一束束淡灰色丝状小毛；香蒲，它把茎伸到沼泽里其他野草上方，茎上长着裹在棕色外衣中的梢头；山柳菊，它那毛茸茸的小球在晴朗的日子只要有些许微风随时都可飘扬四方。

还有许多别的草本植物，它们的果实上附有或短或长，或单纯或羽状的小毛。

在收割一空的田野上，在道路和沟渠的两旁，下列植物盼望的已不是风儿，而是四脚或两脚的动物：牛蒡，它拥有带小钩的干枯篮状花序，里面塞满了有棱有角的种子；鬼针草，它有黑色的带三个角的果实，那些果实非常喜欢扎到袜子上；善于扎住东西的拉拉藤，它那圆形的小果实会牢牢地扎住或卷进衣服里，要摘下它只能连带拉下一小绺衣服上的绒毛。

■ H. 帕甫洛娃

秋季的蘑菇

现在森林里是一副愁眉苦脸的样子，光秃秃一片，充满湿气，散发出腐叶的气息。有一样叫人高兴的东西：蜜环菌，看着它都觉得开心。它们一丛丛地长在树墩上，树干上，散布在地面上，仿佛一个个离群的个体独自在这里踯躅徘徊。

看着开心，采摘也愉快。不消几分钟就能采满一小篮。要知道你采的都是伞盖，而且是挑选过的。

小的蜜环菌很好看，它的伞盖还很紧地收着，就如婴孩的帽子，下面是白白的小围巾。以后它就松开，成为真正的伞盖，而小围巾则成了领子。

整个伞盖是由毛边的鳞状物组成的。它是什么颜色呢？这一点儿不容易说确切，不过是一种悦目的、静谧的浅褐色。嫩菌伞盖下面的菌褶是仍然是白的，老了以后几乎呈淡黄色。

可是你们是否发现，当老菌的伞盖罩住嫩菌时，它上面仿佛撒满了粉末？你会认为上面长出了霉点。但是你想起来了："这是孢子！" 这是从老的伞盖下面撒出来的。

如果你想吃蜜环菌，可要认准它的全部特征。仍然会有人很经常地把毒菌当蜜环菌带到集市上出售。有一些毒菌样子和它相似而且也长在树墩上。但是，所有毒菌的伞盖下面没有领圈，伞盖上没有鳞状物，伞盖颜色鲜艳，呈黄色或浅红色，菌褶呈黄色或绿色，孢子是深色的。

■ H. 帕甫洛娃

第二份林区来电

我们已经探明是什么动物在海湾岸滩藻地上留下了十字形花纹和小点。
原来是鹬的杰作。

在水藻丛生的海湾有它们可以美餐的许多小菜馆。它们在此逗留歇脚,果腹充饥。它们在松软的水藻上迈开自己的长腿,留下三个脚趾分得很开的爪痕。而小圆点则留在它们把长长的喙戳进水藻里的地方,这样做是为了从中拖出某样活物供自己当早餐。

我们捉了一只整个夏季都住在我家屋顶上的鹬,在它脚上套了一个轻金属(铝制)脚环。在环上打着这样的文字:Moskwa, Ornitolog. Komitet A. No. 195(莫斯科,鸟类学委员会,A 组第 195 号)。然后我们把鹬放了。让它戴着脚环飞行吧。如果有人在它的越冬地捉到它,我们就能从报上得知我们的鹬过冬的住处在何方。

林中的树叶已完全变色,开始坠落。

(本报特派记者电)

都 市 新 闻

胆大妄为的攻击

在列宁格勒,伊萨教堂广场。光天化日之下,就在行人的眼前发生了一起胆大妄为的攻击事件。

一群鸽子从广场上飞起来。这时从伊萨教堂的圆顶上飞下一只硕大的游隼,袭击了处在边缘上的一只鸽子。鸽毛开始在空中飞舞。

行人们看见大惊失色的鸽群躲到了一幢大房子的屋檐下,游隼则用利爪抓着死去的猎物,沉重地飞上教堂的圆顶。

巨大的隼迁徙的路线经过我们城市的上空。飞行的猛禽喜欢在教堂圆顶或钟楼上实施它们的强盗行径,因为这里便于它们看清猎物。

夜晚的惊吓

在城郊几乎每天夜里都有使人惶恐不安的事发生。

人们一听到院子里的喧闹声就迅速起床,把头探到窗外。怎么回事,发生什么事了?

楼下院子里传来很响的禽鸟扑打翅膀的声音,鹅"唝唝"地叫着,鸭子也"嘎嘎"叫个不停。该不是黄鼠狼攻击它们了?还是狐狸钻进了院子?

可是在房子都是砖石砌成的城市里,安装着铸铁大门的房屋里,哪来狐狸和黄鼠狼呢?

主人仔细检查了院落和禽舍。一切正常。什么野兽也没有,也没有什么东西能通过坚固的锁和门闩。准是那些家禽做了噩梦。你看,现在它们不是安静下来了吗。

人们躺回床上,又安心地入睡了。

但是一小时以后又响起了"唝唝"声和"嘎嘎"声。一片惊慌,一片恐惧。究竟是怎么回事?那里又出什么事了?

你打开窗,躲起来听着。

在漆黑的夜幕上,星星闪烁着金色的光点。四周万籁俱寂。

然而就在这时,似乎有一个捉摸不定的影子在高空滑过,依次遮蔽着天空金色的灯火。听得见时断时续轻轻的哨音。从高高的夜空里隐隐约约传来一种叫声。

家养的鸭和鹅顿时苏醒过来。这些禽类似乎早已忘却了自由,现在有一种朦胧的冲动使它们振翅鼓动起空气来。它们稍稍踮起脚掌,伸长了脖子,悲伤而忧郁地叫着、叫着。

它们自由的野生姊妹们在漆黑的高空用呼唤对它们做出应答。在砖石房屋的上空,在铁皮屋顶的上空,那些飞行中的旅行者正一群接一群地鱼贯而过。夜空传来的便是野鹅①和黑雁从喉部发出的彼此呼应声。

"唢!唢!走咯,走咯!离开寒冷,离开饥饿!走咯,走咯!"

候鸟嘹亮的叫声在远方消失了,但是,在砖石房屋的院落深处,早已失去飞行习惯的家鹅和家鸭却乱了方寸。

仓　鼠

我们正在挖土豆。突然,在我们劳作的地方有什么东西呜呜叫了起来。后来狗跑了过来。就在这块地旁坐了下来,开始东闻西嗅,而这小东西还在呜呜叫个不停。于是狗开始用爪子刨地。它一面刨一面不停地汪汪叫,因为那东西一直在对它呜呜叫。狗跑出了个小坑,这时勉强能见到这小东西的头部。接着狗跑出的坑更大了,便把小东西拖了出来。但是它咬了狗一口。狗把它从自己身上扔了出去,又拼命地汪汪叫起来。这只小兽和小猫差不多大,毛色灰中带点黄、黑和白色。我们这儿称它为黄鼠(仓鼠)。

■驻林地记者　巴拉绍娃·玛丽亚

第三份林区来电

朝寒已经降临。

有些灌木丛的树叶已经落尽,仿佛被刀割了一般。树叶如雨水般从树上纷纷落下。

蝴蝶、苍蝇、甲虫都已各自藏身。

候鸟中的鸣禽匆匆穿过小树林和幼林,因为它们已经食不果腹。只有鹞鸟没有抱怨吃不饱肚子。它们正成群结队地扑向成熟的一串串花楸树的果实。在落尽树叶的森林里,寒风正在呼啸。树木进入了深沉的睡梦。林中再也听不到如歌的鸟语。

■本报特派记者电

连蘑菇都忘了采

在9月里,我和同学们到森林里采蘑菇。我在那里惊起了四只花尾榛鸡。

---

① 即大雁,有多个品种。俄罗斯家养的鹅,大部分是由灰雁驯养培育出来,中国的家鹅则由鸿雁驯养培育而成。

它们一身灰色,长着短短的脖子。

接着我见到一条被打死的蛇。它已经风干了,挂在树墩上。树墩上有个小洞,从那里传出"吡吡"的声音。我想这儿是蛇窝,就从这可怕的地方跑开了。

后来当我走近沼泽时,见到了有生以来从未见过的情景:七只鹤从沼泽里飞上了天,仿佛七只绵羊。以往我只在学校的挂图上见到过它们。

伙伴们都采了满满的一篮蘑菇,我却一直在林子里东奔西跑:到处都有小小的鸟儿,传出各种叫声。

在我们走回家时,一只灰色的兔子奔跑着从路上横穿过去,只见它的脖子是白的,一条后腿也是白的。

我从一旁绕过了有蛇窝的那个树墩。我们还见到了许多大雁:它们飞过我们村的上空,发出嘹亮的叫声。

■ 驻林地记者 别兹苗内依

喜　鹊

春天的时候,村里的几个小孩捣毁了一个喜鹊窝,我向他们买了一只小喜鹊。在一昼夜时间里,它很快就驯服了。第二天它已经直接从我手里吃食和饮水了。我们给它起了个名字:魔法师。它已听惯了这个称呼,一听到它就会回应。

长出翅膀后,它就喜欢飞到门上面停着。我们门对面的厨房里有一张带抽屉的桌子,抽屉里总放着一些吃的东西。往往只要你一拉开抽屉,喜鹊立马就从门上飞进抽屉,就开始尽快地吃里面的东西。如果你要把它挪开,它就"喊喊"叫,不愿意离开。

我去取水时对它一声喊:"魔法师,跟我走!"它就停到我肩膀上,跟我走了。

我们准备喝茶的时候,喜鹊总喜欢先来个喧宾夺主:啄一块糖,抓一块小面包,要不就把爪子直接伸进热牛奶里去。

不过最可笑的事常发生在我去菜园里给胡萝卜除草的时候。魔法师就停在那里的菜垄上,看我怎么做。接着它也开始从地上拔东西,像我一样把拔出的东西放作一堆:它在帮我除草呢!

但是这位助手却良莠不分 —— 它把什么都一起拔了,无论杂草还是胡萝卜。

■ 驻林地记者 维拉·米海耶娃

躲藏起来……

天气越来越冷了。美好的夏季已经消逝。

动物们的血液在渐渐冷却,行动越来越软弱无力,昏昏欲睡的状态占了上风。

长着尾巴的北螈整个夏天都住在池塘里,一次也没有爬离过它。现在它爬上了岸,在森林里到处游荡。它找到了一个腐烂的树墩,钻进了树皮里,在那里把身体蜷缩成一团。

青蛙则相反,从岸上跳进了池塘。它们潜到水底,更深地钻进了水藻和淤泥里。蛇、蜥蜴躲到靠近树根的地方,钻进温暖的苔藓里。鱼儿群集在水下深深的坑里。

蝴蝶、苍蝇、蚊子、甲虫钻进了小洞、树皮的小孔、墙缝和篱笆缝里。蚂蚁把自己有着成百门户的高高城堡的门以及所有出入口统统堵了起来。它们钻进了城堡的最深处,紧紧聚做一堆,就这么静止不动了。

它们面临着忍饥挨饿的日子。

对于恒温(热血)动物——兽类和鸟类来说,寒冷并不那么可怕,因为只要有食物,吃一点儿下去,就像炉子生了火。而冷血动物就只能忍饥挨饿了。

蝴蝶、苍蝇、蚊子都躲藏起来了,所以蝙蝠就没有了聊以充饥的东西。它们藏身于树洞、岩洞、山崖的裂罅、屋顶下的阁楼间里。它们用后腿的爪子抓住随便什么东西,头朝下把身

体倒挂起来。它们用翅膀像雨衣一样把身体盖住,就入睡了。

青蛙、蛤蟆、蜥蜴、蛇、蜗牛都隐藏起来了。刺猬躲进了树根下自己的草窝里。獾难得走出自己的洞穴。

鸟类飞往越冬地

自天空俯瞰秋色

真想从高空俯瞰我们辽阔无际的国家。在清秋时节,乘坐同温层气球升到高空,俯瞰耸立的森林,俯瞰飘移的白云——离地大约有三十公里吧。尽管我们国土的疆垠你依然无法见到,然而你放眼望去,目光所及,大地竟是如此广袤。当然这得在天空晴朗、浮云不遮望眼的天气。

在如此的高空鸟瞰下方,你会觉得我们整块大地似乎都在运动:有什么东西正在森林、草原、山岭、海洋的上空移动。

这是鸟类在运动。是无以数计的鸟群在运动。

我们的候鸟去国离乡,飞上了去往越冬地的航程。

当然有些鸟儿依然留在了原地:麻雀、鸽子、寒鸦、红腹灰雀、黄雀、山雀、啄木鸟和别的小鸟。留下来的除雌鹌鹑以外,还有所有母野鸡,还有苍鹰、大猫头鹰。不过这些猛禽在我们这儿,到了冬季便无事可做,因为大部分鸟类仍然离

开我们飞往了越冬地。

飞迁是从夏末开始的：最先飞走的是春季来得最晚的那些鸟儿。鸟类的飞迁长达整个秋季，直至河水封冻。最后飞离我们的是春季最先出现的鸟儿：白嘴鸦、云雀、椋鸟、野鸭、鸥鸟……

各 有 去 处

你们是否以为从气球上望去，在通向越冬地的路上布满了自北而南飞行的如潮鸟群？才不呢！

不同种类的鸟在不同的时间飞离，大部分在夜间飞行，因为这样比较安全。而且远非所有的鸟都自北而南飞往越冬地。有些鸟在秋季是自东向西飞的。另一些则相反——自西向东。我们这儿还有那样一些鸟，它们竟直接飞往北方越冬！

我们的特派记者用无线电报和无线电邮告诉我们哪些鸟飞往何处，以及那些展翅远飞的跋涉者一路上有何感受。

自西向东飞

"切——依！切——依！切——依！"红色的朱雀成群结队地这样彼此呼应。还在8月份它们就开始了自己从波罗的海沿岸，从列宁格勒州和诺夫戈罗得州出发的旅程。它们走得从从容容，因为到处都有充足的食物，干吗要急着赶路？况且又不是回老家去筑巢孵小鸟。

我们曾看见它们飞经伏尔加河，越过不高的乌拉尔山脊，现在又见它们来到西西伯利亚的草原巴拉巴。它们日复一日地一直向东，向东——向着太阳升起的方向前进。它们从一座树林飞向另一座树林，因为整个巴拉巴草原长满了一座座白桦树小林。

它们竭力在夜间飞行，白昼则休息和觅食。尽管它们成群结队地飞行，而且雀群中每只鸟都十分留神地在注视，以免遭遇不测，仍然会有不幸的事件发生：它们没能守护好自己，这只或那只鸟儿就落入了鹰爪。在西伯利亚，鹰类非常多：苍鹰、燕隼、灰背隼等。它们是高速飞翔的能手，可厉害呢！在小鸟从一小座小林向另一座小林飞行的时候，有多少只就被抓走了！夜间会好些，因为猫头鹰不多。

在这儿西伯利亚朱雀群的路线转了个向：越过阿尔泰山，越过蒙古沙漠，飞往炎热的印度——在艰辛的旅途上，这些小鸟又有多少会命丧黄泉！在那里它们停下来过冬。

Φ–197357号脚环的小故事

一只小小的鸥鸟——北极燕鸥脚上的 Φ–197357 号轻金属脚环，那是我们俄罗斯的一位年轻学者给戴上的。这件事发生在 1955 年 7 月 5 日,北极圈外白海上的坎达拉克沙自然保护区。

这一年的 7 月底,小鸟儿刚刚会飞,北极的燕鸥便聚集成群,启程登上冬季的旅途。它们先向北飞,飞向白海的入海口,接着向西 —— 沿着科拉半岛的北海岸,然后转向南方,沿着挪威、英国、葡萄牙、整个非洲的海岸一路飞行。绕过好望角后,它们就飞到了东方:从大西洋进入了印度洋。

1965 年 5 月 16 日,在弗里曼特尔市附近的澳洲西海岸 —— 离坎达拉克沙自然保护区直线距离 2 万 4 千多公里的地方,戴着 Ф–197357 号脚环的年轻北极燕鸥被一位澳大利亚学者捕获了。

它那戴脚环的标本现在收藏在澳大利亚珀斯市动物博物馆。

自东向西飞

每年夏季,有如乌云般的一群群野鸭和似白云般的整群整群的鸥鸟在奥涅加湖上繁殖。秋季正在临近,于是这些乌云和白云便飞向了西方 —— 太阳下山的地方。针尾鸭群和海鸥群动身向越冬地进发了。

让我们乘飞机跟随它们吧。

您听到尖利的哨音吗? 随之而起的是拍水声,翅膀扇动声,野鸭绝望的 “嘎嘎” 叫声和海鸥的鸣叫声……这是针尾鸭和鸥鸟刚想在一个林间小湖上安顿休息,而同样是候鸟的游隼却紧随而至,追上了它们。

仿佛一根长长的牧人的鞭子随着一声呼啸划过长空,它在一只飞到空中的针尾鸭的背部上方飞掠而过,用它那犹如弯曲的小刀似的后趾的利爪划破了鸭子的脊背。受伤的鸟儿长长的脖子像绳子一样垂挂下来,还未等它落入湖中,游隼就骤然转过身来,在紧贴水面的上方用爪子一把将它抓住,用钢铁般的利喙对它的后脑致命地一击,就把它带走作为自己的美餐了。

这只游隼是鸭群的灾星。它与鸭群一起从奥涅加湖启程,又和鸭群一起经过列宁格勒、芬兰湾、立陶宛……在吃饱的时候,它就停在某一个山崖上或哪一棵树上,若无其事地看着鸥鸟在水面上方飞翔,野鸭一头扎进水里。它看它们从水面上飞起来,聚成一堆或排成长长的鸟阵,当太阳像一颗黄色的圆球般落进波罗的海晦暗的水中时,沿着这方向继续他们西行的征途。但是,只要游隼一感觉到饥饿,它便迅捷地追上自己的鸟群,为自己从中抓出一只鸭子来吃。

它将会这样追随它们,沿着波罗的海、北海、德国海的海岸线一直飞下去,追随它们飞经不列颠群岛 —— 也许直至这些岛屿的岸边,这只会飞的 “狼” 才会最终脱离这些飞鸟。在这里,我们的鸭群和鸥群将留下来过冬。

而游隼,如果愿意,就又会飞去追逐其他南飞的鸭群 —— 飞往法国、意大利,飞经地中海,进入炎热的非洲。

向北飞,向北飞,飞向长夜不明的地方!

绒鸭——正是为我们的外衣提供如此暖和轻柔羽绒的那些鸭子——在白海的坎达拉克沙自然保护区安详地孵育了自己的雏鸭。这里对绒鸭的保护已进行多年,大学生和科学家给鸭子戴上脚环:在它们脚上套上带号码的轻金属圈,以便了解它们从保护区飞往了何处,它们的越冬地又在何处,绒鸭返回保护区自己栖息地的数量,以及关于这些奇异鸟类生活中的其他详情细节。

他们果然得知绒鸭离开保护区后几乎一直向北飞,直向长夜漫漫的地方,生活着格陵兰海豹和白鲸大声持久地吐气的北冰洋。

白海不久就整个儿被厚厚的冰层覆盖了,冬季绒鸭在这儿没有食物可吃。而在北方,水面长年不封冻,海豹和巨大的白鲸在那里捕食鱼类。

绒鸭从岩礁和海藻上揪食软体动物——水下的贝类。它们这些北方鸟类的头等大事是吃饱。纵然当时正值严寒天气,四周是茫茫水域,一片黑暗,它们对此却无所畏惧,因为它们穿着羽绒大衣,披着寒气无法穿透、世上最为暖和的羽绒!再说有时还会出现极光——北极天空出现的奇异闪光,还有巨大的月亮和明亮的星星。大洋上几个月太阳不露面,这算得了什么?反正北极的鸭子在那儿舒舒坦坦、饱餐终日、自由自在地度过北极漫长的冬夜。

候鸟迁徙之谜

为什么一些鸟类直接飞往南,另一些飞往北方,还有一些飞往西方,再有一些飞往东方?

为什么许多鸟类只在水面结冰,或开始下雪,它们再也无食可觅的时候才飞离我们?而另一些鸟类,例如雨燕,却按时按节地离开我们,准确地遵循着日历上的时间,虽然当时它们的食物在四周应有尽有?

还有最为主要的一点:它们根据什么知道秋季应该飞往何方,在何处越冬,以及走哪条路才能到达那里?

令人费解的是,一只小鸟破壳而生是在这儿,比如莫斯科或列宁格勒的某地,而它飞往的越冬地却在南部非洲或印度。我们这儿还有那样一只飞行速度极快的年轻游隼,它却从西伯利亚飞往世界的边缘——正好是澳大利亚。它在那儿待上不多久,到春暖花开时又飞回到我们西伯利亚。

（待续）

林木种间大战

（续完）

本报记者找到了林木种间大战终结的地方。

这地方原来是云杉的天下，我们的记者在这趟旅程一开始时就来到了那里。

下面就是他们所了解到的这场可怕战争的结局。

在和白桦以及山杨赤手空拳的搏斗中许多云杉牺牲了。然而最终云杉赢得了胜利。

它们是年轻的敌手。山杨和白桦的寿命比云杉短。进入老年的山杨和白桦已不能如它们的敌手那么迅速地生长。云杉长得高过了它们，在它们头顶张开了自己浓密的枝叶，于是喜光的阔叶树就渐渐枯萎了。

云杉还在继续不断地生长，它们下面的阴影变得更密更暗。在那里等待着战败者的是凶狠的苔藓、地衣、蠹甲虫、木蠹蛾。在那里，战败者面临的是慢慢地死去。

好多年过去了。

自人们将阴沉年迈的云杉林伐尽，已过了 100 年。为争夺这块被解放土地的战争也延续了 100 年。而如今，在原地仍然耸立着那样一座阴沉年老的云杉林。

在这座林子里听不到鸟儿的歌声，也没有欢乐的小兽在里面居住，所有偶然来到这儿的年轻绿色植物都会在这个阴沉沉的世界里枯萎并迅速死亡。

冬季临近了——这是林木种间大战每年休战的时节。树木正在休眠。它们比洞穴中的熊睡得还死。它们睡得沉沉的，似乎没有了生命。它们的经脉里液汁已停止了流动，它们既不吃，也不长，只在睡梦中维持着呼吸。

您仔细去听听——一片沉寂。

您再仔细看看——这是布满了阵亡战士遗体的战场。

本报记者获悉，今年冬季，这座阴沉沉的云杉林将被消灭：按计划这里将是林木采伐地。

明年这里将是一片新的荒漠——伐尽树木的残址。在这上面又将开始一场林木种间之战。

不过这回，我们不会让云杉获胜了。我们将干预这场永恒的可怕战争，我们将在采伐过的土地上引种这里没有见过的林木新品种，还将关注它们的生长,在必要的时候在顶上砍出一些窗口,使明亮的阳光能够透入。

到时候,鸟儿将在这儿永远为我们演唱欢乐的歌。

和 平 之 树

不久前,我们的小伙伴们向莫斯科州拉缅斯科区所有低年级的学生发出呼吁,在园林周活动期间每人种一棵和平之树。少年米丘林工作者和成年园艺工作者承诺帮助他们栽种和培育和平之树。小伙伴们将借此学习和成长,他们的和平之树也将在校园里和他们一起成长!

■ 莫斯科州,朱可夫市第四中学的学生

农 庄 纪 事

田间的庄稼已收割一空。粮食获得了大丰收。农庄的庄员们和城里的市民们已经在品尝用新收的粮食制作的馅饼和白面包。

遍布处于宽沟和山坡上的亚麻,被雨水淋湿了,被太阳晒干了,又被风吹松了。又到了把它收集起来运往打谷场的时候,该在那里把它揉压,再剥下麻皮。

孩子们开学已经 1 月。现在没有他们帮忙,人们正在完成把土豆从地里挖出来的工作,正把它运到站里,再将它们埋入沙丘上干燥的土坑里贮藏起来。

菜地里也变得空空如也。最后从地里收起的是包得紧紧的圆白菜。

绿油油的秋播作物的田间呈现出一派生机。这是集体农庄庄员们用以接替已经收割的庄稼而为祖国的新一轮收获所做的准备 —— 这将是一轮更为丰硕的收成。

田间的公鸡和母鸡 —— 灰色的山鹑已经不再以家庭为单位待在秋播作物的地里,而是结成了更大的群体 —— 每一群有一百多只鸟。

对山鹑的狩猎很快就到了尾声。

沟壑的征服者

我们的田野上形成了一条条沟沟壑壑。它们正在伸展,深入到农庄的地里。农庄庄员们为此伤透了脑筋,我们的小伙伴 —— 少先队员们也在为大人分忧。我们开了一次大会专门研究如何更好地和沟壑开展斗争,阻止它们的发展。

我们知道要做到这一点需要在沟壑里广种树木。树根可以系住土壤,巩固沟壑的边缘和坡面。

这次会议是春天开的,现在已是秋天,我们在专设的苗圃里培育了树苗 —— 大约有几千棵白杨树苗以及许多柳树和合欢的灌木[1],而且我们已经在栽种了。

几年以后,沟壑的坡面都将被大树和灌木所覆盖。沟壑本身就将被永久征服。

■ 少先队大队委员会主席　科里亚·阿加丰诺夫

采集树种运动

9 月里很多乔木和灌木的种子和果实正在成熟。这时对于苗圃的播种和水

---

[1] 人们往往会认为,灌木只是很矮的小树丛,其实不然。灌木的高度可在 0.8 米至 6 米之间,它和乔木的区别在于:成年的灌木没有主干,而乔木在整个生存期都有主干,其高度可在 2 米至 100 米之间,甚至超过 100 米。柳和合欢这两种木本植物既有乔木,又有灌木。

渠以及池塘的绿化来说,采集更多的树种尤其显得重要。

相当多的乔木和灌木种子的采集最好在它们完全成熟的前夕进行,或在它们成熟时,在很短的期限内立即进行。采集尖叶枫、橡树、西伯利亚落叶松的种子尤其不能迟缓。

人们在 9 月份开始采集苹果树、野梨树、西伯利亚苹果树、红接骨木、皂荚树、荚蒾、栗树(七叶树和板栗)、榛树(西洋榛子)、银柳胡颓子、醋柳、丁香、黑刺李和野蔷薇,还有在克里米亚和高加索常见的山茱萸的种子。

我们出了什么主意

全体人民正在忙一件极为美好的大事:植树造林。

我们也在过“植树节”。那是在春季。这一天成了名副其实的植树的节日。我们在集体农庄水塘的四周种了树,使它不会因阳光的照射而干涸。我们在高峻的河岸上也种满了树,以便加固陡岸。我们还绿化了学校的操场。经过一个夏季后,所有这些树木都将生根、成长。

下面是我们现在想到的事:冬天我们田间的道路都盖上了白雪。每年冬季都得砍伐整片整片的小云杉树林,插上树条将道路从雪地里区分出来,这样就在那里留下了标记,指示了方向,使人不至于在暴风雪天气迷路,陷进雪堆里。

我们决定:干吗每年都要砍伐那么多树呢,最好在路的两旁一劳永逸地栽上永久性的活树,让它自由生长,保护道路不因积雪而消失,也指示了路径。

就这么办。

我们在林边挖掘出小云杉,装入筐内运到路边。

我们在路边种满了小树,这些树都高高兴兴地在新地方生根成长了。

■ 驻林地记者　瓦涅·扎尼亚京

集体农庄新闻

选择良种母鸡

昨天在“突击队员”农庄的养鸡场里进行了选择良种母鸡的工作。人们用屏风把母鸡小心翼翼地赶往一个角落,捉住一只交到专家手里。

这时,他双手捧着一只嘴巴长长、身材高高瘦瘦的母鸡,它长着一个缺乏血色的小鸡冠,傻乎乎地睁着一对睡意蒙眬的眼睛:“你干吗打扰我?”

专家把它交了回去说道:“这样的鸡我们不需要。”

于是他抓住一只嘴巴短短、眼睛大大的母鸡。它的脑袋宽宽大大，鲜红的鸡冠歪向一边。它的双目炯炯有神。母鸡挣扎着，叫着："放开我，马上放开我！没什么好赶来赶去的，也没什么好东抓抓西抓抓的，弄得我正经事干不了！你自己不会掏蚯蚓，又不让别人干！"

"这只好，"专家说，"让这只给咱们生蛋。"

原来为了生蛋，得挑选有生气、有活力、乐天派的母鸡。

改变养殖地和名称

这些正在成长的鱼叫鲤鱼。春季里，鲤鱼妈妈在一个浅浅的小水塘里产了卵。从这些卵孵化出 70 万尾鱼苗。这个塘里没有其他种类的鱼，所以同一家族的鱼便开始在其中生活：70 万个兄弟姐妹。可是经过一个半星期后，它们在这儿已经感到拥挤了，所以把它们迁到一个度夏的大塘。鱼苗在这里成长，快到秋季时它们便被称为"幼鱼"了。

现在幼鱼准备迁到越冬的塘里。经冬以后它们就是一年鱼龄的小鱼了。

在 星 期 天

小学生们帮助"朝霞集体农庄"收获块根作物：从土里挖掘甜菜、冬油菜、萝卜、胡萝卜和欧芹。孩子们发现冬油菜的块根比脑袋最大的同学瓦季克·彼得罗夫本人的脑袋还大。不过最使他们惊讶的是饲料胡萝卜的个头。

盖纳·拉里昂诺夫把一个胡萝卜挪到自己腿边一比，原来它和膝盖齐高！而它的上端宽度竟和手掌一样。

"在古代，人们大概用块根植物来打仗。"盖纳·拉里昂诺夫说，"他们将冬油菜的块根像手榴弹一样扔向敌人。到徒手格斗时就'嘭'的一下，用胡萝卜向敌人的脑袋砸过去！"

"在古代，这样的块根植物连种都还不会种呢。"瓦季克·彼得罗夫反驳说。

"把小偷关进瓶子里！"

这是"红 10 月"集体农庄养蜂人说的一句话。

这一天，因为天气较凉，蜜蜂都待在了蜂箱里。这正是黄蜂这伙盗贼求之不得的。它们飞到了养蜂场来偷窃蜂箱里的蜂蜜。但是没等飞到蜂箱，它们就嗅到了蜂蜜的香味，看见了摆放在养蜂场上装有蜜水的玻璃瓶子。这时黄蜂打消了偷偷逼近蜂箱的念头。它们断定也许从瓶子里偷蜜似乎要文明些，也不像从蜂箱里偷盗那么危险。它们试了试，于是落进了圈套：掉进蜜水淹死了。

基特·维里坎诺夫讲述的故事

在 篝 火 边

我曾和几位老人去森林和湖上打过猎。

趁着晚霞,我们照例尽兴尽意地"乒乒乓乓"开了一阵枪。不过多多少少还是打到了几只野禽。所以就烧起了一堆篝火——照诺夫哥罗德的地方话说,是打了个火堆,饱餐了一顿野鸭炖粥,接着又喝了茶。火堆上煮的茶可好喝哩——带烟火味!

形形色色的故事自然而然地讲开了:不管怎么样得把一夜时间打发过去呗,在微弱的火光里,得坐上很久。

叶甫赛依爷爷头一个开始说自己的故事:

"你们这儿就这个样,野禽嘛就是平平常常、普普通通的那些,没有我们克里米亚常见的那些。我在克里米亚当过兵,不敢说在那儿有多长见识,可那儿的鸟儿却真的叫人惊奇!"

"开场了,"我心里暗想,"即使不让我吃饭,只要能听这些猎人的故事就好。这些故事我太爱听了!"另外几个人说:"闵希豪生[①]的故事!"可我却认为:猎人在狩猎时当然心情激动,浮现在他眼前的景象和无动于衷的人见到的不一样。当然也常有猎人在讲故事时会稍稍添油加醋,夸大事实。但正因为这样故事才更精彩!民间流传着一句关于猎人的话:尽是胡编乱造!但事实上他们的故事里往往隐藏着令人惊异、罕见的真情实事,这样的事别人谁也未曾见到过。就算是故事吧,其中也还是经常会有某种真实的成分。干吗要塞住耳朵不听他们呢!所以我就发问了:"叶甫赛依爷爷,您在那儿究竟遇见了什么从未见过的鸟儿呢?"

"反正你还是不相信。举例说吧,那儿有一种野鸭。姑且叫它鸭子吧,它的个头却有雁那么大。它的名称是加拉加兹。这种鸭子的性子——直截了当地说吧——却像野兽。它在草原上什么地方发现了洞口的狐狸了,立马一口咬住了狐狸的后颈往地上摔,然后把它吃了。它还占据了它的洞穴,自己住了进去。在那里生蛋,孵小鸭。"

---

① 德国乡绅,一称"闵希豪生男爵(1720—1797),善讲故事,这些故事成为《闵希豪生男爵的奇遇》一书的基础。他曾在俄国军中服役。

有人问："它长什么模样？"

伊凡爷爷却冷笑着，摸着自己的大胡子说道："尽管胡说八道去吧，谁信哪！"

"我说个头跟雁一样。嘴红红的，脑袋像公鸭，身上有花斑。在它身后，那狐狸洞口的地上只剩下一根狐狸尾巴和一绺绺的毛毛——我可是亲眼所见。"

伊凡爷爷说道："我们这儿像这么大力气而且凶狠的鸟儿倒确实没有。可是小的倒有，简直叫人吃惊！这儿有一个叫维坚卡的男孩儿，从城里一来就在这儿打到了一只。他的霰弹，你知道吗，从弹壳里掉出了，他就这么对着一根云杉的枝条瞄准了——我就站在他身边，亲眼看见——"砰"地一枪！一只小鸟从树上掉了下来。不管你信不信！就跟苍蝇一样，小得可怜。就是蜻蜓也比它大！奇怪的是它是那么娇嫩可爱！我刚才跟你们说过：子弹完全是空弹，里面一颗霰弹也没有。原来那可爱小东西听到一声空枪吓得晕了过去。维坚卡把它拾起来，放进怀里，带回到家里——他们一家在我们这边的别墅里住着。他把小鸟放到桌上，它肚子朝上躺着，两条小腿毫不动弹，看它被吓成什么样子！后来它苏醒了：一骨碌翻了个身，就往窗户飞，仿佛什么事也没发生过似的！以后它在男孩的鸟笼里生活了整整一个月。它的颜色灰灰的，可脑门却红得就像一团火！"

"你想叫谁吃惊哪！"叶甫赛依听伊凡爷爷讲完没好气地嘟哝说，"小鸟儿吓晕了！你可是自己说它虚弱得只剩一口气了。它的心脏大概比一颗豌豆还小。那么你是否乐意把森林的主人托普特京① 将军也吓个半死呢？"

伊凡爷爷只咳了一声。叶甫赛依爷爷却还要说下去："在我当兵的时候有过这么件事。有一回，叶罗施金少校从山上看到林子里有一头熊，它正不紧不慢地干自己的活儿：把石头搬开，在那找甲虫、蜒蚰、老鼠吃。叶罗施金少校一下子拿起双筒猎枪，对着野兽就开了一枪。枪筒里装的是霰弹，因为少校是要去打花尾榛鸡的，就用这些铅砂子弹打它们，可他却忘了这一点。那头熊就在山下，近得很——简直伸手可及。而用这霰弹，你就是打中了它，也伤不了它的毛皮，会在毛里面搅住。

"可是少校刚对它开了一枪，我的米什卡就蹦了起来，大吼一声，从陡坡上翻了个筋斗，一头钻进了树丛里，只听到树枝折断的脆响声！我和少校顿时哈哈大笑起来。后来我们仍然决定下去看个究竟——它留下了什么踪迹？

"我实说吧，那踪迹可真没什么好看的：熊大人被吓了个屁滚尿流。这倒还没什么。我们往下走进树丛里一看，它就在那儿躺着。像段木头那样死了。它

---

① 俄罗斯民间对熊的另一个谑称，它较常见的谑称是"米沙"或"米什卡"。

被吓死了……看这一枪的威力！"

我们议论着这件事，接着老人们开始回忆各自有趣的开枪经历。

伊凡爷爷讲道：有一次，他在林边瞄准了一丛灌木下的一只白鸟；对它开了一枪，然后走上前去一看：树丛里有七只打死的白山鹑，只等你去捡吧。一下就赚了 7 只。

后来他又想起一件事，在他打完猎回家的时候，从他面前的地上飞起好大一只苍鹰。伊凡爷爷朝它背部开了一枪 —— 要知道，他对这些苍鹰从不手下留情。

苍鹰坠落下来，扑棱着翅膀。伊凡爷爷走到它跟前，看到它身子下面有一只被摘了脑袋的花母鸡。他把母鸡带回村里，他老伴儿对他说："是我们家的花鸡！刚刚被那强盗拖走。现在好了，一举两得。你把盗贼消灭了，全村人都会向你致敬呢，明儿我给你炖鸡汤喝。"

叶甫赛依爷爷不甘落后，又说起了叶罗施金少校的一件事。

"应当说少校的枪法不怎么样，就像人们说的，朝乌鸦开枪却打在了奶牛身上。不过打猎的时候总是各有各的运气了。而少校却交上了大运。他遇到的第二件事发生在老地方 —— 高加索，经过是这样的：少校带着自己的猎狗 —— 一条向导犬 —— 去打野鸡。

"向导犬带他走到了一丛芦苇前，站定，缩起了一条腿，也就是所谓的停下伺伏了。少校走到猎狗身边，要它继续往前走。猎狗向前跨了一步，野鸡从它下面"夫尔"飞走了。少校就"砰"地一枪！野鸡安然无恙地飞走了，可芦苇丛里却"沙沙"响了起来，有什么东西在嗷嗷叫，发出了拍打声！又出什么事啦？

"走上前去，原来躺着好大的一只猫，正在挣扎呢。那里生长着一种丛林猫，当然是野的。那些猫个头很大，比咱们的家猫大一倍。原来，少校这一枪误中了野猫的脑袋 —— 幸好他打中的不是向导犬！"

伊凡爷爷说了自己的追踪犬的故声，那条狗已经很老了，眼睛全瞎了，可是追踪起兔子比以前还好。

"它在林子里怎么不被树撞个头破血流呢？"叶甫赛依爷爷摇摇头问，"嘿，你又撒谎了！"

"它可是不慌不忙一步步走的。兔子也不慌不忙地躲着它走。可是狗还是把它往我这边赶。"

"这算什么！"叶甫赛依爷既不表示赞同，也不表示反对，自言自语地说，"听说有个猎人有条猎狗，就像少校先生的那条追踪犬，样子跟同胞姊妹似的。那条狗在城里对着纸做伺伏的动作。"

"这是怎么回事？对着纸伺伏？"伊凡爷爷弄不明白了。

"很简单。主人在纸上写上'黑琴鸡'或'田鹬'的字样,那狗就一面找一面做伺伏的动作。而面对什么也没有写的纸张,那狗根本连看都不看。"

"哎嘿!咳!咳!"伊凡爷爷突然厉害地咳嗽起来,"该死的蚊子!它们血倒只吸了一点儿,却不知为什么无缘无故地钻进了喉咙里。在林子里,这些成双成对的蚊子搅得人不得安宁,在家里又让苍蝇搅得不安生。苍蝇感到自己日子不多了,所以变得那么坏,比蚊子咬得还凶。"

"你看,"他又说道,"火堆已经灭了。所以蚊子叮咱们来了!天有点亮了。该干活了!"

■ 基特·维里坎诺夫

狩 猎 纪 事

变傻的黑琴鸡

秋季里黑琴鸡大群大群地聚集起来。这里有羽毛丰满的公鸟,也有羽毛上有花点的棕红色母鸟,还有年轻的鸟。

一大群黑琴鸡闹闹嚷嚷地降落到长浆果的地方,准备饱餐一顿。

鸟儿在田野里四下散开,有的揪食长得很牢的红色越橘,有的用爪子扒开草丛,吞食细石子和沙粒。细石子和沙粒能助消化,在嗉囊和胃里磨碎坚硬的食物。

干燥的落叶上沙沙地传来了急促的脚步声。

黑琴鸡都抬起了头,警觉起来。

是冲这儿跑来的! 树丛间闪动着一条莱卡狗,它脑袋上竖着两只尖耳朵。

黑琴鸡们很不情愿地飞上了树枝,还有一些躲进了草丛里。

猎狗在浆果地里到处奔跑,把所有的鸟一只不留地都惊得飞了起来。

接着它坐在一棵树下,选中一只鸟,用双眼盯着它,叫个不停。

那只鸟也睁大眼睛看着猎狗。不久它在树上待腻了,开始在树枝上走来走去,一直转动脑袋望着猎狗。

这是多么讨厌的一条狗! 它干吗老坐着不走! 我肚子饿了,想着吃东西了……快走啊,那样我也好再飞到下面去吃浆果呀……

突然枪声响了,于是被打死的黑琴鸡坠落到了地上:在它被猎狗缠住时,猎人已经偷偷地走近,冷不防用枪弹把它从树上打了下来。

群鸟"啪啪"地振翅飞到了森林上空,远离猎人而去。林间空地和小树林在它们下面闪动。在哪里降落好呢? 这儿会不会也藏着猎人呢?

在一座白桦林的边缘,光秃的树梢上影影绰绰地停着黑琴鸡。一共有三只。这就是可以安全降落的地方:如果白桦林里有人,鸟儿不会那么安安稳稳地在那儿停栖。

群鸟越飞越低,眼看着叽叽喳喳地在树梢上各自停了下来。停在这儿的那三只公黑琴鸡连头也不向它们转一下 —— 它们一动不动地停着,仿佛三个树桩。新飞来的那些黑琴鸡专注地端详着它们。公黑琴鸡就是公黑琴鸡:身子黑乎乎的,眉毛红彤彤的,翅膀上有白颜色花斑,尾巴分叉,还有一双亮闪闪的黑眼睛。

一切正常。

砰！砰！怎么回事？哪来的枪声？为什么新来的鸟儿有两只从树上掉了下去？

林梢上空升起一团轻烟，很快就消散了。但是这里的三只黑琴鸡还是像刚才那样停着。群鸟望着它们，仍然停在树上。下面一个人也没有。干吗要飞走呢?！

群鸟把脑袋转来转去，四下里张望了一会，便宽下心来。

砰！砰！又一只公黑琴鸡像土块一样坠落到地上。另一只飞到了林梢上方的高空，在空中向上一蹿，也落了下来。受惊的鸟群飞离了树枝，在受到致命伤的黑琴鸡从高空落到地面前就从视野里消失了。

只有那三只公鸡，刚才那么停着，现在仍然纹丝不动地停在树梢上。

下面的一间不显眼的小窝棚里走出一个手持猎枪的人，捡走了猎物。

白桦树梢上那只公黑琴鸡的一双黑眼睛若有所思地望着森林上空的某一方向 ——一动不动的公黑琴鸡的黑眼睛其实是两颗玻璃珠子。而静止不动的黑琴鸡本身原来是用碎呢料子做的。但是鸟喙倒是真正的黑琴鸡嘴，分叉的尾巴也是真正的羽毛所做。

猎人取下标本，下了树，又爬上树去取另两个标本。

在远处，饱受惊吓的鸟群在飞越森林上空时满腹狐疑地审视着每一棵树，每一丛灌木：哪儿又会冒出新的危险呢？到哪儿去躲避诡计多端、狡猾透顶的带枪人呢？你永远无法事先知道他用什么方法暗算你……

好奇的大雁

大雁生性好奇，这一点猎人知道得最清楚。他还知道，没有比大雁更警惕性的鸟了。

在离岸整整一公里的浅沙滩上就栖息着一大群大雁。无论你走着，爬着，还是乘船，都甭想靠近它们。

它们把脑袋搁到翅膀下面，缩起一条腿，安安静静地在睡觉。它们没什么好担心的，因为它们有站岗放哨的。在雁群的每一边都站着一头老雁，它不睡觉也不打盹儿，而是警惕地注视着四方。不妨打它们一个猝不及防！

一条狗来到了岸上，放哨的雁马上伸长了脖子。它们在观察：它打算做什么？

猎狗在岸上跑来跑去，一会儿到这边，一会儿到那边。它在沙滩上捡着什么，对大雁毫不在意。没什么好疑神疑鬼的。

可那几只大雁心里好奇：它老是前前后后地转来转去干吗？应该再靠近些

瞅瞅……

放哨的一只雁开始摇摇摆摆向水里走去,然后游了起来。水波的轻声拍打还惊醒了三四只大雁。它们也看见了猎狗,也向岸边游去。

凑近了它们才看明白:从一大块岩石后面飞出一个个小面包团,有的飞向这边,有时飞向那边,都落在了沙滩上。狗儿摇着尾巴追逐着面包团。

打哪儿来的面包团? 在岩石后面的又是谁?

几只大雁越靠越近,直向着岸边贴近,把脖子伸得长长的,竭力想看得清楚些……从岩石后面突然跳出来的猎人用准确的射击,使它们好奇的脑袋一下子栽进了水里。

六条腿的马

一群大雁正在田野里觅食,吃得肥肥壮壮。整个雁群都在饱餐美食,放哨的几只则站在四面警戒。它们不会让人或狗靠近。

远处的地里有马匹在走动。大雁并不害怕,因为它们都知道马是性情温和的食草动物,不会攻击鸟类。有一匹马一面揪食着又短又硬的麦茬儿,一面越来越近地向雁群走来。不过那又怎么样呢,就算它走得很近了,飞走不就得了吗!

这匹马有点儿怪:它有六条腿。一定是个怪胎……四条腿和一般的没什么两样,可是有两条腿却穿在裤管里。

一只放哨的雁开始"唝唝"地发出警报。群雁警觉地抬起了头。

马儿在徐徐靠近。放哨的那只雁展翅飞了起来,飞去侦察动静。

从高处它看见马身后躲着一个人,手里握着枪。

"咯—咯—咯,唝—唝!"侦察员发出了逃跑的警报。

整个雁群一下子开始扇动翅膀,沉甸甸地飞离地面。懊丧的猎人追着它们开了两枪,然而距离太远,霰弹够不着。雁群得救了。

迎着挑战的号角

这段时间,每到晚上,森林里就响起驼鹿挑战的响亮号角声:"谁个不怕丢了自己的小命,出来决斗吧!"

于是一头老驼鹿从自己长满苔藓的栖息地站了起来。它那宽阔的双角长着13个新生的枝杈,它的身高有两米,体重达400千克。

谁敢向林中第一勇士发出挑战?

老驼鹿怒不可遏地迎着挑战的号角声迅步走去,把沉重的蹄子深深地陷入潮湿的苔藓里,冲撞踩踏着挡路的小树。

又传来了对手挑战的号角。

老驼鹿用可怕的怒吼做出回应,那吼声是如此可怕,使一群山鹑从白桦树上"啪啪"飞离而去,胆小的兔子吓得从地面上高高地蹦了起来,没命地逃进了密林。

"谁敢!"

老驼鹿两眼充血,不管前方是否有路,直向对手冲去。树木稀疏起来,这里就是林间空地!它猛地一下从树间冲了出去——要用双角去抵撞,用自己沉重的身躯的挤压把敌手打垮,再用自己尖锐的蹄子踩死它!

只是当枪声响起的时候,老驼鹿才发现树后面带枪的人和挂在他腰间的大号角。

驼鹿迅速向密林中跑去,因为虚弱而摇晃着身子,伤口淌着鲜血……

开 猎 野 兔

(本报特派记者)

猎 人 出 行

和往常一样,报纸上公告 10 月 15 日开始对野兔的捕猎。

又像 8 月初那样,火车站挤满了一群群猎人。他们仍然带着狗,有些人甚至一条皮带上拴着两条或更多的狗。不过这已经不是猎人夏季出猎时带的狗:不是追踪野禽的猎狗。

这些狗高大健壮,长着挺拔的长腿,沉甸甸的脑袋和一张狼嘴,粗硬的皮毛什么样的颜色都有:有黑色的,有灰色的,有棕色的,也有黄色的,还有紫红色的;有黑花斑的,黄花斑的,紫红花斑的,还有黄色、棕色、紫色中带着一块黑毛的。

这是些善跑的猎犬,有公的,也有母的。它们的工作是根据足迹找到野兽,把它从栖身之地赶出来,然后一面吠叫着不断地驱赶它,让猎人知道野兽往哪儿走,绕怎么样的圈儿,然后站在野兽必经之路上,好给它迎面一枪。

在城市里养这么大型而性格暴躁的狗是很难做到的。许多人出门就干脆就不带狗。我们的猎队也一样。

我们乘火车去找塞索伊·塞索伊奇一起围猎野兔。

我们一共有 12 个人,所以占据了车厢内的三个分格。所有的乘客带着惊疑的表情看着我们的一个伙伴,笑眯眯地彼此窃窃私语。

确实有值得注意的理由:我们的伙伴是个大个子。他太胖了,有些门甚至走也走不过去。他体重 150 千克。

他不是猎人，但医生嘱咐他多走路。他是射击的一把好手。在射靶里，他的射击成绩超过了我们每个人。于是为了培养对走路的兴趣，他就跟着我们来打猎了。

围 猎

傍晚塞索伊·塞索伊奇在一个林区小车站接我们。我们在他家里过夜，天刚亮就出发去打猎了。我们闹闹嚷嚷的一大群人一起朝森林进发——除了我们以外，塞索伊·塞索伊奇还约了二十个农庄庄员来呐喊驱赶野兽。

我们在林边停了下来。我把写有号码搓成卷儿的一张张小纸片放进帽子里。我们十二个射手，每个人依次来抓阄，谁抓着几号就是几号。

呐喊的人离开我们去往森林的那一边。塞索伊·塞索伊奇开始按号码把我们分布在宽广的林间通道上。

我抓到的阄是六号，胖子抓到了七号。塞索伊·塞索伊奇向我指点了我站立的位置后就向新手交代围猎的规则：不能顺着射击路线的方向开枪，那样会打中相邻的射手；呐喊声接近时要中止射击；狍子不可打，因为是禁猎对象；等待信号。

胖子号码所在的位置离我大约六十步。猎兔和猎熊不一样：现在就是把射手间的距离设在一百五十步也可以。现在塞索伊·塞索伊奇在射击路线上毫无顾忌地大声说话，他教训胖子的那些话我都能听见：

"你干吗往树丛里钻？这样开枪不方便。你要站在树丛边，就是这儿。兔子是在低处看的。您那两条腿——请原谅——就像您的胖身体。您要把它们分得开些，道理很简单，兔子会把它们当成树墩儿。"

分布好射手后，塞索伊·塞索伊奇跳上马，到森林的那一边去布置呐喊的人。

离行动开始还要等好久，我就四下里观察起来。

在我前方大约四十步的地方，像墙壁一样耸立着落尽树叶的赤杨、山杨，树叶半落的白桦和黑油油、枝繁叶茂的云杉混杂在一起。也许从那里的树林深处，不久会有一只兔子穿过挺拔交错的树干组成的树阵，向我正面冲来，如果很走运的话，正好有一只森林巨鸟——雄松鸡会大驾光临。我会不会错失良机呢？

等待的时间慢得像蜗牛爬行。胖子的自我感觉怎么样呢？他把身体重心在两条腿上来回转移，大概他想把分开的双腿，站得使它们更像两个树墩儿……

突然，寂静的森林后边响起了两声清晰洪亮而悠长的猎人号角：那是塞索伊·塞索伊奇在指挥呐喊人排列的阵线朝我们这儿向前推进；他正在发信号。

胖子把两条胳膊整个儿抬了起来；双筒猎枪在他手里就如一杆细细的拐杖。接着他就僵滞不动了。

怪人！还早得很呢，他就摆起了姿势，手臂会疲劳的。

还听不见呐喊人的声音。

但是这时已经有人开枪了——枪声来自右方，沿着排列的阵线传来，后来从左方又传来两声枪响。已经开始打枪了！可我这儿还什么动静也没有。

这时胖子的双筒枪连发了两枪——砰砰！这是对着黑琴鸡打的。它们在很高的地方飞了过去，开枪也是白搭。

已经能听到呐喊人不太响的呼喊，用木棒敲击树干的声音。从两侧传来"哐啷哐啷"的声音……但是仍然没有任何动物向我飞来，也没有任何动物向我跑来！

到底来了！一样带点灰色的白东西在树干后面闪动——是一只还没有退尽颜色的雪兔。

这是属于我的！哎呀，见鬼，它拐弯了！冲着胖子跳了过去……嗨，还磨蹭什么？打枪呀，打呀！

砰！

落空了！雪兔一个劲儿地直冲他跑去。

砰！从兔子身上飞下一块白色的东西。丧魂落魄的兔子冲到了胖子两条腿的树墩之间。胖子的腿一下并拢了……难道他要用腿去抓兔子？

雪兔滑了过去，胖子那庞大的身躯却"扑通"栽倒在了地上。

我笑得眼泪都流出来了，透过盈眶的泪珠一下子见到了两只从林子里出来跳到我前方的雪兔，但是我无法开枪。兔子沿着射击路线的方向溜进了森林。

胖子缓缓地跪着抬起身子，站了起来。他向我伸出大手，拿着一团毛茸茸的白色东西给我看。

我对他大声说：

"您没摔坏吧？"

"没事。毕竟还是拽下了一个尾巴，从兔子身上！"

真是个怪人！

枪声停止了。呐喊的人走出了森林，大家向胖子的方向走去。

"他站起来了吧，大叔？"

"站是站起来了，你看看他的肚子！"

"想着都叫你惊奇——这么胖！看样子他把周围所有的野味都塞进自己衣服里了，所以才这么胖。"

可怜的射手！在城里的射靶上，有谁会相信这个射手竟然打不中呢？

不过塞索伊·塞索伊奇已经在催促我们到新的地点 ——田野去围猎了。

我们这一群闹闹嚷嚷的人沿着林间道路踏上归程。后面走着一辆马拉的大车,上面装着两次围猎所获的猎物,胖子也在车上。他累了,需要歇息。

猎人们毫不留情地奚落他,不停地对他冷嘲热讽。

突然在森林上空,从道路拐角的后面出现了一只黑色大鸟,个头抵得上两只黑琴鸡。它直接沿着道路飞过我们头顶。

大家都从肩头卸下了猎枪,森林里响起了惊天动地的激烈枪声:每个人都急于用匆促的射击打下这罕见的猎物。

黑鸟还在飞。它已飞到大车的上空。

胖子也举起了枪。双筒枪在他的双臂上犹如一根拐杖。

他开了枪。

这时大家看到:大黑鸟在空中令人难以置信地收拢了翅膀,飞行猛然中止,像一块木头一样从高空坠到路上。

"嘿,有两下子!"猎人中有人发出了惊叹,"看来他是把打枪的好手。"

我们这些猎人都很尴尬,没有吭声:因为大家都开了枪,谁都看见了……

胖子捡起了雄松鸡①——森林中长胡子的老公鸡,它的重量超过兔子。他拿着的猎物是我们中间每个人都乐意用今天自己所有的猎物来换的。

对胖子的嘲笑结束了。大家甚至忘记了他用双腿抓兔子的情景。

■ 本报特派记者

---

① 属于松鸡科,体长可达 110 厘米;属于松鸡科的鸟类有 18 种,山鹑、榛鸡和琴鸡都在其中,松鸡科的鸟体长从 30 ~ 110 厘米,如琴鸡的长度一般在 53 ~ 57 厘米。故本文作者说大黑鸟个头抵得上两只黑琴鸡。

天 南 地 北

无线电通报

请注意！请注意！

这里是列宁格勒广播电台《森林报》编辑部。

今天是 9 月 22 日,秋分。我们继续播报来自我国各地的无线电通报。

我们向冻土带和原始森林、沙漠和高山、草原和海洋呼叫。

请告诉我们,现在,正当清秋时节,你们那里正在发生什么事?

请收听！请收听！

亚马尔半岛冻土带广播电台

我们这儿所有活动都结束了。山崖上夏季还是熙熙攘攘的鸟类集市,如今再也听不到大呼小叫和尖声啾唧。那一伙鸣声悠扬的小鸟已经从我们这儿飞走。大雁、野鸭、海鸥和乌鸦也飞走了。这里是一片寂静。只是偶尔传来可怕的骨头碰撞的声音:这是公鹿在用角打斗。

清晨的严寒还在 8 月份的时候就已经开始了。现在所有水面都已封冻。捕鱼的帆船和机动船早已驶离。轮船还留在这里 —— 沉重的破冰船在坚硬的冰原上艰难地为它们开辟前进的航道。

白昼越来越短。夜晚显得漫长、黑暗和寒冷。空中飘着雪花。

乌拉尔原始森林广播电台

一批批来客我们迎来了,送走了,又迎来了,又送走了。我们迎来了会唱歌的鸣禽,野鸭、大雁,它们从北方,从冻土带飞来我们这里。它们飞经我们这里,逗留的时间不长:今天有一群停下来休息、觅食,明天你一看,它们已经不在了 ——夜间它们已经不慌不忙地上路,继续前进了。

我们正在为在这儿度夏的鸟类送行。我们这儿的候鸟大部分都已出发,跟随正在离去的太阳走上遥远的秋季旅程 ——去往温暖之乡过冬。

风儿从白桦、山杨、花楸树上刮落了发黄、发红的树叶。落叶松呈现出一片金黄,它们柔软的针叶失去了绿油油的光泽。每天傍晚,原始森林中笨重的美髯公松鸡便飞上落叶松的枝头，一只只黑魆魆地停在柔软的金黄色针叶丛里，将采食的针叶填满自己的嗉囊。花尾榛鸡在黑暗的云杉叶丛间婉转啼鸣。出现了许多红肚皮的雄灰雀和灰色的雌灰雀，马林果色的松雀，红脑袋的白腰朱顶雀，角百灵。这些鸟也是从北方飞来的，不过不再继续南飞了：它们在这儿过得挺舒坦的。

田野上变得空空荡荡，在晴朗的日子，在依稀感觉得到的微风的吹拂下，我们的头顶上方飘扬着一根根纤细的蛛丝。到处都还有三色堇在开着花，在卫矛灌木的树丛上挂着像一盏盏中国灯笼似的美丽殷红的果实。

我们正在结束挖土豆的工作，在菜地里收起最后一茬蔬菜——大白菜。我们把白菜贮进地窖准备过冬。在原始林里我们采集雪松的松子。

小兽们也不甘心落在我们后面。生活在地里的小松鼠——长着一根细尾巴、背部有五道鲜明的黑色斑纹的花鼠往自己安在树桩下的洞穴里搬进许多雪松松子，从菜园里偷取许多葵花子，把自己的仓库囤得满满当当。红棕色的松鼠把蘑菇放在树枝上晾干，身上换上了浅蓝色毛皮。长尾林鼠，短尾田鼠，水鼠都用形形色色的谷粒囤满自己的地下粮库。身上有花斑的林中星鸦也把坚果拖来藏进树洞里或树根下，好在艰难的日子里糊口。

熊为自己物色了做洞穴的地方，用爪子在云杉树上剥下内皮，做为自己的卧具。

所有动物都在做越冬准备，大家都在过着日常的劳动生活。

沙漠广播电台

我们这儿和春天一样，还是一派节日景象，生活过得热火朝天。

难熬的酷暑已经消退，下了几场雨，空气清新透明，远方景物清晰可见。草儿重新披上了翠色，为逃避致命的夏季烈日而躲藏起来的动物又现了身影。

甲虫、苍蝇、蜘蛛从土里爬了出来。爪子纤细的黄鼠爬出了深邃的洞穴，跳鼠仿佛小巧的袋鼠，拖着很长很长的尾巴跳跃着前进。从夏眠中苏醒的草原红沙蛇又在捕食跳鼠了。出现了不知从哪儿来的猫头鹰，草原狐——沙狐和沙猫。健步如飞的羚羊也跑来了这里，有体态匀称、黑尾巴的鹅喉羚，鼻梁凸起的高鼻羚。飞来了各种鸟儿。

又像春季一样，沙漠不再是沙漠，上面充满了绿色植物和勃勃生机。

我们仍存继续征服沙漠的斗争。数百数千公顷土地将被防护林带覆盖。森林将保护耕地免遭沙漠热风的侵袭，并将流沙制服。

世界屋脊广播电台

我们帕米尔的山岭是如此高峻,所以有世界屋脊之称。这里有高达7000米以上的山峰,直耸云霄。

在我国常有一下子既是夏季又是冬季的地方。夏季在山下,冬季在山上。

可现在秋季到了。冬季开始从山顶、从云端下移,逼迫自己面前的生灵也自上而下转移。

最先从位于难以攀登的寒冷峭壁上的栖息地向下转移的是野山羊;它们在那里再也啃不到任何食物了,因为所有植物都被埋到了雪下,冻死了。

野绵羊也开始从自己的牧场向山下转移。

肥胖的旱獭也从高山草甸上消失了,可是夏天它们在这里是那么多。它们退到了地下:它们储存了越冬的食物,已吃得体壮膘厚,钻进了洞穴,用草把洞口堵得严严实实。

鹿、狍子沿山坡下到了更低的地方。野猪在胡桃树、黄连木和野杏树的林子里觅食。

山下的谷地里,幽深的峡谷里,突然间冒出了夏季在这里永远见不到的各种鸟类:角百灵、烟灰色的高山黄鹂、红尾鸲、神秘的蓝色鸟儿——高山鸫鸟。

如今一群群飞鸟从遥远的北国飞来这里,来到温暖之乡,有各种丰富食物的地方。

我们这儿山下现在经常下雨。随着每一场连绵秋雨的降临,可以看出冬季正在越来越往下地向我们走来:山上已经大雪纷飞了。

田间正在采摘棉花,果园里正在采摘各种水果,山坡上正在收采胡桃。

一道道山口已盖满了难以通行的深厚积雪。

乌克兰草原广播电台

在匀整、平坦、被太阳晒得干枯的草原上,跳跳蹦蹦地飞速滚动着生气蓬勃的一个个圆球。它们很快就飞到了你眼前,将你团团围住,砸到了你的双脚,但是一点儿也不痛,因为它们很轻。其实这些根本不是球,而是一种圆球形的草,是一根根向四面八方伸展的枯茎而组成的球形物。就这样它们蹦跳着飞速地经过所有的土墩和岩石,落到了小山的后面。

这是风儿从根部刮走的一丛丛风滚草的毛毛,推着它们像轮子一样不断地向前滚,驱赶着它们在整个草原游荡,它们也一路撒下自己的种子。

眼看着燥热风在草原上的游荡不久也将停止。苏联人民旨在保护土地而种植的防护林带已经巍然挺立。它们拯救了我们的庄稼免遭旱灾。引自伏尔加—顿河列宁运河①的一条条灌溉渠已经修筑竣工。

现在,我们这儿正当狩猎的最好季节。形形色色在沼泽地和水上生活的野禽多得像乌云一样——有土生土长的,也有路经这里的,挤满了草原湖泊的芦苇荡,而在小山沟和未经刈割的草地里密密麻麻地聚集着一群小小的肥壮母鸡——鹌鹑。草原上还有多少兔子——尽是硕大的棕红色灰兔(我们这儿没有雪兔),还有多少狐狸和狼! 只要你愿意,就端起猎枪打,只要你愿意,就把猎狗放出去!

城里的集市上有堆得像山一样的西瓜、甜瓜、苹果、梨子和李子。

请收听! 请收听!

大洋广播电台

现在我们正在北冰洋的冰原之间航行,经过亚洲和美洲之间的海峡进入太平洋,或者,最好还是说驶入大洋②。现在在白令海峡,然后是鄂霍茨克海,我们开始经常遇见鲸。

世上竟有如此令人惊讶不已的野兽! 你只消想一想:多大的身躯,多大的体重,多大的力量!

我们见到了被拖上一艘巨大的捕鲸船甲板的一头鲸——一头长须鲸。它身长 21 米:得把 6 头大象彼此首尾相接排成一行才抵得上! 它的嘴里容得下连桨手在一起的整条小船。

它的一颗心脏重达 148 千克,重量抵得上任何两个大叔。它的总重量是55000 千克,也就是 55 吨。

如果要秤这么大的重量而把这头野兽放上天平一头的秤盘,那么另一头的秤盘上就只能爬上 1000 个人——男人、女人和儿童都上去,也许这样还不够。要知道这头鲸还不是最大的:蓝色的鳁鲸一般长达 33 米,重量超过 100 吨。

它的力量非常大,曾有一头被鱼镖捕获的鲸拖着扎住它的捕鲸船一连游了几昼夜,更糟糕的是它钻到了水下,捕鲸船也跟着被强行拖入海中。

这是以前发生过的事了,现在的情况可大不相同。我们难以相信横卧在我

① 俄罗斯境内连接伏尔加河(在伏尔加格勒附近)和顿河(在卡拉奇附近)的通航运河,长 101公里,水深不少于 3.5 米,1952 年起通航。

② 俄文中这个词按字面翻译就是"伟大的海洋"或"大洋",而且大写,属专有名词,译者手头的各种俄文原版工具书对该词的解释均为"见太平洋",可见该词为"太平洋"在俄文中的另一表达法,我以为与该洋为世界第一大洋有关。由于本文同一句子中同一事物出现两个名称,只能这样翻译以示区别。

们面前的这巨型怪物 —— 拥有如此可怕力量、小山似的一个有生命的肉体，几乎在瞬间就被我们的捕鲸手杀死了。

在不久以前，捕鲸还是用渔船上抛出的短矛 —— 鱼镖来完成的。它是由站在船头的水手用手抛向野兽的。后来开始从轮船上发射装有鱼镖的大炮来捕鲸。这样的鱼镖也惊扰了这头鲸，不过置它于死地的不是铁器，而是电流：鱼镖上拴着两根连接船上直流发电机的导线。在鱼镖像针一样扎进动物巨大躯体的瞬间，两根导线连通，发生了短路，于是强大的电流击中了鲸鱼。巨兽一阵颤抖，两分钟之后便一命呜呼了。

我们在白令岛旁边发现了黄貂鱼，在梅德内岛附近发现了和自己的孩子戏耍的海獭 —— 大型的海生水獭。这些提供非常珍贵毛皮的野兽几乎被日本和沙皇时代的贪婪之徒捕尽杀绝，而在苏维埃政权下受到了法律极为严格的保护，如今在我们这儿数量已迅速增加。

虽然在堪察加半岛的海边，我们见到个头与海象相当的巨大北海狮。但是自从看过鲸以后，所有这些动物在我们眼里就显得微不足道了。

现在已经是秋季，鲸正离开我们游向热带温暖的水域。它们将在那里产下幼仔。明年母鲸将带着幼鲸回到我们这里，回到我国太平洋和北冰洋的水域。吃奶的幼鲸个头比两头奶牛还大。

在我们这儿，幼鲸是受到保护的。

来自全国各地的无线电通报到此结束。下一次，也就是最后一次通报，将在 12 月 22 日举行。

射　靶

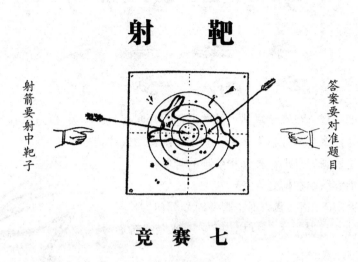

射箭要射中靶子

答案要对准题目

竞　赛　七

1. 按照日历,秋季始于哪一天(按日历)?

2. 什么动物在秋季落叶时节还在产仔?

3. 哪些树的叶子在秋季变红?

4. 是否所有的候鸟都会在秋季离开我们飞向南方?

5. 为什么老的公驼鹿被叫作"枝形角兽"?

6. 集体农庄的庄员把禾垛围起来是防备什么野兽?

7. 什么鸟在春天里唠叨:"买了外衣卖皮袄",而在秋天唠叨:"卖了外套买皮袄"?

8. 这里画着两种不同鸟在泥地上留下的脚印。其中一种鸟住在树上,另一种生活在地上。如何根据足迹判断它们是什么鸟,各在何处生活?

9. 哪一种向鸟射击的方法更准确 ——"直撞枪口"(也就是鸟飞的方向正对枪口),或"追打"(也就是枪口对着鸟飞走的方向)?

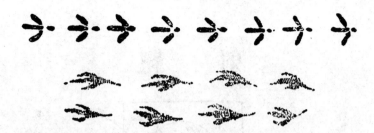

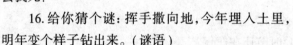

10. 如果乌鸦在森林里某一处的上空哇哇叫着盘旋不去,这意味着什么?

11. 为什么一个好猎人从来不向母的山鹑和松鸡开枪?

12. 这里画的是那一种动物前趾的骨骼?

13. 蝴蝶秋季在何处安身?

14. 太阳下山后,猎人射击野鸭时面朝何方?

15. 什么情况下人们这样说鸟:飞到海的对面去找死?

16. 给你猜个谜:挥手撒向地,今年埋入土里,明年变个样子钻出来。(谜语)

17. 小小的马儿离开陆地跑向海外,黑黑的背脊,白白的肚皮。(谜语)

18. 坐着的时候绿绿的,飞行的时候黄黄的,落地的时候黑黑的。(谜语)

19. 长长细细,消失在草丛里。(谜语)

20. 一身灰色牙齿尖,奔来跑去在荒原,找小牛和孩子做美餐。(谜语)

21. 小小偷儿把灰色皮袄穿,在田野地头到处窜,忙忙碌碌把食捡。(谜语)

22. 松林高地小老头,褐色帽子戴上头。(谜语)

23. 包在皮里没有用,脱去外皮都有用。(谜语)

24. 自己不想拿,乌鸦想要偏不给。(谜语)

公 告

快来收养无人照看的小兔子吧

现在,在森林里和田野里,还可以用双手捉住小兔子,因为它们的脚还短,跑得不太快。应当用牛奶饲养它们,用鲜菜叶和其他蔬菜将它们驯养。

提 醒

饲养小兔子会使你们不感到寂寞无聊:所有兔子都是极好的鼓手。白天,小兔子安安静静地待在箱子里,可到了夜里,只要它用爪子一敲打箱壁,准保你会醒过来! 要知道兔子是夜游动物。

请把窝棚搭起来

请在河边、湖边和海边搭起窝棚。在早霞和晚霞升起的时候钻进窝棚里。静静地在里面待着。守在窝棚里,在候鸟迁徙的季节可以看见许多有趣的事情:野鸭从水里爬出来,坐到了岸上,距离是那么近,甚至可以看清每一片羽毛。鹬在四周穿梭往来,潜水鸟在不远处一面扎猛子,一面游来游去,苍鹭飞来这里,停在了旁边。你还能见到夏季我们这里不常见的各种鸟类。

捕鸟人,到森林里去,花园里去

请在树上挂上灵巧的捕鸟器,清理好空地,用以放置鸟网和捕兽夹。现在正是捕捉鸣禽的时节。

测 试 六

"火眼金睛"称号竞赛

谁到过这里？

图 1

乡村里的一个池塘，那里并没有饲养家鸭。可是当人们熟睡的时候野鸭有没有光顾这里呢？何以见得？

林间路上的水洼边上有动物走过了，——上面留下了十字形和圆点形的脚印。是什么动物呢？

森林里有两棵被啃光叶子的山杨，但啃光的样子不同。有一种动物想出了办法，从肚子上开始把刺猬整个儿吃了，把皮丢在了这里。是什么动物？

图 2

是谁做的坏事？谁到过这里？

图 3

图 4

哥伦布俱乐部

第 7 月

—— 本地老住户的来信 —— 神秘消失的湖泊 —— 紧急出差 —— 地狱般美洲的秘密 —— 物理定律 —— 吸引眼球的景象。

未等少年哥伦布们很好地熟悉学校生活,就有一封来自"神秘乡"的信件来到他们手中。收到信的是科里亚,于是他立马向俱乐部的成员宣读了:

亲爱的科尔克:

你曾请求我告诉你我们这一带之后发生的事,现在我就向你报告一个新闻:你们都熟悉的普罗尔瓦湖消失了!晚上它还在,可是早上大伙一起床 —— 湖没了,消失了!我们整个合作小组曾经乘船去那里的一座孤林给蜜蜂分群,可如今我驾了农庄的大车去那里砍柴,湖却完全干了。自从没有了水,普罗尔瓦湖里便露出了大大小小的鱼。

孩子们直接用手去捡。狗鱼、鲈鱼、拟雅罗鱼多得不得了,我自己也捡了三桶。可聪明的大鱼却一条也没见到,不知去了哪儿!

普罗尔瓦湖消失已经整整四天,老人们说也许再也不会出现了,看样子是去过冬了。还听说雅玛湖和雅玛河也是这样突然消失了,还有周围那些小湖也一样。听说是米涅耶沃村后面的大湖卡拉博日亚对所有湖泊下了撤退令,听说这个湖很大很大。

暂时还没有别的新闻。

向大家还有小姑娘们问好!

永远是你们所熟悉的本地人
伊凡·布贝里

又及:等待你的回信,就如夜莺等夏天一样。

"这就对了,这是块神秘莫测的土地!"雷摊摊双手说,"但怎么会这样呢?

没多久前大伙儿还乘船在湖上划来划去呢,没多久前老海狼还差点在湖里淹死呢,怎么一夜之间湖突然消失了,不见了,就跟本来就不存在似的!而且在湖底可以走马车。湖到哪儿去了呢?神秘莫测……"

萨戛·捷焦尔金,一个刚被吸收加入俱乐部的六年级学生挺有把握地说:"我这么认为:这里面有奥秘!首先是太阳晒干了湖水,也就是蒸发了。湖水蒸发,变成了云,就在空中消失了。"

安德向他解释说,湖水不可能这么快蒸发干净。况且普罗尔瓦湖是在夜里消失的,在这种情况下没有任何阳光。

帕甫正经八百地宣称:"我想,这里综合了各种复杂的现象。我们得……嗯……到明年夏天解开这个谜……把各种专业知识联系起来考虑。"

"干吗要'明年夏天'!"科尔克急了,"趁湖里没水,要立刻对湖泊进行考察。塔里·金,您为我和安德还有沃夫克去校长那儿请三天假。然后我们当然得赶到那儿去。您派我们出差去科考——研究消失的湖泊。四天以后,也就是第四个星期天,秘密就揭开了!"

塔里·金同意向校长请假,于是第二天晚上,少年哥伦布们就动身紧急出差了。和他们同行的还有拉甫,因为他非常想看看诺夫哥罗德秋季的森林和他家乡乌拉尔的针叶林是否相似。拉甫出生在丘索瓦亚河畔。

9月20日,也就是秋分的前一天,少年哥伦布俱乐部的全体成员都集在了一起。在议事日程上写着唯一的问题:普罗尔瓦湖在"神秘乡"消失的原因。

作为考察队成员中有声望的成员,安德开始报告,尽管四名成员全是十年级学生。

"总的景象是这样:出现在我们眼前的普罗尔瓦湖是一个不深的盘子状凹地,从它底部耸立起两座柱状岛屿,上面长满了森林。湖里的水确实消失了,或者按当地的说法,不见了。只有在干涸凹地的东部,一处向下深陷的地方,还有一个大水洼——按诺夫哥罗德的方言叫作'勒瓦'。原来那里有一个裂口,或者叫落水洞,也就是塌陷口,湖水就是从那里溜走的。我们一下子明白了,我们和所谓的'喀斯特现象'①打上了交道。"

---

① 这是一个地质学上的术语,亦称"岩溶现象"。"喀斯特"一名源自斯洛文尼亚西部与意大利交界处石灰岩高原的名称。19世纪末塞尔维亚地理学家茨维伊奇对该地发育的石灰岩溶蚀而成的地貌进行研究,并称其为"喀斯特"。1966年中国岩溶学术会议曾决定将"喀斯特"一名改为"岩溶",故有另一名称。岩溶现象是由于天然水中溶入的二氧化碳使水呈酸性,溶蚀岩石中的岩盐(如石灰岩——碳酸钙、石膏——含水硫酸钙等)而形成的地貌现象,其特点是有典型的地下地形(溶洞、落水洞、天然竖井)和地表地形(溶斗和坡立谷等)此外还有地下水、河网(在落水洞区消失)、湖泊的独特循环和动态。

"什么,什么?"萨戛快速问道,"什么现象?"

"您要我怎么表述?"安德笑眯眯地闪道,"按科学的方式还是通俗的方式?"

"不言而喻,按科学的方式表述。"胖子帕甫一本正经地说,"咱们不是小孩了。"

"那好。"安德表示赞同,便开始宣读文稿,"《大百科全书》里是这么写的,'喀斯特现象'是产生于被水溶蚀的岩石中的一种现象,该现象与后者被溶蚀的化学反应有关。表现为一个由河流和湖泊网系在地面和深处独特的形式和特性,以及地下水的循环所形成的综合现象。懂吗?"

"我是小孩儿。"米说道,"我不懂。请不要说'后者'和'独特的综合现象'之类的话。"说着米对萨戛温和地眨了眨眼,后者紧蹙着眉头和鼻梁,露出丧气的表情在听着,虽然他听得很努力,但是一点也听不懂。

"我来说吧。"沃夫克当即自告奋勇地说,"简单说来,西说的是对的:米、西和科尔克过夜的那个地下通道,是一只水怪为了到另一只水怪家里做客而冲出来的。位于土壤下面石灰质地层的普罗尔瓦湖冲出了这个洞穴,当深深的卡拉博日亚湖的水位下降时,如今和它相连通的普罗尔瓦湖的湖水就通过这个洞穴溜进了那里。这里有一个连通器的原理——记得物理学里讲的吗?所以我有意画了这些线条。所有像盘子一样的小湖,像普罗尔瓦湖呀,雅玛湖呀,都和深得像钵子一样的大湖卡拉博日亚相连通,水就那样溜走了。现在就什么都一目了然。现在你明白了吗,萨戛?"

"像早晨一样清楚明了!"萨戛和米一起仔细看着沃夫克画的线条说。画家西立马用铅笔画了用橡皮管彼此连通的几只盘子和一只钵子,也出示给大家看。

"有的地方,"沃夫克接着说道,"水突然从上面冲刷出深洞和地下岩溶通道,构成漏斗洞、竖井、落水洞。科尔克、米和西就是对着这样的一个落水洞哇地一声喊的。从某角度说这是一个陷阱,一个捕捉青蛙、蛇、蛤蟆、兔子和别的野兽的'狼阱'。它们滑落到下面,就无法沿着陡直泥泞的洞壁从地下爬出来,于是就死在了里面。"

"那就是说这仍然是一头狼!"西大声说,"这些可怕、闪烁着红绿色磷光、如此不祥的眼睛!它为什么没有向我们身上扑?"

"也许因为它是一只狐狸。"安德平静地说,"在乌京卡河里有一个陷入其中的洞穴,按当地人的说法,是普罗尔瓦湖水冲出来的,我们在那里看到卡在沉底的灌木丛中的一只瘦得不能再瘦的狐狸尸体。真是瘦得皮包骨了。一下子可以看出它在死前饿了很久。应当认为它也通过这个洞穴掉进了地下通道,然后水流把它冲进了乌京卡河。在黑暗中你得把狐狸的眼睛和狼的眼睛分辨清楚了。"

"所从，"米若有所思地做了总结，"我们夏季谜一般可怕的历险，可以认为已完全彻底地得到了解释。那一夜我们沉湎于了对这'神秘乡'地质的过去的探索。而我是在这次历险中唯一受苦的——我很高兴我的脚首先踏上这地狱般美洲的土地。"

"瓦尼亚特卡·普贝里，"拉甫告诉大家说，"把我们带到了雅玛湖畔出生的九十岁老婆婆费什卡身边。她记得八十年前有一次在仲冬时节雅玛湖消失了。这就是当时的情景！费什卡那时是个小女孩。她带着两只桶去汲水，可是水——没有了！她下到冰窟窿里——那里是一座神奇的宫殿——银白色的屋顶寒光闪闪，变幻着五光十色。底部有飞快的鱼在奔跑，因为水洼里仍然有少量的水。水下的王国就跟童话里一样！真是美不胜收！"

"那你对诺夫哥罗德的森林印象如何？"西问道，"像你那秋天的乌拉尔针叶林吗？"

"确确实实一个样！也像普希金诗里所，是'赏心悦目的美景'！望着这儿秋季的丛林，我想到了色彩丰富的针叶林。"

"你写过什么赞美它的诗句吗？"

"这就是我写的诗。"说着拉甫就吟了起来：

赏心悦目的美景

仿佛朝霞布满了天空，
层林燃烧着火焰般的光芒。
深红、暗绿、铁锈红，
缤纷的色彩吸引我赞叹的目光。
如画美景令人欣喜若狂，
纵无铃兰的温柔、玫瑰的芳香，
也无蓝色矢车菊的抚慰
但是山杨和白桦鲜红的霜叶，
恰似四射的喷泉、招展的旗帜，
请理解它们狂热的嬉戏！
圆圆的泪珠是花楸的串串浆果，
在风中摇曳，鲜红如火。
听不见鸟儿的歌声，
也没有惊雷的轰鸣，
森林在怀抱中默默无言，

却闪耀着自燃的冷冷火焰。

秋季的盛宴是不朽的保障，
须知此时的死亡无非是一枕黄粱。
人们在啊请相信，信心要坚，
盛大葬礼上的承诺很庄严！
神秘的云杉不会平白无故，
创造出幽深的丛林，
还将它变得更为黑暗阴森：
它们的针叶里隐藏着新春。
"一切都会过去 ——无论母亲还是青春"，
但是请坚信此地没有死神。
那明媚的春光，
定给你带回青春的欢畅。

（待续）

森 林 报

No.8

仓满粮足月
（秋二月）

10 月 21 日至 11 月 20 日

太阳进入天蝎座

第八期导读

一年 ——分 12 个月谱写的太阳诗章

10 月 ——落叶、泥泞、准备越冬的时节。

扫荡残叶的秋风刮尽了林木上最后的枯枝败叶。秋雨绵绵。停栖在围墙上湿漉漉的一只乌鸦感到寂寞无聊。它也很快要踏上旅途：在我们这儿度过夏天的灰色乌鸦，已在不知不觉中成群结队地向南方迁徙，同样在不知不觉中取而代之的是在北方出生的乌鸦。原来乌鸦也是一种候鸟。在遥远的北方，乌鸦是最先飞临的候鸟，犹如我们这儿的白嘴鸦，又是最后飞离的候鸟。

秋季在做完第一件事 ——给森林脱去衣装以后，就着手做第二件事：将水冷却再冷却。每到早晨水洼越来越频繁地被脆弱的薄冰覆盖。河水和空气一样，已经没有了生气。夏季在水面上显得鲜艳夺目的那些花朵，早就把自己的种子坠入水底，把自己长长的花柄伸到了水下。鱼儿钻进了河底的深坑里，在水不会结冰的地方过冬。长着柔软尾巴的北螈在水塘里度过了整个夏季，现在爬出水面，爬到旱地里，在树根下随便哪儿的苔藓里过冬。静止的水面已经结冰。

旱地的冷血动物也冷却了。昆虫、老鼠、蜘蛛、多足纲生物都不知在哪儿躲藏了起来。蛇钻进了干燥的坑里，彼此缠在一起，身体开始慢慢冷却。青蛙钻进了淤泥里，小蜥蜴躲进了树墩上脱开的树皮里 ——在那里昏昏睡去……野兽呢，有的换上了暖和的毛皮大衣，有的在洞穴里构筑自己的粮仓，有的为自己营造洞天。都在做准备……

在阴雨连绵的秋季，室外有七种天气现象：细雨纷飘，微风轻拂，风折大树，天昏地暗，北风呼啸，大雨倾盆，雪花卷地。

准 备 越 冬

严寒虽还没那么凶猛，可是人们却马虎不得：一旦它降临天下，土地和河水刹那间就会结冰封冻。到那时你上哪儿弄吃的去？你到哪儿藏身去？

森林里每一种动物都有自己准备越冬的办法。

有的到了一定时间，就张开翅膀远走高飞，避开了饥饿和寒冷。有的则留在原地，抓紧时间充足自己的粮仓，贮备日后的食物。

尤其卖力地搬运着食物的是短尾巴的田鼠。许多田鼠直接在禾垛里和粮垛下面挖掘自己越冬的洞穴，每天夜里从那里偷窃谷物。

通向洞穴的通道有五六条，每一条通道有自己的入口。地下有一个卧室，还有几个粮仓。

冬季只有在最寒冷的时候田鼠才开始冬眠。所以它们要储备大量的粮食。在有些洞穴里已经贮存了四五公斤的上等谷物。

小的啮齿动物在粮田里大肆偷窃。应当防止它们偷盗快到手的粮食。

越冬的小草

树木和多年生草本植物都做好了越冬准备。一些一年生的草本植物已经撒下了自己的种子。但是并非所有一年生草本植物都是以种子的形式越冬。有些已经发芽。相当多的一年生杂草在重新锄松的菜地里已经发了芽。在光秃的黑土上看得见叶边有缺口的荠菜叶丛,还有样子像荨麻的紫红色野芝麻毛茸茸的小叶子,细小而有香味的洋甘菊,三色堇,遏蓝菜,当然还有讨厌的繁缕。

所有这些小植物都做好了越冬的准备,在积雪下面生活到来年秋季之前。

■ H. 帕甫洛娃

哪种植物及时做了什么

一棵枝叶稀疏的椴树像一个浅棕红色的斑点,在雪地里十分显眼。棕红的颜色并非来自它的树叶,而是附着在果实上的翅状叶舌。椴树的所有大小枝头都挂满了这种翅状果实。

不过这样装点起来的,并非只是椴树一种植物。就说高大的树木山杨吧。在它上头挂了多少干燥的果实呵!细细长长、密密麻麻的一串串果实挂在枝头,犹如一串串豆荚。

但是最美丽的恐怕要数花楸了:它的枝头到现在还保留着一串串沉甸甸、鲜艳的浆果。在小檗这种灌木上面依然能看见它的浆果。

卫矛的灌木上仍然点缀着迷人的果实。它和有着黄色花蕊的玫瑰色花朵看起来一模一样。现在还有多少种树木还没有来得及在冬季之前安排好自己的后代呵。

就连白桦树的枝头也还看得见它那干燥的葇荑花序,其中隐藏着翅状果实。

赤杨的黑色球果尚未落尽。但是白桦和赤杨却及时为春季的来临做好了准备 —— 挂上了葇荑花序。但等春天来临,那些花序就伸展起来,推开鳞状小片,绽放出花朵。

榛树也有葇荑花序,粗粗的,灰褐色,每一根枝条上有两对。榛树上早就找不到榛子了。它什么都及时做好了:不仅和自己的子女告了别,还为迎接春天做好了准备。

■ H. 帕甫洛娃

贮 存 菜 蔬

短耳朵的水鼬夏天在郊外避暑,住在河边。那里有它筑在地下的一间卧室。从卧室向下斜伸出一条通道,直达水边。

现在水鼬已经筑就了一个舒适温暖的越冬居室,它远离水边,在有许多草丘的草甸上。地下有多条通道通往它的居室,长度有一百步或更长。

它的卧室里铺上了柔软温暖的干草,就在一个大草丘的下面。

仓库与卧室有特殊通道相连。

仓库里按严格的次序 —— 按品种 —— 堆放着水鼬从田间地头偷来、搬来的谷物、豌豆、葱头、豆子和土豆。

松鼠的干燥场

松鼠从自己筑在树上的多个圆形窝里拨出一个用作仓库。它在那里存放林子里的坚果和球果。

此外松鼠还采蘑菇 —— 牛肝菌和鳞皮牛肝菌。它把它们插在松树细细的断枝上备干。冬季它就在树枝上游荡,用干燥的蘑菇充饥。

活 粮 仓

姬蜂为自己的幼虫找到了极好的仓库。它有飞得很快的翅膀,长在向上翘的胡须下面的一双锐利眼睛。很细的腰部分隔了它的胸脯和腹部,在腹部末端有一根长长、直直、细细,像针一样的刺。

夏季姬蜂找到一条大而粗的蝴蝶幼虫,就向它发起攻击,停到它身上,把自己锐利的刺扎进它皮里。它用刺在幼虫身上开了一个小孔,并在这个小孔里产下自己的卵。

姬蜂飞走了,蝴蝶的幼虫不久也从惊吓中恢复了元气。它又开始吃树叶,到秋季来临,它就做个茧子把自己包起来,化作了蛹。

就在这时,在蛹的体内蜂卵孵化成了幼虫。身居坚韧的茧内,幼虫感到温暖、安定,食物够它吃一年。

当夏季再度来临,蝶蛹的茧子打开了,但是从中飞出的不是蝴蝶,而是干瘦强健、身躯坚硬、身披黑黄红三色的姬蜂。这可是我们的朋友。因为它消灭害虫。

本身就是一座粮仓

许多野兽并不为自己修筑任何专门的粮仓。它们本身就是一座粮仓。

在秋月里,它不停地大嚼饱餐,吃得身胖体粗,肥得不能再肥,于是一切营养都在这里了。

脂肪就是储存的食物。它形成厚厚的一层沉积于皮下,当动物没有食物时就渗透到血液里,犹如食物被肠壁吸收一样。血液则把营养带到全身。这么做的有熊、獾、蝙蝠和其他在整个冬季沉沉酣睡的所有大小兽类。它们把肚子塞得满满了,就去睡觉了。

而且它们的脂肪还能保暖:不让寒气透过。

林间纪事

贼 偷 贼

论狡猾和偷盗，森林里的长耳猫头鹰算得上是把好手，但是又出了个小偷，而且还牵着它的鼻子跑。

长耳猫头鹰的样子像雕鸮，但是个头要小。它的嘴是钩形的，头上的羽毛向上竖着，眼球突出。无论夜间有多黑，这双眼睛什么都看得见，耳朵什么都听得见。

老鼠在干燥的叶丛里"窸窣"一响，猫头鹰就出现在旁边了。嗖的一声，老鼠就被升到了空中。一只兔子一闪间穿过了林间空地，黑夜里的盗匪已经来到它头顶。"嗖"的一声，兔子已经在利爪中挣扎了。

猫头鹰把猎获的一只只老鼠搬回自己的树洞里。它自己既不吃，也不让给别的猫头鹰吃：它要珍藏起来应付艰难的时日。

白天它待在树洞里守着贮备的食物，夜间就飞出去捕猎。它自己偶尔也回来一趟，看看东西是不是都在。

忽然猫头鹰开始觉察：似乎它的贮备变少了。洞主眼睛很尖：它虽然没学过数数，却凭眼睛提防着。

黑夜降临了，猫头鹰感到饥肠辘辘，便飞出去捕猎。

等它回来一看，一只老鼠也没有了！它发现树洞底部有一只身长和家鼠相仿的灰色小动物在蠕动。

它想用爪子抓它，可那家伙"嗖"的一下从小孔里钻了下去，已经在地上飞也似的跑着了。在它的牙齿间叼着一只小老鼠。

猫头鹰跟着追过去，眼看要追上了，而且已经看清楚谁是小偷，可一看清小偷的模样，它就害怕了，没再去追讨自己的猎物。小偷原来是一只凶猛的小兽——伶鼬。

伶鼬以劫掠为生，尽管是只个头很小的小兽，却极其勇猛灵巧，甚至敢和猫头鹰叫板。它用牙齿扎住对方胸脯，无论如何也不松口。

夏季又来临了吗？

有时寒气逼人，冷风刺骨，有时突然出了太阳，白天变得和煦宜人，一片安宁。这时，似乎会令人觉得突然间夏季又回来了。

鲜花从草丛下面露出了头,有黄色的蒲公英,报春花。蝴蝶在空中飞舞,一群群蚊子飞舞着打转,像一个个轻飘飘的小柱子。不知从什么地方跳出一只小小的鸟儿,它小巧活泼,在树根附近,尾巴一翘就唱了起来,歌声是那么热烈响亮!

一只姗姗来迟的棕柳莺从高高的云杉上传出哀怨而委婉的歌声,轻轻地、忧伤地,仿佛落入水中的一滴滴水滴:"滴——滴——嗒! 滴——滴嗒!"①

这时你会忘记:冬季已经近在眼前了。

受了惊扰的青蛙

池塘和住在里面的全部生灵都被冰封住了。突然又都解冻了。集体农庄庄员们决定对塘底稍稍清理一下。他们从塘里扒出一堆堆淤泥,就走了。

可太阳却一个劲儿地照着、烤着。从一堆堆淤泥里冒出了蒸汽。忽然淤泥动了起来:这时有一团淤泥跳离了泥堆,在那里滚动起来。这是怎么回事?

一个小泥团伸出了尾巴,在地上一颤一颤地抽搐着,然后就"扑通"一声跳回池塘,到了水里! 它后面又有第二个、第三个。

另一些泥团伸出了小小的腿,开始跳离池塘。真是怪事!

其实这不是泥团,而是浑身粘满淤泥的鲫鱼和青蛙。

它们钻到池塘底部去过冬。农庄庄员们把它们和淤泥一起扔到了池塘外面。太阳烤暖了土堆——鲫鱼和青蛙就苏醒了。苏醒以后它们就跳跃起来:鲫鱼跳回了池塘,青蛙则要为自己寻找一个更为安宁的地方,别让人再把它们从睡梦中抛了出去。

于是几十只青蛙仿佛约定了似的,都跳向了同一方向:它们所去的方向在打谷场和路的那一边,那里有另一个更大更深的池塘。它们已经来到路边。

不过秋日和煦的阳光是靠不住的。

阴沉沉的乌云把它遮住了。乌云下面刮起了凛冽的寒风。身上毫无遮蔽的小小旅行者冻得受不了了。青蛙勉强地跳动着,最后直挺挺地躺下了。腿脚无法动弹。血液凝固了。青蛙一下子冻死了。

青蛙再也不会跳跃。

不管它们现在有多少只,通通冻死了。

无论有多少只,青蛙的脑袋都朝同一方向躺着:都向着大路那一边,那里有一个大池塘,那儿有温暖、救命的淤泥在等着它们……

---

① 这是模拟声音的词,俄语中正合"阿姨""姑妈"或"婶婶"(外语中为同一词)这个词,翻译中是很难传达的,只能先服从传声。

胸脯红色的小鸟

夏天,有一次,我在林子里走,听到稠密的草丛里有东西在跑。起先我打了个哆嗦,接着开始仔细地四下里张望。我发现一只小鸟攒进了草丛里。它个头不大,本身是灰色的,胸脯是红色的。我捧起这只小鸟,就把它往家里带。我得到这只鸟太高兴了,连脚踩在哪儿都感觉不到。

在家里我给喂了点儿东西,它吃了点儿,显得高兴起来。我给它做了个笼子,捉来小虫子喂它。整个秋季它都住在我家。

有一次我出去玩儿,没关好笼子,我的猫就把我的小鸟儿吃了。

我非常喜欢这只小鸟。我为此还哭了鼻子,但是没有办法。

■ 驻林地记者　格·奥斯塔宁

我抓了只松鼠

松鼠操心的是这样一件事:夏天把食物储藏起来,冬天就可借此果腹。

我亲自观察了一只松鼠如何从云杉树上摘取球果,拖进树洞。我发现了这棵树,后来当我们砍下它并从里面拖出松鼠时,发现树洞里有许多球果。我们把松鼠带回家,关进了笼子。一个小男孩把手指伸进笼子,松鼠马上把手指咬破了,——它就是这个品性!我们带给它许多云杉球果,它爱吃极了。不过它最爱吃的还是核桃。

■ 驻林地记者　H. 斯米尔诺夫

我 的 小 鸭

我妈妈把三个鸭蛋放到了母火鸡的肚子底下。

三个星期后孵出了一群小火鸡和三只小鸭。在它们都还不结实的时候,我们把它们放在暖和的地方。但是就有那么一天我们把母火鸡和幼仔第一次放到了户外。

我们家房子旁边有一条水渠。小鸭马上一拐一拐地跳进水渠游了起来。母火鸡跑了起来,慌里慌张地乱作一团,大声叫着:"噢!噢!"它看到小鸭安安稳稳泅着水,对它睬也不睬,于是放了心,便和自己的小鸡走了。

小鸭游了一会,不久就冻得受不了了,便从水里爬了出来,一面"叽叽"叫着,一面瑟瑟发抖,可是没有取暖的地方。

我把它们捧在手里,盖上头巾,带回了房间。它们立马放心了,就这样在我身边住了下来。

一天清早我们把它们放到了户外,它们立刻下了水。等感到冷了,就跑回松鼠操心的是这样一件事：夏天把食物储藏起来，冬天就可借此果腹。

家来。它们还不会飞上门口的台阶,因为翅膀还没有长出来,所以就"叽叽"叫着。有人把它们放上了台阶,于是三只一齐直接向我的床边奔来,排成一行站着,伸长了脖子又叫了起来。而我正睡着呢。妈妈拿起它们,它们就钻进我被子下面,也睡着了。

快到秋天的时候它们长大了些,可我却被送进了城里上学去了。我的小鸭久久地思念着我,叫个不停。得知这个情况,我掉了不少眼泪。

■ 驻林地记者　维拉·米谢耶娃

捉摸不透的星鸦

我们这儿有一种乌鸦,体型比一般灰色的乌鸦小,全身都有花点。我们这儿把它们称为星鸦,在西伯利亚则称为松鸦。

它采集过冬吃的球果,——藏在树洞里和树根下。

冬季里星鸦宿无定所,从一处转到另一处,从一个森林转到另一个森林。迁移过程中它们就使用这些贮备的食物。

它们使用的是自己的贮备吗?事情是这样的,每一只星鸦所享用的都不是自己储藏的食物,而是自己的同族储藏的。它来到自己平生从未到过的一个树林,就立刻开始寻找另外的星鸦贮备的食物。它向每一个树洞里窥探,在里面找寻球果。

它到树洞里找食物还好理解。可是星鸦在冬天怎么找寻别的星鸦藏在树木和灌木丛根下的球果呢?要知道整个大地已经被白雪覆盖了!但是星鸦飞到一丛灌木前,扒开下面的积雪,总是能准确无误地找到其他星鸦的贮备。它怎么知道生长在周围的成千上万棵灌木丛和大树中恰恰这丛灌木下藏有球果呢?

这一点我们还不得而知。

要弄清星鸦在一模一样的覆盖物下面寻找并非自己储藏的食物时,究竟依靠的什么,得琢磨琢磨它的奥妙经验。

害怕……

树木落尽了叶子,森林显得稀疏起来。

林中的一只小雪兔趴在一丛灌木下,身子紧贴着地面,只有一双眼睛在扫视着四面八方。它心里害怕得很。

周围传来"窸窸窣窣、噼里啪啦"的声音。可别是鸱鹰的翅膀在树枝间扇动的声音吧?莫非是狐狸的爪子在落叶上簌簌走动?这只兔子正在变白,全身开始长出一个个白色斑点。再等等,等到下雪就好了!周围是那么亮,林子里变得色彩很丰富,满地都是黄色、红色、褐色的落叶。

要是突然出现猎人怎么办?

跳起来?逃跑?怎么逃?脚下的干叶像铁一样发出很响的声音。自己的脚步声就会吓得你丧魂落魄!

于是兔子在树丛下缩紧了身贴住地面的苔藓趴着,它紧挨着一个桦树墩,趴着,躲着,一动也不动,只有一双眼睛扫视着四方。

它心里害怕极了……

巫婆的扫帚

现在,当树木落尽了叶子,你可以看见上面有夏季看不清的东西。

你往远处看去,满眼都是白桦,上面似乎坠满了白嘴鸦的窝。可你如果走近一看,这根本不是鸟巢,而是由伸向不同方向的细细的树条构成的黑圆团,也就是"巫婆的扫帚"。

你回想一下任何一个有关老妖婆或巫婆的故事吧。老妖婆乘着石臼在空中飞行,用掸子把自己留下的痕迹掸去。巫婆从烟囱里骑着一把扫帚往外飞。无论妖婆还是巫婆,如果没有扫帚或掸子都没有办法。于是她们就把这样的疾病降到各种树上,使它的枝头长出类似扫帚那样难看的一团团树枝。一些快乐的故事讲述者就是这么说的。

可是按科学的说法是怎么回事呢?

按科学的说法?真的是这么回事吗?其实,枝头的这些团状树条是由病枝构成的,而病枝的产生是由于蜱螨和真菌。

颗粒状的蜱螨非常小也非常轻,以至风儿可以带着它们满林子跑。蜱螨一落到哪一根树枝上,就爬到幼芽上,在那里安营扎寨。正在发育的幼芽是即将形成的嫩枝和新茎,那上面长着叶芽。蜱螨不会去触动那些嫩枝和新茎的胚芽,只吸食幼芽的汁水。由于蜱螨的叮咬和分泌物,幼芽开始得病。等年轻的幼芽萌发的时候,它开始以神奇的速度生长,相当于正常速度的六倍。

病态的幼芽长成短短的嫩枝,后者又立刻长出旁枝。蜱螨的子孙又爬上了嫩枝,又使新枝分叉。分叉现象就这样不断地继续下去。于是在原先的幼芽上长成了蓬蓬松松、形象丑陋的巫婆扫帚。

如果在幼芽上飘落了孢子——寄生类真菌的胚芽——并开始在上面生长,也会发生相同的情况。

巫婆扫帚通常出现在白桦、赤杨、山毛榉、鹅耳枥、松树、云杉、冷杉及其他乔木和灌木上。

活 纪 念 碑

植树造林活动正搞得热火朝天。

在这个愉快而有益的活动中,孩子们的表现不比成年人逊色。他们小心翼翼地挖着,以免伤着了树根,将休眠的小树移栽到新的地方。到春季小树苏醒了,便开始生长,那会给人们带来前所未有的欢乐和益处。每一个栽种和培育了哪怕只是一棵小树的孩子,在自己的一生中为自己树立了一座极为美妙的绿色纪念碑 ——一座永远活着的纪念碑。

孩子们出了个极好的主意 ——在花园和学校的园地四周也栽上活的篱笆。栽得密密层层的灌木丛和小树不仅可以抵御沙尘和风雪,而且会引来许多小鸟;它们在这儿找到了可靠的藏身之所。夏天金翅雀、赤胸朱顶雀、莺和我们其他会唱歌的真诚朋友在这些篱笆内编织自己的小窝,孵育小鸟,勤勉地保护花园和菜园免遭有害的毛毛虫和其他昆虫的侵害。它们还会使我们的耳朵享受它们欢乐的歌声。

有几位少年自然界研究小组的成员夏天去了克里米亚,从那里带回一种名叫“列瓦”的有趣灌木的种子。到春季,这些种子长成了出色的活篱笆。我们必须在上面挂上告示牌:“请勿触碰!”这些高度戒备的灌木不允许任何人穿越自己严密的队列:列瓦像刺猬一样会扎人,像猫一样会爪子抓人,又像荨麻一样灼人。让我们看看,哪些鸟儿选择这位严厉的守卫作为自己的保护者。

鸟类飞往越冬地

(续完)

并非如此简单!

看起来这似乎是再简单不过的事:既然长着翅膀,想什么时候飞,飞往什么地方,那就飞呗。这儿已经又冷又饿,于是振翅上天,稍稍往比较温暖的南边挪动一下。如果那里又变冷了,就再飞远点儿。就在首先飞到的地方越冬吧,只要那里的气候适合你,还有充足的食物。

可事实并非如此:不知为什么我们的朱雀一直要飞到印度,而西伯利亚的燕隼却要飞越印度和几十个适宜越冬的炎热国家,直至澳大利亚。

这就表明:驱使我们的候鸟飞越崇山峻岭,飞越浩渺海洋而去往遥远国度的,并非如此简单的原因,并非单纯是饥饿和寒冷,而是鸟类身上不知来自何处的某种不容违拗、无法抑制的感情。不过……

众所周知，我国大部分地区在远古时代不止一次遭遇过冰川的侵袭。死亡的冰海以汹涌澎湃之势徐徐地淹没了我国所有广袤的平原，经历数百年的徐徐退缩后又卷土重来，将所有生命都埋葬在自己身下。

鸟类因翅膀而获救。首先飞离的那些鸟类占据了冰川最边缘的海岸，随后启身的飞往较远的地方，再往更远的地方，仿佛在做着跳背游戏似的。当冰川之海开始退缩时，被它逼离自己生息之地的鸟类便急忙返程，飞回故乡。最先飞回的是当初飞往不远处的那些鸟类，然后是随之而行的那些，最后是飞得最远的那些：跳背游戏按相反的顺序进行。这个游戏进程极其缓慢，要经历数千年的时间！在如此漫长的时间间隔之中，完全可以形成鸟类的一种习性：秋季，当寒流降临之时，飞离自己的生息栖止之地，待到来年春回之时与阳光一起重返故地。这样的习性一旦形成，便如常言所谓，沁入了"身体和血液"，长留不离了。所以候鸟每年要自北而南迁徙。这种观点被这样的事实所证明：在地球上未曾发生过冰川的地方，几乎没有鸟类大规模迁徙的现象。

其 他 原 因

然而鸟类在秋季并非只飞往南方的温暖之乡，而是飞往其他各个方向，甚至飞往最寒冷的北方。

有些鸟类飞离我们的地方仅仅是因为当大地为深厚的积雪所覆盖，水面被坚冰所封的时候，它们正在失去聊以果腹的食物。一旦积雪消融，大地初露，我们的白嘴鸦、椋鸟、云雀便应时而至了！一旦江河湖泊初现融冰的水面，鸥鸟、野鸭也应时而至了。

绒鸭无论如何不会留在坎达拉克沙自然保护区，因为白海在冬季被厚厚的冰覆盖了。它们常常被迫往北方迁移，因为那里有墨西哥湾暖流经过，整个冬季海水不冻。

假如你在仲冬时节乘车从莫斯科向南旅行，那你很快 —— 那已经是在乌克兰境内了 —— 会见到白嘴鸦、云雀和椋鸟。与被认为是在我们这儿定居的那些鸟儿 —— 山雀、红腹灰雀、黄雀相比，所有这些鸟儿只不过稍稍往远处挪了挪地方。因为许多定居的鸟类也不老是待在一个地方，而是迁移的。除非是城里的麻雀、寒鸦和鸽子，或森林和田野里的野鸡，长年在一个地方居住，其余的鸟类都是有的往近处移栖，有的往稍远的地方移栖。那么现在如何确定哪一种鸟是真正的候鸟，哪一种只不过是移栖鸟呢？

就说朱雀，这种红色的金丝雀吧，你可别说它是移栖鸟。还有黄莺也一样：朱雀飞往印度，黄莺则飞往非洲过冬。似乎它们并非如大多数鸟类那样由于那个原因成为候鸟的，并非由于冰川的推进和退缩。这里似乎另有原因。

请你看看朱雀,看看它的公鸟,似乎就是一只麻雀,但是脑袋和胸脯是那么红艳,简直叫你惊叹! 还有更令人惊诧的,那是黄莺:全身金红,长着一对黑翅。你不由得会想:"这些小鸟儿怎么打扮得这么鲜艳靓丽! ……在我们北方它们该不会是来自异国他乡的鸟儿吧,不会是远自炎热国度的异域来客吧?"

似乎可能,非常可能就是这么回事! 黄莺是典型的非洲鸟类,朱雀则是印度鸟类。也许情况是这样:这些种类的鸟曾有过迁徙的经历,它们的年青一代被迫为自己寻找能生活和生儿育女的新地方。于是它们开始向北方迁移,那里的鸟类住得不那么拥挤。夏季那里不冷。即使新生赤裸的小鸟也不会挨冻。而等到开始无以果腹和天气寒冷的时候,可以往回迁移到故乡:那里在这个时候也已孵出了小鸟,成群结队和睦融洽地一起生活 —— 它们不会驱逐自己的同族! 到了春天,又往北方飞迁。就这样来来往往,往往来来,经历了千秋万代……

就这样迁徙的路线成型了:黄莺向北,越过地中海飞向欧洲;朱雀自印度向北,越过阿尔泰山和西伯利西,然后向西,越过乌拉尔继续西飞。

关于某些鸟类通过逐步获得新栖止地的途径形成迁徙习性的观点可从下面的事实得到证明:比如朱雀可以说是在最近几十年内,直接在我们眼皮底下越来越远地向西迁徙的,直至波罗的海沿岸。却依然飞回到自己的故乡印度越冬。

有关候鸟迁徙成因的这些假设向我们做出了某种解说。然而有关候鸟迁徙的问题依旧充满了未解之谜。

一只小杜鹃的简史

这只小杜鹃诞生在我们这儿,列宁格勒近郊,泽列诺戈尔斯克市的一座花园①,一只红胸鸲的窝里。

请且别问它是如何孤身来到紧靠一棵老云杉树根边这个舒适小窝的,也别问红胸鸲妈妈和红胸鸲爸爸 —— 小杜鹃的后妈和后爸在喂养这个个头比它们大三倍的饕餮之徒,有几多辛劳、关爱和激动。

有一次,当花园的主人走到它们窝边,从中掏出已经羽毛丰满的小杜鹃,仔细端详一会后放回去的时候,它们俩几乎吓得半死。在小杜鹃的左翅上明显地露出一小块白色羽毛的斑记。

最终红胸鸲把自己收养的孩子养大了。但是即使飞出了窝去,在见到养父

---

① 这是模拟声音的词,俄语中正合"阿姨""姑妈"或"婶婶"(外语中为同一词)这个词,翻译中是很难传达的,只能先服从传声。

母时小杜鹃仍然会张开红中带黄的小嘴,嘶哑地叽叽讨食。

10月初,花园里的大部分树木只剩下一副副骨架,唯有一棵橡树和两棵老枫树尚未脱去鲜艳的树叶,这时小杜鹃消失了,就如大约一个月前所有成年杜鹃从我们的森林里消失一样。

和我们这儿所有的杜鹃一样,这一年的冬季小杜鹃是在南部非洲度过的。夏季飞来我们这儿的杜鹃是那里出生的。

而在今年夏季 —— 这完全是不久以前的事 —— 花园的主人发现老云杉树上有一只雌杜鹃。他担心它会拆毁红胸鸲的窝,就用气枪打死了它。

在杜鹃左翅上明显地露有一块白色斑痕。

我们正在揭开谜底,但秘密依旧

关于鸟类迁徙成因的推测,我们也许是对的,但如何解释下列问题呢:

第一,鸟类如何辨认数千俄里的迁徙之路?

以往,我们曾认为每一群秋季飞离的候鸟会有老鸟,即使只有一只,带领所有年轻的鸟儿沿着它清楚记得的路线从栖息地飞往越冬地。现在却得到准确的证明,在今年夏季才在我们这儿孵出的年轻鸟群中,可却一只老鸟也没有。有些种类的鸟,年轻的鸟比老鸟先飞走,另一些种类的鸟中,老的比年轻的先飞走。然而无论如何,年轻的鸟儿总是准确无误如期到达越冬地。

令人诧异的是,即使很小的一只老鸟的小脑子里也能记住数百、上千俄里的路程。而仅仅在两三个月前才降生于世,还没出过远门的小鸟,却已经能独自认识这条道路,这简直太不可思议了!

就以上文提到的泽列诺戈尔斯克的那只小杜鹃为例吧。它是怎么找到杜鹃在南部非洲的越冬地的? 所有老杜鹃比它早一个月就从我们这儿飞走了,并没有谁给它指路。杜鹃是孤身独处的鸟类,从来都不成群,即使在迁徙途中也是如此。而养育小杜鹃长大的是红胸鸲,一种飞往高加索过冬的鸟类。那么,我们的小杜鹃怎么会出现在南非洲 —— 我们北方的杜鹃世世代代越冬的地方 —— 呢? 然后又是怎么回到它被孵化出壳并被红胸鸲喂大的窝里的?

第二,年轻的鸟儿从何得知它们究竟应当飞往何处越冬的?

对于鸟类的这个奥秘,你们 ——《森林报》的读者实在应当思索一番,但也许会等你们的孩子将来解开这个谜底。

为了解决这些问题,首先得排除"本能"之类费解的词汇,应当琢磨出数以千计充满睿智的经验,从而清晰地探明鸟类大脑与人类大脑的区别。

给风力定级

等级	风级名称	秒速和时速	该级风的威力
7	疾风	13~15 米／秒 47~54 千米／小时	使电线嗡嗡作响,树梢向下弯,吹走浪尖的白沫
8	大风	16~18 米／秒 57~64 千米／小时	吹折树的枝桠和枝叶,吹倒树干、柱子和成片围栏
9	烈风	19~21 米／秒 68~75 千米／小时	刮走屋顶瓦片,吹落烟囱砖块,沉没渔船
10	狂风	22~25 米／秒 79~90 千米／小时 (速度与信鸽相当)	树被连根拔起屋顶被掀
11	暴风	26~29 米／秒 94~104 千米／小时	造成巨大破坏
12	飓风	每秒 30 米以上 (时速与鹰相当)	极大破坏

我们很幸运,因为暴风和飓风在我国非常非常罕见,而不是每年都有。

农 庄 纪 事

拖拉机不再嗒嗒作响。各个农庄亚麻的选种已经完成。运送亚麻的最后一批大车队正向火车站驶去。

现在农庄庄员们考虑的是来年的收成。考虑采用专业育种站为国内各农庄培育的黑麦和小麦新良种。大田作业已经不多,更多的是在家的工作。

庄员们全副心思对付院子里的牲畜。得把农庄的牛羊群赶进畜栏,马匹赶进马厩。

田间变得空空荡荡。一群群灰色的山鹑更近地向人的居住地聚集。它们在谷仓边过夜,甚至飞进了村里。

对山鹑的狩猎活动已经结束。有猎枪的庄员现在开始为打兔子而奔忙了。

集体农庄新闻

昨 日

"胜利"集体农庄禽舍的电灯亮了。白昼变得短起来,所以庄员们决定每晚给禽舍照明,使鸡可以有较长时间走动和啄食。

鸡都很兴奋。电灯一亮,它们立即起身洗起了炉灰浴。最好斗的一只公鸡向一边歪着脑袋,用右眼望着灯泡,叫道:

"咯,咯! 喔,要是稍稍挂低些,我可要用嘴来啄你啦! "

既有营养又好吃

任何一种饲料的最佳配料是干草粉。干草粉用上等干草加工制成。

吃奶的猪崽儿,你们如果想快快长成大猪,尝尝干草粉! 生蛋的母鸡,如果你们想每天咯咯哒咯咯哒叫 —— 为刚生的蛋报喜,就尝尝干草粉!

发自"新生活"农庄的报道

园艺队正忙于给苹果树换装。需要给它们清理并换上新装。因为苹果树身上除了灰绿色胸针 —— 地衣,什么也没有穿戴。

庄员们从苹果树身上剥除了这些装饰,因为那里隐藏着害虫。树干和下层的枝丫用石灰水刷白,使它们再也不会附上昆虫,免得被阳光灼伤,被严寒冻伤。现在苹果树穿着雪白的衣装好看极了。难怪队长开玩笑说：

"在节日就要来到的时候，给苹果树这么打扮可不是无缘无故的。我要带着这些美女去游行呢。"

给百岁老人采的菌菇

"曙光"集体农庄有位百岁老奶奶阿库里娜。《森林报》的记者去看望她，她不在家里，去树林里采菌菇了。

回来时，她带了满满一背篼蜜环菌。她对我们说：

"那些单独生长而且躲开人眼睛的菌菇，我已经找不到了：眼力不济了。而这些——密密麻麻长在一起，这儿有一个，那儿就会有上百个。而且这些可爱的菌菇，也就蜜环菌，它们还有一个习惯——爬到树墩上，更显眼。这真是给老太太采的菌菇！"

晚 秋 播 种

在"劳动者"集体农庄蔬菜队正在地里播种莴苣、洋葱、胡萝卜和香芹菜。种子落到了寒冷的土里，如果相信队长孙女儿说的话，种子对此是非常不满意的。小女孩说她听到种子在大声抱怨：

"不管你播不播种，反正在这么冷的地方咱们是不发芽的！既然你们喜欢这么做，自个儿发芽去吧！"

不过种蔬菜的人这么晚播下这些种子，就为了让它们秋季不能发芽。

因为这样做，种子到春季才会很早发芽，提早成熟。较早收获莴苣、洋葱、胡萝卜和香芹菜，这可是赏心乐事呵。

■ H. 帕甫洛娃报道

农庄里的园林周

在俄罗斯联邦的各州、边疆区和共和国开始推行园林周活动。苗圃里培育了大量供栽种的材料。在俄罗斯联邦的集体农庄里正在开辟数千公顷的新果园和浆果园。数百万株苹果、梨和别的果树将被种植在集体农庄庄员、工人和职员住宅旁的自种园地。

■ 塔斯社　列宁格勒讯

都 市 新 闻

动物园里的消息

兽类和禽类从夏季的露天场所迁到了越冬用的住所。它们的笼子被暖气烘得暖暖的。所以任何一头野兽都没有打算进入长久的冬眠状态。

园子里的鸟没有离开鸟笼飞往任何地方,而是在一天之内从寒冷的国度进入了炎热的国家。

没有螺旋桨

这些天,城市上空飞翔着一些奇怪的小飞机。

行人在街道中央停住了脚步,惊疑地仰首注视着在空中兜着圈子的小小飞行队伍。他们彼此询问说:

"您看见吗?"

"看见了,看见了。"

"真奇怪:怎么听不见螺旋桨的声音?"

"也许是因为太高?您看它们是那么小。"

"就是往下降了反正也听不见。"

"为什么?"

"因为没有螺旋桨。"

"怎么会没有呢?这算什么呢——新型设计吗?"

"是鹰!"

"您开玩笑!列宁格勒哪来的什么鹰!"

"那就是金雕。它们现在是飞经这里,正向南方去呢。"

"原来是这样!现在我自己也看见了——一些鸟儿在打转;要不是您说,我真的以为是飞机呢。太像了!它们哪怕把翅膀扇那么一下也……"

赶紧去见识见识

这几个星期以来,在涅瓦河上的施密特中尉桥边,彼得保罗要塞附近,还有别的一些地方,活跃着最令人惊奇的各种形状和颜色的野鸭。

这里有像乌鸦一样黑色的黑海番鸭,鼻梁凸起、翅膀上有白花纹的海番鸭,花离斑斓、尾巴像伞骨一样撑开的长尾鸭,还有黑白相间的鹊鸭。

它们对城市的喧嚣无所畏惧。

即使载货的黑色拖轮的铁质船头破浪而进，向着它们笔直冲来的时候，它们也无所畏惧。它们一个猛子扎进水里，又重新出现在离刚才的地方几十米远的水上。

这些潜水鸭都是迢迢海途上的过客。它们一年两度做客列宁格勒——春季和秋季。

当来自拉多加湖的冰开始向涅瓦河走来时，它们便飞走了。

鳗鱼踏上最后的旅程

大地已是一片秋色。很快，秋色也来到了水下。水正在一点点变冷。老鳗鱼离开这里，踏上最后的旅程。

它们从涅瓦河经过芬兰湾，经过波罗的海和德国海，进入深深的大西洋。

它们再也不会回到这条度过了一生的河里，而是将在几千米的大洋深处找到自己的坟墓。不过，在死去之前，它们会把卵产下来。大洋深处并不像我们想象的那么寒冷：那里的温度是零上 7 度。每一颗卵都在那里孵化成了细小、像玻璃一样透明的小鳗鱼——鳗苗。亿万群鳗苗将踏上遥远的征途。三年后，它们才能来到涅瓦河口。

它们在这里成长，变成了鳗鱼。

狩 猎 纪 事

带猎狗走在黑色的土路上

在秋季一个清新的早晨，一个猎人肩上扛着枪走在田野上。他用一根短短的皮带牵着彼此靠得很紧的两条追逐犬，两条胸脯宽阔、有棕红色斑点的黑色公狗。

他走到了一座林子边上。他从系着的皮带上放出猎狗，把它们"抛"向了那座孤林。两条猎狗沿着一丛丛灌木冲了出去。

猎人在林边静悄悄地走着，选择着自己在兽径上站立的位置。

他在对着一丛灌木的一个树桩后面站住了，那里一条无形的小道从林子里延伸出来，朝下通向一条小山沟。

他还没来得及站定，两条狗已经遇到了野兽的踪迹。

那条老公狗多贝瓦依先叫了起来：它的吠叫一声紧接着一声，并不响亮。

年轻的扎里瓦依跟着它一阵狂吠，也叫了起来。

猎人根据声音听出：它们惊醒并赶起了兔子。它们现在正低头嗅着足迹，沿着黑色土路，沿着因雨水而变得泥泞、发黑的土地穷追不舍。

狗的叫声时近时远，表明兔子在绕着圈儿走。现在声音又近起来了，正朝这儿赶呢。唉，好粗心大意的家伙！你看这就是它呀，你看那只灰兔棕红色的皮毛在小山沟里闪动呢！猎人一眨眼被它溜走了！

现在又是猎狗追赶的声音：跑在前面的是多贝瓦依，扎里瓦依伸出舌头跟在后面。它们在小山沟里跟在兔子后面奔着。不过没关系，它们又拐进林子去了。多贝瓦依是条很有韧性的猎狗，它会盯着踪迹不放，不会跟丢，不会让猎物逃走 ——是条善于追踪的好狗。

它们兜着圈子跑了一圈，现在又进了林子。

"反正兔子要栽在这条它经常出没的路上。"猎人想道，"这回我不会放过它了！"

一阵静默……然后……怎么回事？为什么声音分散了？现在领头的狗完全不叫了。

只有扎里瓦依在叫。

一阵静默……

又传来了领头的多贝瓦依的叫声，但已经是另一种叫法，更加激烈，声音嘶哑。扎里瓦依憋住了气接着它叫了起来,重复地发出尖厉的声音。它们碰到了另一种足迹了!是什么足迹呢?反正不是兔子的。不错,是红……

猎人迅速更换了弹药:装进了最大号的霰弹。

兔子蹦跳着在小道上迅跑,跑到了田野上。猎人看见了,却没有举枪。

而狗的追捕声则更近了——叫声嘶哑,发出了凶狠、懊丧的尖叫……突然在兽径上,在灌木丛间刚才兔子跑过的地方——火红的背脊和白色的胸脯……直冲着猎人奔来。猎人端起了枪。野兽发现了,毛茸茸的尾巴一闪拐向了一边,接着又拐向了另一边。

晚了!砰!只见火红的颜色在空中一闪,中弹而亡的狐狸在地上张开了四肢。

猎狗从林子里跑了出去,向着狐狸奔去。它们用牙齿咬住了红色的皮毛,抖动着它,眼看着要将它撕碎了!

"放下!"猎人威严地向它们吆喝着跑过去,赶紧从狗嘴里夺下珍贵的猎物。

地 下 格 斗

离我们农庄不远的森林里有一个有名的獾洞,这是一个百年老洞。所谓"獾洞"不过是口头叫叫而已,其实它甚至不能称为洞,而是被许多代獾纵横交错地挖空的整座小丘。这是獾的整个地下交通网。

塞索伊·塞索伊奇指给我看了这个"洞"。我仔细察看了这座小丘,数出它有六十三个进出口。而且在灌木丛里,小丘下还有一些看不见的出口。

一看便知,在这个宽敞的地下藏身之所居住的并非仅仅是獾,因为在有些入口旁边密密麻麻地爬满了葬甲虫、粪金龟子、食尸虫。它们在堆积于此的母鸡、黑琴鸡、花尾榛鸡的骨头上和长长的兔子的脊梁骨上操劳忙碌。獾不做这样的事,也不捕食母鸡和兔子。它有洁癖:自己吃剩的残渣或别的脏东西从来不丢弃在洞里或洞边。

兔子、野禽和母鸡的骨头泄露了狐狸家族在这里地下和獾比邻而居的秘密。

有些洞被挖开了,成为名副其实的壕堑。

"这都是我们的猎人做的好事,"塞索伊·塞索伊奇解说道,"不过他们是枉费心机:狐狸和獾的幼仔已经在地下溜走。在这里是无论如何也挖不到它的。"

他沉默了一会儿后又补充说:"我们可是尝试用烟把洞里的主儿从这儿熏出来!"

第二天早上,我们三个人来到小丘边:塞索伊·塞索伊奇,我,还有一个小伙儿。塞索伊·塞索伊奇一路上和他开玩笑,一会儿叫他"烧锅炉的",一会儿又叫他"司炉"。

我们三个人忙活了好久，除了小丘下面的一个和上面的两个，所有通地下的口子都堵住了。我们拖来许多枯枝，苔藓和云杉枝条，堆到下面的一个洞口。

我和塞索伊·塞索伊奇各自在小丘上面的一个出口边，灌木丛的后面站定。"烧锅炉的"在入口边烧起一个火堆。待火烧旺，他就往上面加云杉枝条。呛人的浓烟升了起来。不久烟就引向了洞里，就像进入了烟囱似的。

当烟从上面的出口冒出来时，我们两个射手守在自己埋伏的地方感到焦躁不安。说不定机灵的狐狸先跳出来，或者肥伴而笨拙的獾先冒出来？说不定它们在地下已经被烟熏得眼睛痛了？但是躲在洞穴里的野兽是很有耐心的。

眼看着树丛后面塞索伊·塞索伊奇身边升起了一小股烟。不久，我身边也开始冒烟。现在已经不必等多久了：马上会有一头野兽一面打着喷嚏和响鼻窜出来。更确切地说，是窜出几头野兽，一头接着一头。猎枪已经抵在肩头：千万别漏过了机灵的狐狸。

烟越来越浓，已经一团团地滚滚涌出，在树丛间扩散。我也被熏得眼睛生痛，泪水直淌 —— 如果野兽被你漏过，那么正好是在你眨眼睛抹眼泪的时候。但是仍然不见野兽出现。

举枪抵住肩头的双手已经疲乏。我放下了枪。

等啊等，小伙儿还在一个劲儿地往火堆里扔枯枝和云杉树条。但是最终仍然不见有一头野兽窜出来。

"你以为它们都闷死啦？"回来的路上，塞索伊·塞索伊奇说，"不是，老弟，它们才不会闷死呢！烟在洞里可是往上升的，它们却钻到了更深的地方。谁知道它们在那里挖得有多深。"

这次失手使小个儿的大胡子情绪十分低落。为了安慰他，我便说起了达克斯狗和硬毛的狐狗，那是两种很凶的狗，会钻洞去抓獾和狐狸。塞索伊·塞索伊奇突然兴奋起来：你去弄一条这样的狗来，不管你想怎么弄，得去弄来。我只好答应去弄弄看。

这以后不久我去了列宁格勒，在那里我突然走了运：一位我熟悉的猎人把自己心爱的一条达克斯狗借给我用一段时间。

当我回到乡下，把狗带给塞索伊·塞索伊奇看时，他甚至大为光火：

"你怎么，想拿我开涮？这么一只老鼠大小的东西，不要说公狐狸，就是狐狸崽子也会把它咬死再吐掉。"

塞索伊·塞索伊奇本人个子非常矮小，为此常觉得委屈，所以对别的小个子，即便是狗，都不以为然。

达克斯狗的样子确实可笑：小个儿，矮矮长长的身子，弯曲得像脱了臼的四条腿。但是这条其貌不扬的小狗露出坚固的犬牙，冲着无意间向它伸出手去的塞索伊·塞索伊奇凶狠地吠叫起来，朝他猛扑的时候，塞索伊·塞索伊奇急忙跳开，只说了一句话："瞧你！好凶的家伙！"说完就不吱声了。

我们刚走近小丘，小狗儿就怒不可遏地向洞口冲去，险些把我的手拉脱了臼。我刚把它从皮带上放下，它已经钻进黑乎乎的洞穴不见了。

人类按自己的要求培育出了十分奇特的狗的品种，而达克斯狗这种小巧的地下猎犬也许是最奇特的品种之一。它的整个身躯狭窄得像貂一样，没有比它再适合在洞穴中爬行了。弯曲的爪子能很好地抓挖泥土，牢牢地稳住身体；狭而长的三角形脑袋便于抓住猎物，能一口咬它致命。我站在洞口，等待受过良好训练的家犬和林中野兽在黑暗的地下血腥厮打的结果，我仍然觉得有点心里发毛。要是小狗儿进了洞回不来了，那怎么办？到时我有何脸面去见失去爱犬的主人？

追捕行动正在地下进行。尽管厚厚的土层会使声音变轻，响亮的狗吠声依然传到了我们耳边。听起来追捕的叫声来自远处，不在我们脚下。

然而耳听得狗叫声变近，听起来更清楚了。那声音因狂怒而显得嘶哑。声音更近了……突然又变远了。

我和塞索伊·塞索伊奇站在小丘上面，双手紧握起不了作用的猎枪，握得手指都痛了。狗吠声有时从一个洞里传来，有时从另一个洞里传来，有时从第三个洞里传来。

突然，声音中断了。我知道这意味着什么：小小的猎犬在黑暗通道内的某个地方追着了野兽，和它厮打在一起了。

这时我才突然想起，在放狗进洞前我该考虑到的一件事：猎人如果用这种方式打猎，通常在出发时要带上铲子，只要敌对双方在地下一开打，就得赶快在它们上方挖土，以便在达克斯狗处境不好时能助它一臂之力。当战斗在靠近地表的地下某一个地方进行时，这个方法就可以用上了。不过在这个连烟也不可能把野兽熏出来的深洞里，就甭想对猎犬有所帮助了。

我干了什么好事呀！达克斯肯定会在那里的深洞里送命。也许它在那里不得不进行的厮打中，要对付的甚至不是一头野兽。

忽然又传来了低沉的狗吠声。但是我还来不及得意，它又不叫了——这回可彻底完了。

我和塞索伊·塞索伊奇久久伫立在这只英勇猎犬无声的坟丘上。我不敢离开。塞索伊·塞索伊奇首先开了腔：

"老弟，我和你干了件蠢事。看来猎狗遇上了一头老的公狐狸或者老的雅兹符克。"

我们那儿管獾叫"雅兹符克"。

塞索伊·塞索伊奇迟疑了一下又说道:"怎么样,走?要不再等上一会儿?"

就在这时,地下传来了全然出乎意料的沙沙声。

于是洞口露出了尖尖的黑尾巴,接着是弯曲的后腿和达克斯狗艰难地移动着的整个细长的身躯,身上满是泥污和血迹!我高兴得向它猛扑过去,抓住它的身体,开始把它往外拉。

随着狗从黑洞里露出的是一头肥胖的老獾。它毫不动弹。达克斯狗死命地咬住它的后颈,凶狠地摇撼着。它还久久不愿放松自己的死敌,似乎在担心它死而复生。

(本报特派记者)

射　靶

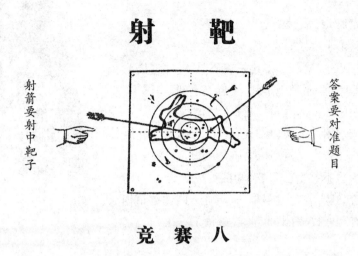

射箭要射中靶子

答案要对准题目

竞　赛　八

1. 兔子往哪儿跑更方便 ——下山还是上山?

2. 落叶向我们揭示鸟类的哪些秘密?

3. 住在森林中的哪一种动物会在树上风干自己的蘑菇?

4. 什么野兽夏季住在水中,冬季住在土里?

5. 鸟类贮备过冬的食物吗?

6. 蚂蚁如何为过冬作准备?

7. 鸟类骨骼的内部是什么?

8. 秋季猎人穿什么颜色的衣服最好?

9. 鸟类什么时候更能抵御枪弹的伤害 ——夏季还是秋季?

10.画在这里的这个可怕的脑袋是什么动物的? (右图)

11.能不能把蜘蛛称为昆虫?

12.青蛙躲到哪里过冬?

13.这里画的是三种不同鸟的脚。其中一种鸟生活在树上,另一种在地上,第三种在水里。指出哪一种脚是在哪里生活的。

14.哪一种野兽的脚爪掌心单独外翻而且外露?

15.这是长耳猫头鹰的脑袋。用铅笔尖指出画上猫头鹰的耳朵。

16. 身体落到水上, 自己没有下沉, 也不把水搅浑。(谜语)

17. 走呀走, 永远走不完。想捉捉不住, 而且捉不完。(谜语)

18. 一年生的草, 长得比院墙还要高。(谜语)

19. 跑呀跑, 还是跑不到, 飞也飞不到。(谜语)

20. 过了 3 岁的乌鸦是几岁? (谜语)

21. 到水塘洗个澡, 身上还是又干又燥。(谜语)

22. 身子带走, 抛掉骨头, 脑袋入口。(谜语)

23. 生来不是王公贵族, 却戴着王冠走; 不是骑士, 却带着马刺。自己起得早, 也不让人睡觉。(谜语)

24. 有尾非兽, 有羽非鸟。(谜语)

公 告

"火眼金睛"称号竞赛

测 试 七

谁干的?

图1

1. 谁在云杉球果上做了手脚,并把它们丢到了地面上?

2. 谁坐在树墩上摘完了球果,留下了果核?

3. 是谁在榛子上凿了这些小孔,掏吃了里面的果仁?

4. 谁把蘑菇搬上了树,把它插在了树枝上?

在一棵老白桦树的皮上,有些绕树干一周的小圆孔。

这是谁做的,为什么?

是谁加工了这个刺实植物的刺状果实?

是谁在幽暗的森林里用爪子毁了树木 ——把云杉树的内皮剥下?它为什么要这样?

图2

图3

图 4

是谁在这儿干的坏事 —— 摧毁了这么多树木,使枝头变得光秃一片,还直接折断了那么多树枝?

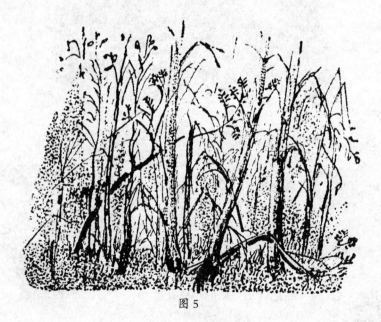

图 5

人人能做的事

想讨回被啮齿动物从田里盗窃的上等粮食,就要学会找寻并开挖田鼠的洞穴。本期《森林报》上报道了这些害兽从我们的田间偷盗了多大储量的精选良种的谷物,充实到它们自己的粮仓。

请 别 惊 扰

我们为自己准备了越冬的居室，并将在此睡到开春。我们没有打搅你们，所以请你们也让我们安安稳稳地休息。

——熊、獾、蝙蝠

哥伦布俱乐部

第 8 月

夏季科学考察报告 —— 鸟类学考察报告 —— 兽类学考察报告 —— 树木学考察报告 —— 收养的动物

现在已到了检阅少年哥伦布们在整个夏天所作所为的时候。首先在俱乐部会议上汇报的是鸟类学研究者。

"我们全体五个人，"安德汇报说，"也就是塔里·金，雷，米、科尔克和我，到了 151 种鸟，或按我们的称呼 —— 翅羽族生活的神秘乡。"

"嘿，你真有两下子！"老海狼沃夫卡不由自主地说道，"我们找到的哺乳动物还不到那个数的一小部分呢！"

"这个数完全没达到应该有的那个数目，"安德接着说，"科学院动物学博物馆鸟类部已故主任瓦连京·里沃维奇·比安基的报告《我们关于诺夫哥罗德省鸟类的情报》('省'现在应叫'州')统计有 260 种。应当略去七种纯粹是偶尔飞来我们这儿的鸟类，像黑雁呀或者白颊燕鸥呀之类，还要略而不计只在冬季飞来我们这儿的九种，像北极猫头鹰或雪鸦和拉普兰鹀之类的鸟，它们在夏天我们无论如何都见不到，还有几十种飞经我们州的鸟，它们在我们这小小的神秘乡也许只能偶然见到；这样一来，说我们和我们美洲的翅羽族居民已经认识，大概是言出有据了。我敢保证，任何一个本地居民对他所在的区域究竟有多少种不同的鸟类，他那野生鸟类业究竟由什么构成一，都心中无数。而我们对此做了调查，而且将所有种类都录入了清单。

"整年居住的土著，也就是定居的鸟类有 51 种。春天飞来我们的神秘乡，在此筑巢又孵育幼雏，而秋季又飞走的，也就是候鸟，据我们统计有 89 种。

"夏末来自北方的候鸟我们统计有 10 种。偶尔飞来这里的一共就翻石鹬一种；这可是名副其实的发现，因为在瓦·里·比安基的《我们的鸟类》一书中这种鸟根本没有提到，而在这里只有科尔克发现了。白腰朱顶雀的窝是雷发现的，以前认为它只是在诺夫哥罗德州过冬的鸟类；而发现鸣声如笛的松雀在神秘乡筑巢而居,要归功于米:以前也认为松雀只是飞来我们这一带过冬的鸟类。它们究竟是偶尔留下来度夏还是开始习惯在我们这儿筑巢而居,还有待未来证实。要知道在《我们的情报》一书里认定白腰朱顶雀是一种不常见的鸟类,但是现在已经在这儿每一个合适的地方筑巢居住了。

"将鸟蛋从一种鸟身边转移到另一种鸟身边的试验在夏季做了 27 项。有关这些试验的意外结果你们已经知道。

"我们给 57 只鸟套了脚环,其中有 54 只雏鸟,还有 3 只是大人们偶然捕获的。

"我们就地喂养了 32 只小鸟。带在身边喂养的有:北噪鸦一只,乌鸦一只,煤山雀一只。喂养的结果将在会议结束时展示。

"考察的《航行日志》和特别观察的详细笔记记载了全部工作。"

在讨论了安德的报告后老海狼沃夫克发了言。

"我们的兽类学考察登记的动物品种没有如此庞大的清单,也就不足称道了。我们在整个夏天一共观察了 31 种哺乳类动物。我们甚至没有观察,而是记录,因为有些品种我们是根据耳闻登记,——就像我们可敬的帕甫。所以我们在神秘乡既没有遇见小小的伶鼬,也没有遇见个头不大、漂亮的鹿——就是所谓的狍子或野山羊,更没有遇见脚趾内翻、可怕的熊,遗憾得很。"

"你最好说'幸运得很'。"萨戛插话说,"要是和熊遭遇上又没有猎枪,那就唉呀呀了!"

"大家笑了起来,沃夫克继续往下说:

"总的说,我们的哺乳动物是那么稀少,简直扳着指头就数得过来。猛兽有:熊,狼。狼在战前就没有了,战后又繁殖起来。狐狸、獾、貂和黄鼬——难得见到,白鼬和伶鼬听说是有。猞猁在这儿是路过的野兽,最近几年没听说过。就这些。食昆虫的兽类有:鼹鼠很多,刺猬很少,鼩鼱有两种,一种在陆上,一种在水中。有蹄目一共两种:驼鹿和狍子。翼手目……可是这属于夜行动物,我们对它们了解不多。我们一共捉到过 3 只:一只大蝙蝠,一只山蝠,一只鼠耳蝠。啮齿目动物当然最多:2 种兔子——灰兔和雪兔,2 种松鼠:棕褐色的普通松鼠和飞鼠——这是一种带蹼膜的灰色松鼠。我们在一棵山杨的树洞里发现了它的幼仔,但半小时后我们再跑来找它们时,它们已经不在了:松鼠妈妈叼着它们的后颈转移到了别处!幸好神秘乡没有原仓鼠也没有黄鼠,这是很可怕的害兽。

"不过普通的灰色大老鼠可以说数量可观,和小家鼠相当。还有水鼹,背部有一条黑纹的黑线姬鼠,林鼠和 3 个不同品种的田鼠。这就是我们的清单。"

"那么熊是哪一种呢?"萨戛务实地问,"没有白熊?"

沃夫克大笑起来。

"灰色的没有,因为它们只生活在北美嶙峋的山区,就叫灰熊 —— 你读过梅因·里德[1]的作品吗?住在洞穴里的喜马拉雅山黑熊也没有。还有生活在海里的白熊也没有:它们只生活在北冰洋里。你可以放心睡觉。"

萨戛显得很尴尬。

"我自己是诺夫哥罗德人。我们那儿有人说过,偶尔森林里会有白熊出没……"

"大概就是皮毛颜色很浅的缘故。这倒是常见的。通过特别有意思的观察可以发现:整个艾鼬家族悄悄地住在一位农庄女庄员家门口的台阶下。院子里母鸡走来走去,公鸡在踱方步,它们却碰也不碰。反正兔子不吃窝边草呗,眼睛盯着远处的。所以女主人竟然不知自己身边住着整整一窝这样的盗贼,甚至毫不怀疑。

"另外,拉有一只非常逗的皮皮什卡 —— 一只小獾。她把它调教得比我们都好!好吧,待会儿让丽雅自己向你们展示吧。"

沃夫克在结束汇报时告诉大家:他发现了一位住在"漂浮美洲"的"美洲居民" —— 一只住在漂浮植物层上的麝鼠。

有关树木学考察的报告由帕甫做。可他吞吞吐吐说不上来:"呃……呃……呃……"要不就是"那个……","这个……",弄得大伙儿对他直摇手:

"别说了!要是本来就结巴倒好了,现在都乱了套了!多,咱们请多来说!"

多正好相反,过于急躁,一开口就跟倒豆子似的,只好不时打断她,向她重复发问。

"在我们的神秘乡,土生土长的参天大树的品种,"多仿佛一个熟练的打字员在打字机上"嗒嗒嗒"飞快打字似的说了起来,"同样不多,实在不多,一两下就完了,比兽类学家们的哺乳动物的品种还少。尤其是某些成群生长的树木,像松树、云杉、白桦 —— 有一种枝叶很茂盛的,还有一种树皮上都是疙瘩;还有含胶的灰赤杨,山杨 —— 都在这儿了。有的树是一棵棵分散生长的,比如花楸、稠李、橡树、野苹果树。那里的榆树有树皮光滑的和粗糙的两种,白杨经常混进榆树堆里,还有枫树、桦树,在河边和沼泽边有高大的白柳。最有趣的是柳树,我说的是柳树这一族有各种叫法:爆竹柳、苇尔巴[2]、杞柳。多得数不清:俄罗斯

---

[1] 托马斯·梅因·里德(1818—1883),英国作家,著有惊险小说,作品中有对美国被压迫人民苦难生活的描写。代表作有《白人领袖》《混血姑娘》《塞密诺尔人的头人奥赛拉》《无头骑士》等。

[2] 该词的俄文原文直译成中文就是柳,这里是音译。柳属杨柳科,有乔木、灌木、小灌木等约300个品种,在苏联有120种。本文列举的只是部分品种的民间叫法。翻译时如词典中有相应译名的则从词典,否则取音译加注。

柳、拉普柳、白柳、黑柳、蓝灰柳、烟灰柳、大耳柳 —— 说老,叫大耳柳!"

多看到同学们在笑,自己把自己的话打断了。"说老实话"四个字她没有都说出来,因为觉得太长,所以她说成了两个字 ——"说老!"

"说老,大耳柳,还有三个和五个雄蕊的柳树,迷迭香叶柳和茸毛跑前……见鬼!说不出来了!茸毛跑前柳!这还不是全部:我们这儿有二十种不同品种的柳树!还有多少灌木!灌木有:刺柏,或者按乡下叫法 —— 苇列斯,野蔷薇,马林果①,鼠李,榛,毒浆果,岩高兰,两个品种的忍冬,瘤枝卫矛,红色茶藨子和黑色茶藨子,杜香,帚石南,熊果,水越橘……"

"停,停,停!"科尔克讨饶了,"你越说越多,说哪儿去了!熊果,水越橘,我希望这些仍然是浆果,而不是灌木,是吗?"

"没什么了不起的!"多得意扬扬地说,"尽管它们确实是浆果,但仍然被认为属于灌木。还有半灌木呢:鹿蹄草、山朱萸、百里香、欧白英……灌木还有呢!越橘、黑果越橘、红莓苔子、蜂斗菜……"

"哎哟哟哟!"科尔克用双手捂住耳朵叫起来,"这一切天赐美物都长在咱们这神秘乡吗?"

"你如果不相信我,可以去问帕甫。"多觉得委屈了,"所有这些我都采集给他做标本了。"

标本的茎和叶都用细细的白纸条黏贴在大纸页上,参观标本花去了许多时间。每一页上都工整地写着植物的名称 —— 俄文的和拉丁文的。少年哥伦布们都夸他:"不愧是个书呆子!"

"我还没说完呢,"多说,"是有外来的灌木和乔木,那么从头到脚都充满蜜汁的著名澳大利亚巨树林荫树呢?"

大家又兴致勃勃地坐好了。

"在咱们神秘乡有许多像沃夫克的麝鼠那样的外来生物,"多一本正经地说道,一面努力要保持她打字机式的说话风格,"普通的马铃薯,比如说,也来自美洲,可现在已成了我们自己的蔬菜了。咱们花园里有丁香、锦鸡儿、山楂、小檗、醋栗、接骨木、侧柏、银白杨。这些也都是引进的,有的来自南方,有的来自东方。可就是引种成功了,耐受住了咱们一年年的寒冬,什么事也没有!还有咱们来自澳大利亚的著名巨树 —— 你抬抬看一眼连帽子都会掉下来 —— 林荫树。这是帕甫在神秘乡附近发现的。说说看,它还叫什么?"

"什么?!"大伙儿叽叽喳喳起来。

---

① 学名"悬钩子",是一种浆果植物,果实俗称"马林果",本书中别处也提到此植物,统一译为"马林果",以免混乱。

"说吧,说吧!"只有帕甫扭头不响。

"你干吗不吭声?"多用天真的声音问道,"难道你不感兴趣?可为了弄清楚蜜蜂为什么围着林荫树嗡嗡飞个不停,我和女伴们特意赶了三十公里路呢。它们高兴得疯了,因为人们从世界的边缘运到了这里还培育出了这么多蜜汁,是吗,帕甫?"

"你打听清楚了,所以就……来放连珠炮了。"帕甫沉着脸说。

"我倒是打听清楚了。可你这是想当然乱说。没有任何地主从任何一个澳大利亚运出过任何一棵林荫树。确实,这种树在这儿不大能见到,可是在俄罗斯中部却到处都是,简直每走一步都能碰到。这种树就叫椴树!书呆子,这你听说过吗?现在把它的干枝给你。拿去做标本吧:含蜜汁的本地椴 —— 树。给,说完了。"

"可是……"现在帕甫由于感到意外而真的结巴起来,"可是……为 —— 为什么……这种树……为什么这儿叫林荫树呢?"

"这儿这么叫,"多解释道,"是因为这儿森林里的椴树农民们没留意:这儿只长细叶的,而且不常见;可地主们在自己的庄园里却用椴树栽在了林荫道两边。所以由一个不熟悉的词林荫道产生了本地农民不熟悉的树名:林荫树。"

"棒极了!"塔里·金说,"这如果不是树木学的发现,无论如何也是语文学的发现。北方的诺夫哥罗德人为一种普通的椴树起了一个出色的本地名字!"

接着雷、米和拉给大家看了自己收养的动物。

雷调教的一只年轻乌鸦依次向大家鞠躬,自我介绍:

"卡尔·卡尔奇·克洛克!"

它让人抚摸它的头部,同时怡然自得地半闭起眼睛。"在暗送秋波呢!"雷说道。

米养的一只黑黝黝的煤山雀在整个编辑部里飞来飞去,停到窗台上,好奇地向书橱的每一条缝道里张望,用爪子抓住天花板下面快要脱落的壁纸,从那里用伶俐的目光扫视着每个人。但是只要米轻轻模仿山雀的叫声"茨 —— 维"一叫,同时掌心向上把手向它一伸,它立马飞到她的手指上来。

大家都很喜欢颇有耐心的拉养的两样动物:它的咖啡黄北噪鸦,名叫库克,獾崽子皮皮什卡。丽雅把它们一起带来了,关在同一只箱子里,箱的两头绷了铁丝网。她把箱子摆到地上,放出了库克。小獾把毛茸茸的身子卷成一团躺着,只有当拉亲切地叫"皮皮什卡,皮皮什卡"时,它才抬头。

"最近不知怎么的它老爱睡。"拉说,"它大概该冬眠了。"

"来,皮皮什卡,来,小乖乖。"她又叫它了,"把你的小食盆拿来。"

懒惰的小胖子不情愿地站起来,用牙齿咬住了放在箱子里的食盆,带着它走出了笼子。

"来,后脚着地站起来,站起来!"拉用温和的声音说道。

已经把食盆放到地上的皮皮什卡又衔住了盆子坐在了后腿上,就如狗听到"用后腿起立"的口令那样。

在它衔着食盆的时候,拉把随身带的小圆面包和几片烤熟的洋大头菜掰成了小粒,放进盆里,从小獾口里接过盆子,放到地上,用口哨呼唤在书橱上跳跃的库克。

北噪鸦马上飞到了盆边儿上,一点也不怕已经开始吃食的野兽。它把头一歪便"笃笃"地用喙啄取了小粒面包。

"库克!"拉板着脸说,"该怎么说?"

"请!"北噪鸦刚要嘟哝着发声,突然清晰地用人的声音说了出来。大伙儿顿时啊的一声叫了起来。

"库克也属于乌鸦一族,"拉解释说,"渡鸦、白嘴鸦、喜鹊、北噪鸦都很能干。还有椋鸟也一样。咱们列宁格勒普列汉诺夫街①上我一个熟人家里养了两只椋鸟。一只九岁了。它个头不大,黑黑的。名叫萨沙。它一生中学会了42个单词!简直是天才!

"主人说这么能干的鸟儿很难得。米沙,年轻的那只,才三岁,不那么用心。可萨沙常常那么专心地用眼睛盯着主人,似乎就要用喙去揪主人的嘴唇似的!它是很用功的学生,从来不像米沙那样让自己悄悄地发出椋鸟的叫声。有几个单词是它自己学会的。有孩子们来到家里时女主人常对他们说:"小声!小声!"突然椋鸟从笼子里也对他们说:"小声!小声!"可是我对我的北噪鸦却只好长时间地反复说"请!请!"直到它学会。

同学们多次让乌鸦重复自己的名字、父名和姓,而对快乐的北噪鸦,则要求说:"请,请!"他们还请求雷和拉睐了再教会它们说几个词。

(待续)

---

① 原名"喀山街",因普列汉诺夫曾在该街与涅瓦大街交叉口发表宣传马克思主义的演说,在前苏联时期为纪念普氏而改为此名。前苏联解体后随着城市恢复原名"彼得堡",该街也恢复了"喀山街"的原名。

森 林 报

No.9

冬季客至月
（秋三月）

11 月 21 日至 12 月 20 日   太阳进入人马座

第九期导读

一年 ——分 12 个月谱写的太阳诗章

11月——通往冬季的半途。11月是9月的孙子,10月的儿子,12月的亲兄弟:11月是带着钉子来的,12月是带着桥梁来的。你骑着花斑马出门,一忽儿遇到雪花纷飞,一忽儿遇到雨水泥泞,一忽儿又是雨水泥泞,一忽儿又是雪花纷飞。铁匠铺子虽然不大,但里面却在锻打封闭全俄罗斯的枷锁:水塘和湖泊已经表面结冰。

现在秋季正在完成它的第三件伟业:先把森林脱去衣装,给水面套上枷锁,再给大地罩上白雪的盖布。森林里不再舒适:挺立的林木遭受秋雨无情的鞭打以后,被脱光了衣衫,浑身发黑。河面的封冰寒光闪闪,但是假如你探步走到上面,脚下便发出清脆的碎响,你便坠入冰冷的水中。撒满积雪的大地上一切秋播作物都停止了生长。

然而这并非冬季已然降临:这只是冬季的前兆。偶尔还会露出阳光灿烂的日子。嘿,你看,万物见到阳光是多么兴高采烈! 你看到,那里从树根下爬出了黑魆魆的小蚊子和小苍蝇,飞到了空中。这时脚边会开放出金色的蒲公英花和金色的款冬花 ——那可是春季的花朵呵! 积雪化了……然而树林却已深深沉沉地入睡,凝滞不动,直至春天,什么感觉也没有。

现在,采伐木材的时节开始了。

林 间 纪 事

莫解的行为

今天我挖开积雪,察看我的一年生植物。这是一些只能度过一春、一夏和一秋的草本植物。

但是现在是秋季,我发现它们并未全部死亡。就说现在,到 12 月了,许多还是绿油油的呢。萹蓄显得生机勃勃。这就是长在农舍边的那种乡间野草。它长着彼此纠缠的蔓生小茎(人的脚在它上面无情地摩擦),长长的叶子和勉强看得出的粉红色小花。

生机盎然的还有低低的扎人的荨麻。夏天你可受不了它:你在整地时会因它而弄得双手都是疙瘩。可如今在 12 月里看着都觉舒心。

蓝堇也保持着旺盛的生命力。你们记得蓝堇吗? 这是一种美丽的小草,有着一道道细细碎痕的叶子、长长的粉红色小花,花蒂颜色深沉。你们在菜地里常会遇见它。

所有这些一年生的小草都还很有活力。不过我知道,等春季时它们就不复存在了。这雪下的生命究竟包涵着何种意义呢? 这又可做何种解释呢? 我不得而知。这还需要认识。

■ H. 帕甫洛娃

不会让森林变得死气沉沉

凛冽的寒风在森林里作威作福。吹尽落叶的白桦、山杨、赤杨在风中摇曳,吱吱作响。最后的一批候鸟正在匆匆地飞离故土。

夏季时在我们这儿生息繁衍的鸟类还没有全部飞尽,冬季的来客却已光临我们的大地。

每一种鸟类都有自己的口味和习惯:有的飞往他乡越冬 —— 到高加索,外高加索,意大利,埃及,印度;有的宁愿在我们列宁格勒州过冬。在我们这儿它们觉得冬季挺暖和,也有充足的食物。

会飞的花朵

杨黑魆魆的枝条显得多么孤苦无靠! 上面没有一片树叶,地下也没有绿油油的野草。疲惫不堪的太阳无力地透过灰色的云层俯瞰着下界。

蓦然间在黑魆魆的枝头迎着阳光欢乐地绽放出了鲜艳的花朵。这些花朵大得异乎寻常,有白的、红的、绿的、金的。它们撒满了赤杨树黑色的枝头,如鲜艳夺目的斑点缀满了白桦树白色的树皮,纷坠到地面,宛如明亮的翅膀在空中飘摇。

犹如木笛的乐音在交相呼应。从地面传递到枝叶丛间,从树木传递到树木,从一座林子传递到另一座林子。是谁的歌喉? 它们又来自何方?

北 方 来 客

这是我们冬季的来客 ——来自遥远北方的小小的鸣禽。这里有小小的红胸红头的白腰朱顶雀,有烟蓝色的凤头太平鸟,它的翅膀上长着五根像手指一样的红色羽毛;有深红色的蜂虎鸟,有交嘴鸟 ——母鸟是绿的,公鸟是红的。这里还有金绿色的黄雀,黄羽毛的红额金翅雀,身体肥胖、胸脯鲜红丰满的红腹灰雀。我们这儿的黄雀、红额金翅雀和红腹灰雀已经飞往较为温暖的南方。而这些鸟却是在北方筑巢安家的。现在那里是如此寒冷的冰雪世界。在它们看来我们这里已是温暖之乡了。

黄雀和白腰朱顶雀开始以赤杨和白桦的种子为食。凤头太平鸟、红腹灰雀则以花楸和其他树木的浆果为食。红喙的交嘴鸟啄食松树和云杉的球果。所以大家都吃得饱饱的。

东 方 来 客

低低的柳丛上突然开满了茂盛的白色玫瑰花。白色玫瑰花在树丛间飞来飞去,在枝头转来转去,带着有抓力的黑色爪子的细长脚爪爬遍了各处。像花瓣似的白色翼膀在熠熠闪动,轻盈悦耳的歌喉在空中啼啭。

这是云雀和白色的青山雀。

它们并不来自北方,它们经过乌拉尔山区,从东方,暴风雪肆虐、严寒彻骨的西伯利亚辗转来到我们这里。那里早已是寒冬腊月,厚厚的积雪盖满了低矮的杞柳。

该 睡 觉 了

布满天空的灰色云层遮住了太阳。天空中飞飞扬扬落下灰蒙像的湿雪。

肥胖的獾气呼呼地打着响鼻,摇摇摆摆地走向自己的洞穴。它满肚子不高兴:林子里又湿又泥泞。该下到地下更深的所在,到那干燥、清洁、铺着沙子的洞穴里。该躺下睡觉了。

森林中羽毛蓬松的乌鸦 ——北噪鸦在密林里厮打,闪动着颜色像咖啡渣的湿漉漉的羽毛,发出尖利的哇哇鸦声。

一只老乌鸦从高处低沉地叫了一声,因为它看见了远处的动物死尸。它那蓝黑色的翅膀一闪,飞走了。

森林里静悄悄的。灰蒙蒙的雪花沉甸甸地落到发黑的树上,落到褐色的地面上。落叶正在地面上腐烂。

雪下得越来越密。下起了鹅毛大雪,撒落到发黑的树枝上,盖满了大地。

在严寒的笼罩下,我们州的河流一条接一条地结了冰:沃尔霍夫河,斯维里河,涅瓦河。最后连芬兰湾也结了冰。

摘自少年自然界研究者的日记

最后一次飞行

在11月的最后几天,当皑皑白雪完全覆大地的时候,突然刮起了一股暖风。但是积雪倒没有开始消融。

清早我出去散步,一路上看见灌木丛里,树木之间,雪地上到处飞舞着黑色的小蚊子。它们疲惫无力、无可奈何地飞舞着,不知来自下面什么地方,结成一个圆弧的队形飞过,仿佛被风吹送着似的,尽管当时根本没有风,然后似乎歪歪斜斜地降落到雪地上。

中午以后雪开始融化,从树上落下来。如果你抬头仰望,水珠就会落进眼里或者像冷冰冰、湿漉漉的尘粒溅到脸上。这时不知从哪儿冒出许许多多小小的苍蝇 —— 也是黑色的。夏季的时候我没有见过这样的蚊子和苍蝇。小苍蝇完全是乐不可支地在飞舞,只是飞得很低,紧垂在雪地上方。

傍晚时又变得冷起来,苍蝇和蚊子都不知躲到了哪里。

■ 驻林地记者　维里卡

追逐松鼠的貂

许多松鼠游荡到了我们的森林里。

在它们曾经生活过的北方,松果不够它们吃的,因为那里歉收。

它们散居在松树上,用后爪抱住树枝,前爪捧着松果啃食。

有一只松鼠前爪捧着的松果跌落了,掉到地上,陷进了雪中。松鼠开始惋惜失去的松果。它气急败坏地"吱吱"叫了起来,便从一根树枝到另一根树枝,一节节地往下跳。

它在地上一蹦一跳,一蹦一跳,后腿一蹬,前腿支住,就这样蹦跳着前进。

它一看,在一堆枯枝上有着一个毛茸茸的深色身躯,还有一双锐利的眼睛。松鼠把松果忘到了九霄云外。嗖地一下纵上了最先碰见的一棵树。这时一只黑貂从枯枝堆里窜了出来,而且紧随着松鼠追去。它迅速爬上了树干。松鼠已经到了树枝的尽头。

貂沿树枝爬去,松鼠纵身一跳!它已跳上了另一棵树。

貂把自己整个细长的身子缩成一团,背部弯成了弓形,也纵身一跳。

松鼠沿着树干迅跑。貂沿着树干在后面穷追不舍。松鼠很灵巧,貂更灵巧。

松鼠跑到了树顶,没有再高的地方可跑了,而且旁边没有别的树。

貂正在步步进逼……

松鼠从一根树枝向另一根树枝往下跳。貂在它后面紧紧追。

松鼠在树枝的最末端蹦跳,貂在树干边较粗的枝杆上跑。跳呀,跳呀,跳呀,跳!已经跳到了最后一根树枝上。

向下是地面,向上是黑貂。

它无可选择:只能跳到地上,再跳上别的树。

但是在地上松鼠可不是貂的对手。貂只跳了三下就将它追上,叫它乱了方寸,——于是松鼠一命呜呼了……

兔子的花招

夜里,一只灰兔闯进了果园。凌晨时它已啃坏了两棵年轻的苹果树,因为年轻的苹果树,树皮是很甜的。雪花落到它的头上,它却毫不在乎,依然不停一面啃一面嚼。

村里的公鸡已经叫了一遍、两遍、三遍。响起了一声狗吠。

这时兔子忽然想道:趁人们还没有起床,得跑回森林去。四周是白茫茫的一片,它那棕红色皮毛从远处看去一目了然。它该羡慕雪兔了:现在那家伙浑身一片白。

夜间新降的雪既温暖又易留下脚印。兔子一面跑一面在雪地里留下脚印。长长的后腿留下的脚印是拉长的,一头大一头小;短短的前腿留下的是一个个圆点。所以在温暖的积雪上每一个爪印,每一处抓痕都清晰可见。

灰兔经过田野,跑过森林,身后留下了长长的一串脚印。现在灰兔真想跑到灌木丛边,在饱餐之后睡上一两个小时。可糟糕的是它留下了足迹。

灰兔要起了花招:它开始搅乱自己的足迹。

村里人已经醒来。主人走进果园 ——我的天哪!两棵最好的苹果树被啃坏了。他往雪地里一瞧,什么都明白了:树下留有兔子的脚印。他伸出拳头威胁说:你等着!你损坏的东西要用自己的皮毛来还。

主人回到农舍,给猎枪装上弹药,就带着它在雪地里走了。

就在这儿兔子跳过了篱笆,这儿就是它在田野上跑的足迹。在森林里脚印开始沿着一丛丛灌木绕圈儿。这也救不了你：我们会把圈套解了。

这儿就是第一个圈套：兔子绕着灌木丛转了一圈，把自己的足迹切断了。

这儿就是第二个圈套。

主人顺着后脚的脚印追踪着它。两个圈套都被他解开了。手中的猎枪随时可发。

慢着，这是怎么回事？足迹到此中断了，四周地面上干干净净，了无痕迹。如果兔子跳了过去，应该看得出来。

主人向脚印俯下身去。嘿嘿！又来了新的花招：兔子向后转了个身，踩着自己的脚印往回走。爪子踩在原来的脚印里，你一下子识别不出脚印被踩了两遍，这是双重足迹。

主人就循迹往回走。走着走着他又到了田野里。那就是说刚才看走了眼，也就是说那里它还耍了什么花招。

他回去又顺着双重足迹走。啊哈，原来是这样：双重足迹不久就到了头，接下去又是单程的脚印。这就意味着你得在这儿寻找它跳往旁边的痕迹。

好了，这不就是嘛：兔子纵身一跃越过了灌木丛，于是就跳到了一旁。又是一串均衡的脚印。又中断了。又是越过灌木丛的新的双重足迹，接着就是一跳跳地向前跑。

现在得分外留神……还有一处向旁边的跳跃。在这儿兔子就躺在哪一丛灌木下。你要花招吧，骗不了我！

兔子确实就躺在附近。只是并未躺在猎人认为的灌木丛下面，而是在一大堆枯枝下面。

它在睡梦中听到了沙沙的脚步声。走近了，更近了……

兔子抬起了头——有人在枯枝堆上行走。黑色的枪管垂向地面。

兔子悄悄地爬出了洞穴，猛地一下窜到了枯枝堆的外面。白色的短尾巴在灌木丛间一闪而过——能看见的就这一下子。

主人一无所获地回到了家里。

隐身的不速之客

又一个夜间盗贼来到我们森林里。要见它一面极其困难：夜里黑得伸手不见五指，而白天又无法把它和白雪分辨清楚。它是极地的居民，披在身上的颜色近似北极永久的积雪。这里说的是一种北极的白色猫头鹰。

它的个头几乎与雕鸮相当，力量则略逊一筹。它捕食大小鸟类，老鼠，松鼠，兔子。

它故乡的冻土带是如此寒冷，所以几乎所有的兽类都躲进了洞穴，鸟类则已远飞他乡。

饥饿迫使白色猫头鹰踏上旅途,来到我们这儿安家落户。在春季到来之前它并不打算还乡返程。

啄木鸟捶打的铺子

我们家的菜园外面有许多老的赤杨树、白桦树,还有一棵很老很老的云杉树。在云杉树上挂着几个球果。于是就有一只花离斑斓的啄木鸟为了这些球果飞来了这里。啄木鸟停到树枝上,用长长的嘴摘下一颗球果,又沿着树干向上跳去。它把球果塞进一个缝隙里,开始用长喙啄打它。从里面获取种子后就把球果往下一推,又去摘第二颗了。在同一个缝隙里它又塞进第二颗球果,接着又塞进第三颗,就这样一直操劳到天黑。

■ 驻林地记者 Л.库博列尔

去 问 熊 吧

为了躲避凛冽的寒风,熊喜欢地势低的地方,甚至在沼泽地,在茂密的云杉林里,为自己安顿一个冬季的隐身场所 —— 熊洞。但有一件事就奇怪得很:如果冬季不会太冷,会出现解冻天气,那么所有的熊必定睡到地势高的地方,在小山岗上,在开阔的高地。这一点经受了许多代猎人的检验。

这好理解,因为熊害怕解冻天气。确实是这样,如果在冬天它肚子下面潺潺流淌着融化的雪水,后来又严寒骤降,结了冰的雪就会把米什卡蓬松的皮毛变成铁一般的板条,那可怎么办? 这时就顾不上雪了,得一跃而起,满林子东游西荡去,无论如何得让身子暖和一下!

可如果不睡觉,东游西荡,就要消耗自己储存的体力,这就意味着得吃东西,进点食物来补充体力。但是冬天森林里熊没有可吃的东西。所以它眼看着会有暖冬出现,就选择高处筑洞,那里就是在解冻天气它身下也不会浸湿。这一点我们可以理解。

然而究竟它如何得知,凭它熊能识别的什么征兆感觉到以后会出现怎样的冬天,是不太冷的还是寒气逼人的? 为什么还在秋天的时候,它就能正确无误地为自己选择筑洞的地点,或在沼泽,或在上岗? 这一点我们不得而知。

想知道这一点,不妨爬到熊洞里,就这件事问熊去吧。

只按严格的计划行事

"森林里边,地狱阴间。"古时候,俄罗斯有这样的谚语。人们还说:"谁在森林干活糊口,死神立马临头。"

早先伐木和砍柴的生活是充满了凶险的。只有一把斧头当武器的人们像对待凶恶的敌人一样对付绿色的朋友。要知道锯子来到我们身边完全是不久前的事：仅仅在 18 世纪。

为了整天挥舞斧头，人需要有勇士的力量。还需要钢铁般的体质，才能在天寒地冻的气候下，冒着狂风暴雪，只穿一件单衣在白天劳动，而夜晚则在无烟囱的过冬小屋或就在小窝棚里，盖着毯子，傍着直烟道的灶头睡觉。

到了春天，林子里受的苦还要厉害些。

一个冬天砍伐的木材需要拖出，运到河边，等到河水开冻，再把沉重的原木滚进水里，于是——河妈妈，你把它们运走吧！河流知道往哪儿运。

木材运到哪里，感谢之声也跟到哪里……于是沿河建起了一座座城市。

那么在我们的时代怎么样呢？在我们的时代"伐木""砍柴"这两个字眼早就过了时，完全改变了原来的意思。我们已经不需要用斧头来砍伐巨大的树木，砍削它们的枝丫。这一切都由机器替我们来做。连通往森林里面的道路也由机器来开辟、平整，再沿这些路把原条木材拖出林子。

你看，这就是林间履带拖拉机——推土机巨人般的力量。这头沉重的钢铁怪物乖乖地服从创造它的人的意志，向着无路通行的密林推进，如压草一般推倒面前数百年的大树。它轻松地把大树连根掘起，堆到两边，耙开枯枝，压平地面，于是路筑成了。

路上载着流动电站的汽车飞奔而来。工人们手持电锯走向棵棵大树，电锯后面蜿蜒曲折地拖着包橡皮的电线。电锯尖利的钢齿如刀切油脂般切进坚固的木材。半米直径的巨大树干半分钟——三十秒内就锯断了。而如此巨大的一棵树要一百年才能长成。

当周围百米之内的树木都倒下以后，汽车就载着电站继续前进，强大的集材拖拉机就开到了它的位置。它一下子抓住几十根原条——没有削去树枝的树木，拖向运输木材的道路。

巨大的木材牵引车沿途把木材运往窄轨铁路。那里已经有一个人——司机——在驾驶长长的一列平车，上面装着数千立方米的木材，驶向铁路边的木材仓栈或河边。在这儿木材被加工成原木、板材、造纸木材。

就这样，在我们的时代，借助机器采伐的木材就出现在最僻远的草原村落，城市，工厂——一切需要它的地方。

任何人都心里明白，借助如此强大的技术可以采伐林木，但是要严格按国家统一计划行事，否则我们这个森林资源最为丰富的国家就可能突然变得全然无林可伐。在现代技术条件下要消灭一个森林是再简单不过的事，可是它成长起来却是那么缓慢：几十年的时间。

在采尽木材的地方，我们马上用各种品种的树木种植新的森林。

农 庄 纪 事

今年,我们的集体农庄庄员们进行了出色的劳动。每公顷收获 1500 千克,这在我们州的许多农庄是很普通的事。收获 2000 千克也并不稀罕。而斯达汉诺夫 ① 小队创造出的高产,使得先进生产者有权荣膺社会主义劳动英雄的光荣称号。

国家因光荣的劳动者在田间的忘我劳动而向他们表示敬意。她用社会主义劳动英雄的光荣称号、勋章和奖章表彰集体农庄庄员的成绩。

眼看着冬季将临。

各农庄的大田作业已经结束。

妇女们正在奶牛场劳作,男人们正在喂养牲口。有猎狗的人离开村子捕猎松鼠去了。许多人去采运木材了。

一群灰色的山鹑簇拥着向农舍越靠越近。

孩子们跑向学校。白天放置捕鸟器,乘滑雪板和雪橇从山上滑雪下来。晚上准备功课和阅读。

我们比它们更有招数

下了很大一场雪。我们发现,老鼠在雪下挖通了向我们苗圃中的小树苗的坑道。可我们比它们更有招数:立马在每一棵苗木树干的周围把积雪踩得结结实实。这样它们就无法到达树苗的跟前了。如果哪一只老鼠跳到积雪外面,那数到二就冻死了。

进入我们花园的还有一种害兽 —— 兔子。可我们也找到了防御它们的办法:把忻有树苗的树干用麦秸和有刺的云杉树枝包起来。

■ 季马·博罗多夫

---

① 前苏联时期顿巴斯的一名矿工,1935 年因用风镐采煤创纪录而闻名,从此被树为更好地利用技术设备而提高劳动生产率的先进典型,他本人也得到"社会主义劳动英雄"的荣誉称号和"最高苏维埃代表"等政治待遇。在前苏联国内的各生产领域也因此掀起了为提高劳动生产率、创造高额生产纪录而以他命名的群众性"斯达汉诺夫运动"。随着前苏联解体和原前苏联部分档案的解密,人们得知斯达汉诺夫这个先进典型完全是斯大林时期为了政治需要而人为树立的,他创造的生产纪录也曾被人为拔高,由此掀起的"斯达汉诺夫运动"尽管在客观上起过推动生产力发展的作用,但带有明显的浮夸成分。对此,经历过"大跃进"运动的中国人是不难理解的。

集体农庄新闻

挂在细丝上的屋子

是否可能住在一根挂在细丝上、在风中摇曳的小屋里，度过整个冬季呢？而且这还是一个墙壁和纸一样薄、里面没有任何取暖设备的小屋？

你们想象一下，这居然可行！我们见到过许多如此简陋的屋子。它们用蛛丝般的细丝挂在苹果树的枝头，是用干树叶做成的。农庄庄员们把它们摘下来消灭掉。原来小屋里的居民并非良善之辈：是山楂粉蝶的幼虫。如果留它们过冬，到春季它们就会啃啮苹果树上的花蕾和花朵。

灾害来自森林，救星也来自森林！

昨天夜里在"光明大道"集体农庄发生了一桩犯罪未遂案件。午夜时分，一只大兔子溜进了果园。它企图啃食年轻苹果树的树皮。但是苹果树的树皮似乎跟云杉树皮一样有刺。兔子这个匪徒在多次尝试没有得手后就放弃了"光明大道"集体农庄的果园，隐入了最近的林子里。

农庄庄员们预见到来自森林的匪徒会袭击他们的果园。所以他们砍了许多云杉枝条，预先用它们包裹了自己的苹果树树干。

深棕色的狐狸

市郊"红旗"集体农庄里建立了一个兽类养殖场。昨天运来了一批深棕色的狐狸。一群人围拢来迎接农庄的新居民。所有刚学会跑路的学前儿童也跑来了。

狐狸心怀疑虑、怯生生地看着围过来的人群。只有一只突然若无其事地打了个哈欠。

"妈妈，"一个在白头巾上戴了顶帽子的小孩叫了一声，"别给这只狐狸围围巾：它会咬人！"

在 暖 房 里

"劳动者"集体农庄里正在挑拣小小的洋葱头和同样小小的洋芹菜根。

"这是在给牲口准备饲料，是吗，爷爷？"生产队长的孙女问道。

"不是，孩子，你猜错了。这些东西我们马上要种到暖房里 —— 不管是洋葱还是洋芹菜。"

"那为什么呀？让它们长高长些？"

"不是,孩子,为了让它们给我们吃绿色蔬菜。冬天我们还将像种青葱一样播种马铃薯,我们将在汤里吃到洋芹菜的绿叶菜蔬。"

用不着盖厚被子

上星期天,外号"犟嘴傻大个儿"的九年级学生米卡在"曙光"集体农庄待过。在马林果灌木丛边他偶然遇见了生产队长费多谢伊奇。

"怎么样,爷爷,你的马林果树会不会冻死啊?"米卡显得很内行的样子问。

"不会。"费多谢伊奇答道,"它在雪下面过冬挺好的。"

"在雪下面?爷爷,你脑子没问题吧?"犟嘴傻大个儿米卡接着问,"你要知道你的马林果树比我的个儿还高。难道你指望下这么深的雪吗?"

"我指望下和平常一样的雪,"爷爷回答说,"那你这个有学问的人说说看,你冬天盖的被子厚度超过你的个儿还是没到?"

"提我的个儿干吗?米卡笑了起来。"我盖被子的时候是躺着的。你明白吗,爷爷,躺——着!"

"可我的马林果树也是躺着盖的雪被子。只不过你这个学问家自己是在床上躺,而马林果树呢,老爷爷我把它弯向了地面。我把一丛灌木压向另一丛灌木,再把它们彼此扎在一起。这样它们就朝地面躺啦。"

"爷爷,你比我想象的要聪明!"犟嘴傻大个儿米卡说。

"只可惜你没有我想象的那样聪明呀!"费多谢伊奇回答。

■ H. 帕甫洛娃报道

助　手

现在每天可以在农庄的粮仓见到孩子们的身影。其中一部分人帮助选种,以便春季里在田间播种;另一些人在菜窖里劳动,挑选上好的马铃薯做种。

男孩们在马厩和打铁工场帮忙。

许多孩子无论在奶牛场、猪圈、养兔场,还是家禽养殖场都有自己的辅导对象。

我们既在学校学功课,也在家里及时地帮助干农活。

■ 少先队大队长　尼古拉·利瓦诺夫

都 市 新 闻

瓦西列奥斯特洛夫斯基区

乌鸦和寒鸦的一般集会

涅瓦河结冰了。现在每天下午 4 点，都有瓦西里奥斯特洛夫斯基区的乌鸦和寒鸦飞来，降落到施密特中尉桥（8 号大街对面）下游的冰上。

经过一番吵吵闹闹的争执后，这些鸟儿分成了几群，然后飞往瓦西里岛上各家花园里过夜。每一群都在自己最中意的花园里过夜。

侦 察 员

城市花园和公墓的灌木与乔木需要保护。它们遇到了人类难以对付的敌害。这些敌害是那么狡猾、微小和不易察觉，连园林工人都发现不了。这时就需要专门的侦察员了。

这些侦察员的队伍可以在我们的公墓里和大花园里，它们工作的时候见到。

它们的首领是穿着花衣服、帽子上有红帽圈的啄木鸟。它的喙就像长矛一样。它用喙啄穿树皮。它断断续续地大声发号施令："基克！基克！"

接着各种各样的山雀就闻声飞来：有戴着尖顶帽的凤头山雀，有褐头山雀，它的样子像一枚帽头很粗的钉子，有黑不溜秋的煤山雀。这支队伍里还有穿棕色外套的旋木雀，它的嘴像把小锥子，以及穿蓝色制服的䴓，它的胸脯是白色的，嘴尖尖的，像把小匕首。

啄木鸟发出了命令："基克！"䴓重复它的命令："特甫奇！"山雀们做出了回应："采克，采克，采克！"于是整支队伍开始行动。

侦察员们迅速占领各棵树的树干和树枝。啄木鸟啄穿树皮，用似针一般尖锐而坚固的舌头从中捉出小蠹虫。䴓则头朝下围着树干打转，把它细细的小匕首伸进树皮上的每一个小孔，它会在那里发现某一个昆虫或它的幼虫。旋木雀自下而上沿树干奔跑，用自己的歪锥子挑出这些虫子。一大群开开心心的山雀在枝头辗转飞翔。它们察看每一个小孔，每一条小缝，于是任何一条小小的害虫都逃不过它们敏锐的眼睛和灵巧的嘴巴。

既是食槽又是陷阱的小屋

饥寒交迫的时节到了。请为我们了不起的小朋友 ——鸣禽想想。

如果您居住的房子有附属的花园,或者即使是用篱笆围住的屋前小花园,您很容易把鸟儿吸引到自己身边,在没有食物的季节喂养它们,在严寒和风暴天气给它们庇护,事先放置居住的小平台让它们当窝。假如您想从这些出色的歌手中引诱这只或那只到自己的房间里,您立马可以将它逮住。为了实现这一切,一间小屋可以为您效力。

在小屋的围廊上您的免费食堂里,放上大麻子、大麦、黍子、面包屑和肉末、没腌过的肥肉、凝乳、葵花子,款待来客。假如您即使在大城市居住,最有趣的居民也会集拢来享用您款待的美食,还会住到您的家里。

您可以从小回廊上的活动小门到您的气窗之间拉一根铁丝或绳子,到您需要的时候把小门关上。

或者 ——这样更有趣 ——给捕鸟器来个电气化。

不过您别想在夏天捕捉自己的小房客:那样您就会叫小鸟儿送命。

狩 猎 纪 事

秋季,人们开始捕猎皮毛有实用价值的小兽。快到 11 月的时候,它们的皮已清理干净,换上新毛:夏季轻薄的皮毛换成了暖和而稠密的冬装。

捕 猎 松 鼠

小小的野兽松鼠有什么了不起?

在我们苏联的狩猎业里,它偏偏比其余所有野兽都重要。装松鼠尾巴的大货包在全国每年的销售量达数千包。人们用蓬松的松鼠尾巴制作帽子、衣领、护耳和其他保暖用品。

松鼠毛皮和尾巴是分开销售的。松鼠毛皮用来做大衣、毛皮短披肩。人们制作漂亮的浅灰色女式大衣,重量很轻又很暖和。

一旦降下第一场雪,猎人们就出发去捕猎松鼠。在松鼠多又易以捕获的地方,连老人甚至 12 至 14 岁的男孩也加入了捕猎松鼠的行列。

猎人们结成不大的合作猎队,或单独行动,在森林里一住就是整整几个星期。从早到晚乘着短而宽的滑雪板在雪地里徜徉,用猎枪射击松鼠,放置捕兽器,静候观察。

他们在土窑或很低的小窝棚里过夜,那些窝棚里连身体都无法站直,这就是他们被白雪覆盖的越冬住所。他们做饭的地方,是样子像壁炉的直烟道小灶。

猎人捕猎松鼠的首选伙伴是莱卡狗。没有它,猎人就像失去了眼睛。

莱卡狗完全是一种特殊的犬种,属于我们的北地犬,在冬季原始森林里的狩猎活动中,世界上没有任何其他一种猎犬可以和它匹敌。

莱卡狗为您寻找白鼬、黄鼬、水獭、水貂的洞穴,替您把这些小兽咬死。夏天莱卡狗帮您从芦苇荡里赶出野鸭,从密林里赶出公黑琴鸡;它不怕水,即使冰冷的水,当河面结起冰凌时它还下水去叼回打死的野鸭。秋季和冬季,莱卡狗帮主人捕猎松鸡、黑琴鸡,这两种鸟在这个时节面对伺伏的猎狗沉不住气:莱卡狗坐在树下,不时发出汪汪的叫声,以此吸引它们的注意。

带上莱卡狗,您在黑土路和积雪的土路上能找到驼鹿和熊。

如果您遭遇可怕野兽的攻击,忠实的朋友莱卡狗不会出卖您,它会从后面咬住野兽,让主人赢得重新装弹的时间,把野兽打死,或者它自己牺牲。但是最叫人惊讶的,莫过于莱卡狗会帮猎人找到松鼠、貂、黑貂、猞猁,这些都是在树上生活的野兽。任何一条别的狗都找不到树上的松鼠。

在冬季或晚秋时节,您在云杉林、松林、混合林里行走。这里静悄悄的,任何地方都没有任何东西有轻微的动作,也没有闪动和轻微的叫声。似乎周围是空无一物的荒漠,连一只小兽也没有。一片死寂。

然而您带上莱卡狗走进了这座林子。您在这儿不会寂寞无聊。莱卡狗会在树根下找出白鼬,把雪兔从睡梦中惊起,顺便吃上一只林中的老鼠,不管隐藏痕迹的松鼠在稠密的针叶丛里躲藏得多深,它都能发现。

确实,如果空中的小兽不偶然下到地面,莱卡狗怎么能找到松鼠呢?要知道狗既不会飞,也不会上树呀!

无论猎人用于追踪野禽的追踪犬,还是寻找兽迹的撵山犬,都需要有灵敏的嗅觉。鼻子是追踪犬和撵山犬主要和基本的工作器官。这些品种的狗即使视力很差,耳朵完全失聪,却仍然能出色地工作。

而莱卡狗却一下子具备了三个工作器官:细腻的嗅觉,敏锐的视力和灵敏的听力。莱卡狗能一下子把这三个器官都调动起来。与其说这三者是器官,不如说是莱卡狗的"三个仆从"。

只要松鼠的爪子在树枝上抓一下,莱卡狗竖起的那双时刻警戒的耳朵就已经对主人悄悄说:"野兽在这儿。"松鼠的爪子在针叶丛中稍稍一晃,眼睛就告诉莱卡狗:"松鼠在这儿。"风儿把松鼠身上的一股气息吹送到了下面,鼻子就向莱卡狗报告:"松鼠在那边。"

借助自己的这"三个仆从"发现树上的小兽以后,莱卡狗就忠诚地把自己的第四个仆从 ——嗓子的效劳献给了打猎的主人。

一条优秀的莱卡狗不会向发现野兽或野禽藏身的树上扑过去,也不会用爪子去抓树干,因为这样会惊动藏身的小兽。一条优秀的莱卡狗会坐在树下,眼睛死死盯住松鼠躲藏的地方,不时发出阵阵吠叫,保持高度警戒。只要主人还没有到来或呼唤它回去,它不会从树下离开。

捕猎松鼠的过程本身十分简单:小兽已被莱卡狗发现,它的注意力也被猎狗牢牢吸引,留给猎人的就是无声无息地靠近,不做出剧烈的动作,再就是好好瞄准。

用霰弹枪击中松鼠是不成问题的。但一个职业猎手却用单颗枪弹射击这种小兽,而且一定要击中头部,以免损伤皮毛。冬季松鼠抵御枪伤的能力很强,所以射击要十分准确。否则它就躲进稠密的针叶丛里,会一直留在那里。

捕猎松鼠还可以用捕兽器或别的捕兽工具。

捕兽器是这样放置的:取两块短的厚木板,在树干之间将它们固定;用一根细木棍支撑上面的木板,使它不落到下面的板上,木棍上绑上有气味的诱饵:烤熟的蘑菇或晒干的鱼。松鼠稍稍拖一下诱饵,上面的板就落了下来,"啪"的一声压住了小兽。

只要雪不是很深,整个冬季,猎人都在捕猎松鼠。春季松鼠正在换毛,所以直到深秋,在它重新穿上茂密的浅灰色冬装前,人们都不会碰它。

带把斧头打猎

在用猎枪捕猎毛皮有经济价值的凶猛小兽时,猎人与其使用猎枪,还不如使用斧头。

莱卡狗凭感觉找到了藏在洞里的黄鼬、白鼬、银鼠、水貂或水獭。把小兽赶出洞穴便是猎人的事了。可这件事做起来并不容易。

凶猛的小兽在土里、石头堆里、树根下面安置自己的洞穴。感觉到危险以后,它们绝对不会离开自己的藏身之所。只好用探棒或小铁棍长久地在洞穴里搅,或者干脆用双手扒开石块,用斧头砍掉粗树根,刨开冻结的泥土,再就是用烟把小兽从洞里熏出来。

不过只要它一跳出来,就再也逃不走了:莱卡狗不会放过它,会把它咬死。

或者猎人瞄准了开枪。

猎　貂

捕猎林中的貂难度更大。发现它觅食小兽或鸟类的地方是不成问题的。这里雪被践踏过了,还留有血迹。可是寻找它饱餐以后的藏身之所,就需要一双十分敏锐的眼睛。

貂在空中逃遁:从这一枝条跳上那一枝条,从这棵树跳向那棵树,就如松鼠一样。不过它依然在下面留下了跟随它的痕迹:折断的树枝,兽毛,球果,针叶,被爪子抓落的小块树皮,都会从树上掉落到雪地里。有经验的猎人根据这些痕迹就能判断貂在空中的行走路线。这条路往往很长 —— 有几公里。应当十分留神,一次也不能偏离了踪迹,按坠落物寻找貂的行踪。

当塞索伊·塞索伊奇第一次找到貂的踪迹时,他没有带狗。他自己跟随踪迹去找寻貂的去向。

他乘着滑雪板走了很久。有时胸有成竹地走快速走过一二十米 —— 那是在野兽下到雪地里,在雪上留下脚印的地方,有时慢慢腾腾地向前移动,警觉地察看空中旅行者留在路上依稀可见的标记。那一天,他一直在叹息没把自己忠诚的朋友莱卡狗带上。

塞索伊·塞索伊奇在森林里一直寻找,一直找到深夜夜。

小个儿的大胡子烧起了一堆篝火,从怀里掏出一大片面包,放在嘴里嚼着,然后好歹睡过了一个长长的冬夜。

早晨貂的痕迹把猎人引向一棵粗壮干枯的云杉。这可是成功的机会：在云杉树干上塞索伊·塞索伊奇发现了一个树洞，野兽应当在此过夜，而且肯定还没有出来。

猎人扳起了扳机，用右手拿住枪，左手举起一根树枝，用它在云杉树的干儿上敲了一下。他敲了一下就把树枝扔了，用双手端起了猎枪，以便貂一跳出来就能立马开枪。

貂没有跳出来。

塞索伊·塞索伊奇又捡起树枝，更使劲儿地敲了一下树干，然后还要使劲地再敲了一下。

貂没有出现。

"唉，在睡大觉呢！"猎人沮丧地自忖道，"醒醒吧，睡宝宝！"

但是不管他怎么敲，只有敲打声在林子里回响。

原来貂不在树洞里。

这时塞索伊·塞索伊奇才想到要围着云杉看个究竟。

这棵树里面都空了，树干的另一面还有一个从树洞出来的口子，在一根枯枝的下方。枯枝上的积雪已经掉落，说明貂从云杉树干的这一面出了树洞，溜到了邻近的树上，凭借粗大的树干挡住了猎人的视线。

已经没有办法，塞索伊·塞索伊奇只好继续去追赶这头野兽。

整整一天，猎人依然在依稀可见的踪迹布下的迷局里。

天已经暗下来，当时塞索伊·塞索伊奇碰到的一个痕迹明确地表明，野兽并不比自己的追捕者高明多少。猎人找到了一个松鼠窝，貂从这里把松鼠赶了出来。很容易探究清楚，凶猛的小兽曾长久追赶自己的牺牲品，最终在地面上追上了它：筋疲力尽的松鼠已不再打算跳越，就从树枝上脱落下去，这时貂便跳了几大步赶上了它。貂就在这儿的雪地里用了午餐。

确实，塞索伊·塞索伊奇跟踪的痕迹是正确的。但是他已无力继续追踪野兽了：从昨天以来，他什么也没有吃过，他连一丁点儿面包也没有了，而现在逼人的寒气又降临了。再在林子里过一夜就意味着冻死。

塞索伊·塞索伊奇极其懊丧地骂了一句，就开始沿自己的足迹往回走。

"要是追上这鬼东西，"他暗自想道，"要做的就一件事 —— 把一次装的弹药都打出去。"

塞索伊·塞索伊奇窝着一肚子火从肩膀上卸下猎枪，在再次经过松鼠窝时，瞄也不瞄，对着它开了一枪。他这样做只是为了排遣心头的烦恼。

树枝和苔藓从树上纷纷落下来，在此之前，在临死前的颤慄中扭动身子的一只毛皮丰厚、精致的林貂，落到了惊讶万分的塞索伊·塞索伊奇的脚边。

后来塞索伊·塞索伊奇得知，这样的情况并不少见：貂捉住了松鼠，把它吃了，然后钻进被它吃掉的洞主温暖的小窝里，蜷缩起身子，安安宁宁地睡个好觉。

本报特派记者

黑夜和白昼

快到 11 月中旬时松软的积雪已经齐膝深了。

在日落的时候一群黑琴鸡停在落尽树叶的白桦树顶上，绯红的天幕映衬出它们黑色的身影。接着它们一只接一只地飞到下面，钻进雪地里，就不见了踪影。

夜幕降临了，没有月光，要多黑有多黑。

在黑琴鸡消失的林间空地上，出现了塞索伊·塞索伊奇。他手里有一张网和一个火把。浸了松脂的麻絮烧得旺旺的，于是黑暗就如幕布一样向两旁退去了。

塞索伊·塞索伊奇警觉地向前移步。

突然，在他前面两步远的地方从雪地里窜出一只黑琴鸡。明亮的火光使黑琴鸡看不见东西，它像一只巨大的甲虫那样在原地无奈地打转。猎人利索地用网扣住了它。

塞索伊·塞索伊奇就这样在黑夜里活捉黑琴鸡。

但是在白昼他却在大路上，乘着雪橇向它们开枪。

这就叫人纳闷了：停在树梢上的鸟群无论如何也不会让徒步的人走近去开枪射击，可是这个猎人如果坐在雪橇上，即使带着农庄的整个车队驶过，同样的这些黑琴鸡却不会想到从他身边逃命！

射　靶

射箭要射中靶子

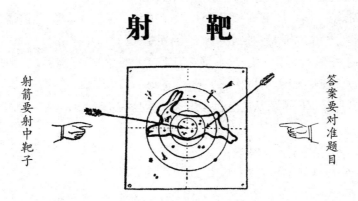

答案要对准题目

竞　赛　九

1. 虾在哪里过冬？

2. 对鸟类来说什么更可怕 —— 是寒冷还是冬季的饥饿？

3. 如果兔子身上的毛色变白得比较晚，那么这年的冬季来得早还是晚？

4. "啄木鸟捶打的铺子"是怎么回事？

5. 在我们这儿，什么样的夜间猛禽只在冬季出现？

6. "兔子的花招"是怎么回事？

7. 冬秋两季乌鸦在哪里睡觉？

8. 最后一批海鸥和野鸭什么时候飞离我们这儿？

9. 秋冬两季啄木鸟和哪些鸟结成伙伴？

10. 善于辨认足迹的人称什么为"爪迹"？

11. 猫的眼睛白昼和黑夜是否相同？

12. 善于辨认足迹的人称什么为"双重足迹"？

13. 善于辨认足迹的人称什么为"兔迹"？

14. 什么野兽到冬季，除了尾巴尖儿，全身都变白了？

15. 这里画有食草兽和食肉兽的头骨。如何根据牙齿将它们区别？

16. 无手无脚能敲门，只为请求把屋进。（谜语）

17. 两个闪闪亮，四个跑如飞，一个睡大觉。（谜语）

18. 我自海水来,就怕入大海。(谜语)

19. 比炭还黑,比雪还白,比房还高,比草还低。(谜语)

20. 走着一个汉子,穿着一双靴子,肩上的袋子越重越乐意。(谜语)

21. 院子里立着草垛;前面大草叉,后面是大扫把。(谜语)

22. 走在地上,望在天上,没有痛在身上,"哼哼唧唧"在嘴上。(谜语)

23. 既无窗也无门,房里挤满了人。(谜语)

24. 长一长,高一高,从树丛里爬出来,放在掌心能打滚,放在齿间啃。(谜语)

公 告

测 试 八

"火眼金睛"称号竞赛

谁做了什么？

图 1   图 2

图 1　这是什么足迹？

图 2　这里的屋顶上有动物在原地打转。这是什么？为了什么？

图 3   图 4

　　图 3　雪地里的小圆窝是什么？谁在这儿过夜了？留下的脚印和羽毛是什么动物的？

　　图 4　这里发生了什么？为什么有这么多蹄印？树杈上留下的角是什么动物的？

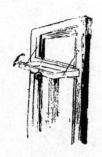

请设立供鸟类就餐的免费食堂

可以直接往窗外用绳子悬挂一块板，上面撒上食料：面包屑，干燥蚂蚁卵，面粉蛀虫，蟑螂，煮老的鸡蛋和凝乳碎屑，大麻子，花楸浆果，红莓苔子，荚蒾，黍，燕麦，刺实。

不过更好的办法，是将一个有食料的瓶子固定在树干上，下面放一块板。

还有更好的办法是在花园里放置一只名副其实的带盖食料台，以免雪撒在上面。

帮助挨饿的鸟类

记住：我们小小的朋友——鸟类正面临艰难的时刻，饥饿的时刻，凶恶的时刻。别等待春天的来临，现在就要为它们建设舒适、温暖的小屋——把圆木挖空做成的小桶，椋鸟窝，小窝棚。这样你就帮它们在毁灭性的恶劣天气得到了庇护。为了躲避寒冷的风雪，许多鸟紧紧地挤在一起，向人类靠近，躲到屋檐下，门口台阶下过夜，有一只小小的鹪鹩甚至到钉在村中柱子上的邮箱里过夜。

请在椋鸟窝和圆木小桶里（参见第一、第二期公告）放上绒毛、羽毛、碎布，这样鸟儿们就有了暖和的羽绒褥子和被子了。

哥伦布俱乐部

第 9 月

报告:《新兽类》—— 来自远东 —— 引自俄罗斯的历史 —— 来自北美和南美的移民 —— 为了美 —— 理想和计划

10月,在俱乐部例会上,拉和老海狼沃夫克做了题为《我们的新兽类》的报告。

"在我们的时代,"沃甫夫开始说,"长年在本地居住的老人经常会陷入尴尬的境地。不久前就发生了这样一件事。一位本地的老爷爷坐在屋前墙根的土台上晒太阳。他来我们列宁格勒州居住还是我们州称为圣彼得堡省的时候;当时老爷爷还以狩猎为生,清楚我们这儿有哪些野兽。

"突然从森林跑出闹闹嚷嚷的一群小孩子。

"'爷爷!'他们喊道,'你看我们抓住了一只什么样的野兽!'

"于是他们给他看一只完全陌生的年轻小兽,它的皮毛是花离斑斓的,有一副长胡子的尖嘴脸。

"老爷爷瞧了瞧说道:

"'这是条小狗,不知是哪一家的小狗崽儿。去打听打听,谁家养了这个品种的狗,问问别墅人家,然后把它交还给主人。'

"孩子们发誓是在林子里找到的,在树根下的一个洞穴里,那里当时还有十多只小狗,可是都逃散了。这只是野生的。

"老爷爷甚至觉得受了委屈:

"'怎么,我还认不出野兽?那就是一条逃跑在外的狗在林子里生的小狗,—— 就是这么回事!既然不是狐狸,不是獾,不是狼,那就是狗。可我们这儿从来没有过野狗。'

"老爷爷说得不错,确突'从来没有过'。可现在却繁殖起来了。我们在离我们10000公里外的地方 —— 在远东,在乌苏里边疆区,繁殖野狗。一种很好

的野狗 —— 皮毛珍贵的小兽,样子像美洲熊 —— 浣熊。所以它就得了个名积:
浣熊狗或乌苏里浣熊。1929 年我们的狩猎学家首次尝试把 20 只浣熊狗从东部
迁到西部。试验成功了:小兽对新地方的生活习惯了。于是在 1934 年着手大
规模地迁养乌苏里浣熊。如今,它很好地在我国七十多个州生活。它们居住在
光线充足的林子里,在树丛里,高高的草丛里,芦苇丛里。每一对浣熊狗每年能
产到 15 只幼崽儿。在严寒十分凛冽的地方,它们就钻进洞里冬眠,度过整个冬
季。它们已到处繁殖起来,所以那些地方就允许对它们狩猎了。

"小兽带来的好处不光是它的毛皮 —— 适合做大衣,还有一点,就是它捕食
许多老鼠、田鼠和别的啮鼠动物。它也有一点不好:它在哪儿发现黑琴鸡、山鹑、
野鸭的窝,一定把它捣毁!所以猎人不喜欢它……

"不过我开始时是说的老爷爷。他又遇上了一件更伤脑筋的事。

"现在老爷爷已经习以为常了,我们这儿现在不仅像当初在我国消灭野
牛 —— 原牛和欧洲野牛那样正在消灭从来就有的野兽,而且突然间还把新的野
兽引进我们这儿来 —— 孩子们从小黑河① 跑来,说见到了一种从来没听说过的
野兽。有一对这样的野兽住到了森林中的小河上,它们在河岸的地里给自己挖
了土壕,顶上堆起了土堆,硬得很,还很难挖穿呢,土壕的出口在水下。它们在
那里繁殖自己的小兽,现在全家都跟着它们一起干活。自己在森林里倒树,自
己用牙齿把小原木啃断,自己把它背在身上拖到小河里,自己筑坝把河水截断。
你看,完全是一个个工程师!它们的长相像胖胖的狗儿,皮毛是棕色的,尾巴是
光皮的,宽宽的像把铲子。它们用尾巴拍水的时候,一俄里外都能听见!

"这时老爷爷沉不住气了。

"'怎么,孩子们,'他说道,'你们在对我讲故事,是吗?你们认为我年老昏
聩了?你们以为一个胸无点墨的老头不知道这些野兽在戈罗赫沙皇的时候我
们这儿就有了,那还是弗拉基米尔·莫诺马赫大公打土耳其人,打野猪和沿河
捉河狸的时候。河狸在我们的森林里早就灭绝了。你们什么意思,想叫我相信
有人把河狸引到了我们这儿,就像你们这只远东狗?'

"老爷爷不知道河狸在我国没有被干净彻底地全部消灭,在当代以前在不
同地方还存留了总数不少于一千只的河狸。革命② 以后我们让它们在自然保护
区繁殖并分散到五十个州和边疆区生活。

"我在普罗尔瓦湖发现的麝鼠 —— 一种大型北美水鼬,在我国首先放归自

---

① 这是在列宁格勒北部的一处地名,俄国著名诗人普希金致命的那次决斗就在小黑河的一处
树林进行的。

② 指 1917 年的俄国十月革命。

然是在 1929 年。现在它几乎在我们全国各地以不可思议的速度自行迁居和繁殖，自 1937 年起就列入国家的皮毛收购计划，提供在全国范围内占 40% 的皮毛。猎人们吃它的肉，赞不绝口。

"另一种美洲居民河狸鼠——大型啮齿目动物，生活方式和麝鼠相似，也是两栖，是从南美洲来到我国的，现在在我国的亚热带生活。河狸鼠皮上长长扎人的硬毛要拔掉，我们这儿通常称这样的毛皮为"猴皮"[①]。近来我们顺利地把河狸鼠的生活区向北推进——已经到达雅罗斯拉夫尔，鄂木斯克和库尔干三个州。

"样子可笑的小树熊浣熊，很像我们的乌苏里狗，顺利地习惯了在我们高加索北部和吉尔吉斯州南部生活。如果你在林子里发现个头不大，灰棕色怪模怪样的毛茸茸的动物抓住一只老鼠，但不马上吃它，而是先走到河边，把猎物好生在清水里洗涤一番，然后吃完早餐，爬上树，钻进那里的树洞去睡觉，那我告诉你们，这就是真正的美洲浣熊，或按它的另一名称叫'洗熊'[②]，因为它总是在餐前把肉食放到水中漂洗。

"你们在最近几年在有的僻静小河边，旧河床里会遇见一种可笑的小兽，它长着一对小小的眼睛，一个中间扁平的尾巴和很灵活的长鼻子。看到这只长鼻兽一左一右地挥动着自己长长的鼻子，迫不及待地吃着蜗牛和水蛭，你会捧腹大笑。这种小兽也几乎完全被人消灭了，

不过我们及时地拯救了它们最后的子孙。现在我们正在做着让它们复兴的工作。它的名字叫麝鼹。这是一种大型水生鼩鼱。它的毛皮像海狗皮。

"克里米亚以往从来就没有松鼠。可是那里核桃林、松果林应有尽有。于是我们捕捉了我们西伯利亚的松鼠把它们迁移到那里——如今它们在那里重新生活，一面吃着核桃、针叶树的种子、橡子、野生浆果和蘑菇，过得很舒坦。

"在古代西伯利亚没有灰兔。可如今——请便！——不仅在西西伯利亚，而且在东西伯利亚：在克拉斯诺亚尔斯克、克麦罗沃、伊尔库茨克三个州，尽管打猎吧！现在那里有一道时新菜烤兔肉正卖得红红火火！

"不过，别老想着吃的和穿的：还得留意一下悦目的东西。

"别说了，沃夫克！"他的朋友拉打断了他的话，"这方面我来说。"

"你们以往见过梅花鹿吗？在我国远东地区就有。它全身都渗透着美！眼

[①] 这在俄语里是个专门用语，指拔去针毛的河狸鼠皮。

[②] 其实俄语里该词的中文译名就是"浣熊"，如按词的构成翻译，就是"洗涤者"，故该词译成"浣熊"是十分确切的，汉语中的"浣"字就是"洗"的意思。但本文中前面已经有了正式名字"浣熊"的译名，这里只好采取权宜之计，把第二个名称译为"洗熊"了。

睛就像拉斐尔画上圣母的眼睛,耳朵像鲜花,细细的圆腿,全身的皮毛布满了太阳光点似的花斑,公鹿的头顶还外加了一对精美的骨质枝形叉角! 你说是不是奇迹?

"所以这在遥远的海滨,几乎要灭绝的奇迹被迁移到了我们的自然保护区,在那儿不仅禁止对它猎杀,而且还要保护它免遭主要天敌狼的攻击。不久前它又被运到莫斯科近郊的森林和公园里。就是因为美! 于是它们就到处生活,繁殖。太棒了,是吗?!"

哥伦布俱乐部的全体成员都赞成她的话:太棒了。所以他们开始考虑,等自己高校毕业,成为科学家的时候,还应该移植哪些兽类,如人们常说的那样,在我国对它们进行驯化。

安德设想从科曼多尔群岛①移植一种很优良的兽类 —— 海獭,堪察加海獭,或者说得确切一点就是海里的水獭。全球只剩下几十头海獭,在洛帕特卡角②和梅德内岛。海獭以海胆为食,而后者在白海应有尽有。愿它们从海里把身子探出来,直到腰部,照看着自己吃奶的孩子,把它们捧在两个前爪上抛。

女孩子们一致决定在我们草原上繁育美丽的瞪羚,女画家西则发誓要培育长颈鹿适应我国的气候。

科尔克一声不响,出神地想着一件事。当别人喊他时他怔了一下,蹦出一句话来:

"我可要到南极去,把企鹅从那里弄到我们的北极地区生活。"

他那突如其来的发言引得哄堂大笑。

"可你知道企鹅属于鸟类。我们谈的是兽类。"

科尔克涨得满脸通红,一肚子不高兴,不假思索地说:

"是鸟类又怎么啦! 它比所有兽类都好呢。既不飞,小鸟儿又都长着绒毛。为什么不能在咱们北冰洋繁育企鹅? 说不定会习惯这里的生活! 该考虑考虑鸟类的事,开始驯化它们了。"

少年哥伦布们赞同他的意见,认为是该考虑了,而且十分应该尝试把企鹅移植到我们北冰洋的某些岛上来。

会议到此结束。

---

① 位于白令海的群岛,有白令岛、梅德内岛和其他岛屿。
② 位于勘察加半岛南端的海角。

зима

森 林 报

No.10

小道初白月
（冬一月）

12 月 21 日至 1 月 20 日　　太阳进入摩羯座

第十期导读

一年 ——分 12 个月谱写的太阳诗章

12 月 ——天寒地冻的时节。12 月为严冬铺路,12 月把严冬牢牢钉住,12 月把严冬别在身上。12 月是一年的终结,是严冬的起始。

河水停止了流淌:即使汹涌的河水也被坚冰封冻了。大地和森林都已素裹银装。太阳躲到了乌云背后。白昼越来越短,黑夜正在慢慢变长。

皑皑白雪之下埋葬着多少死去的躯体! 一年生的植物如期地成长,开花,结果,然后它们化为齑粉,复归自己从由出生的土地。一年生的动物 ——许多小小的无脊椎动物也如期化作了齑粉。

然而植物留下了籽,动物产下了卵。太阳仿佛死公主童话中的漂亮王子 [①],如期用自己的亲吻唤醒它们回复到生命,重新从土壤里创造出鲜活的躯体。而多年生的动植物则善于在北国整个漫长的冬季维护自己的生命,直至新春伊始。要知道严冬还未及开足马力,太阳的生日 ——12 月 23 日已为期不远!

太阳又返回人间。生命也跟随着太阳重生。

然而仍然得熬过漫漫严冬。

冬季是一本书

平平坦坦的一层皑皑白雪覆盖了整个大地。田野和林间空地现在就如一册巨大、平整洁净的纸页。无论谁在上面经过,每个人都会写上:"某人到过此地。"

白天雪花纷纷扬扬。雪下完以后,书页又变得洁白如新了。

清晨你走来一看:洁白的书页上印满了许多神秘的符号、线条、句号、逗号。这表明夜里许多林中的居民到过此地,走过、跳过,还做过什么。

是谁来过这里? 做了什么?

应当赶快弄清莫解的符号,阅读神秘的文字。

不然,又下一场纷飞的大雪,地上就仿佛有人将书翻过了一页 ——只是眼前又复出现了洁净、平整的白色纸页。

它们怎么读?

在冬季这本书里,每一位林中居民都用自己的笔迹、自己的符号书写了内

---

① 这里指的普希金的童话《死公主和七勇士的故事》,美丽的公主遭后娘新皇后的妒忌,误食巫婆的毒苹果而亡,被七勇士葬在山洞的水晶棺里,她的未婚夫王子叶里赛历尽千辛万苦找到她,把她救活。

容。人们正在学习用眼睛辨认这些符号。如果不用眼睛读,还能怎么读呢?

但是动物却想到了用鼻子阅读。比如狗就常用嗅觉来读冬天这本书里的符号:"狼来过这里。"或者:"兔子刚刚从这儿跑过。"

动物的鼻子,学问大得很,是不会弄错的。

它们各用什么书写?

大部分野兽是用爪子写。有的用整个脚掌写,有的用四个脚趾写,有的用蹄子写。也有用尾巴写的,用喙写的,用肚子写的。

鸟类也用爪子和尾巴写,但还有用翅膀写的。

简单地书写和书写时耍的花招

我们的记者学会了在冬季这本书里读出林中发生的各种故事。他们获取这方面的学问可不是一件轻而易举的事:原来并非每一位林中的居民留下的都是简单的笔迹,有的在书写时是耍了花招的。

辨认和记住松鼠的笔迹既容易又简单:它在雪地上跳跃的动作就如我们做跳背游戏。用短短的前趾作支撑,长长的后腿远远地向前跨越,分得很开。两个前趾留下的脚印小小的,印下两个圆点,彼此并排。后趾留下的脚印长长的,拉直了的,仿佛一只小手连细细的手指一起打下的印痕。

老鼠的笔迹虽然很小,但也很简单,清晰易辨。老鼠从雪地里爬出来时经常制造一个小圈套,然后才笔直跑向要去的地方或回到自己的洞穴。雪地里留下了长长的两行冒号,两个冒号之间的距离相等。

鸟类的笔迹 —— 就说喜鹊吧 —— 也容易辨认。前面三个脚趾打在雪上的是十字形,后面第四个脚趾打下的是破折号(笔直的一条短线)。十字形的两边是翅膀的羽毛打下的印记,像手指一样。而且一定有一个地方有它长长的梯级形尾巴擦过的痕迹。

所有这些痕迹都没有耍过花招。一看便知:松鼠就在这儿下了树,在雪地里跳了一段路,又跳回到了树上。老鼠从雪地里跳了出来,跑了一阵,转了几个圈儿,又钻进了雪地里。喜鹊停在雪地里,"笃、笃、笃"啄着雪面上硬硬的冰壳,用尾巴在雪上拖着,用翅膀打着雪地,然后 ——再见吧。

但是辨认狐狸和狼的笔迹就不一样了。由于不常见,你一下子就懵住了。

小狗和狐狸,大狗和狼

狐狸的脚印和小狗的脚印相似,区别在于狐狸把爪子握成一团:脚趾握得紧紧的。狗的脚趾是张开的,所以它的脚印比较松散和柔软。

狼的脚印像大狗的脚印。区别也相同：狼的脚趾从两边向里握紧。狼留下的脚印比狗的脚印长，也更均称。脚爪和掌心的肉垫打的印痕更深。同一脚掌的印痕上前后爪之间的距离比狗的大。狼脚掌的前爪留下的印痕常合并成一个。狗脚爪的肉垫留下的印痕是相连的，而狼不是。

这是基础知识。

阅读狼的脚印写成的字行特别费神，因为狼喜欢布弄迷阵，使自己的脚印混乱。狐狸也一样。

狼 的 花 招

狼在行走或小步快跑时，右后脚齐齐整整踏在左前脚的脚印里，而左后脚则踏在右前脚的脚印里。因此它的脚印像沿着一根绳子一样，笔直延伸，排成一列。

你望着这样的一行脚印，就解读为："有一头身高体大的狼从这儿过去了。"

你却弄错了！正确的解读应当是："这里走过了五头狼。"前面走的是头聪明的母狼，它后面跟着一匹老狼，老狼后面是三头年轻小狼。

它们是踩着脚印走，而且走得那么齐整，简直想不到这会是五头野兽的足迹。要成为白色小道（猎人如此称呼雪地上的足迹）上的一名出色的足迹识别者，得练就非常好的眼力。

冬季的森林

严寒会冻死树木吗？当然会。

假如整棵树直至中心部位都结冰了，它会死亡。在特别严酷少雪的寒冬，我们这儿不少树木会冻死，大部分是树龄较轻的那些树。要是每一棵树都不留一手，为自己保存热量，使严寒不能深深地透入体内，那么所有的树都完了。

吸收养料，生长，繁育后代，这一切都要大量地支付力量、能量，也就是支付自己的热量。所以树木在夏季就积蓄力量，快到冬季时就不再接受营养，停止吸收养料，停止生长，不再消耗力量去繁殖后代。它们变得没有生命活动，进入了深沉的睡眠状态。

叶子会呼出许多热量——那么到冬天就把叶子打倒！树木就从自己身上甩掉叶子，和它们断绝关系，以便在体内保存维持生命所必需的热量。再说从树头坠落、在地上腐烂的树叶本身就提供了热量，预先保护了柔弱的树根免遭冰冻。

不仅如此！每一棵树都有保护植物有生命的躯体抵御严寒的铠甲。在整个夏季，树木每年都在树干和树枝的皮下储备多孔的韧皮组织——没有生命的填充层。韧皮层不透水也不透气。空气滞留在它的细孔内,不让树木有生命的躯体散出热量。树龄越老,它皮下的韧皮层就越厚,这就是老而粗的树比年轻、枝干较细的树能更耐寒的原因。

光有韧皮层这副铠甲还不够。如果严酷的寒冷连这也能透过,那么它还会遭遇植物体内化学物质的可靠防护。在冬季到来之前树的液汁里积蓄了各种盐分和转化为糖的淀粉。而盐和糖的溶液是十分耐寒的。

不过最好的御寒物是蓬松的白雪罩子。众所周知,操心的园丁有意将怕冷的年轻小果树压向地面,并给它撒上雪,因为这样它们会暖和些。在多雪的冬季白雪犹如给森林盖上了一条羽绒被,这时任何严寒都不会使森林感到可怕了。

不管严寒如何凶狂肆虐,它都冻不死我们北方的森林!

我们的鲍瓦王子①在任何风暴和暴风雪面前都岿然不动。

在白雪覆盖的草甸上

周围白茫茫的一片,积雪很深。想到现在大地上除了皑皑白雪已经一无所有,所有的鲜花早已凋零,所有的芳草也已枯萎,心中不免伤感。

可是这不过是通常的概念。而且还要自我安慰:"那有什么办法呢,大自然就是这么定的嘛!"

我们对大自然的了解是多么不足!

今天是一个晴朗和煦的日子。我就享用了这样的好天气。我乘上滑雪板前往我的草甸,去清除试验地上的积雪。

我把雪清除干净了。太阳照到了草甸1月份的植物上。它照到了紧贴着结冰地面的莲形叶丛,钻出干燥草皮的尖尖的鲜嫩叶芽,被雪压得倒伏在地的各种绿色草茎。

我从中找到了我的有毒性的毛茛②。它一直开花到冬季刚来临。在雪下它还保存着为春天而开放的所有花朵和花蕾。连花瓣都没有散落!

你们知道我的试验地上有多少种不同的植物吗？62种。其中36种至今依然碧绿,5种还在开花。

现在你再说在1月份我们的草甸上既没有草也没有花吧!

■ H. 帕甫洛娃

---

① 俄罗斯古代神奇故事和18世纪以来通俗故事的主人公。

② 草本植物,多生长在森林和潮湿的草地,有毒,可入药。有些可供观赏。

林 间 纪 事

下面是我们的驻林地记者在白色小道上读到的几则故事。

缺少知识的小狐狸

小狐狸在林间空地看见了老鼠留下的一道道小小字行。

"啊哈!"它想道,"现在我们有吃的了!"

它认为得用鼻子好好阅读一番,看是谁来过这儿。它只看了一眼就知道了:看!足迹原来通到了那里 ——一丛灌木边。

它悄悄地向灌木逼近。

它看见雪里面有一个皮毛灰色、拖着小尾巴的小东西在动。"嚓!"一口把它咬住!马上在牙齿间发出了"咯吱"声。

呸!这么难闻的讨厌东西!它把小兽一口吐掉,跑到一边赶紧吞上几口雪。但愿能让雪把嘴巴洗干净。有那么难闻的气味!

就这样它仍然没能吃上早餐。只是白白地把一只小兽糟蹋了。

那只小兽不是老鼠,也不是田鼠,而是鼩鼱。

它只在远看时像老鼠。近看马上能分清楚:鼩鼱的嘴脸吻部前伸,背部弓起。它属于食昆虫的动物,和鼹鼠、刺猬是近亲。任何一种有知识的野兽都不碰它,因为它发出可怕的气味:麝香的气味。

可怕的爪印

本报驻林地记者在树下发现了很长的一个个爪印,这简直把他们吓了一大跳。爪印本身倒并不大,和狐狸的脚印差不多,但爪痕又长又直,像钉子一样。如果肚子上被这样的爪子抓一下,保管肠子被抓到外面。

他们小心翼翼地顺着这行爪印走去,来到一个大洞边,这里的雪面上散落着兽毛。

他们仔细察看了毛毛 ——直直的,相当硬,但不脆,白色,末端是黑的。画笔就是用这样的毛毛制作的。

这时他们马上就清楚了:洞里住的是獾,是头心情忧郁的野兽,但不怎么可怕。看来在解冻天气它出洞散步去了。

白雪覆盖的鸟群

一只兔子在沼泽地上跳跳蹦蹦地走路。它从一个个草墩上跳过,于是"嘣"的一声——从草墩上滑落,跌进了齐耳深的雪地里。

这时,兔子感觉到雪下面有活物在微微运动。就在同一瞬间,在它周围,随着翅膀振动的声音,从雪下飞出一群柳雷鸟。兔子吓得要命,马上跑回了林子。

原来是整整一群柳雷鸟生活在沼泽地的雪地里。白天它们飞到外面,在雪地里走动,用喙挖掘觅食。吃饱以后又钻进了雪地里。

它们在那里既暖和又安全。谁会发现它们藏在雪下面呢?

雪地里的爆炸和获救的狍子

本报记者好久都没有猜透雪地里由足迹书写的一件事。

起先是一行小小窄窄的蹄印,安安稳稳地向前延伸着。要解读它并不难:一头狍子在林子里走动,并未感到灾难的临近。

突然一旁出现了硕大的爪印,而狍子的蹄印是跳跃式前进的。

这也很明白:狍子发现了从密林里出来的一头狼,正挡住了它的去路朝它奔来。

接着狼的脚印越来越近——狼开始追赶狍子了。

在一棵倒下的大树边,两种脚印完全搅在了一起。显然狍子勉勉强强越过了粗大的树干,这时狼也"嗖"的一下跟着跃了过去。

树干的那一边有一个深坑:所有的雪被翻转,四下里抛了出去,仿佛这里有一个巨大的炸弹在雪下炸开了。

这以后狍子的足迹走向了一边,狼的足迹走向了另一边,而中间不知从哪里冒出了一种巨大的脚印,很像是人的脚印(当他赤脚走路时),但是带有歪斜的可怕爪痕。

雪里面埋的是什么样的炸弹?这新出现的脚印是什么动物的?为什么狼窜到了一边,而狍子窜到了另一边?这里发生了什么事?

我们的记者绞尽脑汁,久久地思索着这些问题。

最后他们弄清楚了,这些巨大的脚印是什么动物的,至此所有问题都迎刃而解了。

狍子凭借自己腾空的四蹄轻松地越过了倒地的树干,又继续向前奔逃而去。狼跟着它也跳越过去,但是没能越过,因为身体太重。它从树干上滑落,嘭地一下跌进了雪里,而且四条腿一起跌进了一个熊洞。这个洞正好在树干下面。

米什卡从睡梦中惊醒过来,就跳将出去,于是四周的雪呀、冰呀、树枝呀什

狍子凭借自己腾空的四蹄轻松地越过了倒地的树干，又继续向前奔
逃而去。狼跟着它也跳越过去，但是没能越过，因为身体太重。

么的被搅得一塌糊涂,仿佛炸弹炸过似的,然后就奔跑着逃进了森林(它以为猎人向它袭击来了)。

狼一个跟头翻进雪窝里,一看到这么大的一个身躯,早忘了狍子,只顾拔腿就跑。

而狍子早就不见了踪影。

在雪海的底部

对于生活在田野和森林的动物来说,没有比初冬时节的少雪天气更坏的事了。光秃秃的大地上冰冻层越来越厚。洞穴里变得很冷。鼹鼠就吃尽了它的苦头,艰难地用自己铲状的爪子挖掘冻得坚似岩石的泥土。那么老鼠、田鼠、伶鼬、白鼬感觉如何呢?

不过终于下雪了。雪下了又下,已不再融化。干燥的雪海覆盖了整个大地。人踩到这个海洋里会没到膝部,而花尾榛鸡、黑琴鸡、甚至松鸡则连头钻了进去。老鼠、田鼠、鼩鼱——所有不冬眠的穴居小兽都走出地下的居所,在雪海的底部四处奔跑。凶猛的伶鼬犹如一头细小的海豹不知疲倦地在雪海中潜进潜出。它窜到外面待上一会儿,四下里观望着,看有没有花尾榛鸡在哪儿的雪地里露头,然后又潜入了底部。不露身影的小兽就这样悄悄地在雪下逼近鸟类。

在雪海的底部要比表面温暖得多。冬季死亡的呼吸——凛冽的寒风吹不到那里。严寒无法透过由干燥的水分变成的厚厚的覆盖层,到达地面。许多穴居的鼠类直接在雪下的地面上营造自己的冬巢,犹如离家住进了度冬的别墅。

就有这样一件事!一对短尾巴的田鼠用草和毛毛筑的小窝就在地面上——在撒满白雪的一丛灌木的枝杈上。从窝里冉冉升起一缕轻盈的热气。

在厚厚积雪下这个温暖小窝的里面,赤裸、无视力的小田鼠则刚刚降生!而当地的温度却是零下20摄氏度!

冬季的中午

在1月份的一个阳光明媚的中午,白雪覆盖的森林里悄无声息。一头熊在自己隐秘的洞穴中沉睡。它的上方,在挂着沉甸甸积雪的灌木丛和乔木的枝叶丛间,仿佛有一个个童话故事中富丽堂皇屋宇的拱顶,空中走廊,台阶,窗户,有着尖尖屋顶的奇异小楼。这一切都是无数疏松的雪花骤然间闪烁和变幻出来的。

犹如从地底下钻出来似的,一只小鸟跳了出来,小嘴巴尖尖的像把锥子,小尾巴翘着。它轻轻一飞上了一棵云杉的树顶,而且发出了悠扬婉转的啼鸣,响彻了整座林子!

　　这时,从白雪构成的屋宇下方,地下居室的小窗里,突然露出了一只目光呆滞的绿眼睛……莫非春天提前降临啦?

　　是熊的眼睛。它总是在自己进洞睡觉的一面留取一个小窗。

　　森林发生的事儿可不少啊! 没什么情况,宝石般晶莹的房屋里安安静静的……于是那只眼睛消失了。

　　小鸟儿在结冰的枝头上东啄西啄了一会,便钻进了一个树墩上像帽子般的积雪里:那里有用软和的苔藓和绒毛铺垫的温暖的冬窝。

农 庄 纪 事

树木在严寒的气候里沉沉深睡。它们体内的血液——液汁都冻结了。森林里锯条不知疲劳地发出叫声。采伐木材的作业贯穿整个冬季。冬季采伐到的是最为贵重的木材：干燥而且坚固。

为了将采伐的木材运到开春后流送木材的大小河边，人们制造了冰橇、宽广的冰路。他们把水浇到雪地上，就如驾着敞篷马车一样运送。

农庄庄员们正在迎接春季的来临。正在选种，检查幼苗。

一群灰色的田鹨现在住在谷仓边，飞进了村里。在深厚的雪下它们获取食物很艰难，非常艰难，要将雪扒开，更难的是用它们虚弱无力的爪子敲开雪面冰层厚厚的外壳。

在冬季捕捉它们是轻而易举的事，但这是一种犯罪行为：法律禁止在冬季捕捉无助的灰色田鹨。

聪明而体贴的猎人在冬季给这些鸟儿补充食料，在田头给它们安置喂食点：用云杉树枝搭建的小窝棚，里面撒上燕麦和大麦。

于是美丽的田间公鸡和母鸡就不会在最难熬的冬季死于非命了。到来年夏天，每一对鸟又会带来 20 只以上的小鸟。

集体农庄新闻

大 雪 纷 飞

昨天我去"闪闪发光"集体农庄，我看望了自己从前的中学同学拖拉机手米沙·戈尔申。

给我开门的是他的妻子，一个最会嘲笑人的女人。

"米沙还没有回来，"她说道，"他在耕地。"

我想："又来嘲弄我了。她想出'耕地'这两个字来蒙我也太笨了！就连托儿所里刚会走路的孩子大概也知道冬天是不耕地的。"

所以我就用嘲弄的口气问：

"耕雪吗？"

"要不耕什么？当然是耕雪咯！"米沙的妻子回答。

我到处找米沙。说来也真怪——他是在地里。他开着一台拖拉机，机上紧连着一只长长的箱子。箱子把雪拢起来,做成一堵结实的高堤。

"你干吗这样做,米沙?"我问道。

"这是挡风障碍坝。你如果不给风设这么一道障碍,它就在田地里到处游荡,把积雪刮走。秋播作物没有雪就会冻死。应当把地里的雪留住。所以我就开起了我的耕雪机。"

按冬令作息时间生活

现在农庄的牲口按冬令作息时间表生活:睡觉、进食、散步都按时进行。下面就是四岁的农庄庄员玛莎·斯米尔诺娃就这件事对我们说的话:

"我现在和小朋友们进了幼儿园。所以奶牛和马儿大概也进了幼儿园。我们去散步,它们也去散步。我们回家,它们也回家。

绿 色 林 带

沿铁路线伸展着许多公里长的一行行挺拔的云杉。"绿色林带"保护铁路免遭积雪的侵害。每年春季铁路员工都在加宽这条林带,栽上几千棵年轻的树木。今年种下了 100000 棵以上的云杉、合欢、白杨和 3000 棵左右的果树。

铁路员工在自己的苗圃里培育林木的树苗。

■ H. 帕甫洛娃报道

都 市 新 闻

赤脚在雪地行走

在晴朗的日子里,当温度计的水银柱升到接近零度时,在花园里,街心花园和公园里,从雪下爬出了没有翅膀的苍蝇。

它们成天在雪上游荡,傍晚时又躲进了冰雪的缝隙里。

在那里,它们生活在树叶下和苔藓中僻静的温暖场所。

雪地里没有留下它们游荡的足迹。这些游荡者身体很轻很小,只有在高倍放大镜下才能看清它们突出的长长嘴脸,从额头直接长出的奇怪的触角和纤细赤裸的腿脚。

国 外 来 讯

《森林报》编辑部收到一些来自国外的、有关我们的候鸟生活详情的报道。

著名的歌手夜莺,在中部非洲过冬,黄莺住在埃及,椋鸟分成几群,在法国南部、意大利和英国旅行。

它们在那里没有唱歌,只关心吃饱肚子,也不筑巢和养育小鸟;它们等待着春季,等待着可以返回故乡的时节,因为"他乡作客好,怎比家中强。"

埃及的鸟类聚会

埃及是鸟类冬季的天堂。浩浩荡荡的尼罗河,连同它无数的支流,迤逦曲折的河岸,肥沃的河湾草地和田野,咸水和淡水的湖泊与沼泽,温暖的地中海沿岸星罗棋布的海湾 —— 所有这些地方都是数以几十万、几百万计的鸟类现成的丰盛餐桌。夏天这里固然鸟类无数,到了冬天我们的候鸟也来光顾了。

那拥挤的程度是无法想象的。似乎全世界所有的鸟类都聚集到了这里。在湖泊和尼罗河的各条支流上栖息的鸟类,稠密到从远处看不见水的程度。笨重的鹈鹕在喙下面挂着一只大袋子,和我们的灰野鸭及小水鸭一起捉鱼吃。我们的鹬在红羽毛的美男子火烈鸟高高的双腿间穿梭往回,当鲜艳的非洲乌雕或我们的白尾雕出现时,就躲向四面八方。

假如对着湖面开一枪,那么密密麻麻的各种水禽成群起飞的轰鸣声,只有数千只鼓敲响的声音可以与之相比。湖面顿时笼罩在浓密的阴影里,因为升空的鸟类组成的乌云遮住了太阳。

我们的候鸟就这样生活在它们冬季的居所。

在连科兰近郊

在我国幅员辽阔的土地上,也有属于鸟类自己的埃及,并不比非洲的逊色。我们许多生活在水中和沼泽地的鸟类在那里过冬。跟在埃及一样,冬季在那里你也能看见一群群鹈鹕和火烈鸟与野鸭、大雁、鹬、海鸥和猛禽杂居在一起。

我们说的是在冬季。可是那里恰恰没有像我们这儿的冬季 —— 白雪盖地,寒气逼人,暴风雪肆虐。在温暖海边水藻丛生的浅水里,芦苇荡里和沿岸的灌木丛里,在宁静的草原湖泊里,整年都充满了各种鸟类的食物。

这些地方被划为自然资源保护区,禁止猎人在此捕猎鸟类和经过夏季的操劳来此休息的候鸟。

这是我们的塔雷什国家自然资源保护区,位于阿塞拜疆苏维埃社会主义共和国连科兰市近郊,里海东南岸。

发生在南部非洲的慌乱

在南部非洲发生过一件事,引起了很大的慌乱。人们在一群鹳里发现一只鹳脚上戴着一个白色金属环。这群鹳是从天上飞下来的。

他们捉到了这只鹳,阅读了打在环上的文字。脚环上的文字是这样的:"莫斯科。鸟类学委员会。A 型 195 号。"

这件事许多报刊都刊登了,所以我们知道被我们的记者捕获过的这只鹳冬季在何处出现。(参阅《森林报》第七期,发自林区的第二份电报)

科学家用这个方法 —— 套脚环 —— 得知鸟类生活中许多惊人的秘密:它们的越冬地,迁徙路线等。

为此每个国家的鸟类学委员会都用铝制作不同型号的脚环,在上面打上发放脚环的机构名称,表示型号(根据尺寸大小)的字母和编号。如果有人捕获或打死套上脚环的鸟类,应当将有关情况告知名称打在脚环上的科研机构,或在报上刊登有关自己发现的消息。

基特·维里坎诺夫讲述的故事

米舒克奇遇记

（新年故事）

到了除夕之夜。

到处都是冰天雪地。

天刚蒙蒙亮，一个农庄庄员的老爷爷就乘着雪橇往林子里赶，他要去为村俱乐部砍一棵漂亮的圣诞树。

森林又大又密。老头一直在里面走呀走呀，直到差不多进入了它的中心位置。这里已经听不到来自村里的任何声音，甚至无线电喇叭的广播。在这里老头把马拴在树上，离开路边，为自己挑选了一棵合适的云杉。

但是他刚"咯"地咳了一声，往树干上砍下第一斧，雪下面仿佛炸弹开爆似的飞蹿出一头棕色的野兽。

老头吓得把斧头都掉落了。他用尽平生之力向马儿冲去，解下马就一溜烟似的逃命去了。

原来老头惊着了一头母熊。它的洞穴正好在他选中的那棵云杉的下面。由于猛然被很响的斧头声惊醒，它就出了自己的藏身之地，没命地向密林中奔逃而去。惊慌中以为猎人向它攻击来了。

可是熊洞里还留着它的小熊崽米舒特卡[1]。它才三个月大，还在吃奶。

被母熊翻了个底朝天的熊洞里透进了寒气。米舒克醒了，便轻轻地哀号哭叫起来，因为它觉得冷，还想吃东西。米舒克开始躁动起来，便爬出了洞穴。它在寻找自己的母亲，但是老熊连踪影也没有了。

它徒然地肚子着地爬来爬去，哀叫着，尖叫着，但是母亲逃得很远，听不见它的叫声。

最后米舒克大为生气，就用四肢站了起来，自己去寻找吃的东西。它那脚掌外翻的四个短短的爪子陷进深深的积雪难于自拔，然而饥饿却驱使它不断地向前，向前。

突然它发现一棵树后面的树墩上有一只尾巴蓬松的棕色小兽。小兽快要

---

[1] 俄国人把熊戏称为"米哈伊尔"，常用该名的其他形式：简称——米沙；昵称或爱称——米舒特卡，米舒克，米什卡。

啃完一颗长长的云杉球果。

米舒克可是很喜欢吃松鼠的。米舒克迈开八字脚向它靠近,想逗它一下。但是小兽"吱"的一声惊叫,箭似的爬上了自己在下面坐着的那棵云杉。

米什卡看不见它了,坐了一会儿,东张西望地转动着脑袋,但是没有办法,它又继续向前跑去。

不久它见到一只灰色小兽,想避开它正往灌木丛里躲,气呼呼地发出"吠吠"的叫声和得得的声音。米舒克跳了两步就赶上了它,便伸出爪子将它一把抓住。然而——唉哟!灰色小兽原来这么扎手,使得米舒卡痛得刺耳地尖叫起来,踮着三只脚继续向前跑。

它在林子里徘徊了很久,最后筋疲力尽,坐了下来。这时空空如也的肠子逼得它用爪子去刨雪。雪下面露出了土地,地面上长着一些花朵、浆果和植物的根。米舒克开始把它们往自己嘴里塞,原来这些东西能嚼着吃。于是可怜的孤儿开始拼命动用自己的爪子,使它的肚子鼓了起来,米舒克仿佛吃了个西瓜似的。

有东西下了肚,米舒克跑起来已经开心多了。它不太留意自己的脚下,突然——嘭!它一个筋斗掉进了一个坑里。

在这个坑里,在树枝和雪下面蛇、青蛙和蛤蟆正在冬眠。幸好米舒克掉下去的时候后脚抓住了几根粗树根,所以头朝下悬空挂在这群东西的上方。

蛇苏醒了,抬起头发出了可怕的咝咝声,青蛙绝命地呱呱叫起来。恐惧给了米舒克以力量,它设法用后脚抓住,晃荡着身子,用前脚抓住粗树根,急急忙忙地往上爬。它吓得头也不回,跑了很久。直到跳到一块林间空地时它才止步。

它停步后便又开始刨雪:雪下面会不会再找到什么可口的东西?这一次它挖到了全然不同的一样东西:这里的雪下面侨居着整整一小群带着自己孩子的林中田鼠。这些小兽在灌木丛下层的枝杈上安顿了自己的小窝,温暖的窝里甚至冒出了热气。

如果米舒克稍稍年长一些,它就能清楚地意识到可以将这些田鼠作为一顿午餐。但是它尚未开窍,所以只是惊讶地看着这些短尾巴的小兽四处逃窜。

冬季的白昼是短暂的。正当米舒特卡磨磨蹭蹭地对付田鼠幼仔时,天色已开始变暗。米舒克猛然想起:"妈妈在哪儿呢?"于是它跑去寻找它。可是如何在偌大的莽莽林海中找到它呢?

米舒克满林子不停地跑呀跑,眼看着黑夜降临了。这是伸手不见五指的新年之夜。看不见任何一颗星星的闪烁——整个天空布满了黑沉沉的乌云。在遭遇种种不幸之后,从这乌云之中又纷纷扬扬飘下稠密的鹅毛大雪。米舒克跑得浑身发热,所以落到背上的雪花顿时融化并浸透了它的全身皮毛。

身处漆黑的夜晚它感到恐惧：说不定有什么东西会突然发起攻击呢！米舒克还很小，它还不知道在我们的森林里熊是最强大的野兽。在路途中它甚至不敢抽泣哀告：要是突然被谁听见怎么办？它悄然无声地奔跑着，越来越进入密林深处。

在它一心奔跑的路上，猛然间——请设想一下它内心的恐惧——猛然间，它和哪一头野兽碰了个照面！这个"哪一头野兽"比米舒克要大得多，重得多，所以不幸的它远远地跳到了一边，臀部很痛地撞到了一棵树上。

但是米舒克甚至没有时间去擦抚碰痛的部位：因为巨大的野兽可能立马向它扑来，把它吃掉。于是米舒克在黑暗中摸索着赶紧向树上爬去。

它听到那头巨大沉重的野兽正向它悄悄靠近。它是那么沉重，因为在它巨大爪子的踩踏下不时会传来树枝断裂的脆响……

沉重的脚步声越来越近……米舒克哆嗦着用四肢抓住树干的表皮，向后回过头去，向着漆黑的下方望去……

算它运气，正好这时黑暗乌云里亮起了一道闪电，在瞬间照亮了整个森林。但这足以让米舒克看见自己下面是谁。

"妈妈！"它放开嗓子叫了一声，便一骨碌从树上滚了下来。

不错，这正是母熊，它的妈妈。它也没有弄清楚黑暗中撞见了谁，也没有认出是儿子。

现在它们俩可高兴了！

恰好这时敲响了莫斯科的钟声——于是整座森林响彻了这庄严的声音：时逢子夜，新年到了。

群鹤在沼地里响起了阵阵唳叫，云雀在天际唱起了婉转的歌声，而幸福的母子俩则紧紧地拥抱在一起。

接下来它们俩开始爬进自己的洞穴，在那里安然躺下。米舒克开始吃熊妈妈的奶，而母熊则津津有味地吮吸自己富有营养的爪子。

这一切都有了美好的结局，就如新年故事的结局总是美好一样，尽管这是有关莽莽林海的故事。

■ 基特·维里坎诺夫

狩 猎 纪 事

带着小旗找狼

有几头狼在村庄附近出没,有时叼走一只绵羊,有时叼走一只山羊。村里没有自己的猎人。于是派人去城里请:"帮我们排忧解难吧,同志们!"

当晚,从城里来了一组士兵组成的猎人。他们各自乘着雪橇,随身带着两个很大的轮轴。轮轴上鼓鼓地绕着一圈圈绳子。绳子上结着一面面红布小旗,每两面旗子之间相距半米。

在白色小道上解读

他们向农民打听了狼的来向,就出发去解读足迹了。轮轴放在后面的雪橇上随行。

狼迹沿着一条线路从村庄向森林延伸,经过田野。看起来似乎只有一头狼,而有经验的足迹辨认者却看出这里走过的是整整一窝狼。

在森林里一条足迹分成了五条。猎人们看了一会儿,说道:走在头里的是母狼。足迹窄窄的,步子短短的,成对角线方向有雪爪[1]:他们就是凭这一点认出来的。

他们分成了两组,分坐到雪橇上,绕森林转了一圈。

足迹没有离开森林到任何地方。那就表明整窝狼就住在这儿的林子里。应当用围猎的办法解决它。

围　　猎

每一组猎人都带一个轮轴。他们悄悄地前进,轮轴在转动,把绳子一点点放出来。在身后小旗子在灌木丛、树上和树墩上挂住。这样就使长长的小旗子离地有半俄丈高[2],在空中晃荡。

在村边两组人会合了:已经把林子从四面包围了。

他们吩咐农庄庄员天刚亮就起床,自己则去睡觉了。

---

[1] 野兽在踩下的雪窝里拔出爪子时会从雪窝里带出一部分雪,于是在雪上用脚爪形成痕迹。这样的线条称为"雪爪(zhǎo)"。——作者注。

[2] 1俄丈 = 2.134米。

在 黑 夜 里

夜降临了,非常寒冷,明月高照。

母狼从睡觉的地方起了身。公狼也起身了。几头今年新生的一岁小狼也起身了。

四周是密密丛林。在枝叶扶疏的云杉树梢上方的天空,浮动着一轮圆月,宛如一个死亡的太阳。

狼的肚子里正饿得咕咕叫。狼的心里闷得慌!

母狼抬起头,对着月亮嗥叫起来,公狼跟着它用沉低的声音也叫了起来。跟着它们叫的是一岁的小狼,声音细细的。

村子里的牲口听到了狼嗥,于是奶牛哞叫起来,山羊也开始咩咩叫。

母狼出发了。后面跟着公狼,再后面是一岁的小狼。

它们小心翼翼认准脚印踩着走,沿着森林向村庄进发。

突然母狼站住不走了。公狼也停住了。小狼也站住了。

惶惑不安的目光在母狼凶狠的双眼里闪烁了一下。它灵敏的鼻子嗅到了红布刺鼻的气息。它发现前面的林间空地上有深色的布片挂在灌木上。

母狼已经上了年纪,见过的世面也多。可这种情况却从未遇到过。不过它知道哪儿有布片,哪儿就有人。谁知他们会怎么样呢:说不定正躲在田野里守着呢?

得回头走。

它转过身,跳跃着向密林跑去。公狼跟着它。它们后面是小狼。

狼群大步跳跃着跑过整座森林,到林间空地边又停住了。

还是布片儿! 像伸出的舌头似的挂着。

这几头狼不知所措了。林子里纵横交错,各到各处都是布片儿,没有出路可走。

母狼感到了不祥的预兆。它窜回到了密林里,卧了下来。公狼也卧倒了。小狼也跟着卧倒。

它们无法走出包围圈。最好还是忍饥挨饿。谁知道人究竟想干什么?

肚子饿得咕咕直叫。冷得厉害。

次 日 清 晨

天刚蒙蒙亮,两支队伍就从村里出发了。

一支人数较少的队伍围绕看森林走,他们都穿着灰色长袍,悄悄地在这里解下小旗,成链状散开,躲到了灌木丛后面。这些是带枪的猎人。他们穿灰色衣服是因为在冬季的森林里所有别的颜色都很显眼。

人数多的那支队伍 —— 手持木橛子的农庄庄员待在田野里。接着按领队的命令闹闹嚷嚷地开进了森林里。他们在森林里一面走,一面大声吆喝,用棍棒敲打树干。

驱　赶

狼在密林里打盹儿。突然从村庄的方向传来了嘈杂声。

母狼从侧面冲向了另一方向。它后面跟着公狼,公狼后面跟着小狼。

它们竖起了领毛,夹紧了尾巴,耳朵转向身后,双目炯炯发光。

到了森林边缘。有布片儿。

回头!

嘈杂声越来越近。听得出有许多人走来,木棒敲得嘭嘭响。

直接避开他们。

又到了森林边缘。红布片没有了。

向前逃!

整窝狼直接落进了射击手的包围圈。

灌木丛里射出了一条条火光,响起了震耳的枪声。公狼高高地蹿了起来,又"嘭"的一声坠到了地上。小狼们尖叫着打起了转。

整窝狼没有一头小狼逃脱士兵们准确的枪弹。只有老母狼不知消失到了何方。它是怎么逃走的,没有任何人看见。

村子里再也没有牲口丢失的事发生。

猎　狐

经验丰富的猎人一看足迹,狐狸的动向有什么能逃过他明察秋毫的眼睛!

塞索伊·塞索伊奇早上出门,踏上新下过雪的地面,老远就发现了一行清晰、规整的狐狸足迹。

小个儿猎人不慌不忙地走到足迹前,沉思地望着它。他脱下一块滑雪板,一条腿单跪在上面。他弯起一根手指伸进脚印里,先竖着,再横着,量了量。又思量了一会儿。他站起来,穿上滑雪板,顺着足迹平行前进,眼睛盯着足迹片刻不离。他隐没在了灌木丛里,接着又走了出来,走到一座不大的林子前面;仍然那样从容不迫地围着林子走了起来。

然而当他从这座小林的另一边出来时,突然回头快速向村子跑去。他不用撑竿的推助,急速地踩着滑雪板在雪上滑行。

短暂冬日的两个小时花在了对足迹的观察上。可是塞索伊·塞索伊奇却已暗自下定决心一定要在今天逮住狐狸。

他跑到了我们另一位猎人谢尔盖家的农舍前。谢尔盖的母亲从窗口看见了他,就走到门口台阶上,首先和他打招呼:

"儿子不在家。也没说去哪儿。"

对于老太太耍的滑头塞索伊·塞索伊奇只是莞尔一笑。

"我知道,我知道他在安德烈家。"

塞索伊·塞索伊奇果然在安德烈家找到了两个年轻猎人。

他走进屋子时,那两个人有点尴尬,这瞒不过他的眼睛,他们都不吭声了,谢尔盖甚至从长凳上站了起来,想遮住身后的那一大捆缠着小红旗的轮轴。

"别藏藏掖掖了,小伙子。"塞索伊·塞索伊奇务实地说,"我都知道。今儿夜里狐狸在'星火'农庄叼走了一只鹅。现在它在哪儿落脚,我知道。"

两个年轻的猎人张大了嘴巴。还在半小时前谢尔盖遇见了邻近的"星火"农庄的一个熟人,得知今天凌晨狐狸趁夜从那里的禽舍里叼走了一只鹅。谢尔盖跑回来把这件事告诉了自己的朋友安德烈。他们刚刚才商定,要赶在塞索伊·塞索伊奇得知这件事之前就找到狐狸,把它逮到手。可他却说到就到,而且都知道了。

安德烈先开口:

"是老婆子给你卜的卦吧?"

塞索伊·塞索伊奇冷冷一笑:

"那些老婆子恐怕一辈子也不会知道这号事。我看了足迹了。我要告诉你们的是:这是雄狐狸走过的脚印,而且是只老狐狸,个子大大的。脚印是圆的,很干净;它走过,在雪上并不像雌狐那样把足迹抹掉。很大的脚印,是从'星火'农庄过来的,叼着一只鹅。它在灌木丛里把鹅吃了:我已找到了那个地方。是只十分狡猾的雄狐,吃得饱饱的,它身上的皮毛很稠密,能卖上难得的好价钱。"

谢尔盖和安德烈彼此交换了一个眼色。

"怎么,这难道又是足迹上写着的?"

"怎么不是呢。如果是一只瘦狐,过着半饥半饱的日子,那么皮毛就稀,没有光泽。而在又狡猾,吃得又饱的老狐身上,皮毛就很密,颜色深沉,有光泽。这是一副贵重的皮毛。吃得饱饱的狐狸足迹也不一样:吃饱了走路轻松,脚步跟猫一样,一个脚印接一个脚印 —— 是齐齐整整的一行,一个爪子踩进另一个爪子的印痕里 —— 口对着口。我对你们说,这样的皮子在林普什宁抢手得很,给大价钱呢。"

塞索伊·塞索伊奇不说了。谢尔盖和安德烈又交换了一个眼色,走到一角,窃窃私语了一会儿。

接着安德烈说:

"怎么样,塞索伊·塞索伊奇,有话直说吧:你是来叫我们合伙的?我们不反对。你看到,我们自己也听说了。小旗子也备了。原本想赶在你前头,没有得逞。那就一言为定,到了那里,谁运气好,它就撞到谁手里。"

"第一轮围猎由你们干。"小个儿猎人大度地决定,"要是野兽逃走了,肯定没有第二轮。这只公狐不同于我们这儿那些普通狐狸。我们当地的那些我认得出;这么大个儿的可没有。它在开第一枪之后就溜之大吉了,你就是两天也追不上它。那些小旗子,还是留在家里吧:老狐狸刁得很,也许被围猎已经不是一次了,会钻地逃跑。"

这时两个年轻猎人坚持要带小旗子,认为这样牢靠些。

"得!"塞索伊·塞索伊奇同意了,"你们想带,就照你们的,带上吧。走!"

在谢尔盖和安德烈准备行装,将两个绕着小旗的轮轴搬到外面,绑上雪橇时,塞索伊·塞索伊奇赶紧回了趟家,换了身衣服,叫上了五个年轻农庄庄员帮助围猎。

三个猎人都在自己的短大衣外面罩了件灰色长袍。

"这回是去对付狐狸,不是兔子。"在路上塞索伊·塞索伊奇开导说,"兔子不怎么会辨别。狐狸可要敏感得多,眼睛看异样的东西尖着呢。一见着点儿什么,脚印就没有了。"

他们很快就到了狐狸落脚的那座林子。在这里他们分了工:围猎的农民留在原地,谢尔盖和安德烈带上一个轮轴,从左边去围着林子布旗子,塞索伊·塞索伊奇从右边布。

"留神看着。"临行前塞索伊·塞索伊奇提醒说,"看哪儿有没有它出逃的脚印?还有,别弄出声响。狐狸很机灵,只要一听见一丁点儿声音,就不会等着你去逮它。"

不久三个猎人在林子那一边会合了。

"搞定了吗?"塞索伊·塞索伊奇悄声问。

"完全搞定了。"谢尔盖和安德烈回答,"我们仔细看过,没有逃出去的足迹。"

"我那边也一样。"

离旗子一百五十步左右的地方,他们留了条通道。塞索伊·塞索伊奇向两位年轻猎人建议他们最好站立在什么位置,说完自己就悄无声息地乘滑雪板滑向围猎的五个人那儿。

半小时以后围猎就开始了。六个人形成一个包围圈,像一张网一样在森林中行进,悄声呼应着,用木棍敲打树干。塞索伊·塞索伊奇走在呐喊者的中间,使包围圈队形保持整齐。

森林里一片寂静。被人触碰的树枝上落下一团团松软的积雪。

塞索伊·塞索伊奇紧张地等待着枪响：尽管开枪的是自己的小伙子，心还是提到了嗓子眼。这只狐狸是难得遇到的，对此经验丰富的猎人毫不怀疑。要是他们看走了眼，就再也看不到了。

已经到了林子中央，可是枪依然没有响。

"怎么搞的？"塞索伊·塞索伊奇在树干之间滑行时忐忑地想，"狐狸早该从它藏身的地方跳出来了。

路走完了，又到了森林边缘。安德烈和谢尔盖从守候的云杉后面走出来。

"没有？"塞索伊·塞索伊奇已经放开了嗓子问。

"没看见。"

小个儿猎人没多说一句废话，就往回跑，去检查打围的地方。

"喂，过来！"几分钟后传来了他气呼呼的声音。

大伙都向他走去。

"还说会看足迹呢！"小个儿猎人冲着两个年轻猎人恨恨地嘟囔着说，"你们说过没有出逃的痕迹。这是什么？"

"兔迹。"谢尔盖和安德烈两个人异口同声地说，"兔子的脚印。怎么 —— 难道我们不知道？我们还在刚才围拢来的时候就发现了。"

"可是在兔迹里，兔迹里的究竟是什么？我对你们这两个大傻瓜说过：公狐是很刁的！"

年轻猎人的眼睛一下子没有在兔子后腿长长的脚印里看出另一头野兽留下的明显痕迹 —— 更圆、更短的脚印。

"你们没有想到，狐狸为了藏掖自己的脚印，会踩着兔子脚印走，是吗？"塞索伊·塞索伊奇和他们急了，"脚印对着脚印，窝儿合着窝儿。两个笨蛋！多少时间白待了。"

塞索伊·塞索伊奇首先顺着足迹跑了起来，命令把旗子留在原地。其余人默默地紧紧跟在他后面。

在灌木丛里狐狸的足迹出离了兔迹，独自前进了。他们沿着齐齐整整的一行脚印走了好久，走出了狐狸设下的圈套。

阳光不强的冬日随着雪青色云层的出现已接近尾声。人人都是一副垂头丧气的样子，因为整整一天的辛劳都付诸东流了。脚下的滑雪板也变得沉重起来。

突然塞索伊·塞索伊奇停了下来。他指着前方的小林子轻声说：

"狐狸在那里。接下去五公里的范围，地面就像一张桌子的面儿，既没有一丛灌木,也没有沟沟壑壑。野兽不会指望在开阔地上逃跑。我用脑袋担保,它就在这儿。"

两个年轻猎人的疲劳感似乎被一只手一下子从身上解除了。他们从肩头拿下了猎枪。

塞索伊·塞索伊奇吩咐三个围猎的农民和安德烈从右边,另两个和谢尔盖从左边,向小林子包抄。大家立马向林子里走去。

他们走后,塞索伊·塞索伊奇自己无声无息地滑行到林子中央。他知道那里有块不大的林间空地。雄狐无论如何不会出来走到开阔地上。但是不管它沿什么方向穿过林子,都不可避免地要沿着林间空地边缘的某个地方溜过去。

在林间空地中央矗立着一棵高大的老云杉。在它茂盛而强壮的枝杈上,它支撑着倒到它身上的一棵姐妹树干枯的树干。

塞索伊·塞索伊奇脑海里闪过一个念头,想沿着倒下的云杉爬上大树,因为从高处看得见狐狸在哪儿走出来。林间空地的周围只长着一些低矮的云杉,矗立着一些光秃的山杨和白桦。

但是经验丰富的猎人马上放弃了这个想法,因为在你爬树的当儿狐狸已经十次逃脱了。再说从树上开枪也不方便。

塞索伊·塞索伊奇站在云杉旁边,两棵小云杉之间的一个树桩上,推上了双筒枪的枪栓,开始仔细地四下观察。

几乎是一下子从四面八方响起了围猎者轻轻的说话声。

塞索伊·塞索伊奇自己的整个身心都准确无误地知道无价的狐狸已经来到这里,就在他的身旁,它随时都会出现,但是当棕红色的皮毛在树干之间一闪而过时,他还是哆嗦了一下。而当野兽意料之外地跳将出来,直接奔向开阔的林间空地时,塞索伊·塞索伊奇差点儿就开枪了。

不能开枪,因为这不是狐狸,是兔子。

兔子坐在雪地上,开始惊惶地抖动耳朵。

人声从四面八方一点点逼近。

兔子纵身一跳逃进森林不见了。

塞索伊·塞索伊奇仍然全身高度紧张地在等待。

忽然响起了枪声。枪声来自右方。

"他们把它打死了?打伤了?"

从左方传来第二声枪响。

塞索伊·塞索伊奇放下了猎枪:不是谢尔盖就是安德烈,总有一人开的枪而且得到了狐狸。

几分钟后围猎者走了出来,到了林间空地。和他们一起的还有一副窘态的谢尔盖。

"落空了？"塞索伊·塞索伊奇阴沉着脸问。

"要是它在灌木丛后面……"

"唉……"

"看，是它！"旁边响起了安德烈得意的声音，"说不定还没有走。"

于是年轻猎人一面走上前来，一面向塞索伊·塞索伊奇脚边扔过来……一只死兔。

塞索伊·塞索伊奇张开了嘴巴，又重新闭上了，什么话也没有说。围猎者莫名其妙地看着这三个猎人。

"怎么说呢，祝你满载而归！"塞索伊·塞索伊奇最后平静地说，"现在各自回家吧。"

"那狐狸怎么办？"谢尔盖问。

"你看见它啦？"塞索伊·塞索伊奇问。

"没有，没看见。我也是对兔子开的枪，而且你是知道的，它在灌木丛后面，所以……"

塞索伊·塞索伊奇只挥了挥手。

"我看见山雀在空中把狐狸叼走了。"

当大家走出林子时，小个儿猎人落在了同伴们的后面。还有足够的光线可以发现雪地里的足迹。

塞索伊·塞索伊奇慢慢地，时而停顿一下，绕小林子走了一圈。

雪地里明显地看得出狐狸和兔子出逃的痕迹：塞索伊·塞索伊奇细心察看了狐狸的足迹。

不对，雄狐没有沿着自己的足迹走回头路——脚印对着脚印，窝窝合着窝儿。而且这也不符合狐狸的习性。

从小林子出逃的足迹并不存在——无论是兔子的，还是狐狸的。

塞索伊·塞索伊奇坐到树桩上，双手捧着低下的脑袋，思量起来。最后他脑子里钻进一个简单的想法：雄狐可能在林子里钻了洞——它躲进了猎人连猜想也不曾猜想过的洞穴。

但是当塞索伊·塞索伊奇想到这一点并且抬起头时，天已经黑了。再也没有希望发现狡猾的野兽了。

于是塞索伊·塞索伊奇就跑回家去。

野兽会给人猜最难猜的谜，这样的谜有些人就是解不开，即使是在所有时代、所有民族心目中都以自己的狡猾著称的狐大婶①也解不开,但塞索伊·塞索伊奇可不是这样的人。

第二天早晨,小个儿猎人又到了傍晚找不到足迹的那座小林子。现在确实留下了狐狸从林子出逃的足迹。

塞索伊·塞索伊奇开始顺着它走,以便找到他至今不明的那个洞穴。但是狐狸的足迹直接把他带到了位于林子中央的空地。

齐整清晰的一行印窝儿通向倒下的干枯云杉,沿着它向上攀升,在那棵高大茂盛的云杉稠密的枝叶间失去了踪影。那里,在离地八米的高处,一根宽大的树枝上全然没有积雪:被卧伏在上面的野兽打落了。

老雄狐昨天就趴在守候它的塞索伊·塞索伊奇头顶上方。如果狐狸都会笑的话,它一定对那个小个儿猎人笑得前仰后合。

不过打这件事以后塞索伊·塞索伊奇就坚信不疑,既然狐狸会爬树,那么它们要笑当然也就笑得应该了。

(本报特派记者)

---

① "狐大婶"是俄文"丽萨·帕特里凯耶夫娜"的意译,系俄罗斯民间故事中一只狐狸的名字。

天 南 地 北

无线电通报

请注意！请注意！

列宁格勒广播电台 ——《森林报》编辑部。

今天，12月22日，冬至。我们播送今年最后一次广播 —— 来自苏联各地的无线电通报。

我们呼叫冻土带和草原，原始森林和沙漠，高山和海洋。

请告诉我们，在这隆冬季节，一年中白昼最短、黑夜最长的日子，你们那里发生了什么？

请收听！请收听！

北冰洋远方岛屿广播电台

我们这儿正值最漫长的黑夜。太阳已离开我们落到了大洋后面，直至开春前再也不会露脸。

大洋被冰层所覆盖。在我们大小岛屿的冻土上到处是冰天雪地。

冬季还有那些动物留在我们这儿呢？

在大洋的冰层下面生活着海豹。它们在冰还比较薄的时候，在上面设置通气和出入口，并用嘴撞开将通气口迅速收缩的冰块，努力保持通畅。海豹到这些洞口呼吸新鲜空气，有时也通过洞口爬到冰上，在上面休息、睡眠。

这时，一头公白熊正偷偷地向它们逼近。它不冬眠，整个冬季也不像母白熊那样躲进冰窟窿。

冻土带的雪下面生活着短尾巴的兔尾鼠，它们为自己筑了许多通道，啃食埋藏的野草。雪白的北极狐在这里用鼻子寻找它们，把它们挖出来。

还有一种北极狐捕食的野味：冻土带的山鹑。当它们钻进雪里睡觉时，嗅觉灵敏的狐狸就毫不费力地偷偷逼近，将它们捕获。

冬季我们这儿没有别的野兽和鸟类。驯鹿在冬季来临之前就千方百计从岛上离开，沿冰原去往原始森林。

如果所有时间都是黑夜，不见太阳，我们怎么看得见呢？

其实即使没有太阳，我们这儿还经常是光明的。首先在应该升起的时候，月亮会照耀大地；其次非常频繁地会出现北极光。

变幻着五光十色的神奇极光有时像一条有生命的宽阔带子展现在北极一边的天空，有时像瀑布一样飞流直泻，有时像一根根柱子或一把把利剑直冲霄汉。而它的下面是光彩熠熠、闪烁着点点星火的最为纯洁的白雪。于是变得和白昼一样光明。

寒冷吗？当然，冷得彻骨。还有风。还有暴风雪——那暴风雪真叫厉害。已经有一个星期，我们连鼻子也没敢伸到覆盖了白雪的屋子外面去过。

不过，什么都吓不倒我们。我们一年年地向北冰洋进军，越走越远。勇敢的北极人早就连北极都在研究了。

顿河草原广播电台

我们这儿也将开始下雪。可我们无所谓——我们这儿冬季不长，也不那么来势汹汹。甚至连河流也不全封冻。野鸭从湖泊迁徙到这里，不想再往南赶了。从北方飞来我们这里的白嘴鸦逗留在小镇上、城市里。它们在这里有足够的食物。它们将住到3月中旬，到那时再飞回家，回到故乡。

在我们这儿越冬的还有远方冻土带的来客：雪鹀，角百灵，巨大的北极雪鸮。它在白昼捕猎，否则它夏季在冻土带怎么生活呢？那时可整天都是白昼啊。在白雪覆盖的空旷草原上，冬季人们无事可做。不过在地下，即使现在也干得热火朝天：在深深的矿井里我们用机器铲煤，用电力把煤炭送上地面，井巷，再用蒸汽——在无穷无尽的列车上——把它运送到全国各地：送往各种工厂。

新西伯利亚原林广播电台

原始森林的积雪越来越深。猎人们踩着滑雪板，结成合作小队前往原始森林，身后拖着装有给养的轻便窄长的雪橇。奔在前头的是猎狗，竖着尖尖的耳朵，有一条把方向的毛茸茸尾巴，这是莱卡狗。

原始森林里有许多浅灰色的松鼠，珍贵的黑貂，皮毛丰厚的猞猁，雪兔和硕大的驼鹿，棕红色的鼬——黄鼠狼，用它的毛可以做画笔，还有白鼬，旧时用它的毛皮缝制沙皇的皇袍，如今则制作给孩子戴的帽子。有许多棕色的火狐和玄狐，还有许多可口的花尾榛鸡和松鸡。

熊早已在自己隐秘的洞穴里呼呼大睡。

猎人们好几个月不走出原林，在那里过冬用的小小窝棚里过夜：整个短暂的白昼都用来捕捉各种野兽和野禽了，他们的莱卡狗在这段时间正在林子里东奔西跑地找寻，用鼻子、眼睛、耳朵找出松鸡和松鼠、黄鼠狼和驼鹿或者就是那

位睡宝宝 —— 狗熊。

猎人们的合作小队身后用皮带拖着装满沉甸甸猎物的轻便雪橇,正往家里赶。

卡拉库姆沙漠广播电台

春季和秋季沙漠并非沙漠:那里生机盎然。

而夏季和冬季那里却死气沉沉。夏天没有食物,只有酷暑,冬季也没有食物,只有严寒。

冬季野兽和鸟类跑的跑,飞的飞,都逃离了这可怕的地方。南方灿烂的太阳徒然升起在这无边无际、白雪覆盖的瀚海上空;那里什么动物也没有,也没有动物为朗朗晴日而欢欣鼓舞。纵然太阳会晒热积雪,反正下面是毫无生命的黄沙。乌龟、蜥蜴、蛇、昆虫,甚至热血动物 —— 老鼠、黄鼠、跳鼠都深深地钻进了沙里,不会动弹,冻僵了。

狂风在原野上肆意横行,无可阻挡:冬季它是沙漠的主宰。

但是不会永远这样下去。人类正在战胜沙漠:开河筑渠,植树造林。现在无论夏季还是冬季,沙漠也充满了生机。

请收听! 请收听!

高加索山区广播电台

在我们这儿,夏季既有冬天也有夏天,而冬季也同样既有冬天也有夏天。

即使在夏季,在像我们的卡兹别克山和厄尔布鲁士山这样傲然耸入云端的高山上,炎热的阳光也照不暖永久的冰雪。同时即使冬季的严寒,也征服不了层峦叠嶂保护下的鲜花盛开的谷地和海滨。

冬季将岩羚羊、野山羊和野绵羊逐下了山巅,却无法再将它们往下驱赶了。冬季开始把白雪撒上山岭,而在下面的谷地里,它却降下了温暖的雨水。

我们刚刚在果园里采摘了橘子、橙子、柠檬,而且交给了国家。我们果园里玫瑰还在开花,蜜蜂还在嗡嗡飞舞,而在向阳的山坡上正盛开着春季首批的鲜花 ——有着绿色花蕊的白色雪莲花和黄色的蒲公英。我们这儿鲜花终年盛开,母鸡终年下蛋。

在冬季的寒冷和饥饿降临时,我们的野兽和鸟类不必从它们夏季生活的地方远远地奔逃或飞离:它们只要下到半山腰或山脚下,谷地里,那里它们能替自己找到食物和温暖。

我们的高加索庇护了多少飞行的来客 —— 为躲避暴戾的北方冬季而流浪

的避难者！使它们获得了几多美食和温暖！

其中有苍头燕雀、椋鸟、云雀、野鸭、长嘴的林鹬——丘鹬。

但愿今天是冬季的转折点，但愿今天的白昼是最短的白昼，今天的黑夜是全年最长的黑夜，而明天就是阳光明媚、繁星满天的新年元旦。在我国的一端——在北冰洋上——我们的伙伴无法走出家门，因为那里是如此的暴风雪，如此的严寒。而在我国的另一端，我们出门不用穿大衣，只穿单衣薄裳，仍然觉得很暖和。我们欣赏高耸云天的山峰，明净天空中俯瞰群山的纤细月牙。我们的脚边宁静的大海荡漾着微波。

黑海广播电台

今天，黑海的波浪轻轻地拍打着海岸。岸滩上，在海浪轻柔的冲击下，卵石懒洋洋地发出阵阵轰鸣。深暗的水面反照出一弯细细的新月。

上空的暴风雨早已消停。于是我们的大海惴惴不安起来。它掀起峰巅泛白的波涛，狂暴地砸向山崖，带着嗤嗤的絮语和隆隆的巨响从远处向着岸边飞驰。那是秋季的情景。而在冬季我们难得受到狂风的侵扰。

黑海不知道有真正的冬季。除了北部沿岸的海面会结一点冰，不过是海水降一点温。我们的大海通年荡漾着波浪，欢乐的海豚在那里戏水，鸬鹚在水中出没，海鸥在海空飞翔。海面上巨大漂亮的内燃机轮船和蒸汽机轮船来来往往，摩托快艇破浪前进，轻盈的帆船飞速行驶。

来这儿过冬的有潜水鸟，各种潜鸭和下巴下拖着一只装鱼的大袋子的粉红色胖鹈鹕。

列宁格勒广播电台，《森林报》编辑部

你们看到在前苏联有许多各不相同的冬季、秋季、夏季和春季。而这一切都属于我们，这一切就构成了我们伟大的祖国。

挑选一下你心中喜欢的地方吧。无论你到什么地方，无能你在哪里落户定居，到处都有美景在向你招手，有事情等待你去完成：研究、发现新的美丽和我们大地的财富，在上面建设更美好的新生活。

这是我们一年中第四次，也是最后一次广播——来自全国各地的无线电报告就到此结束了。

再见！再见！明年见！

射　靶

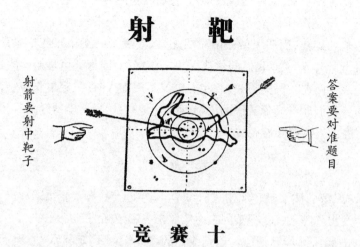

射箭要射中靶子

答案要对准题目

竞　赛　十

1. 从哪一天（按日历）起冬季开始了？这一天有什么引人注意的事？
2. 我们的哪些猛兽的脚印上没有脚爪的印痕？为什么？
3. 哪些皮毛贵重的野兽渔人不喜欢？
4. 冬季树木生长吗？
5. 为什么猎人更看重在刚下过初雪的地上出猎？
6. 哪些鸟钻进雪中过夜？
7. 冬季猎人在森林和田野穿什么颜色的衣服更有利？
8. 为什么奔跑中的兔子后脚的脚印在前脚脚印的前面？

9. 我们的候鸟在南方筑巢吗？
10.雪地里的这种足迹是哪种动物留下的？

11.林中的哪种鸟眼睛往后脑勺方向移？为什么？
12.无论狐狸或黄鼠狼都不吃哪一种小兽？
13.什么猛兽的脚印和人的脚印相似？
14.猎人常会打死背上留有猫头鹰或鹞鹰爪子的兔子。为什么常会有这样的事?

　　15. 这里画有被猎人打伤的狍子的足迹。狍子伤在哪里?

　　16. 纷纷扬扬空中飞,像衣服没下摆,也没扣子。(谜语)

　　17. 马在田野叫,就是不往家里跑。(谜语)

　　18. 在雪地里飞奔,雪上却不留痕。(谜语)

　　19. 老人在门口把温暖带走,自己却不停留,也不叫别人停留。(谜语)

　　20. 谁在河上架桥不用斧头、钉子、楔子和木板? (谜语)

　　21. 像钻石一样晶莹明亮,却是那么平平常常,它来自自己的亲娘,又会变成母亲的形状。(谜语)

　　22. 又飞又转对着天下大叫大喊。(谜语)

　　23. 撒进地里是小小颗粒,从地里回来,煎饼摊在锅里。(谜语)

　　24. 不用播种和脱粒,浸在水里压在石底,等到冬天做美食。(谜语)

公　告

测 试 九

"火眼金睛"称号竞赛

这是什么动物的足迹？

图 1

这是什么动物的足迹？

图 2

那么这又是什么动物的足迹呢？兔子的？兔子分为：雪兔和灰兔。哪一种脚印是雪兔的？哪种是灰兔的？

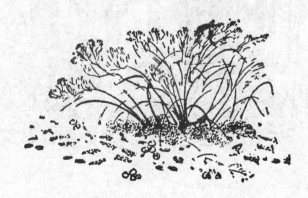

图 3

这是什么动物的足迹？

树木落尽了叶子。从树干和枝杈的样子来识别你面前的各是什么树。

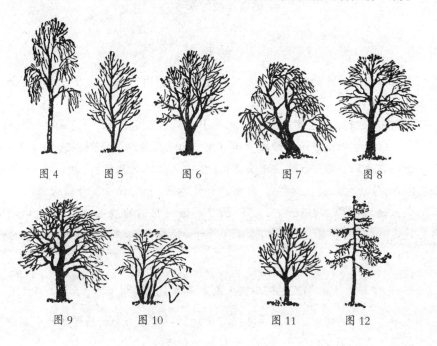

图4　　　图5　　　图6　　　　图7　　　图8

图9　　　图10　　　　图11　　　图12

在森林、田野和花园里自学森林常识

每个人都能做到。迈开你的双腿,仔细观察什么野兽,什么鸟在雪地里留下了什么样的足迹。

学会阅读冬季这本白色的大书。

请别忘了无家可归和饥肠辘辘的林中小朋友

艰难呀,唉,艰难!冬季里,会唱歌的小鸟和别的鸟儿正在艰难度日!它们正在寻找可以避寒、免遭冬日可怕寒风侵袭的所在 —— 要是找不到,就必死无疑。

SOS!　SOS!　SOS!　请从死神手中拯救它们!

伸出援手!

为小鸟们刻制过夜的原木小桶,为山鹑在野外放置用云杉枝条和秸秆束搭建的小窝棚。

为鸟儿们设立入喂食的处所!

(请参阅本期《公告》)

邀请珍贵的来客

山 雀 和 鸸

山雀和鸸很爱吃油脂。不过当然不能吃咸的,因为吃了咸的它们的胃会非常痛。

如果有人想邀请这些可爱而好玩的小鸟到自己家做客,一方面借此欣赏,同时又在这对它们说来十分艰难的季节把它们喂得饱饱的,那么就该这么做:

拿一根木棍,在上面钻一排小孔,在孔中浇注热的油脂(猪油或牛油)。让油脂冷却,然后把木棍挂到窗外,还有更好的办法:把它挂在窗外的树上。

快乐的小贵客不会让自己久等,为了答谢对它们的款待,它们会向你表演各种把戏:在枝头打转、脑袋朝下翻跟头、向旁边跳跃,以及其他把戏。

请灰色的山鹑大驾光临我们的窝棚

人们为美丽的田间山鹑在田头设置了这样一些用云杉树枝搭建的小窝棚。他们还在窝棚里撒上大麦和燕麦粒给它们喂食。

哥伦布俱乐部

第 10 月

基特·维里坎诺夫的报告 —— 森林里的游戏和运动：儿童和幼兽、跑步比速度、跳跃比高度、跳雪、跳水、空中杂技演员、地下奔跑、跳伞、鸟类接力赛、睡眠比赛。

无线电广播的听众们熟识的基特·维里坎诺夫，研究森林的真情实事和传闻轶事的著名专家，请求加入哥伦布俱乐部。大家建议他做一个入会报告，题目随意。

下面就是他的报告。

森林里的游戏和运动

"幼兽和人的孩子一样，"基特说道，"走遍世界都是这样。这两者都无忧无虑，喜欢玩耍。为什么无忧无虑呢？因为有父母在替它们操心，给它们吃，给它们喝，安顿它们睡；过后再放它们出洞去玩，有我们的照看，尽情地玩吧，如果我们发出嘘嘘的警告，立马飞也似的跳进洞去：四周充满了敌情！这种情况下能不玩耍吗？

"大人们在无事可操心，周围也平安无事的时候，也要玩耍：玩朴烈费兰斯，或接龙等各种纸牌游戏，玩多米诺骨牌，踢足球，玩击木游戏……

"野兽的孩子怎么玩呢？它们模仿成年野兽 —— 学习像它们那样生活。它们看到成年野兽相互捕捉，相互躲避 —— 那就让咱们也来你追我逐吧，捉迷藏吧。它们看到成年野兽给自己做窝，保护自己的窝免遭敌害攻击，看到它们照看自己的孩子，于是孩子们就效而仿之。只不过成年野兽的所作所为都是动真格的，而幼兽却是闹着玩的。幼兽心地都还很善良：它们不会相互杀戮，也不会吃掉对方。如果肚子饱饱的，它们连气也不会生。干吗要咬人家呢？就是跟它打打闹闹 —— 仅此而已！这是高兴的表现。

"还有，在游戏中所有幼兽都一律平等：现在你坐大，我逃避你；要是被你逮住了，我坐大，你逃避我；或者我找你躲，现在我躲你找。成年野兽如果都这样服从统一规则就好了！可是在成年野兽那里，狼就是狼，兔子就是兔子，猫就是猫，它不会和老鼠交换位置，不存在猫鼠同玩的游戏。可是在动物园的青年娱乐场，会有一条小狗去追逐一头小熊，一只小山羊去追一头小狼，一只小狐狸躲避一只小兔子，然后再倒过来玩。谁也不跟谁打架。把你找到了，你就爬出来吧；你坐大了，来抓我吧，不管谁是谁 ——无论是小兔子还是小熊。

"有一个猎人说过一个故事 ——我听到了。

"他在春天的时候买了一条小猎狗，是追逐犬。这是追赶兔子和狐狸的那种狗。买来的时候是只小狗崽儿。他把它交给乡下一个认识的农庄庄员去养，它是被养在室外长大的。直到秋末他才抽工夫出城去看望自己的猎狗多戈尼阿依（这是他给它起的名字），当时已经开始下雪。

"他来到乡下，在庄员家过了一夜，一清早就早早地起了床，带着多戈尼阿依去了森林。多戈尼阿依已经长成一条魁梧的大狗，样子完全像头狼。

"他们走到了森林边。猎人给多戈尼阿依解开皮带，放它走。它一下子就冲进了森子。还没过十分钟，它就找到足迹，开始吠叫 ——把兔子往猎人方向赶。猎人打死了兔子，收进了袋子里。猎狗又窜进了森林。不久就传来了叫声，但是那叫声和第一回不一样：有点滑稽，有点像小狗崽儿的叫声……

"猎人占据了野兽出没的兽径，它在森林边缘的一座稀疏的小林里。在这儿他可以清楚地看到四周的一切。他看到，有一只狐狸！多戈尼阿依吠叫着去追它。狐狸一下子钻进了树丛，在那儿蹲下了。多戈尼阿依跑到了树丛边，把两条前腿贴着地面，开始尖叫起来，那叫声就像小狗和人或和另一条小狗玩耍时发出的尖叫。

"狐狸一点儿也不怕，跑了起来，而且向多戈尼阿依扑了过去！猎狗竖起尾巴跳离了它！狐狸追着它。猎人站着，压根儿弄不明白是怎么回事！

"不到一分钟它们俩又跑了起来：多戈尼阿依在前，狐狸在后面跟。当着猎人的面它追上了，就轻轻地往多戈尼阿依的腰部嚓地一口咬去。

"突然它们俩都站定了，对面对躺了下来，急促地喘着气，舌头垂向一边。这时猎人从树后面走了出来，狐狸看见了他，跳起来走了。猎狗跟着它，不管猎人怎么叫它，它还是跟着消失了。猎人只好独自一人回家。

"猎人气愤地对主人讲了这件事，农庄庄员却笑着。

"'你对它'，他说道，'生什么气呀。它为你把兔子赶出来了吧？赶出了。这表明它尽了自己的责。也就是说现在它有权和朋友玩一会儿了。'

"'跟哪一个朋友？我告诉你 ——跟狐狸！'

"'是只小狐狸。还在夏天的时候多戈尼阿依就碰上它啦，玩得可起劲呢。谁都知道：它们俩都是小崽子。它们俩脑子里就知道淘气。就这样交上了朋友。

后来它们在林子里有多少次重逢呵。走到一起,就你追我赶地玩儿起来,要不就捉迷藏。瞧着叫你喜欢:跟自个儿的孩子一样!'

"所以你看到了,野兽并非只有兽性——也常有快乐的友谊和真正的爱情。还有一位大叔讲过一件事:这件事发生在白俄罗斯——一条狗每天往灌木丛里给一头老母狼送吃的。完全跟童话故事里说的一样。当然人跟踪它,看它把肉拖到哪儿去,就把狼打死了。原来是头老狼,牙齿都掉光了。所以狗去喂它——这朋友够铁的!

"不过这已经不是玩耍了!对不起,说着说着跑题了!

"天下所有的儿童和幼兽常玩一种游戏——先是相互追逐,再捉迷藏!可还有玩击木的呢:一个站在小丘上,守卫自己的家,另一个竭力自下而上把它撞倒。撞倒了,就站到它的位置。这个游戏小鹿和小羊更喜欢玩,而追逐和捉迷藏则所有的幼兽和雏鸟都玩。"

"是这么回事,"少年哥伦布们赞同他的说法,"可森林里的体育运动又是怎么回事呢?"

"体育运动它们也玩。"基特说,"只是它们的运动,怎么说好呢……似乎和咱们的相反,是四脚朝天的项目。咱们的运动像做游戏,是一种游戏性质的比赛,更多地是为了锻炼身体,可野兽却是动真格的,常常是直接拼个你死我活。

"**100 米赛跑**。比方说,在一大块林间空地上聚集了各种善于奔跑的野兽。突然其中哪一头叫了一声:'猎人来了!'——于是响起了枪声。

"兔子没命地奔逃——用一百米赛跑的速度!它的两条后腿超越了前腿。它首先跑进了林子。由于惊吓,它创造了跑步世界纪录。

"**跳高**。这项运动夺冠的——谁曾想到——竟然是重量级运动员驼鹿!它生活的林子四面围着两米半高的篱笆。巨型野兽走到距篱笆几步远的地方,不用助跑便像小鸟一样一跃而过。

"这只'小鸟'的重量是 407 公斤又 255 克。

"**跳雪**。森林里的有些鸡是在雪下面过夜的。这项运动的健将是公的和母的黑琴鸡。白天它们停在高高的白桦树上,吃它的葇荑花序。一到太阳下山的时候便一只接一只翻着跟头从枝头落进了深深的积雪。它们在那里的雪下洞穴里觉得既温暖又舒适。而它们下坠时穿积雪而留下的洞孔,会被雪花落满。你不妨试试到这样的隐身之地去找到它们!

"**回转障碍滑雪赛,或下山障碍滑雪赛**。雪兔,又叫滑雪兔,它在位于小山顶上一丛灌木下的栖息地被狐狸赶了起来,最先到达山脚下。大家都知道它是在山顶逃命的干将——它的后腿比前腿要高得多,所以上山要方便得多。它在逃离狐狸向山下奔跑时，在陡峭的山坡上跳了三次就越过了几个树墩，然后一个跟头飞过了一丛灌木，接着就这样头朝下一个跟头一个跟头翻着，于是到了山脚下……样子像一个大雪球。在山下这个雪球嘭地一跳，抖掉身上的雪，就消失在密林里了。

"跳水。'你说的是什么样的跳水？现在是冬天，所有河流和湖泊都被坚冰封冻了，还盖满了白雪'，你们会这么问我。'可是冰窟窿是干什么的？'我现在回答你们，'还有因为水底涌动的温泉而没有冰冻的水面呢？'

"身体和椋鸟一般大小的一只黑肚子的小鸟在冰上跳着跳着，唱着愉快的歌曲，突然"扑通"一声头朝下跳进了冰窟窿。这时它在水下跑着，用歪歪扭扭的爪子扎住多石子的水底，全身罩在一件银光闪闪的衣服里，这是它被气泡包裹了。

"只见它边跑边用嘴巴抠一块小石子，用嘴巴从下面叼住一只水甲虫，然后扇动翅膀，飞速向冰盖下面驰去，又从另一个冰窟窿里飞了出来。

"这位前苏联著名的冰下潜水冠军是一种水里的麻雀，或者叫河乌。请吧，即使现在，在我们列宁格勒州，例如在彼得宫城①，在托克索沃，在奥列杰日河，你们也能见到它。

"空中杂技。这项运动中表现尤其出色的是一种体态轻盈、姿势优美、尾巴蓬松的小兽，民间叫韦克沙，咱们叫松鼠。在大森林的绿色拱顶下它们表演着令人头晕目眩的节目。它们的节目单上有：

"头向上绕树作螺旋状奔跑；

"头朝下绕树作螺旋状奔跑；

"在拱顶下从一根坚硬的树枝跳向另一根；

"在拱顶下从一根晃动的枝端跳向另一根；

"在跳板上弹跳，也就是在一根有弹性的树枝上跳跃；

"连杂技演员自己都感到意外的腾空翻，也就是跳过自己脑袋的高度腾空翻着跟头。

"在所有这些空中训练项目中松鼠被认定为阔叶林和针叶林中的冠军。

"地下赛跑。这项运动中当之无愧的唯一健将是鼹鼠。在这方面鼩鼱远远地落后于它。鼹鼠用自己两个有甲爪的前肢刨土，前肢的脚掌是分开并外翻的，它在地下奔跑的速度与在它头顶上方的地面行走的人相当。

"跳伞运动。这方面的专家要数飞鼠。它的降落伞是自己的一层薄薄的皮膜做的，绷在身体两侧，前后肢之间，上面覆盖着一层短而软的毛毛。

---

① 俄皇彼得一世于 1709 年建的宫殿花园建筑群，为历代沙皇的行宫区。

"飞鼠爬到树梢,猛地用四肢把自己从树枝上推开,然后分开四肢张起降落伞,就自由飞翔起来了。它飞过 25 米,直到在林间空地的另一边着落,这时已经在低处的树枝上了。

"**鸟类接力赛**。一个猎人脚踩滑雪板沿一群野猪的足迹前进。顺便问一句:你们是否知道,野生的猪,或者简单地称为野猪,在革命前我们这儿一度已经灭绝,如今被置于狩猎法的保护之下,而现在它们在我们这儿已大量繁起来? 如今它们的足迹几乎到达了列宁格勒郊外的森林。

"就这样这个猎人正在跟踪一小群野猪的足迹。足迹是从田野通向森林的。猎人刚刚走到森林边缘,一只喜鹊从树上发现了他,尽管他有意穿了白长袍,以免在白雪皑皑的森林里太显眼。

"'嚓——嚓——嚓!'喜鹊大声地'嚓嚓'叫了起来。'嚓——嚓——嚓,有人带着什么来了①? 嚓——嚓——嚓!'

"不大的一群野猪用可口的橡子填饱肚子以后,就在林中央的林间空地上一棵大橡树下面的积雪中安然入睡了。当然野猪没有听见喜鹊惊惶的叫声。

"一只蓝翅膀林中乌鸦——松鸦听到了喜鹊的叫声。它接过喜鹊叫,自己用尖厉狂暴的声音叫了起来:'吠拉克——吠拉克——拉克——拉!'②——一面向密林中飞速前进。

"在密林里,几只小小的棕黄色林中乌鸦——北噪鸦接替了松鸦的叫声。'剐—剐—剐—剐!'它们用自己独特的难听声音响亮地叫起来,使得一只在一棵高高的云杉树梢上打盹的黑色大乌鸦打了个冷战,立马接过了北噪鸦的接力棒:

"'克洛克! 克洛克! 传警报!'它发出了一声低沉的叫声。

"还没等它停止自己的叫声,马上有一只很小的小鸟儿——巧妇鸟用自己细细的刺耳声音在橡树下叫了起来:

"'警报报报报报报,警——!'这个声音就在沉睡在雪地里的野猪耳边响着。

"野猪立马'哼哼'几声跳将起来,穿过灌木丛亡命而去! 它们发出了巨大的'咔嚓'声,猎人老远就听到了。他恨恨地吐了口吐沫,掉转滑雪板回家去。

"有了这样的接力赛,你难道还能偷偷地接近野兽!"

---

① 这句话的俄文原文是模拟喜鹊叫声的一连象声词,其发音近似俄语中"人带了什么"的意思。由于文化背景不同,翻译中难以音义兼顾,只好意译,以与下文呼应。
② 这声音近似俄语中"敌人,敌人"的发音。

非同寻常的比赛
或者
森林中的新式运动

森林中的睡眠爱好者宣布了独特的比赛条件:**谁睡得最久。**

睡 觉 规 则

睡觉可以各自选择地方和方式;唯一的条件:睡着了不能醒来。谁若醒来并爬出洞穴即使一分钟,立即算睡眠结束。

不禁止做梦,想做就做,想不做梦就睡无梦之觉。

所有参赛者必须在同一天开始睡觉:在下第一场冬雪(不化的雪)这一天的前夜。

注解。必须在下雪前进洞是为了掩盖自己的足迹:足迹会引向栖息地。森林里的野兽能准确无误地感觉到冬季的降临。

睡得最长者获胜。(因为春季越长,森林中越温暖,食物越充足。)

参与比赛的有:

熊。它睡在自己营造得很好的洞穴里,位于两棵彼此重叠着倒下的云杉下。

獾。睡在自己深深的又干燥又暖和的洞穴里,洞穴挖在林中沙质的小丘里。

大耳蝠 —— 一种大型蝙蝠。大耳蝠在萨博林卡河高高的堤岸上人们挖出的深洞里,大耳蝠用后腿的爪子扎住洞顶,把身体裹进自己像雨衣一样的翅膀里,脚朝上入睡。它认为在这种状态下睡觉最舒适。

小老鼠。它睡在离地1米半高的刺柏丛上自己的草窝里。洞的入口被一簇干苔藓堵住。

四位睡觉赛运动员都在秋季的最后一天钻进了自己的洞穴:在降下第一场漫长的冬雪前。

最先破坏睡觉赛规则的是小老鼠。

它睡了一个星期又一个星期,睡梦中感到饿得十分厉害……它醒来了,悄悄拔掉堵塞窝里出口的苔藓,小心翼翼地从自己的卧室探头向外观望。它没有发现附近有任何野兽,不露声色地爬到了洞外。在同一丛灌木上有它的另一个窝——做粮仓的窝,那里有它收集起来备荒的谷物。小老鼠在那里塞饱了肚子,又小心翼翼地钻进卧室,用苔藓把入口重新堵上,把身子卷成一团,又睡着了,它相信谁也没有发现它。它做了一个甜甜美美的梦,看见自己成了睡觉赛的赢家,得了一份甜甜蜜蜜的奖品:整整一公斤方糖。

但是当它再次醒来，刚刚从卧室里探出身去，以便再溜进自己的粮仓填填肚子时，它迎来了林中的小兽和鸟儿齐声响亮的大笑。原来有一只松鼠从树上看见小老鼠溜进自己的粮仓，便告诉了喜鹊。可是既然你对喜鹊说了，你就得相信这事就会让大家都知道了：它会把消息传遍森林！

老鼠忍受不了长久不吃东西：它毕竟身体很小。然而毫无办法：游戏规则对谁都是一样的。小老鼠被清除出睡觉赛参赛者的队伍。

第二名犯规的是獾。通常它在自己洞里睡上一冬都不会中途醒来，可现在不知是身上越冬的脂肪储备不足呢还是它在洞里嗅到了解冻的气息，它醒了。于是忘了规则，睡意蒙眬地爬出了洞穴。当然，它也立马被算作终止了睡眠。

大家也打算把熊除名：它干吗在冬季中途从自己洞穴的小窗用浑浊的绿眼睛向外望！但是熊要大家相信这是它在梦游，它现在仍在睡觉，而且4月以前不会爬出自己洞穴 ——不信，你们去问《森林报》。

结果呢，得奖的仍然不是熊，而是大耳蝠。它双腿向上倒挂着睡到5月，中间没有醒来，直至空中开始飞舞有翅膀的昆虫，它有食可吃的时候。

森 林 报

No.11

啼饥号寒月
（冬二月）

1月21日至2月20日

太阳进入宝瓶座

第十一期导读

一年 ——分 12 个月谱写的太阳诗章

民间这样说:"1 月是向春季的转折,是一年的开端,冬季的中途:太阳向夏季转向,冬季向严寒行进。"日子迈向新年的进程添加了兔子跳跃式的速度。

大地、水面和森林都盖上了皑皑白雪,周遭万物似乎沉入了永不苏醒的酣睡。

在艰难的时日,生灵非常善于披上死亡的伪装。野草、灌木和乔木都沉寂不动了。沉寂了,却没有死亡。

在寂静无声的白雪覆盖下,它们却蕴藏着勃勃生机,蕴藏着生长、开花的强大力量。松树和云杉完好无损地保存着自己的种子,将它们紧紧地包裹在自己拳头状的球果里。

冷血动物在隐藏起来的同时都僵滞不动了。但是它们同样没有死亡,就连螟蛾这样柔弱的小生命也躲进了各自的藏身之所。

鸟类的血液尤热,它们从来不冬眠。许多动物,甚至小小的老鼠,整个冬季都在奔走忙碌。还有一件事真叫奇怪,在深厚积雪下的洞穴中冬眠的母熊,在 1 月份的严寒里,居然还产下未开眼的小熊崽,而且用自己的乳汁喂养它们到春季,尽管自己整个冬季什么也不吃!

林 间 纪 事

森林里冷呵，真冷！

凛冽的寒风在毫无遮蔽的田野上踯躅徘徊，在光秃秃的白桦和山杨之间急速地扫过森林。它钻进紧紧收拢的羽毛，透进稠密的皮毛，使血液变得冰凉。

无论在地上还是树枝上，到处都坐不住：一切都盖上了白雪，爪子已经冻僵。应当跑呀，跳呀，飞呀，但求设法让身子暖和起来。

要是有温暖、舒适的大小洞穴和窝儿栖身，又有充足的食物储备，它一定十分惬意。把肚子吃得饱饱的，把身子蜷缩成一团，就呼呼大睡吧。

吃饱了就不怕冷

兽类和鸟类所有的操劳就为了吃饱肚子。饱餐一顿可以使体内发热，血液变得温暖，沿各条血管把热量送到全身。皮下有脂肪，那是温暖的绒毛或羽毛外套里面极好的衬里。寒气可以透过绒毛，可以钻进羽毛，可是任何严寒都穿不透皮下的脂肪。

如果有充足的食物，冬天就不可怕。可是在冬季里到哪儿去弄食物呢？

狼在森林里徘徊，狐狸在森林里游荡，可是森林空空荡荡，所有的兽类和鸟类躲藏的躲藏，飞走的飞走。渡鸦在白昼飞来飞去，雕鸮在黑夜里飞来飞去，都在寻觅猎物，可猎物却没有。

森林里饿呵，真饿！

跟在后面吃剩下的

渡鸦首先发现一具动物尸体。

"咯！咯！"整整一群渡鸦鸣叫着飞集到上面，正要开始它们的晚餐。

天色已经向晚，正在黑下来，月亮出现在天空。

林中传出呜呜的叫声："呜——呜呜……"

渡鸦飞走了。雕鸮从林子里飞出来，落到了尸体上。

它刚开始自己的正餐，用钩嘴撕扯着一块肉，转动着耳朵，眨巴着白色的眼皮，突然雪地上传来了瑟瑟的脚步声。

雕鸮飞到了树上。狐狸扑到了尸体上。

"咔嚓，咔嚓！"狐狸的牙齿正在撕咬，但它来不及吃个痛快——狼来了。

狐狸钻进了灌木丛 —— 狼扑上了尸体。它的毛都竖了起来,牙齿像刀一样锋利,撕咬着尸肉,嘴里得意地"唔唔"叫个不停,周围什么声音它都没有听见。它不时抬起头,把牙齿咬得"咯咯"响 —— 谁也别靠近! 然后又继续享用美餐。

突然,它的头顶一个浑厚的声音发出了咆哮。狼吓得蹿到了一边,夹紧了尾巴,随即溜之大吉。

森林之主 —— 熊大人大驾亲临了。

这时谁也别想靠近。

到黑夜将尽,熊用完正餐,睡觉去了。狼却跟在后面候着。

熊走了,狼就吃上了。

狼吃饱了,狐狸来了。

狐狸吃饱了,雕鸮飞来了。

雕鸮吃饱了,这时渡鸦才飞拢来。

已是黎明时分,它们在免费的餐厅里吃了个精光,留下的只是残渣一堆。

冬芽在哪儿过冬

现在所有植物都处在休眠状态。但是它们正在准备迎接春天的来临,而且绽出了自己的冬芽。

那么这些冬芽在哪儿过冬呢?

对树木而言,冬芽在离地面很高的地方。而对草来说,情况就各不相同了。

就说林中的繁缕吧,冬芽被奔拉到地面的茎上的叶子包着。它的冬芽是活的,而且碧绿,可叶子却从秋天起就已发黄干枯,整个植株看起来仿佛已经死亡。

蝶须、卷耳、阔叶林中的草及其他低矮的小草在雪下不仅保护自己的冬芽,也保护自己不受伤害,以便以绿色的姿态迎接春天。

这表明这些小草的冬芽都在地面以上的地方过冬,即使离地不很高。

另外有些植物冬芽过冬的地方不一样。

去年的艾蒿、旋花、草藤、睡莲和驴蹄草,现在在地面上除了半腐烂的叶和茎,已什么也没有留下了。

如果要找它们的冬芽,你可以在紧靠地面的地方找到。

草莓、蒲公英、三叶草、酸模、千叶蓍的冬芽也在地面上,但它们被绿色的莲座叶丛所包围。这些植物也是从雪下长出来时就已经是绿油油的了。还有其他许多草类冬季里把自己的冬芽保存在地下。在地下过冬的有银莲花、铃兰、舞鹤草、柳穿鱼、柳兰和款冬等长在根状茎上的冬芽,野蒜和顶冰花长在鳞茎上的冬芽,紫堇长在块茎上的冬芽。

已是黎明时分，它们在免费的餐厅里吃了个精光，留下的只是残渣一堆。

这就是地上植物的冬芽越冬的所在。至于水生植物的冬芽,则在池塘和湖泊的底部,把自己埋进淤泥里过冬。

■ H. 帕甫洛娃

小屋里的山雀

在饥饿难熬月,每一头林中野兽,每一只鸟儿都向人的住处贴近。这里比较容易找到食物,从废弃物里得到一些食物。

饥饿能压倒恐惧。谨小慎微的林中居民不再惧怕人类。

黑琴鸡和山鹑钻到了打谷场、谷仓。兔子来到了菜园,白鼬和伶鼬在地窖里捉老鼠和家鼠。雪兔常到紧靠村边的草垛上啃食干草。在我们记者设于林中的小屋里一只山雀勇敢地从敞开的门户飞了进来,这只黄色的鸟儿两颊白色,胸脯上有一条黑纹。它对人毫不理令,开始啄食餐桌上的面包屑。

主人关上了门,于是山雀成了俘虏。

它在小屋里住了整整一星期。我们倒没有碰它,但喂也没有喂它。不过它一天天地明显胖了起来。它成天在整个屋子里捕猎。寻找蛐蛐、沉睡的苍蝇、捡拾食物碎屑,到夜里就钻进俄式炉子后面的缝隙里睡觉。

几天以后,它捉光了所有的苍蝇和蟑螂,就开始啄食面包,用喙啄坏书本、纸盒、塞子 —— 凡是它眼睛看得见的都要啄。

这时主人就开了门,把这小小的不速之客逐出了小屋。

我们怎么打了一回猎

一天早晨我和爸爸去打猎。这是一个很冷的早晨。雪地里有许多脚印。就在这时爸爸说:"这是新鲜脚印。这儿不远有一只兔子。"

爸爸派我沿着足迹去跟踪,自己却留下来等候。当你把兔子从卧伏的地方赶起以后,它总是走一个圈儿,再沿自己的足迹往回跑。

我沿着它的足迹走。脚印很多,但我坚持继续前进。不久我把它赶了起来。它趴在一丛柳树下。受惊的兔子走了一个圈儿,就踩着自己老的脚印走了。我焦急地等待着枪声。过了一分钟,又一分钟。突然在刚开始的寂静中响起了枪声。我朝枪声方向跑去。不久我看见了爸爸。离他大约十米的地方一只兔子倒在地上。我捡起兔子,我们就带着猎物回家了。

■ 驻林地记者　维克多·达尼连科夫

老鼠从森林出走

森林里的许多老鼠储备的食物已经不足了。为了免遭白鼬、伶鼬、黄鼬和其他食肉动物的捕食,许多老鼠逃出了自己的洞穴。

可是大地和森林都被积雪覆盖着。没东西可以吃。整支忍饥挨饿的老鼠大军开出了森林。粮食仓库面临严重威胁。应当有所警惕。

跟随着鼠迹而来的是伶鼬。但要将所有老鼠捉尽和彻底消灭,它们的数量还太少。

请保护粮食免遭啮齿动物的损害!

法则对谁不起作用

现在林中的居民都在因严酷的冬季而啼饥号寒。林中的法则是:在冬季要竭尽所能使自己摆脱寒冷和饥饿。但是别动鸟儿的脑筋。哺育小鸟要在夏季,那时气候温暖,食物充足。

说得不错,可是如果有谁觉得冬季森林中充满食物,那这条法则对它就起作用。

我报记者在一棵高高的云杉上发现了一只小鸟的窝。鸟窝所在的树杈上面盖满了白雪,而窝里却放着鸟蛋。

第二天我们的记者来到了这里,正好碰上冻得喀喀响的大冷天,大家的鼻子都冻得通红。他们往鸟窝里一看,窝里已孵出了小鸟。它们赤裸地趴在雪中央,还没有开眼。

真是天下奇事!

其实什么奇事也没有。是一对红交嘴鸟筑的巢,孵出的小鸟。

交嘴鸟是这样一种鸟,它在冬天一不怕冷,二不怕饿。长年可以在森林里见到一群群这样的小鸟。它们快乐地此呼彼应,从一棵树飞向另一棵树,从一座林子飞向另一座林子。它们终年过着居无定所的生活:今天在这里,明天在那里。

春季里所有的鸣禽都成双结对,为自己挑选地方,在那里生活,直到孵出小鸟。

而交嘴鸟这时却成群结队地在所有林子里飞来飞去,在哪儿也不久留。

在它们热热闹闹的飞行队伍里,一年到头都可以见到老鸟和年轻的鸟在一起。仿佛它们的小鸟就是这样在空中和飞行中出生的一样。

在我们列宁格勒,还把交嘴鸟称为"鹦鹉"。给它们冠以这样的称号,是因为它们鲜艳靓丽的羽毛像鹦鹉,还因为它们也像鹦鹉一样爬上小横杆转来转去。雄交嘴鸟长着不同色调的橙黄色羽毛,雌鸟和小鸟则是绿的和黄的。

交嘴鸟的爪子有抓力,喙抓东西很灵巧。交欢鸟喜欢头朝下把身子挂着,爪子抓住上面的树枝,嘴咬住下面的树枝。

　　有件事令人感到完全是个奇迹,那就是交嘴鸟死后尸体很久不腐烂。一只老交嘴鸟的尸体可以放上大约二十年,一根羽毛也不会脱落,而且没有气味,像木乃伊一样。

　　但是交嘴鸟最有趣的是它的喙。这样的喙别的鸟儿是没有的。

　　交嘴鸟的喙是十字形交叉的:上半片喙向下弯,下半片向上弯。

　　交嘴鸟的喙是一切奇迹产生的关键和谜底。

　　它生下来的时候喙是直的,跟所有鸟类一样。但是一等它长大,它就开始用喙从云杉和松树的球果里啄取种子。这时它那还软的喙就开始弯成十字形,而且终生保持这个样子。这对交嘴鸟是有好处的:十字形的喙从球果里剥出种子要方便得多。

　　现在一切都明白了。

　　为什么交嘴鸟一生都在所有森林里游荡?

　　那是因为它们一直在寻找球果收成好的地方。今年我们列宁格勒州球果收成好。它们就待在我们这儿。明年北方什么地方球果收成好,它们就去往那里。

　　为什交嘴鸟到冬天还大唱其歌,并且在雪中孵小鸟?

　　既然四周食物应有尽有,它们干吗不唱歌,不孵小鸟? 窝里暖和着哩 —— 里面既有羽绒又有羽毛,还有软绵绵的毛毛,雌鸟自生下第一个蛋,就不出窝了。雄鸟会给它喂来吃的。

　　雌鸟趴在窝里,孵着卵,一旦小鸟出壳,它就喂它们在自己嗉囊里软化了的云杉和松树的种子。要知道通年树上都有球果。

　　有一对鸟儿恋上了,想住自己的屋子,生下自己的孩子了,它们就飞离了鸟群,反正无论冬季、春季还是秋季对它们都一样(每一个月交嘴鸟都能碰到窝儿)。窝安顿好了,住下了,等小鸟长大,一家子又汇入鸟群中间。

　　为什么交嘴鸟死后变成木乃伊?

　　原因是它们吃球果种子。在云杉和松树的种子里有许多松脂。有时一只老交嘴鸟在漫长的一生中吸收这种松脂就如靴子上涂松焦油一样。松脂使它的身体死后不腐烂。

　　埃及人不也是在自己已故的亲人身上抹松脂吗,这样就做成了木乃伊。

应 变 有 术

　　深秋时节,一头熊替自己在一个长满小云杉树的小山坡上选中了一块地方做洞穴。它用爪子扒下一条条窄小的云杉树皮,带进山坡上的土坑里,上面铺上柔软的苔藓。它把土坑周围的云杉从下部咬断,使它们倒下来在坑上方形成一个小窝棚,于是爬到下面安然入睡了。

然而不到一个月,一条猎狗发现了它的洞穴,它及时逃离了猎人的射杀。它只好在雪地里冬眠 ——在听得见的地方睡觉。但是即使在这里猎人还是找到了它,它仍然得以勉强脱逃。

于是它第三次躲藏起来,而且找了个谁也想不到该上哪儿去找它的地方。

直到春天,人们才发现,高明的熊竟然睡在了高高的树上。这棵树曾被风暴折断过,它上部的枝杈就一直向天空方向生长,长成了一个坑形。夏天老鹰找来枯枝架到这儿,再铺上柔软的铺垫物,在这儿哺育了小鹰后就飞走了。到冬天在自己的洞穴里受到惊吓的熊就想到了爬进这个空中的"坑"里藏身。

都市新闻

免费食堂

那些唱歌的鸟儿正因饥饿和寒冷受苦受难。

好心的城市居民便在花园里或窗台上为它们设置了小小的免费食堂。一些人把面包片和油脂用线串起来，挂到窗外。另一些人在花园里放一篮谷物和面包。

山雀、褐头山雀、蓝雀，有时还有黄雀、白腰朱顶雀和我们其他的冬季来客成群结队地光顾这些免费食堂。

学校里的森林角

无论你走到哪一所学校，每一所学校里都有一个反映活生生大自然的角落。这里在箱子里、罐子里、笼子里生活着各式各样的小动物。这些小东西是孩子们在夏天远足的时候捉的。现在他们有太多的事要操心：所有住在这里的小东西要喂食，饮水，要按每一只小东西的习性设立住处，还得小心看住它们，别让逃走。这里既有鸟类，也有兽类，还有蛇、青蛙和昆虫。

在一所学校里，孩子们交给我们一本他们在夏天写的日记。看得出来，他们收集这些东西是经过考虑的，不是无缘无故的。

6月7日这天写着："挂出了通告牌，要求收集到的所有东西都交给值日生。"

6月10日，值日生的记录：

"图拉斯带回一只天牛。米罗诺夫带回一个甲虫。加甫里洛夫带回一条蚯蚓。雅科夫列夫带回荨麻上的瓢虫和木虿。鲍尔晓夫带回一只在围墙上的小鸟……"

而且几乎每天都有这样的记载。

"6月25日，我们远足到了一个池塘边。我们捉了许多蜻蜓的幼虫等。我们还捉到一条北螈，这我们很需要。"

有些孩子甚至描述了他们捕捉到的动物。

"我们收集了水蝎子和水蚤，还有青蛙。青蛙有四条腿，每条腿有四个脚趾。青蛙的眼睛是黑色的，鼻子有两个小孔。青蛙有一双大大的耳朵，青蛙给人带来巨大的益处。"

冬天,孩子们凑钱在商店里买了我们州没有的动物:乌龟、毛色鲜艳的鸟类、金鱼、豚鼠。你走进屋去,那里有毛茸茸的,赤身裸体的,也有披着羽毛的住户,有叽叽叫的,有唱着悦耳动听歌儿的,有"哼哼唧唧"叫的,像个名副其实的动物园。

孩子们还想到彼此交换自己饲养的动物。夏天一所学校抓了许多鲫鱼,而另一所学校养了许多兔子,已经安置不下了。孩子就开始交换:四条鲫鱼换一头兔子。

这都是低年级的孩子做的事。

年龄大一些的孩子就有了自己的组织。几乎每一所学校里都有少年自然界研究小组。

列宁格勒少年宫有一个小组,学校每年派自己最优秀的少年自然界研究者到那里参加活动。那里年轻的动物学家和植物学家学习观察和捕捉各种动物,在它们失去自由的情况下照料它们,制作成套动物标本,收集植物,把它弄干燥,将它们制成标本。

整个学年从头至尾小组成员都经常到城外和其他各处去参观游览。夏天他们整个中队远离列宁格勒,外出考察。他们在那里住了整整一个月,每个人做自己的事:植物学爱好者蒐集植物;兽类学研究者捕捉老鼠、刺猬、鼩鼱、兔崽子和别的小兽;鸟类学研究者寻找鸟巢,观察鸟类;爬虫学研究者捕捉青蛙、蛇、蜥蜴、北螈;水文学研究者捕捉鱼和各种水生动物;昆虫学研完者蒐集蝴蝶、甲虫,研究蜜蜂、黄蜂、蚂蚁的生活。

少年米丘林工作者在学校附属的园地开辟了果树和林木的苗圃。在自己不大的菜园他们获得了很高的产量。

所有人都就自己的观察和工作写了详细日记。

下雨和刮风,露水和炎热,田间、草地、河流、湖泊和森林中的生灵,集体农庄庄员的农活,没有一样逃脱少年自然界研究者的注意。他们研究的是我们祖国巨大而形式多样的财富。

在我国前所未有的新一代未来的科学家、研究人员、猎人、动物足迹研究者、大自然的改造者正在成长。

树木的同龄人

我 12 岁,正好和长在我们城里街道两旁的那些枫树同年:它们是在我生日那天少年自然界研究小组的成员种下的。

请看看:枫树已有我两倍那么高了!

■ 谢辽沙·波波夫

祝钓钓成功

哪有这样的事！竟然有人会在冬天里钓鱼！

还会怎么样呢！并非所有的鱼都像鲫鱼，冬穴鱼、鲤鱼那样喜欢睡懒觉的：许多鱼只在最酷寒的时候才睡觉，而流浪汉江鳕鱼整个冬季都不睡觉，甚至还产卵——它在 2 月份产产卵。"谁个睡觉，不吃也饱。"这是法国人说的。可是谁不睡觉，谁就得吃饭。

用带钩的鱼形金属片在冰下面钓河鲈鱼往往特别能钓到，而且收获多多。最难的是找到鱼类冬季的栖息地。在不熟悉的河流和湖泊只好根据某些一般特征来判断，在大致确定位置后，就在冰上开个小洞，试探一下是否有鱼上钩。

依据的特征有这样一些：

如果河流来了个急转弯，而转弯的地方又处在高峻的陡岸下，那么这儿可能就有个旋涡，是水很深的所在。在冷天，河鲈鱼就会成群地在此聚集。在清清的林间小河流入湖泊或河流的地方，在河口下游不远处应该有一个坑。芦苇和席草只长在水浅的地方；从那里往湖泊和河流延伸开去的水域就开始形成锅形水底。这里就应当寻找鱼类的栖息地。

捕鱼人用冰镩在冰上凿一个 20~25 厘米大小的窟窿。他们向窟窿里放下系在用牛筋或毛发捻成的钓丝上的带钩鱼形金属片。起先把它一直放到水底，以便探测深度。然后用短促的动作一上一下，一上一下地拉动钓丝，但已不再触及水底。金属片摇晃着，在水里明晃晃地闪动，像一条活鱼。河鲈鱼担心猎物从它身边溜走，纵身一跳扑过去咬它——于是把它连渔钩一起吞了下去。如果没有鱼上钩，渔夫就转到别处开一个新的窟窿。

捕捉夜间流浪汉江鳕鱼用冰下钓鱼绳。这是一根短短的细绳，上面系着几根用线或马鬃搓成的短钓丝。钓丝的数目是三至五根，系在细绳上彼此分开，相隔 70 厘米。渔钩上扎上诱饵或小鱼片，或蚯蚓。在细绳一端系上坠子；把它下到了水底，冰下的水流就把连着诱饵的钓丝一根一接地带走。细绳的另一端系着一根棒子。将棒子横搁在冰窟窿上，就把它一直留到次日早晨。捕捉江鳕鱼的好处是不必像钓河鲈鱼那样在河面上挨冻。早晨你走来，拿起杆子，钓鱼绳上便有长长滑滑、身上带虎皮纹的鱼儿在挣扎，它身体两侧扁扁的，下巴上有一根小须。这就是江鳕鱼。

狩 猎 纪 事

冬季正是猎取大型猛兽——狼和熊的大好时机。

冬末是森林里饥荒最严重的时间。因为饥饿，狼成群结队，壮着胆子，在紧靠村边的地方出没。熊要么在洞里睡觉，要么在林子里东游西荡。"游荡者"是那样一些熊，它们一直到深秋还在吃动物尸体，还在咬死牲畜，所以来不及准备冬眠，现在就躺在"听得到声音的地方"——雪地上。游来荡去的还有那样一些熊，它们在洞里受到了惊吓，就不再回到洞里去，又不为自己寻找新的洞穴。

捕猎游荡熊要用围猎的方法，踩着滑雪板，带着猎狗。猎狗在很深的雪地里驱赶它们，直到它们停下不走为止。猎人就踩着滑雪板在后面紧紧地追。

捕猎猛兽可不比猎鸟；随时都会发生猎物变成了猎人，猎人变成了猎物的事。

在我们州狩猎过程中这样的事是经常发生的。

带着小猪崽猎狼

这是一种危险的狩猎方式，难得有人有这么大胆子，敢在黑夜里独自到田野里，身边没有同伴。

然而有一次，就出了这么个大胆的一个人。他让马驾上无座雪橇，拿着猎枪，带着装在袋子里的小猪崽，黑夜里趁着满天的月色出了村寨。

周围一带的狼有点不安分，农民们不止一次抱怨它们肆无忌惮：野兽竟大摇大摆地进到村子里面来了。

猎人拐了个弯离开了车道，悄悄地沿着林边驰上了一片荒地。

他一手牵着缰绳，一手时不时地去揪小猪的耳朵。

小猪的四条腿被捆住了，它躺在袋子里，只有脑袋露在外面。

小猪的职责是发出尖叫把狼引过来。它当然用尽平生之力不停尖叫，因为小猪耳朵很嫩，被揪耳朵时小猪感到很痛。

狼没有让猎人久等。不久，猎人就发现森林里有一点一点的绿中带红色的火光。火光不安地在黑魆魆的树干之间来回游移。这是狼的眼睛在闪烁。

马打起了响鼻，开始向前狂奔。猎人好不容易用一只手驾驭着它，而他的另一只手要不住地揪着猪耳朵：狼还不敢向坐人的雪橇攻击。只有小猪的尖叫能使它们忘却恐惧。

狼看清了：在雪橇后面一根长长的绳子拖着一只袋子，在土墩和坑洼上颠簸。

袋子里装满了雪和猪粪，可狼却以为里面装着小猪，因为它们听到了小猪的尖叫也闻到了小猪的气味。

小猪肉可是美味佳肴。当小猪就在这里，在狼群耳旁尖叫时，狼群就会忘记危险。

狼壮起了胆。它们窜出森林，冲向雪橇的是整整的一群——6只、7只、8只身强力壮的恶狼。

在开阔的野地里，猎人在近处看去觉得它们很大。月光会骗人。它照在野兽的毛上，使野兽看上去似乎比实际上的个头大。

猎人放开小猪耳朵，抓起了猎枪。

走在前面的一头狼已经赶上颠簸着的那袋雪。猎人瞄准了它肩胛以下的地方，扣动了扳机。

前面的那头狼一个跟头滚进了雪地里。猎人把另一个枪筒里的子弹打了出去——对着另一头狼，但是马冲了起来，打偏了。

猎人用双手抓住缰绳，好不容易控制住了马。然而狼群已在森林里消失。它们中只有一头留在老地方，在临死前的抽搐中用后腿挖着雪。

这时，猎人把马完全停了下来。他把猎枪和小猪留在雪橇上，徒步去捡猎物。

夜里，村里发生了一件令人心惊肉跳的事：猎人的马独自跑进了村，却没有乘坐的人。在宽阔的雪橇上放着没有上膛的猎枪和捆绑着四腿可怜"哼哼"叫着的小猪。

到天亮时，农民们走到野地里，从足迹上读出了夜里发生的事。

事情的原委是这样的：

猎人把打死的狼扛上了肩就向雪橇走去。他已走到离雪橇很近的地方了，这时马闻到了狼的气息。马吓得打了个哆嗦，向前一冲，就飞奔起来。猎人独自和死狼留了下来。他随身连小刀也没有带，猎枪又落在了雪橇上。而狼却已经从恐惧中回过神来。一群狼全部走出森林，围住了猎人。

农民们在雪地上只发现了一堆人骨和狼骨：狼群连自己的同伴也吃了。

上述事件发生在60年前。从此以后再没有听说狼攻击人的事。狼只要不发疯或受伤，连不带武器的人它也害怕。

在 熊 洞 上

另一件不幸的事发生在猎熊的时候。

守林人发现了一个熊洞。他们从城里叫来了一个猎人。他们带了两条莱卡狗,悄悄走近一个雪堆,野兽就睡在雪堆下面。

猎人按照常规站在雪堆的侧面。熊洞的入口一般总是对着太阳升起的方向。野兽从洞里跳出以后通常向着南方这一边去。猎人站的位置应当能使他从侧面向熊开枪:打它的心脏。

守林人从雪堆后面走过去,放开了猎狗。

两条狗闻到野兽气味后就开始狂暴地向雪堆冲去。

它们发出的喧闹声使熊不得不醒过来。但是熊很久不显露出任何有生命的迹象。但突然,从雪里面伸出长着利爪的黑色脚掌,差点儿没抓着其中的一条狗。那条狗尖叫着跳到了一边。

这时,野兽猛地一下从雪堆里窜了出来,仿佛一大块黑色的泥土。出乎意料的是,它没有向侧面冲去,而是直接冲向了猎人。

熊的脑袋低垂着,挡住了自己的胸口。猎人开了一枪。子弹从野兽坚硬的头盖骨上擦过,飞向了一边。野兽被脑门上强力的一击激得发狂了,便将猎人扑倒在地,压在了自己身子下面。

两条猎狗咬住熊的臀部,把身子挂在上面,但无济于事。

守林人吓破了胆,毫无作用地叫喊着,挥舞着猎枪。反正也不能对它开枪,子弹可能伤及猎人。

熊用可怕的爪子一下把猎人的帽子连同头发和头皮抓了下来。

接下去的一瞬间熊向侧面翻过身去,开始吼叫着在洒上鲜血的雪地里打滚:猎人没有惊慌失措,他拔出短刀,捅进了野兽的肚子。

猎人活下来了。熊皮至今还挂在他床头。但是现在猎人的头上仍然包着一块厚头巾。

对熊的围猎

1月27日塞索伊·塞索伊奇没有回家转一下,从森林里出来就直接去了相邻农庄的邮局。他给列宁格勒自己熟悉的医生,一个捕熊的猎人,发了份电报:"找到了熊洞。来吧。"

第二天来了回电:

"我们三人2月1日出发。"

塞索伊·塞索伊奇开始每天早晨去察看熊洞。熊在里面睡得沉沉的。在洞口外的灌木上每天都有新结的霜:是野兽呼出的热气结成的。

1月30日,塞索伊·塞索伊奇检查过熊洞后遇见了同农庄的安德烈和谢尔盖。年轻的猎人正到森林里去打松鼠。他想提醒他们别到熊洞所在的那座林子去。但转而一想：两个小伙子正年轻，好奇心重，更会想去看看熊洞，把熊吵醒。所以他没吭声。

31日清晨，他来到这里，不禁"啊"地大叫了一声：熊洞翻乱了，野兽逃走了！离洞五十步的地方一棵松树倒下了。看来谢尔盖和安德烈向树上的松鼠开了枪，松鼠卡在枝丫上了，所以他们就砍倒了这棵树。熊被吵醒，就逃走了。

两个猎人滑雪板的印痕是从被砍倒的树的一边延伸出去的，而野兽的足迹却从熊洞去向了另一方向。幸好在茂密云杉林的遮掩下两个猎人没有发现熊，也没有去追赶。

塞索伊·塞索伊奇不失时机地沿着熊迹跑了过去。

第二天傍晚，两位熟悉的列宁格勒人——医生和上校到了，和他们一起来的还有第三位，一位态度傲慢、身材魁梧的公民，他蓄着一撮乌黑发亮的唇须和精心修剪过的胡子。

塞索伊·塞索伊奇第一眼见到就不喜欢他。

"哼，倒够挺括的！"小个儿猎人打量着陌生人，心里想道，"你装吧，年纪不轻了，可整个脸还红彤彤的，胸膛挺得跟公鸡似的。哪怕有一撮白头发也好啊。"

尤其叫塞索伊·塞索伊奇窝心的是，他在这个傲慢的城里人面前承认自己没有看住野兽，对熊洞掉以轻心了。他说熊待着的那座林子找到了，还没有它出逃的足迹。不过野兽现在当然睡在听得见声音的地方，在雪面上。现在只能用围猎的办法把它弄到手。

傲慢的陌生人听到这个消息鄙夷地皱起了眉头。他什么也没有说，只问野兽个头大不大。

"脚印很大。"塞索伊·塞索伊奇回答说，"野兽的重量不会少于200千克，这点我可保证。"这时傲慢的人耸了耸像十字架一样笔挺的肩膀，对塞索伊·塞索伊奇连看都不看，说道："请我们来是看熊洞的，却只好围猎了。究竟会不会给围猎野兽的人定位置呵？"

这个侮辱性的疑问刺痛了小个儿猎人。但是他没搭腔。他只在心里想："我们已经给你定了位了，你等着瞧，可别让米沙杀了你的威风。"

他们开始商讨围猎的计划。塞索伊·塞索伊奇提醒说，面对如此巨大的野兽应，应当在每个猎人身后配备一名后备射手。

傲慢的那位激烈反对：有道是，谁对自己的射技没有信心，谁就不该去猎熊。干吗还要定个位置给保姆？"

"好一个勇敢的汉子！"塞索伊·塞索伊奇暗想。

但是这时上校却坚定地表示，谨慎从来不会坏事，所以后备射手无碍于事。医生也附和他的意见。

傲慢的那位不屑地瞟了他们一眼，耸了耸肩说："你们既然害怕，就照你们吧。"

次日早晨，塞索伊·塞索伊奇趁天还没有亮就叫醒了三个猎人，自己去把帮助围猎的叫拢来。

他回到农舍时，傲慢的那位从一只包着丝绒面的轻便小箱子里取出两把猎枪。装枪的箱子有点像提琴箱。塞索伊·塞索伊奇看了挺眼热的：这么棒的猎枪他还没见过。

傲慢的那位收起枪，开始从箱子里掏出弹壳金光锃亮、弹头有圆也有尖的一发发子弹。这样做的时候他告诉医生和上校，他的枪有多好，子弹有多厉害，他在高加索如何打野猪，在远东如何打老虎。

塞索伊·塞索伊奇虽然不露声色，但心里却觉得自己更矮了一截。他非常想更近地凑过去好好见识见识这两把了不起的猎枪，不过他仍然没有勇气请求人家让他亲手拿拿这两把枪。

天刚亮，长长的雪橇队就出了村。走在前头的是塞索伊·塞索伊奇，他后面是 40 个围猎的人，最后是 3 个外来人。

在距熊藏身的那座林子 1000 千米的地方，整个雪橇队停了下来。3 个猎人钻进了土窑去烤火取暖。

塞索伊·塞索伊奇乘滑雪板去察看野兽和分布围猎的人。

看上去一切正常，熊也没从围困的地方出走。

塞索伊·塞索伊奇把呐喊驱兽的人成半圆形分布在林子的一侧，在另一侧布置不发声音的一拨人。

对熊的围猎不同于对兔子的围猎。呐喊驱兽的不用拉网似的从林子里走过去。他们在整个围猎过程中始终站在原地。不发声音的人在呐喊驱兽的人到射击线之间的两翼分布，以防万一野兽离开呐喊的人朝侧面逃奔。不发声音的人不可以叫喊。如果野兽向他们走去，他们只可摘下帽子对着野兽挥舞。他们这样做就足以使熊进入射击线。

分布好围猎的人，塞索伊·塞索伊夺就跑到猎人那儿，把他们带到各自的位置。

一共只有 3 个位置，彼此相距 25~30 步。小个儿猎人应当把熊赶上这条总共才 100 步宽的狭窄通道。

在一号位置上塞索伊·塞索伊奇安排了医生，在三号位置上安排了上校，那位傲慢的公民被安排在中间，也就是二号位置。这里是退路 —— 熊进入林子留下足迹的地方。熊从藏身地逃走时最多的是走进来的路线。

在傲慢的那位后面站着年轻猎人安德烈。选择他是因为他比谢尔盖有经验，也有耐心。

安德烈是以后备射手的身份站在那里的。后备射手只有当野兽突破射击线或扑向猎人时才可开枪。

所有的射手都穿着灰色长袍。塞索伊·塞索伊奇悄声下达了最后的命令：不许喧哗，不许抽烟，呐喊声响起后原地一动也不动，放野兽尽可能靠近。然后跑到呐喊的人那里。

经过了令猎人心焦的半个小时的漫长等待，终于吹响了猎人的号角——两下拖长了调子、低沉的角声顿时充斥了落满白雪的森林，仿佛在冰冷的空中挂住了，久久不肯散去。

随之而来的是寂静的短暂瞬间。突然，一下子爆发出呐喊驱兽人的说话声，呼号声，呐喊声，每个人施展出各自的本领。有人用男低音呼叫，有人装狗叫，有人装难听的猫的尖叫。

用号角发过信号后，塞索伊·塞索伊奇和谢尔盖一起乘滑雪板飞速向林子跑去——激起野兽。

对熊的围猎不同于对兔子。除了呐喊和不出声的围猎者，还得设立双层包围，其作用是把熊从睡觉的地方激起来，使它往射手的方向跑。

塞索伊·塞索伊奇从足迹上知道这野兽个头很大。但是当一个像板刷一样毛茸茸的黑色野兽背脊出现在云杉树丛的上方时，小个儿猎人打了个哆嗦。惊慌之中他胡乱对空开了一枪，与此同时和谢尔盖异口同声叫了起来：

"跑了，跑——了！"

对熊的围猎确实和对兔子不一样。这中间要经过长时间准备，而打猎时间却很短。但是由于长时间激动不安的等待和对危险的估计，在这次打猎过程中，射手们觉得一分钟像半个小时那么长。当你看到野兽或听见邻近位置上的枪声，从而明白不等你动手一切就已结束时，你已经在位置上站得够受了。

塞索伊·塞索伊奇冲上前去追熊，想让它拐向该去的地方，可是徒劳无功：要赶上熊是不可能的。人如果不踩滑雪板，在那里每一步都会陷入齐腰的雪中，而且要从雪中拔腿又谈何容易，可是熊走起来却像坦克一样，只听到它一路上压断灌木和树枝的"咔嚓"声。它走起来像一艘滑行艇——一种带空中螺旋桨的机动小艇——在两边扬起两道高高的雪粉，仿佛两只白色翅膀。

野兽在小个儿猎人的视野里消失了。但是没过两分钟，塞索伊·塞索伊奇就听到了枪声。

塞索伊·塞索伊奇用一只手抓住了就近的一棵树,以便止住飞驰的滑雪板。

结束了? 野兽打死啦?

然而回答他的是第二声枪响,接着是绝望的一声喊叫,恐惧和疼痛的喊叫。

塞索伊·塞索伊奇拼命向前冲去,朝着射手的方向。

他赶到中间那个位置时正好上校、安德烈和脸色像雪一样煞白的医生揪住熊的毛皮,把它从倒在雪地里的第三个猎人身上拉起来。

事情经过是这样的:

熊顺着自己的退路走,正对着二号位置。猎人忍不住了,在 60 步远的距离朝野兽开了一枪,当时照理应当在 10 ~ 15 步的距离开枪。当这么大一头看似笨拙的野兽以如此快的速度奔袭而来时,只有在这样的距离子弹才能准确无误地击中它头部或心脏。

从上好的猎枪射出的开花子弹在野兽的左边的后大腿上开了花。野兽痛得发狂了,就扑向了射手。那一位忘记他的猎枪里还有子弹,而且自己身边还有一支备用猎枪,完全慌了神。他丢掉猎枪,掉头想跑。

野兽使尽全力向使自己吃亏的人的背部打去,把他压在了雪地里。

安德烈 —— 后备射手 —— 毫不含糊。他把自己的枪管捅进张开的熊嘴,扣了两下扳机。

响起了可怜的'噗噗"两下哑枪。

站在邻近三号位置的上校一切都看见了。他看到邻近的伙伴生命受到威胁,应该开枪。他知道如果打偏了,他自己就会把邻近的伙伴打死。上校跪下一条腿,对着熊的脑袋开了一枪。

巨大野兽的前半身猛地掀了起来,在空中僵持了一瞬间,随即突然沉重地落到躺在它下面的人身上。

上校的子弹穿过了它的颞颥,顿时叫野兽送了命。

医生跑到了跟前。他和安德烈还有上校三人一起抓住打死的野兽,不管下面的猎人是死是活,也要把他解救出来。

这时塞索伊·塞索伊奇也赶到了,就跑上前去帮忙。

沉重的熊尸搬开了。把猎人扶了起来。猎人活着,而且完好无损,只是脸色白得像死人,因为熊还来不及撕掉他的头皮。但是他无法正面看着别人的眼睛。

他被放上雪橇送到了农庄里。在那里他有点恢复了常态,尽管医生一再劝他留下来过夜,休息休息再上路,他还是拿了熊皮去了火车站。

"唔 —— 是啊,"在讲完这件事后塞索伊·塞索伊奇若有所思地补充说,"我们忽略了一件事:不该把熊皮给他。他现在也许正在很多人家的客厅里大吹大擂,说他打死了我们的一头熊。说那野兽差不多有 300 千克重……是一头很可怕的东西。"

（本报特派记者）

射　　靶

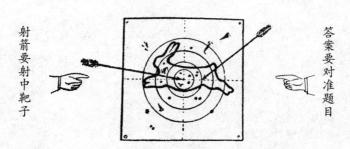

射箭要射中靶子

答案要对准题目

竞 赛 十 一

1. 什么样的动物更觉得冷 —— 大的还是小的?

2. 熊躺到洞里冬眠时是瘦的还是胖的?

3. "狼靠腿勤饱肚子"是什么意思?

4. 为什么冬季储备的木柴比夏季储备的值钱?

5. 如何从砍伐树木后留下的树墩得知这棵树有多少年纪?

6. 为什么所有的猫(家猫、野猫、猞猁)都比狗(狼、狐狸)爱清洁得多?

7. 为什么冬天许多野兽和鸟类要离开森林,贴近人的居处?

8. 是否所有的白嘴鸭都离开我们去越冬?

9. 冬季蛤蟆吃什么?

10. 什么动物被称为 "不冬眠的动物"?

11. 蝙蝠藏在何处越冬?

12. 是否所有兔子在冬季都是白色的?

13. 什么鸟雌鸟比雄鸟个儿大而且力气也大?

14. 为什么交嘴鸟死后的尸体即使在温暖的环境也经久不烂?

15.站着一个汉子,头戴尖尖帽子,不是自己缝制,也不是抢来的东西,更不是羔皮做的。(谜语)

16.我和沙子一样渺小,却能把大地盖牢。(谜语)

17.像球一样在桌子下滚动,用手一抓却落空。(谜语)

18.夏天东游西荡,冬天进入梦乡。(谜语)

19.猪毛线儿穿过牛皮羊皮。(谜语)

20.一个汉子带着"汪汪"对付咆哮,如果没有"汪汪"汉子会被咆哮压倒。(谜语)

21.美丽姑娘坐在阴暗牢房,辫子留在外头。(谜语)

22.婆娘坐在地上,补丁包在身上。(谜语)

23.不缝不裁,身上伤痕累累,衣服穿了一层又一层,却一颗扣子也不用。(谜语)

24.形状圆圆的却不是月亮,叶子绿绿的却不是大树,拖个尾巴却不是老鼠。(谜语)

公　告

测试十（最后一轮）

"火眼金睛"称号竞赛

自己阅读并讲述

1. 自己阅读足迹并讲述这里发生了什么。

2. 别忘了无人照料和忍饥挨饿的动物。

3. 在饥饿难熬月，别忘了致命的暴风雪，别忘了自己弱小的朋友鸟类。

4. 每天在鸟类食堂放上食物（请参阅公告九和公告十）。

5. 为小鸟安顿过夜的地方：椋鸟舍、山雀箱、在圆木上挖洞的鸟巢（请参阅公告一和公告二）。

6. 给山鹑放置小窝棚（请参阅公告十）。

7. 在自己同学和熟人中为饥饿的鸟儿募集捐助品。

8. 有人捐谷物，有人捐油脂，有人捐浆果，有人捐面包屑，还有人捐蚂蚁卵。

9. 小小的鸟儿需求得多吗？

10. 它们中间有多少只将会被你从濒临饿死的境地中拯救出来！

哥伦布俱乐部

第11月

化妆模拟法庭 —— 盗窃全民财富球果的诉讼案 —— 啃毁林木诉讼案 —— 谋杀五命诉讼案 —— 主审法官总结陈词。

哥伦布俱乐部所在地门上挂着一块彩绘的大公告牌：

化妆模拟法庭

在此开庭

2月12日2时30分

凭哥伦布俱乐部入场券入场

在规定时间,全体哥伦布俱乐部成员及许多应邀的《森林报》读者都聚会于此,几乎所有人都穿着礼服和各种鸟兽的化妆服。他们坐满了所有旁听席。

审判桌后面放着三张深深的安乐椅,暂时还无人坐。中间席位上放着的牌子是：

主审法官

它两边放着的牌子是：

审判庭成员	审判庭成员
树木学家	林学家

桌子后面椅子上方的左边墙上标明：书记员。右边：报告席。报告席后面是辩护席,书记员席后面是原告席。被告席设在审判桌前面,几乎处于听众之中。它的两旁坐着化妆的两人,分别为尖耳朵的莱卡犬和红色的赛特犬。突然他们霍地一下站起来喊道：

"起来! 法庭成员到!"

全体起立。三位上年纪的科学家走入庭内,分别入座。主审法官 —— 众所周知的《森林报》合作者、生物学博士伊凡诺夫走到主审席前。占据其余两个法庭席位的是两位大胡子：树木学家和林学家。主审法官宣布：

"原告是总检长 Π.X.列尼奥·卡尔博。"说着主审法官坐落到安乐椅里。

西,拉甫和安德三个人都没有化妆,庄重地在辩护席入座。原告冲进法庭大厅,双手捧得满满的:一捆捕兽铁夹和木制捕兽器,肩上背着双筒猎枪和从口袋里往外戳的弹弓。他把铁夹和捕兽器堆放在地板上,转身向着法官们说:"我刚从森林里来!"听众中的理解是他要说明,他带进庭来的,是自己在森林里向某人没收(应当这样认为)来的"物证"。他把猎枪搁到铁夹上,就赶紧入座。

这时法官宣布:

"首先审理指控松鼠、花斑啄木鸟和吃云杉种子的交嘴鸟窃取大自然财富,即松树和云杉在球果中所储备种子的案件。由 П.Х.列尼奥·卡尔博提起公诉。法警,带被告到庭。"

莱卡犬和赛特犬猛地一下离开座位,一分钟后带来三名化妆的被告,让其坐到长椅上:长有毛茸茸尾巴的灰色松鼠,穿花花绿绿小丑装的啄木鸟,戴绯色帽子、穿浅玫瑰红裤子的橙红色交嘴鸟,它长着一个别出心裁的上下颚交叉的喙。

这时检察官霍地一下站起来说:

"法官公民们,同志们!请看看这些违法分子,在整个冬季和夏季,它们盗窃了数千公斤蕴藏在大自然的人民的财富,它们是寄生虫!所有这三名被告都是我在犯罪现场和物证一起捕获的。这三者有的用牙齿,有的用喙,都从活生生的云杉和松树上摘下球果,从中掏出种子并肆无忌惮地吞食。松鼠用自己像凿子一样锐利的门牙打开球果。啄木鸟用自己像凿子一样坚硬的喙,交嘴鸟则用类似肆无忌惮的小偷用的万能钥匙的专门工具。松鼠甚至把大个儿的云杉球果整个儿啃得干干净净,只剩下中间的轴心。啄木鸟给自己准备了专门的作坊或锻工间,把球果放到机床上,用自己的凿子加工以后就把它扔到地上,以便再加工新的一个球果。交嘴鸟把球果的鳞状外壳一片片抠下来到处乱扔,吃上两三颗种子就把球果像剪子剪的那样从树枝上摘下,扔到地上。这从道德层面上讲更为恶劣:既然你利用了,就该用到底,而不该随意抛弃公家的……这该怎么说的?把人民的财物到处乱抛!交嘴鸟长年在针叶林辗转,包括夏季和冬季,从树上揪下球果。啄木鸟和松鼠本可以好生享用干燥的松树和云杉,有一棵树就够它们想吃多少吃多少,可它们偏不!要吃种子,靠吃森林的子孙生活,坏蛋!

"考虑到所有这三名被告给我们热爱的祖国造成多大的危害,犯下了多少恶行,原告要求对松鼠、交嘴鸟和啄木鸟都处以最高刑罚——枪决!"

整个大厅里传遍一阵惊恐、压低了声音的窃窃私语。

女画家西格里德猛地站起来,举起一只手问法官:"请问允许我发言吗?"

法官们点头。

"同志们！"西热情地面向听众说，"这太可怕了！可怕！我不敢相信自己的耳朵。刚才 Π.Х.列尼奥·卡尔博有关我们这'神秘乡'的土著居民说了些什么？把它们统统枪决？那还剩下什么该爱的呢？请大家看看，松鼠是多么美丽的小东西，它是多么可爱，它所有的动作是多么优美！'我看见棕色海员的帽带！'将这个体态苗条披着着灰色松鼠毛皮的美丽小东西用枪打死？还有这只红中带黄、长着如此可笑嘴巴的奇异鹦鹉——交嘴鸟？还有这只仿佛从童话故事中跳出来的长嘴小鸟，这只戴着红黑两色帽子、穿着绯色灯笼裤的啄木鸟？疯了吧！就因为它们吃了几颗球果种子，有人竟然说得出口，要把这些可爱美丽的小东西处以死刑？谁会举手赞成用枪打死它？"

"停一停——我来说！"拉甫请求发言。

西坐了下去。诗人用激动的声音朗诵：

> 松鼠、交嘴鸟和啄木鸟，
> 都是莽莽林海的宝宝。
> 原告使用那么多罪名将它们控告，
> 无非是徒费口舌，日拙心劳。
>
> 人类在婴儿时期，
> 也照样把母亲的奶水吃。
> 莫非他也要将他们，
> 同样交付审判庭？

谁喜爱鸟类和兽类，他在它们身上看得见它们幼小的儿女。而 Π.Х.列尼奥·卡尔博却对它们心怀仇恨，只想把它们每一只都看成罪犯。列尼奥·卡尔博无权给它们定罪。我的话完了。"

穿黑衣的检察官面含讽嘲的笑容，赶在法官制止他之前从座位里抛出一句话：

"当然，如果看它是多么美丽、可爱……"

但是，这时安德站了起来，表情沉稳得像一座山，说道："我请求发言。"

他转身向着原告问道，"请告诉我，这位女公民。"说着安德指了指一个化妆成喜鹊的女孩，"今年 7 月 15 日是不是您在林子里遇见了一个肩扛猎枪手持捕兽器的人？"

"确实是这样！"列尼奥·卡尔博脸上挂着鄙夷的笑容，没有起立，一字一顿地说，"她遇见我扛着枪拿着捕兽器，还能听到我开了枪并见到我正在执行公务,将现在坐在被告席上的罪犯全部抓获。怎么,也许您想请求法庭将这只喜鹊——众所周知的搬弄是非者列为证人?"

"这已经没有必要,"安德仍然和原先一样镇静地说,"因为您已经真诚地招认了。"说着他向法官转过身去。

"法官公民们!正如我的同事拉甫在辩护时已经正确指出的,交嘴鸟、啄木鸟和松鼠不能因使用了森林的馈赠而被指控有罪,原因很简单:它们本身就是森林的儿女。请大致估算一下,每年被云杉和松树名副其实地挥霍浪费掉的种子数量是多么巨大,因为它们随后在不宜生长的土地里烂掉,那样你们就清楚了,进入被一起抓获的所有这些森林鸟兽胃中的只是这巨大数量中微不足道的一部分。

"当然,公诉人宣扬的是高尚的道德,没出息的交嘴鸟不知节省,耗费国家的球果,没有把所有种子都从里面挖出来,把没挖完的球果就扔了。为此得向交嘴鸟下跪致敬,因为它抛到地上的几乎是完整的球果,它在冬季把食物送给了我们最为珍贵的小兽——就是那只松鼠,它的毛皮是我国皮毛业的基础,而且每年带来几百万金卢布。冬季松鼠往往很难从冰封雪盖而且很滑的松枝和云杉枝条上得到球果。它就捡起交嘴鸟抛弃的球果,就在树下某一个树墩上把它吃完。

"最后还要说说啄木鸟。我们的诗人说因当热爱动物,只有这样才能做出对它们的正确判决。我想补充一点:热爱并了解动物!不错,是有那样一只花花绿绿的啄木鸟,它从树上摘下球果,把它嵌入自己那个当机床的树墩里,用坚硬得像凿子的喙捶打它。然而被坐上这儿被告席的根本不是那只花花绿绿的啄木鸟。这里这一只,它的喙相比之下没那么坚硬有力,而且从不啄球果。那只啄木鸟翅膀上有白色的突出物,背部是黑的,腿部外侧的毛是红的。而这只却是阔叶林里的居民——白背花啄木鸟。它腿部外侧的毛是绯红的,翅膀是黑色的,背部却是白的,假如比较一下,每一只啄木鸟,尤其是黑背的,也就是所谓个儿大、花花绿绿的那只,在像医生一样叩击患病的树木,用自己坚固的喙啄穿坚硬的木质,从中捉出树皮里面的虫子的同时,带来了多么巨大、无可替代的益处,那么对啄木鸟盗窃森林财富的指控就简直可笑之至了。"

安德含笑向法官们鞠躬致意,在自己座位上坐下。

原告在安德发表从容不迫的演说时如坐针毡,现在总算等到了法官允许他说话的时候。

"我向你们呼吁,法官公民们!不能否定明显的事实!

"所有这三名被告都损毁最为珍贵的林木品种。请记住,松木可用于建筑房屋、制作桅杆、造纸,而云杉是世上最具音乐价值的木材:它可用于制造提琴!

为这些罪犯辩护的人将会使自己蒙受耻辱。我说完了。"

"现在休庭合议。"主审法官起立说道。

在法官们合议时,大厅里回响着很响的喧哗声。

一些人喊道:"他们要从严定罪了!"

另一些人喊道:"我们不答应!"

第三种人喊:"不是你说了算!是专家。"

第四种人喊道:"这个穿黑衣的人是从哪儿冒出来的?它是谁?"

法官们入场了,庭内变得一片寂静。

主审法官生物学博士伊凡诺夫站着宣读判决书。

"由三名科学专家组成的生物学法庭在审理了指控松鼠、交嘴鸟和啄木鸟反对国家罪,即盗窃针叶林储备种子的案件后,判决如下:

"由于缺乏犯罪要素,将松鼠、交嘴鸟与啄木鸟予以释放,所有指控不予采纳。"

法官们坐下,大厅里安静下来:"现在审理指控林鼠和棕色田鼠啃毁各种林木的案件。"

原告站了起来。

"法官公民们!这些漂亮的老鼠——我要强调一下:漂——亮——的!"他望着辩护人,用挑衅的口吻重复了一遍,"属于世界上啮齿动物中最有害的群落。夏季它们以种子为食,因而给所有品种的林木带来不可胜数的危害。它们在自己洞穴中储存大量用于越冬的谷物,充满了自己的地下粮仓。这些非常可爱的小啮齿动物用自己的牙齿给林木、田间作物、甚至人类的住所造成的巨大危害举世闻名。我们可爱而多情善感的小姑娘和小男孩在此为它们辩护是毫无意义的,尽管老鼠的尾巴是长的,田鼠的尾巴是短的,但鼠类终归是鼠类!它们用牙齿啃啮。我吁请在场的所有人为我的这一论断……作证!

"我请求传唤所有在场的化妆者列队出庭。"

大家都站了起来,明显地表露出不乐意的神态,向审判台走去。报告人把他们一个个请出来,让大家按次序排好队:"紧紧跟上!跟上!"每一个人都走到法官面前说:"我跟老鼠和田鼠很熟悉。我证明它们啃食谷物。"

队伍很快走了过去。走过的有:狐狸、黄鼬、白鼬、小小的伶鼬、熊……但这时有人叫了一声:"喂,米沙,你掺和进来干吗?"

他不好意思地用爪子稍稍遮住眼睛,回答说:"这也是常有的事:你常常从树墩下面伸出爪子来抓耗子。我跟它们可熟哩……"

接着走过的是鸟类:喜鹊、乌鸦、捕鼠的鸢、两种隼——红脚隼和红隼、长耳林鸮、灰林鸮、灰脸小鸮、鬼鸮、花头鸺鹠。

"现在，"П.Х.列尼奥·卡尔博得意地说，"整个法庭大厅里已不再有任何一位敢于确认林鼠和田鼠没有吃粮食，因而也没有给国家森林造成可怕损失的化妆者。结论不言而喻！我要求颁布有关采取一切手段消天被告的命令，例如：往鼠洞内灌水，在鼠洞内投放各种毒药，使用捕兽夹、压鼠器、捕鼠器、设置诱捕老鼠和田鼠的陷阱。我的话完了。"

三名辩护人尴尬地交换了眼色……没有要求陈词。只有拉甫在座位里坚定地说："我坚持原先的意见。"

在所有化妆者尴尬和忧郁的沉默中，法官们离席去合议。他们好久没有回来。但终于见到法官们入座了。

"在审理了指控林鼠和棕色田鼠的案件，并对有关上述啮齿动物啃啮所有种类的林木，因而给森林造成无法弥补损失的指控经过详细讨论以后，由三名专家学者组成的生物学法庭判决如下：

"在科学家们最近研究的基础上，承认林鼠和棕色田鼠在森林的环境内其活动带来的益处要比害处更多。现在判明，这些啮齿动物不以林木种子为食，它们大量消耗的仅仅是覆盖在林地表面的草类种子。林地表面的草类覆盖物是如此稠密，使得树木幼小的嫩芽永远也无法穿透，这样在它们刚出土时草类就会使它们窒息而亡。然而就在这时上述啮齿动物却来伸出援助之手：吃掉草类的一部分种子，使林地上的草类覆盖物变得大为稀薄，从而使所有种类林木的幼苗得以穿透其间而来到世上。假如没有这些小小的啮齿动物，我们所有的森林也许被毁灭了。

"生物学法庭决议：坚决拒绝完全消灭林鼠和田鼠的请求。恢复林鼠和棕色田鼠的林籍并予从开释。刚才列队出现在我们面前的一长排远未全部包括在内的兽类和鸟类，对它们太过熟悉，令人信服地证明林鼠和田鼠有无数天敌，它们被兽类和鸟类吃掉的数量无穷无尽！假如人类不想彻底消灭这些对森林有益的啮齿动物——同时包括森林本身，那就无论如何也不应当将其录入被消灭的鼠类名单。"

主审法官向大家一鞠躬，然后坐下，大厅里爆发出雷鸣般的掌声。

被告席上现在坐着一只灰色的大鹰，林中所有野禽的死敌——苍鹰。

旁听席中传出了窃窃私语声：

"……这家伙不能轻饶了它！"

可是法官却念道：

"7月17日，公民 П.Н.列尼奥·卡尔博偶然在林中长满苔藓的沼泽地惊起了一窝柳雷鸟。年轻的柳雷鸟这时个子已有母鸟的四分之三大，早已会飞了。还没等这一窝鸟飞到林子，突然一只苍鹰闪电一般从林边向鸟群袭来。恰好猎人的霰弹枪的两根枪管都没有了弹药,于是苍鹰在原告的眼皮底下,在猎人重新装弹前用爪子抓住一只幼鸟,带着它飞进了林子。

"第二天还是在这个沼泽地,苍鹰在同一个列尼奥·卡尔博的眼皮底下抓走了两只受伤的柳雷鸟和一只被打断翅膀的黑琴鸡。

"但是这个凶杀犯的滔天大罪还犯在初夏时节,当时原告在林中发现了一窝小松鸡——6只还长着黄色绒毛的幼鸟。出现自己孩子面前的母松鸡开始把猎人从隐藏在蕨丛里的幼鸟身边引开——它们总是这么做的。它飞到地上,耷拉着两只翅膀在地面上拖着走,装出受伤的样子。猎人拿一根木棒向它身子捅去,赶得它飞了起来。但是,躲在树上的苍鹰却利用了母松鸡假装不能飞行的愚蠢行为,向它猛扑过去,一把抓住了它的背脊。就这样6只小松鸡都失去了母亲。"

在报告人念完的时候,列尼奥·卡尔博站起来严正声明:"案情已十分清楚,所以不用我再控告 PbeoaK 6 н 。"

辩护人一个接一个起立,他们仍然是三个人。不过,在这个有关野禽的案件中,安德换成了猎人科尔克。他们拒绝为被告辩护。但是是科尔克起立后说道:

"我恳请法官公民们回忆一下,谢尔盖·亚历山大罗维奇·布图尔林曾对大家说过的有关挪威的柳雷鸟和黑琴鸡的事。"

主审法官生物科学博士伊凡诺夫默默地向他点了点头;法官们起立,离开了法庭。

他们的合议还没有一次进行得像这次那么长。终于他们回到了法庭。

主审法官开始讲话,但没有按判决书念。他说:

"在宣布关于苍鹰被指控杀死5只野禽案件的判决以前,法庭决议向猎人表示谢意,而在本案中要感谢的是辩护团的一位成员尼古拉,简单地称呼是科尔克。如果不是他的抗辩辞包含了对法庭来说极其珍贵的提醒,我们3名法官也许到现在还在合议,不知该如何判决。

"请允许我告知在座各位猎人科尔克提醒的有关情况。我顺便提一下:所有猎人都极其怨恨苍鹰,因为这种可怕的猛禽可以说是专门消灭针叶林中野禽的杀手,而那些野禽却备受猎人的青睐。

"猎人科尔克表现了极大的勇气,在被告所处的紧急关头提了我国杰出的鸟类学家谢尔盖·亚历山大罗维奇·布图尔林所说的一件有关柳雷鸟的事,此事发生在我们的邻国挪威。

"下面就是布图尔林所说的内容:在挪威多山的冻土带有许多柳雷鸟。猎取柳雷鸟是当地居民的一项副业。柳雷鸟在这一带唯一的重要天敌就是苍鹰,在它的利爪下有许多柳雷鸟丧生,尤其是年轻的鸟。所以挪威人消灭了自己身边的所有苍鹰。可是几年以后,他们又不得不从我国引进繁殖这种鹰,因为随着猛禽的消失,它的牺牲品也开始迅速消失!

"乍一看来这是一种荒诞不经的现象。但仔细审视以后,原来并非如此,这是符合规律的现象。

"自然,猛禽捕捉的都是体弱和有病的柳雷鸟。苍鹰很难捕获强劲有力、有充沛的精力飞行、注意力集中的柳雷鸟。而体弱、又不谨慎的则很容易捕捉。所以结果是一旦失却了鹰类,就没有谁去捕捉有病体弱的柳雷鸟,它们中开始传播疾病,种群数量开始迅速减少。常言所说是明显的事实:'有狗鱼在鲫鱼不会打盹儿'。"

有据于此,由三名专家组成的生物学法庭判决如下:

第一,苍鹰不应当判处死刑,也不应当宣告无罪。

第二,对于 П.Х.列尼奥·卡尔博 —— 原告,应当立即拘禁看押并最严厉地追究其盗窃国家自然财富的罪责。"

案件发生如此突然的转折使得全体旁听者瞠目结舌。一时间谁也不明白究竟发生了什么事。

原告利用了这意外慌乱的一刻:他那魁梧的黑色身影一闪间走向了出口。赛特犬和莱卡犬放开苍鹰,想冲过去抓逃跑者,但为时已晚,他喊了一声:"我不是被抓对象,不是偷盗者!"说着在它们面前关上门,不见了。

直到主审法官平静的声音再度在大厅里响起的时候,大家才回过神来:

"公民们,别担心。这个全身穿着黑衣、戴着半个黑面具控告大家有罪而自己最有罪的人,我们不会放过他,他也躲不过。你们发现他是怎么露的马脚吗?他确认了喜鹊的供词:7月15日,正当盛夏,是不允许任何人猎杀或捕捉任何兽类和鸟类的时节,他却手持猎枪和捕兽器身处森林之中。他和鸟类打起了官司,控告它们犯有所有死罪,可自己竟分不清花花绿绿的两种不同的啄木鸟。他听说'鼠类有害',却不花力气去分析哪些鼠类,在什么地方,什么条件下。不知为什么他在长满苔藓的沼泽地赶起 ——请注意:在禁猎的 7 月 17 日 —— 赶起一群柳雷鸟后,他的双筒猎枪会'偶然地'没有了弹药,而第二天他又送给苍鹰一只打断翅膀的黑琴鸡和两只受伤的小柳雷鸟。最后,他自己承认试图用棍棒捅死把他从自己的小鸟身边引开的母黑琴鸡。

"是时候了,该揭露这个身穿黑衣的坏人,揭穿他假以隐蔽的化名了。就如我的座椅上方的三个字母 Д.Б.Н 表示'生物科学博士'的缩写一样,他的姓氏前面的两个字母 П.Х 表示'坏人'的缩写,而他那个复姓'列尼奥·卡尔博'没有别的意思,正好是'博拉孔尼埃尔'一词的倒写!他才是我们最卑鄙、最可怕的敌人,最不引人注目而坚持不懈地危害国民经济的人,尽管他把自己伪装成兢兢业业的国民经济保护者。

"诗人的话是对的!如果把他的第一行诗的范围加以扩大,可以勇敢地说:

> 猛禽、鼠类和啄木鸟,
> 都是莽莽林海的宝宝。
> 原告使用那么多罪名将它们控告,
> 无非是徒费口舌,日拙心劳!

"森林是父亲,林中一切植物和动物都是它的儿女。它们都在极其复杂和细微的关系中互为依存。引一发而动全身。那情形就如一间用纸牌搭建的轻巧房屋:只要你触动一张牌,瞬息之间就破坏了平衡,于是美丽的建筑就轰然倒塌了。对森林的爱,对它所有儿女的爱会帮助人认识它们间精致的相互关系并理解森林中复杂的生命规律。谁不懂得这份爱,谁就认识不了。偷猎者不懂得爱森林的儿女,也就认识不了它们。他冷漠无情,也就是比恶还要恶。任何一种野兽都不会像偷猎者那样对大森林造成那么严重的危害。

"生物学法庭判决如下:将偷猎者带上被告席!"

森 林 报

No.12

2 月 21 日至 3 月 20 日

熬待春归月
（冬三月）

太阳进入双鱼座

一年 ——分 12 个月谱写的太阳诗章

2 月是越冬月。临近 2 月时开始不断地刮暴风雪。暴风雪在茫茫雪原上飞驰而过，却不留下任何踪影。

这是冬季最后一个，也是最可怕的月份。这是啼饥号寒的月份，也是动物发情、野狼袭击村庄和小城的月份 ——由于饥馑它们叼走狗和羊，到夜晚往羊圈里钻。所有的兽类都变瘦了。秋季贮存的脂肪已经不能保暖，不能供给养份。

小兽们在洞穴内和地下粮仓内的贮备正在渐渐耗尽。

对许多生灵来说，积雪现在正从保存热量的朋友转变成越来越致命的仇敌。在它不堪负荷的重量下，树木的枝丫纷纷被压断。野鸡们 ——山鹑、花尾榛鸡和黑琴鸡喜欢深厚的积雪，因为一头钻进里面它们可以安安稳稳睡觉。

然而灾难也接踵而至，白天解冻以后到夜里又严寒骤降，雪面上便结起了一层硬壳。你用脑袋去撞击这层冰壳吧，直到太阳把这冰盖烤化！

低吹雪一遍遍地横扫大地，填平了走雪橇的道路。

能熬到头吗？

森林年中的最后一个月，最艰难的一个月 ——熬待春归月来临了。

森林里所有居民粮仓中的储备已快用完。所有兽类和鸟类都变瘦了 ——皮下已没有保温的脂肪。由于长时间在饥饿中度日，它们的力量减退了好多。

而现在，仿佛有意捣蛋似的，森林里刮起了阵阵暴风雪，严寒越来越厉害。冬季还有最后一个月好游荡，它却让最凶狠的天寒地冻的气候降临大地。每一头野兽，每一只鸟儿，现在可要坚持住，鼓起最后的力量，熬到大地回春时。

我们驻林地的记者走遍了所有森林。他们担心着一个问题：野兽和鸟类能熬到春暖花开的时候吗？

他们在森林里不得不见到许多悲惨的事情。森林里有些居民受不了饥饿和寒冷夭折了。其余的能勉强支撑着再熬过一个月吗？确实会遇到这样的一些动物，为它们没有必要担惊受怕：它们不会完蛋。

严寒的牺牲品

严寒又加上刮风是很可怕的。每每这样的天气过后，在雪地里不是这里就是那里，都会发现冻死的兽类、鸟类和昆虫的尸体。

暴风雪从树桩下、被风暴摧折的树木下刮过,而那里恰恰是小小的兽类、甲虫、蜘蛛、蜗牛、蚯蚓的藏身之地。

温暖的积雪从这些地方被吹落,在凛冽的风中冻结成冰。

暴风雪就这样把飞行中的鸟儿杀死。乌鸦是相当有耐受力的鸟类,但是在持久的暴风雪以后,它们也冻死在了雪地里。

暴风雪过去了,现在该卫生员忙碌了:猛禽和猛兽在森林里搜索,把被暴风雪杀死的一切收拾干净。

结薄冰的天气

最可怕的天气,大概是解冻以后严寒骤降,一下子把雪的表层冻结起来的日子。雪上面的一层冰壳既坚又硬又滑,无论柔弱的爪子或鸟喙都不能将它穿通。狍子的蹄子倒能把它踩通,但是被破冰壳锐利的边缘像刀子一样切割着腿上的毛、皮和肉。

鸟儿怎么从薄冰下面弄到草和谷粒呢?

谁没有力量打破玻璃一样的冰壳,谁就只好挨饿。

还经常有这样的情况:解冻了。地面的积雪变得潮湿松软。

傍晚一群灰色的山鹑降落到上面,非常轻松地在雪地里挖了一个个小洞,在冒着热气的暖室里沉沉入睡。

然而夜里,严寒倏然而至。山鹑在温暖的地下洞穴里睡大觉,既没有醒来也没有感觉到塞冷。

早晨它们醒来,雪下面暖洋洋的,但它们却呼吸困难。得到外面去,因为要透透气,舒展舒展翅膀,找寻食物。它们想飞起来,但头顶是像玻璃一样坚固的薄冰。薄冰表面什么也没有,它的下面是松软的积雪。

灰色的山鹑用自己的脑袋撞击冰壳,撞到出血 —— 但愿能从冰盖下挣脱出去。

最终能挣脱死囚境地的那些山鹑是幸运儿,尽管它们饥肠辘辘。

玻 璃 青 蛙

我们驻林地的记者打碎了一个池塘的冰块,从下面挖取淤泥。在淤泥中有许多一堆堆钻进里面过冬的青蛙。

等把它们弄出以后,它们看上去完全像是玻璃做的。它们的身体变得很脆。细细的腿稍稍一碰就会断裂,同时发出清脆的响声。

我们的记者拿了几只青蛙回家。他们小心翼翼地在温暖的房间里让冻结成冰的青蛙一点点回暖。青蛙稍稍苏醒过来,开始在地上跳跃。

因此可以期待,一旦春季里太阳融化了池内的坚冰,晒热了池水,青蛙会在里面活着苏醒过来,而且健健康康。

睡 宝 宝

在托斯纳河^①岸上,距萨博里诺 10 月火车站不远处,有一个岩洞。以前人们在那里采砂,现在那里已经多年无人光顾了。

我们的林地记者到了这个洞穴,在它的顶上发现了许多蝙蝠 —— 大耳蝠和棕蝠。它们这样头朝下,爪子抓住粗糙的洞顶,已经沉睡了 5 个月。大耳蝠把自己的大耳朵藏在折叠的翅膀里,用翅膀把身子包起来,仿佛裹在毯子里,挂着睡觉。

我们的记者为大耳蝠和棕蝠如此漫长的睡眠担心起来,就给它们测脉搏,量体温。

夏天蝙蝠的体温和我们一样,37 度左右,脉搏每分钟 200 次。

现在测量得到的脉搏只有每分钟 50 下,而体温只有 5 度。

尽管如此,小小的睡宝宝的健康肯定丝毫不用担心。

它们还能自由自在地睡上一个月,甚至两个月,当温暖的黑夜来临时,它们就会完全健康地苏醒过来。

穿着轻盈的衣服

今天,在一个隐秘的角落,我已经发现了款冬。它正鲜花怒放,傲寒而立。可是你要知道,原来它的这些茎裹着一层轻盈的衣服:像鱼鳞似的小薄片,蛛丝一样的绒毛。现在穿大衣都觉冷,它们也总得穿点儿什么吧。

不过你们不会相信我:周围是白雪世界,哪来的什么款冬呀?

可我告诉过你,是在我"隐秘的角落"里发现的。这就是它所在的地方:一幢大厦的南侧,而且在那个位置,那里正好经过蒸汽暖气的管道。"隐秘的角落"是一块化了雪的黑土地,那里地上像春天一样冒着热气。

但是空气中却是一片严寒!

■ H. 帕甫洛娃

迫 不 及 待

当严寒刚刚有点消退,开始解冻的时候,各式各样迫不及待的小东西就从雪地里爬了出来:蚯蚓、潮虫、蜘蛛、瓢虫、锯蜂的幼虫。

---

① 原前苏联列宁格勒州境内河流,河畔有托斯诺城。

只要哪儿有一角从积雪下解放出来的土地 —— 暴风雪经常把露在地面的树根下的积雪吹光 —— 那里就是它们举办娱乐活动的地方。

昆虫要舒展它们麻木的腿脚,蜘蛛要捕猎。没有翅膀的雪盲蚊直接光着脚在雪上又跑又跳。空中飞舞着长脚的蚋群。

一等严寒降临,娱乐活动便告终结,于是整个团队又藏到树叶下、苔藓和草丛里,泥土中。

钻出冰窟窿的脑袋

一个渔夫在涅瓦河口芬兰湾的冰上走路。经过一个冰窟窿时,他发现从冰下伸出一个长着稀疏的硬胡须的光滑脑袋。

渔夫想,这是溺水而亡的人从冰窟窿里探出的脑袋。但是突然那个脑袋向他转了过来,于是渔夫看清了这是一头野兽的长着胡须的嘴脸,外面紧紧包着一张长有油光光短毛的皮。

两只炯炯发光的眼睛顿时直勾勾地盯住了渔夫的脸。然后"扑通"一声,那嘴脸在冰下面消失了。

这时渔夫才明白,自己看见了一头海豹。

海豹在冰下捕鱼。它只是把脑袋从水里探出一小会儿,以便呼吸一下空气。

冬季渔民经常在芬兰湾趁海豹从冰窟窿爬到冰上时打死它。

甚至常会有海豹追逐鱼儿而游入涅瓦河的事。在拉多什湖上有许多海豹,所以那里有了正式的海豹捕猎业。

抛 弃 武 器

森林勇士驼鹿和公狍抛弃了双角。

驼鹿自己把沉重的武器从头上甩掉:在密林中将双角在树干上摩擦。

两头狼发现了其中一位头上没有角的勇士,便想对它袭击。在它们看来取胜是轻而易举的。

一头狼在前面向驼鹿进攻,另一头在后面。

战斗结束得出乎意料地快。驼鹿用坚硬的前蹄踩碎了一头狼的头盖骨,转瞬之间就转身把另一头狼打翻在雪地里。狼全身伤痕累累,勉强来得及从对手身边溜走。

最近老驼鹿和狍子头上已经露出新角。这是尚未变硬的隆起物,上面蒙着皮和蓬松的毛毛。

一头狼在前面向驼鹿进攻，另一头在后面。

冷水浴爱好者

在加特钦纳波罗的海火车站附近,一条小河上的冰窟窿边,我们的一位驻林地记者发现了一只黑肚皮的小鸟。

时值严寒天气,虽然天空中太阳高照,我们的记者在那个早晨仍不止一次地不得不用雪去摩擦冻得发白的鼻子。

所以听到一只黑肚的小鸟在冰上唱得这么欢,他感到十分惊讶。他走得靠近些。这时小鸟跳将起来,"扑通"一声跳进了冰窟窿。

"它会淹死的!"记者想,于是赶快跑到冰窟窿边,想把失去理智的小鸟救出来。

小鸟在水下用翅膀划水,就像游泳的人用双臂划水一样。

它那深暗的脊背在清澈的水里闪烁,宛如一条银晃晃的小鱼。

小鸟潜到水底,在那里快跑起来,用尖尖的爪子抓住沙子。在一个地方稍稍逗留了一会。它用喙翻转一块小石头,从下面提出一个黑色的水甲虫。

可是不一会儿它已经从另一个冰窟窿出来,跳到了冰上,竦身一抖,仿佛没那回事似的,又欢乐地唱了起来。

我们的记者把手向冰窟窿里伸了进去。"也许这里有温泉,河水是温的?"他想道。但是他立马把手从窟窿里收了回来:冰冷的水激得手生痛。

直到这时他才明白,他面前的是只水里的麻雀 —— 河乌。

这也是一种不守常规的鸟,犹如交嘴鸟那样。它的羽毛上覆盖着薄薄的一层脂肪。当水中的麻雀潜入水中时,涂有脂肪层的羽毛中的空气变成了一个个气泡,就泛起了点点银光。

小鸟仿佛穿上了一件空气做的衣服,所以即使在冰冷的水中它也觉不到冷。

在我们列宁格勒州水麻雀是稀客,只有在冬季才会经常出现。

在 冰 盖 下

现在,让我们把目光转向鱼儿吧。

它们整个冬季都在水底深坑里,在鳇鱼和鲟鱼过冬的河内深坑里睡觉,而它们上方却是坚固的冰盖。

常常有这样的情况:这往往发生在冬季行将结束的时候,在2月份,它们在池塘里,林中的湖泊里,开始觉得空气不足了。这时鱼儿抽搐着张大了圆圆的嘴巴,喘着气升到紧贴冰盖的地方,用嘴唇吸收气泡。

可能出现鱼类大量窒息而死的事,于是到春季坚冰融化,你手持钓竿来到这样的湖边时,竟无鱼可钓。

得惦记着鱼儿,在池塘和湖泊里开几个冰窟窿,留意它们的情况,别让它们闷死,让鱼儿有呼吸的空气。

茫茫雪海下的生灵

在整个漫长的冬季,你眼望着盖满皑皑白雪的大地,不由自主地会想入非非:在它下面,这冰冷干燥的雪海下面究竟有什么呢? 那里,在它的底部是否还留下有生命的东西?

本报记者在森林里、在林间空地上和田野上挖了深深的几口雪井,一直挖到看见土壤。

在那里见到的现象出乎我们的一切意想。只见那里露出了一些绿色的莲形叶丛,从干枯的草皮里钻出来的尖尖的嫩芽,还有各种草类的绿色小茎,虽然被沉重的积雪压得贴近了冻硬的地面,却是活的。

难以想象的是 ——它们是活的!

原来在死气沉沉的雪海底部生活着的,有草莓,有蒲公英,有三叶草,有蝶须,有阔叶林中的草,酸模,还有许许多多形形色色的植物,它们都悠然自得地展现着碧绿的生机。而在柔软、多汁、绿莹莹的繁缕上甚至长出了小小的花蕾。

在本报驻林地记者挖的一口口雪井的壁上,也发现了一个个圆圆的小孔。这是小小的兽类用爪子挖掘的通道,它们十分擅长在茫茫雪海为自己找到食物。老鼠和田鼠在雪下啃食可口而富有营养的小根,而凶猛的鼬鼱、伶鼬、白鼬冬季就在这里捕食这些啮齿动物和在雪中过夜的鸟类。

以往人们认为,只有熊才在冬季产仔。有道是幸福的娃娃穿着"衬衣"来到世上。小熊崽出生时个头很小 ——像老鼠那么大,而且不是穿着衬衣生下来,而直接穿了皮毛大衣降生到世上。

现在科学家们调查清楚了,有些老鼠和田鼠冬季仿佛去别墅度假似的,爬出自己夏季的地下洞穴,来到地面上 ——去透透"新鲜空气"——在雪下的树根上和灌木丛低矮的枝条上筑巢。奇就奇在它们冬季也常常产仔! 小小的鼠崽子生下来完全是赤裸裸的,不过窝里面很暖和,小小的妈妈用自己的乳汁喂养它们。

春天的预兆

尽管在这个月份严寒还十分强势,但已非隆冬时节可比。尽管积雪依然深厚,却不再那么耀眼和洁白。它变得有点暗淡、发灰和疏松多空隙了。屋檐下挂起了渐渐变长的冰锥,冰锥上又滴下融雪的水滴。你一眼看去地面上已有了一个个水洼。

太阳越来越多地露脸了,它已经开始传送暖意。天空也不再那么冷冰冰地泛着一派惨白的蓝色。天空一天天地变得蔚蓝。上面的浮云也不再是那灰蒙蒙的冬云,它已变得密密层层,眼看着就会有低垂的巨大云团滚滚而来。

刚透出一线阳光,窗口就有欢乐的山雀来报信了:"把大衣脱了,把大衣脱了,把大衣脱了!"

夜里猫咪在屋顶上开起了音乐会和比武大会。

森林里偶尔会敲响啄木鸟的鼓点。尽管它是用喙在敲打,毕竟可以看作是它的歌声!

在密林最幽深的去处,在云杉和松树下的雪地上,不知是谁画上了许多神秘的记号,许多莫解的图案。在看到这些图形时猎人的心会顿时收紧,然后激烈地跳动起来:这可是雄松鸡 —— 森林里长着大胡子的公鸡,在春季雪面坚硬的冰壳上用强劲翅膀上坚硬的羽毛画出的花样。这就表明……表明松鸡的情场格斗,那神秘的林中音乐会眼看着就要开场了。

都 市 新 闻

大街上的斗殴

在城里已能感觉到春的临近：大街上时不时会发生斗殴事件。

街上的麻雀对行人毫不理会，彼此狠狠咬住对方的后颈抖动着，使得羽毛飞向四面八方。

雌麻雀从不参加斗殴，但也不制止斗殴者。

每到晚上在屋顶常发生猫打架的事件。往往打架的双方以这样的方式分开，其中敌方的一只猫一骨碌从好几层高的屋顶上飞滚而下。

不过这时机灵的猫不会摔死：它下坠时直接四脚着地，一无非脚有点儿瘸。

修理和建筑

全城都在修理和建筑。

老乌鸦、寒鸦、麻雀和鸽子正在忙于修理自己去年筑的巢。去年夏天生的年轻一代正为自己造新窝。对建筑材料的需求迅猛上升：需要树的枝杈，麦秸，柔韧的树枝，树条，马毛，绒毛和羽毛。

鸟类的食堂

我和我的同学舒拉非常喜欢鸟。冬天的鸟像山雀和啄木鸟之类的，经常挨饿。我们决计为它们做食槽。

我家屋边长着许多树，上面经常有鸟儿停下来用自己的喙觅食。

我们用胶合板做成不深的箱子，每天早晨往里面撒各种种子。鸟儿已经习惯，再也不怕飞近前来，而且乐意啄食。我们认为这对鸟儿只有好处。

我们建议所有孩子都来做这件事。

■ 驻林地记者　瓦西里·格里德涅夫

亚历山大·叶甫谢耶夫

都市交通新闻

在街角的一座房子上有一个标记：一个圆中间有一个黑色三角形，三角形里画着两只雪白的鸽子。

"小心鸽子！"

司机在拐过街角时会刹车,小心翼翼地绕过一大群聚集在马路上的灰色、白色、黑色、棕色的鸽子。儿童和成人站在人行道上,向鸟儿抛撒面包,谷粒。

"小心鸽子"的汽车行驶标记,是应一名小学生托尼娅·科尔金娜的请求,最先悬挂在莫斯科街头的。如今同样的标记悬挂在列宁格勒和其他大城市,那里的街上车来人往异常繁忙,大人和儿童则给鸽子喂食,观赏这些象征和平的鸟儿。

光荣属于珍稀鸟类的人!

返 回 故 乡

愉快的消息传到了《森林报》编辑部。这些消息写自埃及、地中海沿岸、伊朗、印度、法国、英国、德国。消息中写道:我们的候鸟已经启程回乡。

它们从容不迫地飞着,一寸寸地占据正从冰雪中解放出来的土地和水域。它们来到我们这里,估计要在我们这儿冰雪开始融化,河流解冻的时候。

雪下的童年

外面正在解冻。我去取种花用的土,路上我顺便看了看我养鸟的园子。那里有我为金丝雀种的繁缕。金丝雀很喜欢吃它鲜嫩多汁的绿色茎叶。

你们当然知道繁缕,是吗? 油亮的小叶子,勉强看得见的白白的小花,总是彼此缠绕的脆脆的小茎。

它紧靠着地面生长,如果你照管不周,它很快就会爬满所有的地垄了。

我在秋天撒了种子,但种的太晚了。它们发芽了,但来不及长出苗来,一根小茎和两片子叶就都被盖到了雪下。

我没指望它们能活下来。

但结果怎么样呢? 我一看,它们不仅长出来了,而且还长大了。现在已经不是苗苗,而是一棵棵小小的植物了。甚至还有了几个花蕾!

真不可思议,这可是发生在冬季,在皑皑白雪的下面发生的事!

■ H. 帕甫洛娃

摘自少年自然界研究者的日记

一位新月的诞生

今天是好人高兴的日子:我早早地起了床,正当日出的时候,我看见了一位新月的诞生。

新月就是初升的月亮,它一般在晚上日落以后才向我们露面。人们很少在清晨日出之前见到它。它比太阳升起得早,已经高高地爬上天空,宛如薄薄的一弯珍珠般的镰刀,闪耀着金灿灿的晨光,显得如此温暖,欢乐,这样的月亮我以往从未见过。

■ 驻林地记者　维丽卡

神奇的小白桦

昨天傍晚到夜里,下了一场温暖而黏湿的雪,门口台阶前花园里,我那棵可爱的白桦树上,光秃秃的树枝和整个白色的树干沾满了雪花。可凌晨时天气却骤然变得十分寒冷。

太阳升上了明净的天空。我一看,我的小白桦变成了一棵神奇的树:直至每一根细小的枝条,它全身仿佛被浇了一层糖衣;湿雪结成了薄冰。我的整棵白桦树都变得亮晶晶了。

飞来了尾巴长长的山雀。一只只毛茸茸的,温暖的,仿佛一颗颗插着编针的小小的白色毛线球。它们停到小白桦上,在枝头辗转跳跃 —— 用什么当早餐呢?

爪子打着滑,嘴巴又啄不穿冰壳,白桦只冷漠地发出玻璃般细细的叮咚声。

山雀抱怨地尖叫着飞走了。

太阳越升越高,越晒越暖,化开了冰壳。

神奇的白桦树上,所有的枝条和它的树干开始滴水,于是它仿佛变成了一个冰的喷泉。

开始融雪了。白桦树的枝条上流淌着一条条银光闪闪的小蛇,熠熠生辉,变幻着五光十色。

山雀回来了。它们不怕弄湿了爪子,纷纷停上枝头。现在它们高兴了:爪子再也不会打滑,化了雪的白桦树还招待它们美味的早餐。

■ 驻林地记者　维丽卡

最初的歌声

在一个酷寒然而阳光明媚的日子里,城里的各个花园里响彻了春季最初的歌声。

唱歌的是一种叫"津奇委尔"的山雀。歌声倒十分简单:

"津 —— 奇 —— 委尔! 津 —— 奇 —— 委尔!"

就这么个声音。不过这首歌是唱得那么欢,仿佛是一只金色胸脯的活泼小鸟想用它鸟类的语言告诉天下:

"脱去外衣! 脱去外衣! 春天来哩!"

绿色接力棒

1947 年是每年全国竞征优秀少年园艺家活动开始的一年。少先队员们带着奇妙的绿色接力棒从 1947 年春天起程,然后将接力棒交到 1948 年春季的手里。对五百万少年园艺家来说,从春天到春天的路并不好走。但是他们珍爱自己种下的一切,谨慎小心地培育每一棵树,每一丛灌木。而且每年都这样做。

少年园艺家代表大会通常是绿色接力赛的终点。

去年拿着绿色接力棒的是几百万少先队员和中小学生。他们栽种了好几百万棵果树、浆果灌木、几百公顷森林、公园和林荫道。今年参加竞征活动的人应当更多。

竞征的条件和去年一样,可要做的事要多得多。应当在每所学校开辟一个果树苗圃。这可以帮助将来种植更多花园。

应当绿化街道,使它成为极好的绿色林荫道。

应当用灌木和树木巩固沟壑里的土壤,从而保护我们肥沃的田地。为了做到这一切,应当踏踏实实地向有经验的老园艺家学习。

狩 猎 纪 事

巧妙的捕兽器

与其说猎人捕猎野兽靠的是猎枪,不如说靠的是形形色色巧妙的捕兽器。为了想出一个好的捕兽器,需要有很强的发明能力,并掌握有关野兽性格与习性的准确知识。捕兽器不仅要会做,还要会放置。一个笨拙的猎人,他的捕兽器总是一无所获,而一个有经验的猎人,他的捕兽器通常总是带着猎物。

钢铁捕兽夹既不用发明,也不用制作 —— 去买来得了。

可学会放置捕兽器就不那么简单了。

首先,得知道放什么地方。捕兽器要放在洞边,兽径上,在交会点 —— 野兽聚集和许多兽迹交错的地方。

其次要知道如何准备和放置。要捕捉警惕性很高的野兽,像貂呀,猞猁呀,先要把捕兽夹在针叶的汤水里煮过;用木耙耙掉一层雪,用戴手套的双手放上捕兽夹,再在上面放上从这个地方耙掉的雪,用耙子趟平。没有这些预防措施,敏感的野兽就能闻到人的气息,甚至雪下铁器的气息。

如果放置对付大型、力气大的野兽的夹子,那要将它和一段沉重的原木拴在一起,使野兽拖着它跑不远。

如果放置捕兽夹时带诱饵,就该明白给什么野兽吃什么。一种给老鼠,另一种给肉,第三种给鱼干。

活捉小猛兽的器具

猎人们想出了许多巧妙器具来活捉小猛兽,像白鼬、伶鼬、黄鼠狼、水貂等。这样简单的器具每个人都能做。

所有这些东西的制作都基于一种考虑:入口打开,出口关闭。

请拿一个长长的小箱子或一段木头的管子。在一头做一个入口。在入口上方固定一扇用粗铁丝做的小门,不过要使这些铁丝的长度超过洞口。小门要斜竖,下缘朝箱内开。这样就一切就绪了。

箱内放着诱饵。小兽闻到诱饵的气味,透过铁丝小门看到了它,就会用脑袋去推小门,从下面爬进箱子。小门在它身后合下来就关上了。要从里面打开它是不可能的,于是被逮的小兽就一直等着,直到你把它从那里拖出为止。

在这样的箱子里可以装一块"假地板",诱饵挂在顶板下,在箱子封死的一头。这里的入口要窄一点，在它上面从内部装一个不紧的小闩。

小兽刚走过假地板的中线（那里木板正好可以在小横轴上自由转动）时，它身下的板就降了下去，而靠入口处的一端却翘了起来，小闩弹了上去，于是出口被死死关闭了。

更简单的办法是拿一个比较高的小桶或上面开口完整的大圆桶，在腰部正中开两个小孔，插进一个横杆。横杆两头固定在两根小柱上。两根小柱之间挖一个坑，它的深度要容得下半截桶子。

将圆桶在横杆上放置平衡，使前面一半的边缘（那里有出口）搁在坑边上，后面的一半（那是有桶底）悬在坑上。诱饵放在紧靠桶底的地方。

当小兽刚刚走过圆桶一半时，桶就转动了，于是桶就变成底朝天了。小兽怎么也无法沿着圆圆的桶壁向上爬出桶去。

冬季，在严寒的天气里，完全可以做一个冰桶捕兽器，这是乌拉尔的猎人发明的。

将满满一桶水放在严寒的环境里。桶面上、桶壁和桶底的水结冰比里面的水快。当冰结到大约一两根手指宽的厚度时，从上面开一个大小能使白鼬爬过的圆孔，再从这个孔里把其余的水倒掉，将桶搬进屋里。在温暖的地方桶壁和桶底很快受热了，冰开始融脱。这时就很轻松地从铁皮桶内抖搂出了一只冰桶。它方方面面都是封闭的，只在顶上有个小孔。这就是冰桶捕兽器。

往冰桶里面放些干草或麦秸，再放进一只活老鼠。在有许多白鼬或伶鼬足迹的地方把雪挖开埋入冰桶，使顶部和雪面一样高。

小兽闻到老鼠的气息，马上就钻进小孔到了桶底。它无法沿光滑的桶壁往回爬出桶去，也无法把冰咬穿。

要从冰桶里取出小兽，可直接把它打碎：这个捕兽器不值分文，这样的东西想做多少都可以。

狼　　坑

捕狼可设置狼坑。

在狼经过的小道上挖一个椭圆形深坑，坑壁要垂直。坑的大小要容得下狼，又使它无法助跑起跳。在上面盖上一些细木杆，再撒上树条、苔藓，麦秸。上面再盖上雪。把所有人为痕迹都掩盖掉，使你认不出哪儿是深坑。

夜里狼从小道上走过。第一头狼刚走到就掉进了坑里。

早晨就可取活狼了。

狼　陷　阱

还有设"狼陷阱"的。把木桩打进土里围成一圈。这个圈要把另一个用木桩围成的圈围在里面,使得狼能在两圈木桩之间挤得过去。

在外圈上装一扇开向夹层内部的门。在里圈内放入一只小猪、一只山羊或羔羊。

狼闻到猎物气息后就走进外圈的门里,开始在两道木桩间狭小的夹层里走圈儿。走完一整圈后第一头狼的嘴脸碰上了门,而门又妨碍它继续往前走(要转身又不可能)。这样门就堵上了,于是所有的狼都被捉住了。

它们就这样围着被隔离的羔羊无休止地走下去,直至猎人来收拾它们。在这种情况下羔羊却完好无损,而狼却没有吃饱。

地　上　坑

冬季很难深挖,因为泥土冻得像石头。所以人们就做个地上坑来替代一般的捕狼坑。这是一个用木桩做成的围墙围起来的地方,四角各有一根柱子。第五根柱子立在"坑"中央。它要高过围墙,上面挂着诱饵——一块肉。

在木桩做的围墙上搁一块板。

板的一头着地,另一头高悬在"坑"的上头,紧靠诱饵。

狼闻到肉味后就沿木板向上爬。在它体重的作用下木板凌空的一头就往下倾,于是狼一个跟头翻进了"坑"里。

熊洞边的又一次遭遇

塞索伊·塞索伊奇踩着滑雪板走在一块长满苔藓的大沼泽地上。当时正值2月底,下了很多雪。

沼泽地上耸立着一座座孤林。塞索伊·塞索伊奇的莱卡狗佐里卡跑进了其中的一座林子,消失在树丛后面。突然从那里传来了狗叫声,而且叫得那么凶,那么激烈。塞索伊·塞索伊奇马上明白猎狗碰上熊了。

这时小个子猎人颇为得意,因为他带了一把能装5发子弹的好枪。于是他急忙向狗叫的方向赶去。

佐里卡对着一大堆被风暴刮倒的树木狂叫,那上面落满了雪。塞索伊·塞索伊奇选择好位置,匆匆忙忙从脚上脱去滑雪板,踩实脚下的积雪,做好了射击的准备。

很快,从雪地里露出一个宽脑门的黑脑袋,闪过一双睡意蒙眬的绿色眼睛:按捕熊人的说法,这是野兽在和人打招呼。

塞索伊·塞索伊奇知道,熊在遭遇敌手时仍然要躲起来。它会到那里的洞里躲起来,再猛然跳将出来。所以猎人趁野兽把脑袋藏起来之前就开了枪。

然而过快的瞄准反而不准,后来得知子弹只伤了熊的面颊。

野兽跳了出来,直向塞索伊·塞索伊奇扑来。

幸好第二枪几乎正中目标,将野兽打翻在地了。

佐里卡冲过去撕咬着熊的尸体。

熊扑过来时塞索伊·塞索伊奇来不及害怕。但是当危险过去以后,强装的小个儿汉子一下子全身瘫软了。眼前一片模糊,耳朵里嗡嗡直响。他往整个胸腔里深深地吸了一口冰冷的空气,仿佛从沉重的思虑中清醒了过来。这时他才觉得刚才自己经历了一件可怕的事情。

在和巨大的猛兽危险地面对面遭遇后,每一个人,即使是最勇敢的人,往往都会有这种感受。

突然佐里卡从熊的尸体边跳开了,"汪汪"叫了起来,又冲向了那个树堆,不过现在是向另一边冲过去。

塞索伊·塞索伊奇瞟了一眼,惊呆了:那里露出了第二头熊的脑袋。

小个儿男人一下子镇定下来,很快就瞄准,不过瞄得很仔细。

这次他成功地一枪就把野兽就地在树堆边撂倒。

然而几乎是在顷刻之间,从第一头熊跳出的黑洞里冒出了第三头熊的宽脑门的棕色脑袋,而在它后面又跟着冒出了第四头熊的脑袋。

塞索伊·塞索伊奇慌了神,恐惧攫住了他。似乎整个林子里的熊都聚集到了这个树堆里,而此刻都向他爬来了。

他瞄也没瞄就开了一枪,接着又开了一枪,然后把打完子弹的枪扔到了雪地里。他发现第一枪打出以后棕色的熊脑袋不见了,而佐里卡意外地撞着了最后一颗子弹,竟一枪毙命倒在了雪地里。

这时他双腿发软,下意识地向前跨了三四步。塞索伊·塞索伊奇绊着了他打死的第一头熊的尸体,倒在了上面,接着就失去了知觉。

不知他这样躺了多久。苏醒的过程是令人胆战心惊的:有什么东西很痛地揪他的鼻子,他想去抓鼻子,但是手碰到了暖烘烘、毛茸茸会动的一样东西。他睁开了眼睛——一双睡意蒙眬的绿色熊眼睛正盯着他的双眼。

塞索伊·塞索伊奇一声惊叫,那声音已不是他自己的了,他猛然一挣,把鼻子脱出了野兽的嘴巴。

他像个呆子似的站了起来,拔腿就跑,但马上跌进了齐腰深的雪里,陷在了雪地里。

他回头一看,方才明白刚才揪他鼻子的是一头小熊崽儿。

　　塞索伊·塞索伊奇的心没有能马上平静下来,他弄清楚了自己历险的全过程。

　　他用最先的两颗子弹打死了一头母熊。接着它从树堆的另一边跳出来的是一头三岁的幼熊。

　　幼熊年纪还小,总是雄性。夏天它帮熊妈妈带小弟弟小妹妹,冬季就在离它们不远的地方冬眠。

　　在这堆被风暴摧折的巨下树堆里,有两个熊洞。一个洞里睡着幼熊,另一个洞里睡着母熊和它的两头一岁的熊崽子。

　　熊崽子还小,体重充其量跟一个 12 岁的人差不多。但是它们已经长出了宽宽的脑门,大大的脑袋,以致他因为受了惊吓糊里糊涂把它们的脑袋当成了成年熊的头颅。

　　在猎人晕倒在地时,熊的家庭中唯一幸存的小熊崽儿走到了熊妈妈身边。它开始拱死去的母熊的胸脯,碰到了塞索伊·塞索伊奇温暖的鼻子,显然把塞索伊·塞索伊奇这个不大的突出物当成了母亲的乳头,于是叼进嘴里吸了起来。

　　塞索伊·塞索伊奇把佐里卡就地在林子里埋了。熊崽儿他抓住带回了家。

　　这头小熊崽儿原来是头很好玩又很温和的野兽,非常依恋因失去佐里卡而只剩自己孤身一人的小个儿猎人。

(本报特派记者)

哥伦布俱乐部

第 12 月

向未来的跳跃 —— 少年自然科学研究者的思想 —— 俱乐部主任的发言

窗外，暴风雪正大声怒号、呼啸，把一捧捧扎人的雪片抛向窗玻璃。行人瑟缩着裹紧了头巾和大衣，把脑袋缩进竖起的领子里。已是黄昏时分。

在《森林报》编辑部温暖敞亮的大楼里，一只瘦小、温柔的黄色小鸟正在啼唱。它仿佛吊嗓子似的唱了几个高音后突然发出了热烈欢快的啼啭，使得全体哥伦布俱乐部成员都屏住了呼吸。争论声停住了。头发深色的、浅褐色的、乱蓬蓬翘起的和梳得光溜溜的脑袋都转向了窗口，那里一位奇异的鸟儿歌唱家正在窄小的笼子里啼唱。

它似乎永远不会停止歌唱：响亮动听的啼鸣从被俘的小小仙女 —— 因禁在铁丝牢笼的空中女儿的金嗓子里源源不断地流出。接着未经任何停顿，也不换气，歌唱家突抛撒出一连串珠落玉盘般的颤音，蓦地，热烈的歌声又戛然而止，它开始若无其事地用喙梳理自己柔软的羽毛。

"嘀，你真行呀！"科尔克突然从自己沉醉其间的甜蜜的静止状态中回过神来，叫了起来，"我向树木的精灵保证，颤音持续了15秒多！这才叫歌声呢！我们这儿那些粗野的鸟儿哪唱得出这样的歌声？是云雀，夜莺？错了！"

"好主意！"雷拍着自己的脑门情绪激动地说了起来，"绝妙的主意，闪光的思想！'神秘乡'获得了一位奇异的歌手！而它却是我们哥伦布俱乐部的人创造的！"

"你说什么，什么，什么，什么？"多连珠炮似的说，"你想一想吧，造物主！鸟类可不是植物：你把两个品种结合在一起可产生不了米丘林的杂交品种。是有金丝雀跟黄雀、跟白腰朱顶雀、跟红胸朱顶雀的杂交种，但是它们不会繁殖后代，事情到此就结了！这就跟骡子不会生育一样。"

"你没明白我的意思。"雷委婉地说，"我不是想通过金丝雀和我们会唱歌的鸟儿杂交来创造新的林中歌手，而是通过代孵。你只要想一想，在夏初，我们把几百个，不，几千个金丝雀的蛋放进了我们这儿野生鸣禽的窝里，它们是朱雀、红胸朱顶雀、黄雀、苍头燕雀、红脚鹌鹑、金翅雀……它们替我们孵出了金丝雀的幼雏，把它们当自己的小鸟一样喂养，而且向这些刚会飞的小鸟传授鸟类生活中的一切规则。由于在我们的森林里没有这些小金丝雀的亲生父母，没有什么鸟会把刚出飞的小鸟吸引到自己身边，所以它们就留在了喂养和教育它们的那些鸟儿身边。

"不知道它们以后会怎么样。它们是否会留下来和养育自己、在我们这儿定居的鸟雀一起，在咱们的'神秘乡'过冬？会不会和那些我们称为金翅雀的林中金丝雀一起迁徙到南方？会不会随着自己的养父母、被我们少年自然科学研究者称为红色金丝雀的黄雀飞往印度过冬？因为还没有任何人借助代孵的手段来从事驯化外国鸟类的试验。"

"大胆的想法！"安德若有所思地说，"有一次，我在科尔图什，伊凡·彼得罗维奇·巴甫洛夫生理学研究所。那里鸟类学实验室主任，我国杰出的鸟类学家亚历山大·尼古拉耶维奇·普罗姆普托夫向我们讲述了金丝雀和他自己对它们所做的实验。

"南方森林中的小鸟金丝雀，充当人类俘虏的生活已经300多年。它早就变成了无能为力的笼中之鸟：既不会自己觅食，也不会筑巢。它的笼子里长年放着食具，里面盛有去了外皮的谷粒，盛有清洁饮水的器皿、澡盂，夏天还给它挂上绳编的巢，放上棉花和它要求作为垫子用的其他东西。它笼子里的小横梁直直圆圆，刨得光光溜溜，正好适合它那纤细柔嫩的爪子停栖。一切都有人给它保障——只要它唱呀，唱呀，再就是在这儿，在失去自由的环境里哺育自己的儿女。在我们俄罗斯，人们在春季的节日里把早已脱离野外生活习性，在失去自由环境中娇生惯养，宛如闺阁小姐那样的金丝雀和野鸟一起放生，这样的行为当然十分愚蠢，也十分残酷。

"亚历山大·尼古拉耶维奇立志要弄清一件事：能否使金丝雀恢复在长期的牢笼生活中丧失的本能。他把笔直平整的横梁换成普通的树枝，不再给它们的食具里放精粮，开始直接在笼底投放饲料，往笼子的缝隙里塞燕麦、赤杨的球花、没有去壳的大麻子、蘼草籽。总而言之他不再向金丝雀提供幽居生活中的任何舒适的条件。它们出飞的小鸟（普罗姆普托夫正是在小鸟身上做自己的实验的）只能一开始就练习使用自己的喙、脚趾和腿脚：用各种方式停在歪歪扭扭的树枝上，伸长了脖子去够食物，用自己的喙从缝隙里叼出谷粒，脱去外皮。到夏季临近的时候不再给小鸟夫妇提供绳编的现成小窝，是直接在笼子里给它们放上柔韧的小草、细细的草根、草茎、马鬃毛、棉花——只供应它们筑巢的优质建筑材料。

　　"结果呢？在实验中年轻的金丝雀夫妇出色地为自己编织了小窝，跟野生的金丝雀在自己的故乡加那利群岛上编织的小窝毫发不爽。这就说明鸟类适应新生活条件的能力有多强，即使经过几百代以后对自由的生活——可以说需要自己负责任的生活——已经陌生的鸟类也是如此。

　　"应当认为，由我们的红色林中金丝雀、黄雀、金翅雀养育，在我们这儿出生的金丝雀完全能够习惯'神秘乡'的生活，成为我们这儿的土著鸟类。"

　　"说得对！"科尔克大声说道，"为了使它们不丢掉自己的技艺，不失去唱歌的本领，我们作为它们俘虏生涯中的亲人，在夏季要把关有优秀雄金丝雀的笼子挂到林子里，让它们向笼子里的鸟学习，把歌声记在心里！要知道鸣禽的模仿能力是很强的。说不定我们的黄雀也开始像金丝雀那么唱歌呢！这样就会有'神秘乡'的林中大合唱了！"

　　"同学们！"米提醒大家，"我们今天在这儿聚会可是为了庆祝我们的俱乐部成立一周年。请把茶端上桌！有请我们的俱乐部主任到桌前来主持庆典并讲话，即使说一小段话。"

　　"朋友们！"待大家都落座后塔里·京说道，"听到我们的少年哥伦布们发现了自己的美洲，那里充满现在、过去和现在的奇迹，是多么令人高兴。属于现在的是我们在那里有了那么一些意外的小发现，例如美洲的居民麝鼠，海滨的跋涉者翻石鹬，带蜜的林荫树。属于过去的是普罗尔瓦湖地狱般的空洞，差点使我们的四个人搭进自己的性命。属于未来的是我们祖国出色的新歌手——来自遥远的加那里群岛的移民。

　　"请允许我在未来的问题上说几句。你们打算在'神秘乡'驯化金丝雀。这是件好事，一个理想！只是请注意了，请留意观察，周密思考，别连头带脚一个猛子扎进水里。请回想一下我们上一次会议——化妆模拟法庭上的情况。毁灭自己的是什么也不懂，什么生命都不爱的人。最容易做的事是摧毁，杀戮。做这件事既不要爱，也不要知识。在一团漆黑的无知中隐藏着仇恨，隐藏着恐惧，也隐藏着死神本身。我们的先辈们曾觉得森林是多么可怕！'森林就是幽灵，住进森林，死神立马降临。'于是我们的先民把神秘的精灵，残暴的神灵请进森林、河流、天空，千方百计向它们为自己赎身，向它们贡献牺牲，人的牺牲……为了摆脱暗无天日的恐惧，他们摧毁了森林。于是也毁灭了自己：沙漠步步进逼了。

　　"建设、创造美好的东西要困难得多。'美好的东西是很难得到的，'古代一位哲人这样说过。森林是美好的，应当珍惜它。如果要改造那里的生命，就要怀着爱和对事物深刻的认识去改造。

　　"现在，你们想给我们的森林创造前所未有的出色歌手。也许你们会做到这一点,做到给森林加进一个歌喉和一场和谐的森林大合唱,给纸牌小屋的建筑添加一张纸牌。我是说也许。但这中间要求有精细的谋划和爱心的热情关注。

"然而,事情并不那么简单:说是要让我们这里的鸟儿从蛋中孵出金丝雀的幼鸟——然后鸟儿们会就地哺育小鸟,并传授给它们在我们的地域里顺利生活所必要的一切本领。这里就产生出许多令人惊恐不安的问题。是呀,普罗姆普托夫证实了在鸟笼里年轻的金丝雀能够返回到所谓的原始状态:学会用喙为自己从谷皮中啄出谷实,编织小窝。但是不知道在我们严酷的北方森林里,在不仅我们,也包括它们自己都不清楚的地方,它们是否能觅得合适的食物?

"不知在秋季,我们年轻的金丝雀是否穿得够暖和,以便使它们能忍受我们的严冬,或者说是否有足够的力量发展迁徙的本能,以便能飞完前往越冬地的遥远征途。要知道在热带,它们整个种族的原有故乡,是永恒的夏季。

"不知在我们的地域出生的金丝雀是否能迅速恢复保护自己免遭许多敌害的本能,或者它们在遇见鹞鹰时只会用双腿蹲着不动,就如在笼子里遇见危险时蹲在横梁上那样。

"再说,由于实验将在露天,自由的状态下进行,很难预料它的结果:不知每一只小金丝雀会发生什么事。因此如果这个驯化实验开始时在实验室的范围,尽管是大规模地进行,也许会更好:在某一个全部同网围住的花园养鸟场对许多年轻金丝雀做试验。野化后的年轻金丝雀也许不得不在人的住处附近觅食,谁知道呢。

"还应当注意的是:雄金丝雀异乎寻常地悠长、你们如此赞美的歌声是人为教育的产物,是文化的产物。有这么一个笑话:一个英国别墅的花园里有一块草坪,从未见过有那么平整、茂盛,这使一个美国亿万富翁赞不绝口。富翁叫来园丁,问他,要在美国自己家里培育同样的草坪,他该怎么办。

"'很简单,'园丁回答说。'从我们这儿买十便士的草籽,将它们撒在自己地里,然后花三百年时间把它修剪得整整齐齐,照料它,直到它也变得和在英国一样。'

"三百年间,人类一代接一代地在雄金丝雀身上发展它的音乐天赋:把它们的笼子挂到歌声优美的雄金丝雀和其他鸟儿的笼子边。一代接一代的雄金丝雀不断地完善自己的歌声,一方面模仿老一辈的演技,同时在这项演技中加入自己的发挥。这中间通过模仿获得的是什么,通过继承传递的又是什么,这是个复杂的问题。但是请相信,如果没有'学习',没有'教育',任何一只野化、在森林里长大的雄金丝雀都不可能唱得像现在我们冬天房间里的这位歌手。所以科尔克把关有雄金丝雀的笼子挂到森林里的想法是很有趣的。

"普罗姆普托夫在科尔图什的金丝雀，通过敞开的窗户听到田野的云雀和林鹨的歌声，就把它们歌曲中完整的音乐语言编进自己的歌曲。野生的鸣禽由于会模仿，便开始学习自己笼子里的同伴。年轻的鸟儿就像猴子，这种能力是天生的。

"因此，如果人和生活和谐相处，不去破坏它的规律和计划，不对它胡作非为，而是按大自然母亲的指引前进，那么他就在创造美，创造美好的东西，创造生气蓬勃的东西，而不是创造明天注定要死亡并危害人本身的东西。

"你们要知道：在有关在'神秘乡'驯化金丝雀的问题上，生活本身就在向你们迎面走来。金丝花雀——正是被人培养成金丝雀的那种小鸟——早就开始在北方和东方传播。从前它生活在加那里群岛，在非洲，在地中海沿岸，可是在 20 世纪一些离群的成对鸟儿已经开始越来越近地向我们这边筑巢栖息。金丝花雀已经迁居到更靠波罗的海北部的岸边：立陶宛，拉脱维亚，甚至爱沙尼亚，而更靠东边的则到白俄罗斯。夏季它们在我们这里孵育幼鸟，到 10 月便结伙成群飞往南方。结果是变成了候鸟。可以希望我们这儿培育的小小候鸟，从'神秘乡'飞往南方越冬的金丝雀，会跟随它们远走高飞，春季又重新回到我们这儿。

"这样我们就将给祖国添加一位美好的歌手，它未经我们善意的干扰，也许还要过几百年，甚至几千年才会来到我们这里。

"就如我们的诗人所说，在发现崭新的——永远崭新的世界的时候，在研究'神秘乡'和它揭示的秘密的时候，我们少年哥伦布们正在接近美好的未来。我们的行星上这样的哥伦布越多，他们越坚定不移地去热爱地球、研究它、揭开它的谜底，蒙在它身上的那层愚昧无知的迷雾就会越快消散，对所有生灵来说那阳光灿烂的幸福早晨就会越快来到它的上头。

请允许我借拉甫在俱乐部开幕仪式上发表的祝酒词结束我的简短发言：

哥伦布们万岁，
还有永久崭新的世界。
向它敬礼，再敬礼！
那求知的眼睛和头脑，
我们要珍惜它一百年。

"祝愿哥伦布俱乐部的全体成员在行将到来的新森林年里，在'神秘乡'发现一百个新问题，新谜语和新秘密！"

少年哥伦布们在喝了令人心情激荡的茶水,吃了令人兴奋的冰淇淋以后,就分手各自回家,一面热烈地讨论着自己未来的研究和发现计划。

射　靶

射箭要射中靶子

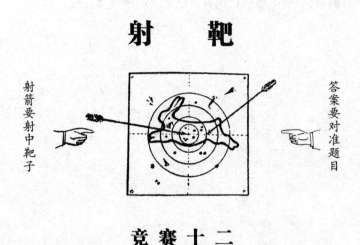

答案要对准题目

竞 赛 十 二

1. 什么小兽整个冬季头朝下睡觉?

2. 刺猬冬季做什么?

3. 冬季松鼠不吃什么?

4. 什么鸟一年任何季节都孵小鸟,甚至在雪中?

5. 当所有昆虫都冬眠时,山雀在冬季给人类带来益处还是害处?

6. 獾在冬季给人类带来益处还是害处?

7. 哪一种鸣禽在潜入冰下的水中时给自己找来食物?

8. 为什么在椋鸟屋内部要在入口的下面插一块三角形板?

9. 哪种动物的骨骼露在外面?

10. 小鸡在蛋壳里呼吸吗?

11. 如果把青蛙从雪下挖出来并带到火的附近,它会发生什么变化?

12. 麻雀什么时候体温比较低 ——冬季还是夏季?

13. 海豹潜入冰下后靠什么呼吸?

14. 哪里雪先化 ——在森林里还是在城市里? 为什么?

15. 什么鸟飞来时我们认为春季开始了?

16. 在圆圆的窗户里,新的墙壁上,白天玻璃打破了,晚上又装上了。(谜语)

17. 冬季挨饿夏季饱。(谜语)

18. 在屋子里要结冰,外面却不结冰。(谜语)

19. 一条白布往窗里拉。(谜语)

20. 什么比森林高? 什么比光明美? (谜语)

21. 夜莺的小窝不在屋里不在外面。(谜语)

22. 虽然没有头脑,却比野兽更刁。(谜语)

23. 烤菜的原料穿着大衣在森林里跑。(谜语)

24. 春天里开心,夏天里凉快,秋天里有营养,冬天里暖洋洋。(谜语)

最后时刻的紧急电报

城里出现先到的白嘴鸦。冬季结束了。森林里现在是新年元旦。现在请你重新从第一期开始阅读《森林报》。

打靶场答案

竞 赛 一

1. 从 3 月 21 日开始。

2. 脏的雪,因为它比较暖。深色能更多地吸收阳光。(夏天戴黑帽子最热)

3. 春天皮毛丰厚的兽类正在换毛,失去了稠密而暖和的绒毛。这样的皮毛价值就不高。此外,春天野兽还要养育幼崽儿。

4. 蝙蝠在它们所要捕食的昆虫飞出以后才出现。

5. 款冬、獐耳细辛、雪花莲。

6. 白色山鹑:冬季是白色的,夏季毛色是带花斑的。

7. 在雪融化之前、换成灰色的时候,或当大地在雪兔换毛前、树叶落尽时。

8. 眼睛是睁开的。

9. 生长在稠密而光线暗淡的森林里的树木迅速向高处和有光的方向长,而且失去下层的叶子。长在开阔地的树木保留下层的枝叶,而且枝叶向四面伸展得很开。

10. 鼩鼱幼仔。它的体长一共才 3.5 厘米 (无尾)。

11. 鹪鹩和戴菊。它们身长几乎相同,比斑鹟蜓小。

12. 吃植物种子和浆果的鸟喙厚实而坚硬,以便啄开果核;吃昆虫的鸟喙薄而弱;猛禽的喙呈钩形,以便撕咬肉块。

13. 交嘴鸟。

14. 这棵树冬季被啃光了。冬天的积雪离地厚达 1 米,所以兔子不可能从下面啃到树皮。

15.3 月 21 日——春分日和 9 月 21 日秋分日。

16. 冰锥。

17. 春季来自太阳的温暖。

18. 雪;化了以后溪水奔流,喧响。

19. 马儿是河水,车辙是岸。

20. 冬季大地盖着白雪,春季鲜花开满大地。

21. 雪。

22. 新一天的早晨。

23. 鹿。

竞 赛 二

1. 虾。

2. 羊肚菌和鹿花菌。

3. 耕地机的犁从土里挖出许多蚯蚓、甲虫的幼虫和别的昆虫。白嘴鸦捡起来吃。

4. 乌鸦的窝是扁平的,呈盘状,喜鹊的窝是圆的,有盖。

5. 不织网张捕猎物的蜘蛛。

6. 家燕。

7. 在小树林、花园和树洞里。

8. 为筑巢而取毛,从老年动物的皮肤里啄出昆虫及其幼虫。

9. 我们的家鹅和家鸭的祖先是候鸟。春季在野生鹅、鸭飞经的时候家养的鹅和鸭就会思乡,它们也向往着飞向那里。

10. 春季突然泛滥的河水会淹没在地面筑巢的鸟的卵和幼鸟。

11. 所有鱼都禁猎。大型的狗鱼在 4 月底游到春汛期泛滥形成的水域很浅的地方产卵,甚至往往连背脊都露出水面。这时偷猎者就会对它们开枪射击。

12. 两栖类动物,因为它们是冷血动物;在寒冷中它们就僵滞不动了。鸟类只要吃饱了就不怕冷。

13. 前端。

14. 生活在巨大开阔空间的鸟类翅膀狭窄、长而尖。不难猜测,生活在森林和密林中的鸟类翅膀不可能是长的。否则鸟翅会被树枝和树干带住。生活在密林中的鸟翅宽、短而圆。我们图中的翅膀是海鸥和喜鹊的。

15. 雨燕和家燕。

16. 蜂箱,蜜蜂。

17. 甲虫。

18. 叮人的蚊子。

19. 下雨,土地吸水,草儿生长。

20. 鱼。

21. 亲爱的大地。

22. 铃兰的花蕾和花。

23. 云。

24. 分别指四条腿,两只是角和一条尾巴。

竞 赛 三

1. 5 月和 6 月出土的金龟子。

2. 在螽斯的腿上有锯齿状的刺,翅膀上有钩。"啾啾"声来自腿和翅膀的摩擦。

3. 尾巴。

4. 因为公鸟的叫声像公牛的哞叫。

5. 8 只。

6. 甲虫有两对翅膀。外层的一对硬而厚,更多是用于保护里翼,里翼用于飞行。

7. 长脚秧鸡,黑水鸡 (又名"红骨顶")。

8. 椋鸟用嘴从窝里把小鸟啄破的蛋壳叼走,扔到离窝很远的地方。

9. 螽斯的听觉器官不在头部,而在前面一对腿的小腿上。

10. 黄莺。

11. 青蛙卵结成凝胶状的大团自由地漂浮在水中,蛤蟆的每一颗卵处在凝胶状的带状物上,这些带状物附着在水下的草上。

12. 比椋鸟稍大,比鸽子略小 (29 厘米)。

13. 白山鹑的雄鸟:春天在求偶时它发出像狗叫的声音。

14. 羽毛色彩鲜艳的鸟。它们飞来我们这儿时树木披上了亮丽的新叶。

15. 春季:从丁香花凋谢的时候起就被算作进入夏季了。

16. 在蚁穴中蚂蚁的生活过得热火朝天。啄木鸟啄树仿佛铁匠打铁。夜间森林上空闪烁着星星,犹如点点烛光。

17. 白桦树:行人砍下枝条当拐杖,坐车的用树枝条当马鞭,病人喝桦树汁治病。

18. 喜鹊。

19. 蜘蛛网。

20. 下雨:溪水由雨水而来,从草丛里流出。

21. 下雨。

22. 狼。

23. 山羊。

24. 河水,河岸,岸边的灌木丛。

竞 赛 四

1. 从 6 月 21 日起。这是一年中白昼最长的一天。

2. 刺鱼。

3. 幼鼠。

4. 海鸥、生活在沙岸的鹬。

5. 接近沙和寒鸦的颜色。

6. 后腿。

7. 5 根：3 根刺在背上，2 根在腹上。我们这儿还有长 9 根刺的刺鱼。

8. 家燕的窝向上开口，毛脚燕的窝在旁边开口。

9. 因为如果用手碰过鸟蛋了，鸟就会抛弃这个窝。

10. 有。

11. 翠鸟。

12. 因为这些鸟对自己的巢作了装饰，伪装成外表像它们借以筑巢的树上所附生的地衣。

13. 远非全都如此。许多种鸟(如苍头燕雀、红额金翅雀、柳莺)孵两次小鸟，有些(如麻雀、黄鹂)一个夏季孵三次。

14. 有。在我们长满苔藓的沼泽地有一种茅膏菜。茅膏菜捕捉并吃掉停在它有黏性的圆叶上的蚊子、蚊蚋和别的昆虫。在河流和湖泊里一种狸藻；它捕捉钻进它小泡中的水生小虾、昆虫和小鱼。

15. 银白色的水蜘蛛。

16. 杜鹃。

17. 乌云。

18. 割草机：草倒下了，草垛堆起来了。

19. 谷穗上的谷粒灌满了浆。

20. 青蛙。

21. 影子。

22. 母山羊。

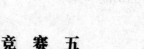

23. 回声。

24. 刺猬。

竞　赛　五

1. 尚未被壳而出的小鸟在喙的上面有一个坚硬的点状突起物，小鸟凭借它来打破蛋壳。这个突起物称为"卵牙"。出壳后这颗"牙齿"就脱落了。

2. 有尾巴的。因为奶牛在吃草时用尾巴来驱赶纠缠不休地叮咬它的昆虫。没有尾巴的奶牛没有东西来驱赶牛虻和苍蝇；它们吃得比较少，因为它只能不时地挥动脑袋，并来回走动。

3. 因为它的腿很容易折断。断腿离开身体时所做的动作就像割草一样。

4. 夏天，因为那时到处都有无助的雏鸟和幼兽。

5. 鸟类。

6. 许多昆虫，例如蝴蝶：卵，毛虫，从毛虫的蛹变成蝴蝶。

7. 鹅的羽毛总是表面覆盖着一层脂肪，所以不会被水浸湿，水珠从上面滚落。

8. 因为狗不像马，它没有汗腺。它伸出舌头用以散发表面的热量。

9. 杜鹃的幼雏。杜鹃把蛋和自己的幼雏交给别的鸟儿喂养。

10. 蚁䴕鸟。

11. 年轻的白嘴鸦嘴巴是黑色的，和乌鸦一样，老白嘴鸦的嘴是暗白色。

12. 刺鱼。

13. 蜜蜂刺过别的生物后自己会死去。

14. 母乳。

15. 向阳，也就是朝向南方。

16. 打雷和闪电。

17. 因为下午时亚麻的花朵就闭上了。

18. 变形牛肝菌。

19. 野蔷薇的浆果。

20. 蝰蛇。

21. 露水。

22. 蚂蚁。

23. 蜗牛。

24. 野蔷薇，玫瑰。

竞 赛 六

1. 和它排开的水等重。

2. 十字圆蛛伺伏时一个爪子抓着绷紧的蛛丝,蛛丝的另一头连着蛛网。苍蝇落到蛛网上后,震动了蛛网,蛛丝就牵动蜘蛛的腿,使它知道猎物落网了。

3. 蝙蝠。还有鼯鼠(生活在我国森林中的一种体侧肢间有皮膜的鼠),飞行距离有几十米。

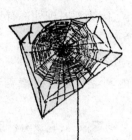

4. 成群结队地聚集起来,向猫头鹰叫喊、冲扑,直至把它赶走。

5. 虾。

6. 在阳光晴好的白昼。风将年轻的蜘蛛和蛛丝一起吹起来,并在空中带走。

7. 蜉蝣。

8. 燕子在飞行中捕食蚊蚋、蚊子和别的会飞的昆虫。在晴朗的日子空气干燥,这些昆虫升到离地面很高的地方。在潮湿天气空气比较重,饱含水汽,就使它们不能高飞。

9. 预感到要下雨时母鸡就用尾脂腺分泌的脂肪擦羽毛。这个腺体位于尾部上方的羽毛旁边。

10. 下雨前蚂蚁躲进蚁穴并堵住通往里面的入口。

11. 各种会飞的昆虫 ——苍蝇、蜉蝣、水蛾。

12. 熊。

13. 在泥泞中,水藻里或河流、湖泊和池塘的岸边,常常有许多鸟儿飞集这里,它们都会留下清晰的脚印。

14. 头顶颜色黑里带红的。

15. 菌类植物马勃的孢子。成熟的马勃稍稍一碰就会开裂,从中会释放出烟雾状粉尘("魔鬼烟"),即孢子粉。

16. 谷物的穗:院子里堆的是秸秆,餐桌上放的是面包,地里留下的是禾茬。

17. 大麻:皮用来搓绳,芯子丢弃,从头子打下的种子可以榨大麻油。

18. 虾。

19. 禾捆。

20. 回声。

21. 山杨。

22. 荨麻。

23. 矢车菊。

24. 青蛙。

竞 赛 七

1. 自 9 月 21 日 ——秋分日起。

2. 兔子。晚生的兔崽因此被称为"秋兔"[①]。

3. 花楸、山杨、枫树。

4. 并非都是如此。有些离开我们这儿向东飞 (飞越乌拉尔山脉),如小鸣禽嘟嘟鸟、朱雀、瓣蹼鹬。

5. "枝形角兽"一词源自上头有权的"粗木杆子"一词,老驼鹿的角与此相似,所以这么称呼。

6. 兔子和狍子。

7. 公黑琴鸡。这两句话在俄语中的发音是

---

① 该词字面的意思是"落叶兔"。

模仿公黑琴鸡的叫声的。它在春秋两季求偶时发出类似唠叨的叫声。

8. 生活在地面上的鸟类的脚善于行走：脚趾分得很开。这样的鸟行走时两脚按次序行动，故脚印落在同一条线上。生活在树上的鸟类脚善于在树枝上停栖，故脚趾收紧。这样的鸟不行走，而是双脚同时跳跃，脚印是成双的。

9. 对着鸟飞的方向打更准：追上鸟儿的霰弹能打进羽毛里。而正对鸟飞来方向射击时霰弹可能从紧密的羽毛上滑过，而伤不了它。

10. 这表明森林里的这个地方有动物尸体或受伤的动物。

11. 因为在森林内同一地方明年母鸟将孵育小鸟。射猎母亲就是灭绝野禽。

12. 蝙蝠。它长长的脚趾连着皮膜。

13. 随着初寒的降临它们中大部分都死去了。有一些钻进了树木、篱笆、房屋的缝隙中，树皮下面，就在那里越冬。

14. 面向日落方向，即西方；对着晚霞能较清楚地看见飞经的野鸭。

15. 当猎人射它没命中时。

16. 秋播作物：现在播种，明年收获。

17. 毛脚燕。

18. 树叶。

19. 下雨。

20. 狼。

21. 麻雀。

22. 白蘑。

23. 夏天 —— 冰淇淋；秋季 —— 核桃。

24. 稻草人。

竞 赛 八

1. 向山上跑。兔子的前腿短后腿长，所以兔子向山上跑方便。在陡直的山坡上下山时它头朝下翻筋斗滚下来。

2. 在落尽叶子的树上看见夏季隐藏得很好的鸟巢。

3. 松鼠。它把蘑菇搬到树上，插到树枝上，冬季没有食物时就找这些蘑菇吃。

4. 水老鼠。

5. 很少。猫头鹰为自己收集死鼠藏在树洞内，松鸦收集橡实、核桃。

6. 把所有通往蚁穴的进出口堵住，自己聚成一堆。

7. 空气。

8. 黄的或棕红色的 —— 接近发黄的植物(灌木、树木、草)的颜色。

9. 秋季,因为秋季鸟长得很肥,厚厚的脂肪层和紧密的羽毛能保护它免受霰弹的打击。

10. 蝴蝶的(通过放大镜看到的)。

11. 昆虫有六只脚。蜘蛛有八只脚,所以不是昆虫。

12. 下到水底,钻进石头下、泥坑、淤泥或苔藓下,它们还经常钻进地窖里。

13. 每一种鸟的脚都和它的生活条件相适应。在地面生活的鸟,它的脚适应在地面行走的生活方式:脚趾长长的,张得很开,脚跖比较高。在树上生活的鸟,它的脚适合于在树枝上停栖:脚趾彼此靠得近,弯曲而且有握力,腿也较短。生活在水中的鸟,它的脚适合泅水,对鸟起桨的作用:鸭子的脚趾用皮膜连成一片,凤头鷈鷉的脚趾上有硬皮片,帮助它划水。

14. 是鼹鼠的脚。它的爪子适合掘土,就如鱼鳍适合划水一样。

15. 猫头鹰竖起的双耳就是两撮羽毛。它的耳朵在这两撮毛下面。

16. 从树上落下的叶子。

17. 河水。水面上的泡沫。

18. 律草。

19. 地平线。

20. 未满四岁。

21. 鹅,鸭子。

22. 亚麻。

23. 公鸡。

24. 鱼。

竞 赛 九

1. 在河流和湖泊沿岸的洞穴里。

2. 对鸟类来说饥饿更可怕。比如野鸭、天鹅、海鸥,如果有食物,如果有的地方水面仍然不结冰,它们常常留在我们这儿度过整个冬季。

3. 比较晚。

4. "啄木鸟的打铁铺"是人们对树木和树桩的称呼,啄木鸟把球果塞进那里的缝隙,以便用喙啄开它。在这样的"打铁铺"下方的地面上,往往有整整一堆被啄木鸟啄碎的球果。

5. 北极白猫头鹰。

6. 兔子从自己的足迹跳往旁边。

7. 在花园和小树林里,在树上,从傍晚开始便有大群大群的鸟飞集到这里。

8. 当最后的湖泊、池塘和河流都封冻时。

9. 在秋季(包括整个冬季)啄木鸟常加入山雀、旋木鸟、䴓的群体。

10. 野兽的爪子从雪地里拔出时从雪窝里带出少量的雪,再用爪子抹平。这些用爪子抹过的线条就叫"爪迹"。

11. 不一样。白天在阳光下猫的瞳孔小;到夜晚瞳孔放得很大。

12. 兔子在上面来回走过两遍的足迹。

13. 雪地里兔子的足迹。

14. 白鼬。

15. 食肉兽的颌骨从它大而明显突出的犬齿更容易认出。食肉兽的犬齿是它用来撕咬肉的。食草动物的牙齿是用来扯断和磨碎植物的,它的犬齿不突出,但是食草动物有强劲的门牙。

16. 风。

17. 狗趴下睡觉;两眼炯炯有光,放开四腿飞奔。

18. 盐。

19. 喜鹊。

20. 带枪的猎人背着沉重的猎物。

21. 公牛。

22. 猪。

23. 黄瓜。

24. 核桃。

竞 赛 十

1. 从12月22日起,这是一年中白昼最短的一天。

2. 猫的脚印,因为猫走路时把脚爪收进了。

3. 水獭和水貂,因为它们会把鱼吃光。

4. 不生长,因为休眠。

5. 因为新下过雪的地面上足迹是新鲜的,无论你顺着什么足迹走,总能找到野兽。

6. 黑琴鸡,山鹑和花尾榛鸡。

7. 在田野里穿白色 ——接近雪的颜色,在森林里穿灰色,因为在森林里白色和其他一切颜色更显眼,那里就是冬季也有绿色植物。

8. 因为在奔跑时兔子把长长的后腿向前甩。

9. 不筑巢也不孵小鸟。

10. 黑琴鸡。

11. 丘鹬,因为它把喙深深地戳进土里去取食。

12. 伶鼬,因为食肉动物敏感的嗅觉忍受不了从伶鼬身上发出的强烈麝香味。

13. 熊。

14. 鹞鹰、猫头鹰,因为当它们攻击兔子时一只爪子扎进了兔子背,另一只爪子竭力抓住树木或灌木的枝条。受惊的兔子往往用很大的力气奔逃,以至把死死抓住树枝的鹞鹰撕成两半。

15. 伤口串穿身体:从两行足迹看得见一条血路。

16. 下雪,刮暴风雪。

17. 狼。

18. 风,低吹雪①。

19. 严寒。

20. 严寒。

21. 冰。

22. 暴风雪。

23. 黑麦,燕麦,小麦。

24. 腌蘑菇。

竞 赛 十 一

1. 小的。因为体型越大,体内产生的热量越多。从另一方面来看,暴露在外的身体表面越大,释放到身体周围空气中的热量也越多。大型动物身体的体积与身体的表面比,相对要大,而表面与体积比,相对要小。这就表明大型动物产生大量的热量,而释放到空气中的热量相对地较少。而小型动物则相反。

2. 胖的。脂肪向冬眠的熊提供营养和热量。

3. 狼不像猫那样在伺伏中守候猎物,而是在奔跑中追赶猎物。

4. 冬季树木休眠,不吸收水分;冬季从树上砍下的木柴比较干燥。

5. 锯下的树木的年龄从木材上一圈圈年轮的数量可以得知。

6. 因为猫捕捉猎物是从伺伏状态一跃而出。它们应当使身体保持非常清洁,不发出气味,否则它们所要捕猎的对象会从远处嗅到它们的气味,就不会走近伺伏地点。

7. 因为在人的居所附近它们容易找到食物。

8. 并不都是。一部分白嘴鸦留在我们这儿过冬。冬季在泔水坑边,在小树

---

① 低低地接近地面刮的风及由风吹起的雪。

林里,在动物过夜的地方,常可遇见乌鸦群中有一只或几只白嘴鸦。

9. 什么也不吃。冬季它睡觉。

10. 被从冬眠的洞穴赶出而再也不冬眠的熊。

11. 冬季蝙蝠在树洞、缝隙、阁楼和屋檐下过冬。

12. 只有雪兔才会变白,灰兔仍然是灰色的。

13. 猛禽。

14. 交嘴鸟吃针叶树的种子。它们的身体里都渗透着松脂。松脂使身体保持不腐烂。

15. 树墩,上面盖着雪顶。

16. 雪。

17. 冬天一开门一团团寒冷的空气就卷入屋内。

18. 冬季进入冬眠状态的熊、獾和别的野兽。

19. 缝毡靴:用猪鬃将麻线穿过皮(牛的)鞋掌和靴筒(羊毛的)。

20. 男子汉带猎狗去猎熊;如果没有猎狗,熊就可能把人压死。

21. 胡萝卜,芜菁。

22. 白菜。

23. 一棵圆白菜。

24. 芜菁。

竞赛十二

1. 蝙蝠。

2. 从秋季开始就钻进用草或干树叶做的窝,一直睡觉。

3. 肉(参阅《森林报》第三期)。

4. 交嘴鸟。交嘴鸟用松子和云杉子喂养小鸟。

5. 益处:冬季山雀在树皮的缝隙和小孔中寻找藏在其中的昆虫、虫卵和幼虫,而且大量吞食。

6. 既无益也无害:冬季獾睡大觉。

7. 河鸟。

8. 为了不使猫的爪子达不到窝里面。

9. 许多昆虫、虾和其他节肢动物。它们的骨骼由称为"明角质"的坚硬物质构成。

　　10. 通过外壳的孔呼吸。如果把鸡蛋涂上颜色或涂上稠密的胶水,那么空气就达不到壳内,小鸡就会窒息而死。

　　11. 由于温度急剧变化青蛙会死亡。

　　12. 在冬季和夏季一样。

　　13. 海豹在水中不呼吸。它在冰上为自己营造一个冰窟窿。

　　14. 在城里,因为城里的雪心比较脏。

　　15. 从白嘴鸦飞来时算起。

　　16. 冰窟窿夜间会结冻。

　　17. 狼。

　　18. 窗户只有内侧会结冻。

　　19. 透过窗户的阳光。

　　20. 太阳。

　　21. 通向屋里的门吱吱响,就如夜莺在窝边叽叽叫。

　　22. 捕兽夹。

　　23. 兔子。

　　24. 森林。

"火眼金睛"称号竞赛答案

测 试 一

图 1.——天鹅。在飞行中它笔直向前伸出自己长而柔软的脖子,因此看起来似乎翅膀在后面了,而短短的双腿它收拢了,所以看不出。

图 2.——雁。它在飞行中像天鹅,但它的脖子要短得多,它整个身体都比较小,是灰色的。

图 3.——鹤。它在飞行中无论脖子还是双腿都像杆子一样保持笔直。

图 4.——苍鹭。很容易把它和鹤区别开来,因为它在飞行中弯着脖子,而且翅膀也弓得厉害。

这是什么树的叶子? 这又是什么树的针叶?

图 1 白桦;图 2 赤杨;图 3 椴树;图 4 山杨;图 5 白杨;图 6 桦树;图 7 柳树;图 8 枫树;图 9 橡树;图 10 榛树;图 11 松树的针叶。

测 试 二

图 1 右侧为浅水鸭。浮在水面上时,它身体的后部稍稍高出水面。觅食时它只把身体前部向下翻入水中,就如家鸭一般。

左侧为潜鸭。它浮在水面上时身体后半部垂向水面,成小弓形。潜水时整个身体沉入水中。

图 2.——雪兔。它的耳朵比较短:如果将耳朵向前弯,则碰不到鼻尖。爪子很宽。尾巴呈圆形,基部附近有黑色小斑点。身体呈灰色。

图 3.——灰兔。夏季很容易将它和雪兔区别开来,因为它整个身体比较大,毛色呈棕红或淡黄,耳朵长长的:如果把耳朵向前揪,则耳尖超过鼻尖。腿短,尾巴比雪兔的长,身上有长长的黑色斑点。

图 4.——鼩鼱。捕食昆虫的很有益处的小兽。

图 5.——老鼠。有害的啮齿动物。

图 6.——田鼠。也是有害的啮齿动物。

这三种鼠形小兽根据下列特征彼此很容易区别：鼩鼱的嘴脸长鼻子向前突出，而且身体弓起，眼睛隐在皮毛中几乎看不见。老鼠和田鼠的脸没有长鼻子，老鼠尾巴长，田鼠尾巴短。

图7.——无毒游蛇及图8.——有毒的灰色蝰蛇。温和而有益的无毒游蛇在头的两侧看得见黄色的斑点。在非常危险而有毒的蝰蛇的灰色背脊上明显地看得出"该隐的记号"：曲折的黑色花纹。

图9.——非常有益的无脚蜥蜴慢缺肢蜥或缺肢蜥及图10.——黑蝰蛇。别把黑蝰蛇和游蛇混淆起来：它头上没有黄色斑点。慢缺肢蜥可以像游蛇一样拿在手上：它没有毒牙，它丝毫不会对你怎么样，但是如果抓它的尾巴，它就像普通蜥蜴那样把尾巴留在你手上。如果你抓蝰蛇的尾巴，它顿时会回头把毒牙扎进你的皮肉；被它咬伤后你会生病甚至死亡。所以要好生学会区别蝰花（它们往往有各种颜色：从浅灰色到完全黑色）和游蛇及缺肢蜥。

蛇不会像蜜蜂和黄蜂那样蜇人：把蛇分叉的舌头当作蜂一样的毒针是不对的。毒蛇的毒液在牙齿里。

测 试 三

图1.——啄木鸟的树洞。你注意看：树洞下方地面上有整整一堆再新鲜不过的木屑。这是啄木鸟用喙为自己在树内凿住所时啄出来的。树干干干净净，没有一处弄脏。啄木鸟是非常爱清洁的鸟，它为自己的小鸟收拾干净。

图2.——椋鸟在其中孵育出小鸟的树洞。树下地面上没有新鲜木屑，树干上刷满了石灰浆。

图3.——鼹鼠窝。地下居民鼹鼠在夏季时经常接近地面，并用土堆起一个疏松的小土丘，但自己不暴露在外。

图4.——灰沙燕的聚居地。它们在沙质陡岸上挖出一个个小洞作为巢穴。许多人以为这是雨燕的巢，但是雨燕从来不在这样的洞里巢居，它们的巢筑在阁楼间、钟楼上、很高的树木上的树洞里、岩石山崖上和椋鸟窝里。

图5.——松鼠窝。它由树枝筑成，圆形，里面有苔藓露出来——这是睡觉的床垫。从这堆苔藓立即可以认出这不是鸟巢。

图6.——獾所挖的洞穴，但居住在里面的却是狐狸。一看便知这是善于挖洞的家伙的作品：有几个出入口，而且没有一个坍塌。但是洞口有鸡、黑琴鸡的毛和骨头，啃过的兔子脊梁骨——吃剩的残渣，是十分凶暴又不大爱清洁的野兽的食余物，当然是狐狸的杰作了。

图 7.——也是獾所挖的洞穴,那里它至今还住着。獾是很爱清洁的野兽:在它居住的地方找不到任何吃剩的废弃物。而且它吃得较多的是软体动物、青蛙和树根。

测 试 四

图 1.——凤头䴙䴘的幼雏。

图 2.——母黑琴鸡。

图 3.——野鸭的幼雏。

图 4.——黑琴鸡的幼雏。

图 5.——公红脚隼。

图 6.——苍头燕雀的幼雏。

图 7.——公苍头燕雀。

图 8.——红脚隼的幼雏。

图 9.——公野鸭。

图 10.——雌凤头䴙䴘。

检查一下你是否正确地把小鸟和它们的父母放在一起了:

黑琴鸡爸爸——图 4.——图 2.

图 9.——图 3——野鸭妈妈

图 7.——图 6.苍头燕雀——妈妈

图 5.——图 8——红脚隼——妈妈

凤头䴙䴘爸爸图 1.——图 10.

如果你正确地把小鸟和父母放在一起了(就如这里标示的那样),那么每一只无家可归的小鸟左边就有了它爸爸,右边就有了它妈妈。

测 试 五

图 1. 和图 2.——灰沙燕和雨燕。雨燕个头比我们这里所有的燕子都大,它有很长的翅膀,——像镰刀。

图 3. 和图 4.——毛脚家燕和家燕(尾部羽毛弯曲)。

图 5.——飞行中的小红隼的影子。

图 6.——飞行中的鹞雀鹰的影子。

图 7.——飞行中的鹞的影子。

图 8.——飞行中的黑鸢的影子。

图 9.——飞行中的鹗（鱼鹰）的影子。

图 10.——飞行中的雕的影子。

把这些图影临摹到自己的练习本内，记住它。

注意，隼的翅膀是尖的，呈镰刀形；鹞鹰的翅膀由里向外弯；鸢的尾巴末端是圆的，而鸢的尾巴有三角形的开口；鱼鹰的翅膀有棱角，尾巴是直的的，像极被砍过似的；雕的翅膀大而宽，末端有叉开的羽毛。

菌菇类植物的图：1.美味牛肝菌；2.变形牛肝菌；3.鳞皮牛肝菌；4.绒皮牛肝菌；5.牛肝菌；6.卷边乳菇；6.疣疼乳菇 7.马勃；8.红菇；9.香菇；10.蜜环菌；11.剧毒毒伞的子实体；12.蛤蟆菌；13.毒鹅膏。

测 试 六

图 1.——野鸭光顾这个池塘。注意沾着露水的苔草内和覆盖水面的浮萍上的条纹。这是野鸭游荡和泅水留下的痕迹：野鸭在苔草间游荡并游向池塘时留下了这些痕迹。

图 2.——一只个头不高的野兽啃光了离地面较低的那段山杨树皮。这是兔子干的。

图 3.——兔子可不能啃食树上这么高位置的树皮，因为它达不到。这里该是个头很高的野兽吃的。这是驼鹿。它还折断并吃了一部分山杨树的细枝。

图 4.——十字形花纹是脚趾的痕迹，圆点是林中的鹬——丘鹬用长喙在疏软的土里啄出的小孔。丘鹬在下雨时走到林间道上，在水洼松软的岸边觅食（蚯蚓、软体动物）。

图 5.——这是狐狸的杰作。狐狸捕获小兽后把它弄死并从没有芒刺保护的腹部开始把它吃了。它剩下了刺猬上面部分的整张皮。

测 试 七

图 1.——a）这是交嘴鸟的杰作。它们把身子在树枝上挂住，摘下球果，从中啄出几颗种子，就把它扔了。

b）在下面，地面上松鼠捡起了交嘴鸟抛弃而没有吃干净的球果。它跳上一个树墩，吃光球果的果实，它吃过后球果就只剩轴心了。

c）林鼠加工榛子时在上面用牙齿啃出一个小孔，再吃里面的果肉。松鼠则把外壳都啃去再吃果肉。

d〉松鼠在小树枝上晾蘑菇。它将它们晾干是有先见之明的：当饥饿的季节来临时,它就有了在树上储备的食物。

图2.——这里劳动的是啄木鸟。犹如医生在给病人听诊,啄木鸟叩击着遭受有害甲虫的幼虫侵害的树木。它跳跃着围着树干移动位置,在上面叩击,用自己坚硬带棱角的啄在上面留下一圈小孔。

图3.——刺实植物的头状花序是红额金翅雀很喜欢吃的。

图4.——这里熊曾经操劳过。它用自己的脚爪撕下一条条云杉树皮,然后拖进自己的洞里:做褥子用,使自己整个冬季睡得软和些。

图5.——这里是驼鹿当家做主的地方。它在这儿已站了很久,你看地面被践踏成什么样儿了。这儿四周有它吃的:它会掀翻一棵小山杨、赤杨或花楸树,作为自己的美餐。在大部分树上它啃食的是新鲜细杖的梢头,而且被它吃掉的,还没有被它折断的多。

测 试 八

图1.——这里追踪雪兔的是一条狗。兔子的足迹是大步跳跃式的,向着这行足迹从斜刺里冲过来的是狗的足迹。

图2.——这间板棚的屋顶上夜间停过一只灰林鸮。它停着,守候着:会不会有小家鼠或大老鼠走来? 它久久地蹲着,踩着脚步,转动身子四下里张望,所以就留下了星形的足迹。

图3.——黑琴鸡在这儿的雪下面过夜。它们在自己雪下的过夜地留下了痕迹和羽毛,从里面飞出时就在雪地里形成了一个个小圆窝。

图4.——没发生任向特别的事。就是驼鹿在这儿待过。它正值把角甩掉的时节,所以它就在一个地方不停踏步,把双角在树枝上摩擦。终于一只角被掰了下来,卡在了树杈上。春天到来前驼鹿会长出一对新角。

测 试 九

图1.——喜鹊留在雪地上的足迹。它在这儿跳跃过,把脚趾的印记留了下来,后来它用翅膀和尾已拍打过雪地,飞了起来,飞走了。

图2.——白鼬在这儿追逐过老鼠。

图3.——兔子 ——雪兔和鸥兔的足迹,很容易区别:雪兔的脚印是圆的,欧

兔的脚印窄窄的,而且是拉长的。

图4.栎树。 图5.柳树。 图6.桦树。 图7.梨树。 图8.苹果树。 图9.云杉。
图10.椷树。 图11.杨树。 图12.榛树。

测 试 十

下面就是画在公告十一的专栏中的足迹所讲述的故事。

在一个酷寒的冬夜,一只雪兔向一个草垛跳来:偷吃干草。它在这儿吃得
又饱又胖,已经好久了,你看它踩出了多少脚印,留下了多少"粪蛋蛋"。

现在你看:一只狐狸从右边偷偷向它走来。它小心翼翼地蹑足而行,躲躲
闪闪地前进:就如猎人们所说,把自己逼近猎物的意图藏掖了起来。它的足迹
和狗的足迹相似,但比较窄,而且笔直、均匀地连成链状的一条线。

但是它偷偷逼近雪兔的伎俩未能如愿以偿:雪兔及时地发现了它,急急忙
忙地逃跑了。兔子的足迹跳跃式地经过田野,通向森林的边缘。

狐狸也是蹦跳着横截过去,不让它逃进森林。

然而不知为什么狐狸来了个急转弯,跑向一边,进入了灌木丛。

而兔子却几乎已经跑到了森林边缘,可是突然消失了:它的足迹到这儿结
束了,而且兔子本身哪儿也没露面,似乎掉进了地底下。

不对,如果掉进了地下,那雪上该留有一个洞。在它的足迹蓦然中断的地
方,雪上只有一处凹陷,里面有兔毛和血迹。而凹陷的两边有巨大的圆形翅膀
在雪面上猛烈扑打的痕迹。

不难猜测,这是非常巨大的猫头鹰或雕鸮留下的痕迹。

雕鸮抓住兔子,用自己可怕的钩嘴啄了它一下,于是兔子在猛禽的利爪中
腾空飞入了森林。

现在清楚了,狐狸为什么要急转弯:雕鸮就在它鼻子底下抓走了它的猎物。

我们祝贺所有根据足迹猜出这个惊心动魄的林中故事的读者,获得下面的
光荣称号:

研究动物足迹的火眼金睛。

本报编辑部

基特·维里坎诺夫讲述的故事答案

我的十次观察经历

我的头两次观察是完全正确的。长着全然黑色翅膀的白色大海鸥从大西洋、波罗的海飞来我国的涅瓦河上，这并不罕见。它们被称为棕鸥。如果您叫得出它们的名称，您应该得 2 分。

春季海上的潜鸭常在列宁格勒上空飞过。其中许多在潜入水下后就在水下用双翅划水，就如人用双臂划水一样。如果您知道这一点，您也该得 2 分。

现在就要说说黑天鹅了，很抱歉，这是错的。我们这儿没有黑天鹅。它们生活在澳大利亚，而且从不飞来我们这儿。不过它们并不是我随便臆想出来的。是我们的猎人经常说他们见到过黑天鹅，可就是从没将它们打死。这件事好解释，因为当你对着太阳看它时，就会觉得它是黑色的。我们列宁格勒郊外常有黄嘴天鹅和个头比它略小的小天鹅栖息。但这两种天鹅都是白色的。往往有这种情况：一只海鸥向你飞来，你一看整个儿是黑的！嘭，向它开了一枪！你捡起一看，它就是普通的海鸥，身体是白的，只有翅膀尖儿是黑的。所以如果你说黑天鹅只产在澳大利亚，那么就该给你记 1 分。

假如您根本没有发现哪儿有错，就什么也不要做。但如果您能解释为什么天鹅会使人觉得是黑色的，那您就给自己记上 1 分。

有那么一种古老的迷信传说，似乎在飞越重洋的疲惫而漫长的迁徙路上，强劲的大鸟会让小鸟停到自己背上歇息，并且载着它们飞到我们这里。这当然只是传说，从来没有这样的事。只有在赛尔玛·拉格洛夫的著名童话里小小的尼尔斯，或者俄罗斯童话里的伊凡努什卡才骑鹅飞行。一个少年自然界研究者如果听信这样的无稽之谈，是不光彩的。鸟类没有这类客运交通。这条也占 2 分。

椴树开花不在春季，而在仲夏。如果您记起这一点，也可以给自己记 2 分。

没有黑花，这是错的。指出这点，得 2 分。绵羊在春季确实用尾巴唱歌！

现在要说的是天上的绵羊——在我们乡下人们这样称呼长脚田鹬。春季里它们飞上天空，在头朝下俯冲时，尾巴和翅膀发出颤动的声音。听起来像羊在咩咩叫。这是田鹬在春季发情时的游戏。谁猜出了天上的绵羊指的是什么，就该记 2 分。

难道有那样一些鸟,它们在夏天将临之际,要像雪兔一样把雪白的冬装换掉,但却不换上灰色的,而要换上在夏天显得那么触目的花离斑斓的毛色? 是的,我们这儿确有这么一种鸟:白山鹑。冬季它白得跟雪一样,夏季却是花的,这有利于它隐藏在森林里,自己生活的长苔藓的沼泽地上。谁知道这一点,就得 2 分。

蝙蝠中午不飞行 —— 错! 占 2 分。

确实有那样一些早春时节生长的菌菇,可食用,而且味道鲜美! 它们叫鹿花菌或羊肚菌。您如果知道,就得 2 分。

钓鱼人的故事

雨燕不在悬崖上居住,它是居住在岸边的鸟类,是岸边生活的燕子,完全是另一种鸟。雨燕在高大楼宇的屋檐下,在钟楼和教堂顶上筑巢,在山里它把巢筑在山岩上,但从不在沙质的悬崖峭壁上筑巢。这一点也得 2 分。

在克雷洛夫老爷爷那个时代,有些州(或按当时说法叫"省")人们称为"蜻蜓"的其实是指螽斯(飞蝗、蝈蝈):也就是叫"弹唱虫"或"蜻蜓"。我的钓鱼人原来并没有理解克雷洛夫这个寓言,因为他以为蚂蚁和小小的绿色蜻蜓在说话。蚂蚁不是指责"蜻蜓"唱了一整个夏天的歌嘛:

　　"你还在唱?

　　把这当本行?

　　那你去跳舞跳个畅!"[1]

"唱"(也就是"弹响")的是螽斯。蜻蜓是不做这件事的。也就是说蚂蚁是在和螽斯说话。这一点也得 2 分。

海鸥停在树墩上。您以为不对? 怎么会不对呢! 这事有点奥妙:鸥岛不仅趴在树墩上,还把窝做在那里,在上面生蛋。之所以这样是因为鸥鸟一直在那里巢居的低低的湖岸这年春季被涨起来的湖水淹没了,只有一个个树墩的上端露出水面。可是鸥鸟却已经到了筑巢的时节。无奈之下它们只好把草拖来搁到树墩上 —— 这样做的是鱼鸥。它们把草弄来为自己做窝,在这些树墩上孵卵。

---

[1] 这里比安基借基特之口指的是克雷洛夫的一篇寓言《螽斯和蚂蚁》。如果不知这个时代的语言习惯,就会把克雷洛夫真正所指的"螽斯"当成蜻蜓。我国的一些流行的克雷洛夫寓言中文译本中,该篇中的主人公之一"螽斯"往往都照现在俄汉词典中的中文释义按字面译成"蜻蜓",所以许多中国读者都知道克雷洛夫寓言中有一篇叫《蜻蜓和蚂蚁》。

不久水退了，鸥鸟去哪儿安身呢？它们停在树墩上，用诧异的目光望着下面：我们这些鸥鸟姊妹怎么爬到了这么高的地方？这点也得 2 分。

说到"维多利亚"麝香草莓，那是犯了一个很丢脸的错误。麝香草莓没有那样的浆果品种。这全然是我们城里人搞糊涂了，不知为什么开始把所有果园产的草莓都叫成了"麝香草莓"。麝香草莓完全是另一种浆果，根本不长在咱们北方的林子里。它的样子也不一样——颜色是淡白的，味道和香味也不一样。我们果园里由森林草莓培育的品种有"维多利亚"草莓、菠萝草莓、"美女扎戈利娅"草莓和其余所有品种，谁也没有任何权利把它们称为"麝香草莓"。谁知道这一点，谁就记 2 分。

钓鱼人把三种岸边植物混淆了：藨草、芦苇和香蒲。藨草没有叶子，内部像海绵那样松软，植株柔软。芦苇坚硬，有节，叶子尖；很容易用它制作芦笛，因为它是空心的。还有香蒲，它也坚硬，有叶子，但是主秆的顶部有一个大大的棕色球状物。能区分这三种水生植物的也得 2 分。

至于说到河狸吃蚯蚓，那就荒唐而又荒唐了，这是彻头彻尾的错误！

众所周知，河狸是啮齿动物，任何蚯蚓对它都没有诱惑力，即使你在上面涂满了蜜也没用！但是假如有人说首先，河狸不吃蚯蚓，其次列宁格勒州大概已经有五百多年没有见到过河狸了，那得给他记一分，因为尽管以前没有，可是现在有了：不久前我们这儿把它们繁殖起来了。这一点应当知道。

说鱼儿一旦从钓钩上逃脱，就会把消息在其他所有的鱼儿中间传播，使它们不向钓竿靠近，对此甚至懒得评说，简直令人恶心。谁听信这种幼稚的故事，应当感到害臊！这点也得 2 分。

发生在浅褐色小鸟身上的奇迹你大概用两句话是解释不了的。事情的原委是这样的：我的钓鱼人在那个湖的岸边钓鱼，那是少年自然界研究小组在那个夏天以"哥伦布俱乐部"这个诱人的名义从事工作和进行自己试验的地方。少年自然界研究小组的成员小心翼翼地把一些鸟类的蛋转移到另一些鸟类的窝里。一直这么认为：不同的鸟类对待别的鸟生的蛋，态度是各不相同的。有一些接纳它们，虽然蛋的颜色完全不同，有的却把它们扔出自己的窝外。

其貌不扬的浅褐小鸟是很漂亮的一种朱雀的雌鸟，这种鸟头上戴着深灰兼红色的小帽子，胸脯是红的，雀科中有一种鸟，在它清脆悦耳的啼啭中大家都清晰听到它这样在问："见到尼基塔了吗？"它正是这种鸟。少年自然界研究者管它叫"红色金丝雀"。

这只鸟原来是位极富爱心和令人感动地忠于职守的母亲，因为它接纳了各种颜色的鸟蛋，而且忘我地护卫一切小鸟，不论自家的还是别家的。

我的钓鱼人偶然间走近的正是少年哥伦布们在上面做试验的红色金丝雀

的窝。两只小鸟见到人已经习以为常,所以根本不再怕人。因为它们相信谁也不会碰它们。那只还在孵蛋的小鸟连窝也不离开,只要你不用手指去"要求它离开"。这点也得 2 分。

那只已经孵出幼雏的鸟儿还勇敢地迎着人飞过去,试图去揪他们的手。这点也得 2 分。

要是不知道我们少年哥伦布的事,你无论如何也不会相信这一点,是吗?

再说杜鹃,我的钓鱼人完全在信口雌黄。这可是雄杜鹃在扯大了嗓门叫:"咕——咕!咕——咕!"它是为了告诉雌鸟:"我在这儿呢!我在这儿呢!"对它的叫声为什么要淌眼泪?而且雌鸟没什么可心疼的:反正它自己就是那样的无耻之徒,像哥伦布俱乐部的少年自然界研究者做的那样,把自己的蛋往别家窝里扔,然后大笑一场。它的叫声很像放肆的细细笑声,是这样:"嘻——嘻——嘻——嘻——嘻——嘻——嘻——嘻——嘻!"我的钓鱼人并不知道它怎么叫。这点得 2 分。

在 篝 火 边

关于加拉加兹鸭说得半对半错。那里确实有这么大的野鸭——克里米亚把鹧鸪叫做"加拉加兹",它在狐狸洞里孵小鸭。至于说它把这些猛兽杀死吃掉,那自然是无稽之谈!叶甫赛依爷爷最先看到的是狼吃剩的残渣。狼在狐狸洞口追上了狐狸,就把它撕碎吃了,而老人却认定是鸭子吃了它。这点得 1 分。

而伊凡爷爷却丝毫没有添油加醋:一切都如他所说。这个叫维坚卡的男孩用枪声把我们这儿最小的鸟——戴菊鸟吓昏了。他砰的一枪,它就跟死去一样了。后来又高高兴兴了,还能怎么样呢!这点得 2 分。

发生在熊身上的事也是常有的。就是人这样突然受惊也是极其有害的。也就是说这里受惊的不是人,而是熊。不过反正不能这么吓唬人。他的心脏也会和野兽的一样爆裂的。这点也得 2 分。

白山鹑……这种情况确实使人想到了闵希豪生男爵:他用枪通条当子弹向山鹑开了一枪,结果打死了几乎十只鸟。但是如果想到当时一窝山鹑是这么紧紧地挨在一起,如果再考虑到伊凡爷爷打的是霰弹,而霰弹枪一次装药量是一百多颗,那么他这一枪的结果就一点也不奇怪了。这种情况完全可能。这一点得 2 分。

苍鹰身上发生的事是确实的。枪打中了苍鹰的背部,当它被打死掉下来以后,伊凡爷爷才发现自己一下子猎获了猛禽和它的牺牲品。这点得 2 分。

少校打野鸡反而打到了丛林猫这件事也不奇怪。你得看清往哪儿开枪，要不也会偶尔打死人。这点也得 2 分。

伊凡爷爷的追踪犬的事，千真万确。事情很简单：猎狗在追踪野兽时就是有视力也看不见——它用鼻子寻找踪迹。老猎犬失去了视力，但依然保持着自己出色的嗅觉。它凭嗅觉知道前方是什么，所以不会撞到树木和树墩，它凭嗅觉还能追踪兔子。这点得 2 分。

至于追踪犬对写着野禽名称的纸张做出伺伏动作，就没什么可解释了——弥天大谎。竟然说狗能识字！这点得 2 分。

最后伊凡爷爷正好在竟想不到的地方犯了错，亲爱的读者，你们也许同样会在那样的地方赚不到分。

伊凡爷爷说叮人的蚊子"成双成对"。可你们知道吗，它们压根儿不是成双成对地出现，只有"女士"，果真是这样。

吸血的只是雌蚊。它们不吸够了血，就生不了孩子——产卵。而蚊子的"男伴"，也就是雄蚊，谁也不碰——它们吃花的汁水。这点得 2 分。

这是其一。其二，伊凡爷爷说："苍蝇感到自己日子不多了，所以变得那么坏，此蚊子咬得还凶。"许多人这样认为，说苍蝇临死前开始叮人。事实上这完全是指的另一些蝇类。那些是普通的家蝇，颜色黑黑的，而这里说的叮人的苍蝇，是灰色的，吸针是直的。只要稍稍留意观察，就一下子能学会将它们分辨清楚。这点也得 2 分。

米舒特卡奇遇记

亲爱的读者，在这篇故事，你们将会赚到一大堆分数！大家都知道对新年故事并不要求许多正确的说法，只要能扣人心弦并且有个好的结局。

故事是从最普通的错误开始的：小熊在母熊的洞里到 1 月底 2 月初底才生下来。米舒特卡怎么可能在新年前夜已经有了整整 3 个月的年龄呢？显然故事的作者凭空虚构了自己故事的主人公——一头 3 个月大的小熊崽儿。这一点得 2 分。

第二、米舒克当然可能在林子里遇上松鼠。但是冬天的松鼠难道是棕色的吗？大家都知道松鼠在冬季里是灰色的。这点也得 2 分。

第三，冬季里刺猬难道还满林子东游西荡？不是的，它在某一个树根间的坑内，自己的草窝里睡觉。也得 2 分。

第四，米舒克扒开了雪，发现下面地上有鲜花和浆果。这件事是这样的：我们这儿雪下面有相当多常绿的植物,甚至有鲜花,而且整个冬季,直到开春,都保存着某些浆果:红莓苔子,越橘。也得2分。

第五,米舒克掉进了一个坑里,那里有越冬的蛇、青蛙和蛤蟆。首先,这些爬行类和两栖类动物从来不那样结成不合适的伙伴一起过冬;其次,它们在冬季冻僵得相当厉害,既不会发出咝咝的声音,也不会呱呱叫。这一点得2分。

第六,说田鼠住在盖着积雪的灌木丛的窝里,甚至还在冬季里生小崽,这是对的。如果你们不信,请读读 A.H. 弗尔莫卓夫教授的著作《白雪做的盖被》。我自己以前也不知道这一点。得2分。

第七,在黑暗里鼻子对鼻子彼此相碰却互不相识,这对熊来说是不可能的:它们彼此相认不是靠的眼睛,而是鼻子。请回忆一下《在篝火边》这篇故事(《森林报》第七期)中伊凡爷爷的那条盲犬。它不仅用鼻子感知兔子往哪儿逃跑,甚至还感觉得到自己前方路上的树木和树墩。得2分。

第八,轰隆!轰隆!雪天的乌云里会有闪电?!嘿嘿!这一点也得2分。

第九,既然故事一开头就说"来自村子里的任何声音,甚至无线电广播都传不到这里",那怎么会"突然响起莫斯科的钟声"呢? ——它离森林是那么远。谁没有发现这一点,就表明他没有专心阅读或倾听这个故事。得2分。

还有第十,冬季在沼泽地不会有鹤唳声,天空中也不会有云雀的歌声,原因很简单,它们不在我们这儿:它们是候鸟,到遥远的南方越冬去了。得2分。

至于说米舒克和熊妈妈重新爬进自己被破坏的洞穴,母熊又开始吸自己的爪子,在当代只有最无知的人才相信熊在熊洞里似乎只靠自己的爪子吸取营养的童话,他们不知道躺在熊洞里的熊之所以爪子湿润是因为它把爪子放在自己的鼻子跟前,在睡眠中对它呼吸。对这么荒诞的说法犯不着打分。

基特·维里坎诺夫(真名:季特·马雷什金)

图书在版编目（CIP）数据

森林报 /（苏）维塔里·比安基著；姚锦镕，沈念
驹译 . -- 天津：天津人民出版社，2017.5（2019.1 重印）
　ISBN 978-7-201-11494-1

　Ⅰ . ①森… Ⅱ . ①维… ②姚… ③沈… Ⅲ . ①森林－
少儿读物 Ⅳ . ① S7-49

中国版本图书馆 CIP 数据核字（2017）第 041892 号

森林报
SENLIN BAO

出　　版	天津人民出版社
出 版 人	刘　庆
地　　址	天津市和平区西康路 35 号康岳大厦
邮政编码	300051
邮购电话	(022) 23332469
网　　址	http://www.tjrmcbs.com
电子信箱	tjrmcbs@126.com
责任编辑	周春玲
装帧设计	罗竹君
印　　刷	北京通天印刷有限责任公司
经　　销	新华书店
开　　本	700 毫米 ×1000 毫米　1/16
印　　张	31.5
字　　数	566 千字
版次印次	2017 年 5 月第 1 版　2019 年 1 月第 3 次印刷
定　　价	49.80 元

目 录

阅读方法指导

《森林报》是一部比故事书更有趣的科普读物，文体属于科普文。科普文是以介绍、普及科学知识为目的的说明文，是一种以科学技术知识为题材，用文艺性笔调写成的文章。就其内容看，一般是对科学知识的讲解、对新兴学科的介绍、对某种规律的阐述、对新技术新材料新工艺的说明，它兼有说明文和散文两种文体类型的特征和性质。就其形式看，主要是运用说明文的说明方法和结构，兼以或形象生动、或通俗易懂、或亦庄亦谐的语言来展示科学知识。对于这样的文章，阅读时可以运用以下几种方法，以便更好地掌握文章内容。

（一）提纲挈领法

所谓提纲挈领法是指阅读这本书的书名和目录。通过书名阅读，读者可以把握这本书的主要内容。"森林报"，顾名思义，是一份描写森林的报纸，就像我们常看的《中国日报》等。而目录可以更具体地了解这本书的主要内容。这本书分为春夏秋冬四部分，描绘了一年四季大自然的变化，主要描写了林间、农庄、都市、天南地北的新闻以及钓鱼、狩猎等趣事，春夏秋冬中有很多篇章描写的是同一个地方的自然现象，有明显的季节变化过程。所以读者要想更好地了解一个地方的四季变化或一件事的发展过程，可以根据题目找到相应篇目进行阅读。这样既可以激发读者的阅读兴趣，也可以这让读者更好地从时间和空间上全面把握本书内容。

（二）圈点批注读书法

圈点批注的作用一是可以经常提醒读者读书要细心，要用脑思考，从而加深印象，帮助记忆；二是可以将阅读中一闪而过的感触、见解或难点标记下来；三是可以使读者真正理解、掌握书本知识，并有所发现、创造。

批注一般分两步走。第一步是"初读标记"。初读重点在于把握整体精神，理解整体脉络。以读为主，同时用自己特定的符号，划出要点难点疑点。第二步是"重读整理"。通过重读，整理初读时划的符号，并依据符号复习要点，研读难点，思考疑点。批注包括评语、体会、质疑、阐述等,可以写在"天头""地角""中缝""页边"、篇始、篇末或段尾空白处随读随写,但要注意力求简练明白。

(三)摘抄法

这种方法也可以归入第二种方法,之所以再重点列出来是因为这种方法的确既方便又管用,对阅读能力及写作能力都有很好的帮助。《森林报》这本书的语言优美又形象,对中小学生来说是非常好的语言素材库。把一些优美的语言摘抄下来,反复阅读,仔细咀嚼,会唇齿留香。慢慢地,自己的语言也会精彩很多。读者还可以摘抄某篇感觉不错的文章思路,以备以后借鉴。

(四)做读书记录卡

这也是一种不错的读书方法,特别适合对自然科学感兴趣的读者。《森林报》中介绍了很多动物和植物,读者可以用记录卡把这些动植物的特点习性等记录下来。这种方法可以培养专注力和探究能力。

做读书记录卡可以有下列内容:文章题目、主要内容、动(植)物名字、特点、精彩语句、读后感受等。多个读书记录卡放在一起进行比较,这不仅可以加深对文章内容的理解,还能提高比较阅读的能力,让读者更清楚多种动植物的特点。例如,《食用菇》这篇文章中讲到多种蘑菇,松林中的松乳菇与云杉林中的松乳菇有很大区别,松林中的松乳菇呈棕红色,伞盖中央凹进,边缘上卷;而云杉林中的松乳菇伞盖是蓝色带绿的,伞面上有一圈圈纹路,与树桩上的纹路差不多。这样一比较,就很容易识别松乳菇了,同时也锻炼了读者的鉴别力。

读书方法有很多,不必拘泥哪一种。其实,在阅读中我们会不由自主地综合运用。希望这些对你有所帮助!

阅读必知

作者关键词

1 作者介绍

　　维塔里·比安基(1894—1959)，前苏联著名儿童文学作家。他于1894年2月11日生于彼得堡，父亲是一位生物学家，家里养着许多飞禽走兽。受父亲及这些终日为伴的动物朋友的影响，比安基从小就热爱大自然，对大自然的奥秘产生了浓厚的兴趣，有一种探索其奥秘的强烈愿望。他报考并升入彼得堡大学物理数学系学习自然专业，这与家庭的影响也是密不可分的。在科学考察、旅行、狩猎及与护林员、老猎人的交往中，他留心观察和研究自然界的各种生物，积累了丰富的素材，为以后的文学创作打下了坚实的基础，也使笔下的生灵栩栩如生，形象逼真动人，他因此有"发现森林第一人""森林哑语翻译者"的美誉。1928年问世的《森林报》是他正式走上文学创作道路的标志。1959年6月10日，比安基在列宁格勒因病逝世，享年六十五岁。他的创作除了《森林报》，还有作品集《森林中的真事和传说》(1957年)《中短篇小说集》(1959年)《短篇小说和童话集》(1960年)。

2 名家眼中的作者

　　◆ 维·比安基是"发现森林的第一人"。

　　　　　　　　　　　　　　——[前苏联]·斯拉德科夫

　　◆ 他在作品里教少年读者们睁开眼睛，学会看周围的大自然，教少年读者们观察、比较和思索，做一个好的追踪者和优秀的自然研究者。

　　　　　　　　　　　　　　　　　　　　——王汶

　　◆ 世界上存在这样一种人，他们能将大自然的语言翻译成人类的语言。比安基就属于这样的人。他向读者介绍植物和动物，森林和山峦，大海和霞光，风和雨……整个世界都在用它们特有的语言和我们交谈，只是我们听不懂。

　　　　　　　　　　　　——格·格罗京斯基(俄罗斯文学评论家)

3 作者轶事

热爱自然的比安基

维·比安基的家里养着许多鱼儿、鸟儿、乌龟、蜥蜴和蛇。他的父亲是俄国著名的自然科学家，当时在科学院——动物博物馆工作。比安基从小就喜欢到科学院——动物博物馆去看那些罩在玻璃里的标本，当他成为一个少年时，经常跟随父亲上山打猎，跟家人到郊外、乡村或海边居住。在那里，父亲教会他怎样根据飞行的姿态识别鸟儿，根据脚印识别野兽……更重要的是教会他怎样观察、积累和记录对大自然的全部印象。他很小的时候，就开始自己打猎了。成年后，比安基开始在乌拉尔和阿尔泰山区一带旅行，沿途详细记下他所看到、听到和遇到的一切，27岁时已记下一大堆日记。他决心用艺术的语言，让那些奇妙、美丽、珍奇的小动物永远活在他的书里。只有熟悉大自然的人，才会热爱大自然，维·比安基正是抱着这种美好的愿望为大家创作了一系列的作品。

成书背景及寓意

作者比安基是个热爱动植物的人，他认为小朋友们也很想了解飞禽走兽和昆虫的生活。比安基27岁时已记下一大堆日记，他决心用艺术的语言，让那些奇妙、美丽、珍奇的小动物永远活在他的书里。

"我们的读者应该了解自然界的生活，这样就可以去改造自然，按自己的意愿左右动植物的生活。我们《森林报》的读者长大之后，就能亲手培育出惊人的植物新品种，管理森林生活，为国家造福。"比安基的创作以小读者为对象，旨在以生动的故事和写实的叙述，向少年儿童传授科学知识，激发其探索大自然奥秘的兴趣，培养他们从小热爱大自然、关注并保护生态环境的意识。

在1924—1925年，维·比安基主持《新鲁滨孙》杂志，在该杂志开辟了一个森林专栏，这就是《森林报》的前身。1927年，《森林报集》第一次问世出版，到1959年已再版9次，每次都增加了一些新内容，使其内容越来越丰富。

《森林报》的俄文原名直译应是《森林年报》，由于20世纪五六十年代该书已按《森林报》的译名流传,故本书仍沿用这个译名。俄文原版在每一新版问世时,都对上一版有所修订,内容或增或减,但基本栏目保持不变,仅减原栏目内的篇目或新增栏目。如此看来,谓其"年报"自有道理。从目前我国新出版的几个不同版本的中文译本看,由于所据原著版本有别,中译本的内容也略有不同。

主要内容概述

《森林报》向读者全面展示了自然界的万千气象,凡天地水陆所有的生灵都有涉及。不仅如此,作品还对当时苏联全国各地的山川湖泊等自然环境有生动的描述,使小读者在轻松愉快、饶有趣味的阅读中,潜移默化地产生对大自然的热爱之情。

普通报纸上,尽刊登人的消息、人的事情。其实,森林里的新闻并不比城市里的少。森林里也在进行着工作,也有愉快的节日和可悲的事件。森林里有森林里的英雄和强盗。可是,这些事情,城市报纸很少报道,所以谁也不知道这些林中新闻。比方说,有谁看见过,严寒的冬季里,没有翅膀的小蚊虫从土里钻出来,光着脚丫在雪地上乱跑?你在什么报上能看到关于"林中大汉"——麋鹿打群架、候鸟大搬家和秧鸡徒步穿越整个欧洲的令人发笑的消息?所有这些新闻,在《森林报》上都可以看到。

大自然有着永远解不完的谜,人们一直在通过不懈地努力去认识、去破解。《森林报》中的每一则新闻都浸透着作家辛勤的汗水。作家独具慧眼,以丰富的阅历揭示着大自然中蕴藏着的奥秘。

除了《森林报》,本书还收录了比安基的 14 个描写动物的中短篇小说。如果说《森林报》通过对森林中大千世界的描述,表现人与自然和谐相处的主题,让读者在饶有兴趣的阅读中汲取生物学、物候学、自然地理等领域的大量知识,那么收入本书的 14 篇动物故事就是主要通过艺术形象来表现同一主题。与一般枯燥乏味的说教不同,作者要表现的主题都深藏在他塑造的艺术形象和构建的动人情节中。读者首先会被故事扣人心弦的情节所吸引,然后会被令人动容的一个个栩栩如生的艺术形象所感染,大千世界无论善恶,一概通过鲜活的艺术形象层层展示。

主题点睛

《森林报》于 1927 年问世,在此后的几十年里一再重版(至 1961 年已出到第十版),究其原因,就是它以独特的视角和新颖的表现手法宣扬了"人与自然和谐相处"的主题,具有恒久不衰的生命力。当时间进入 21 世纪,由于经济的发展、科技的进步,人类对大自然的索取急剧增加,受到的大自然的报复也愈加强烈,"人与自然和谐相处"的命题从来没有像今天这样严峻地摆在人类面前。希望《森林报》的又一个中译本的问世,能对中国未来的一代早早地树立起热爱自然、关注环境的理念产生积极的影响。

只有熟悉大自然的人,才会热爱大自然。只有热爱大自然的人,才会更加热爱生活。当今,我们对于大自然已经越来越陌生,这部《森林报》会让居住在钢筋水泥森林中的我们重新熟悉自然,热爱自然。仔细品读,能够让你感受到森林中的动植物在一年四季中五彩缤纷的生活,深入地探寻大自然的无穷奥秘,体验春的欢乐、夏的蓬勃、秋的多彩、冬的忧伤。如果人类不去破坏自然规律、不胡作非为,而是与自然和谐相处、跟随大自然母亲的指引前进,那么就是在创造美,创造美好的东西,创造生气蓬勃的东西,而不是创造明天注定要死亡并危害人本身的东西。

艺术特色

(一)运用多种修辞手法

比喻、拟人、排比等多种手法的综合运用,既形象生动,又富有感染力,特别是拟人手法的运用,深受读者喜爱。有的直接把动植物当作人来写,如《林间纪事》中植物之间的大战,"云杉苗举着锋利的矛——树梢,艰难地挑开头顶密密麻麻的野草大军,而野草也不肯示弱,它们仗着人多势众,摆开阵势,往幼树身上压将过来。不论是地上,还是地下,恶战正酣。野草和树苗的根缠在一起,就像穷凶极恶的鼹鼠,在地底下乱战一气。彼此纠缠成一团,你掐我,我勒你,为了争夺富有营养和盐分的水,争得你死我活。"有的站在动植物的角度上写,如当庄员们摘下绿油油的黄瓜时,"黄瓜地里议论纷纷,大家无不愤愤不平:'这些个庄员干嘛每隔一天就闯到田里来。把我们年纪轻轻的小黄瓜摘了去?

让它们安安生生长大成熟该多好。'"

（二）语言通俗质朴而又清丽

科普文语言形象生动，可读性强，这本书的语言更是精彩纷呈。"太阳击退了寒冬，积雪变得松软了，表面出现了蜂窝状的孔洞，白雪变得灰不溜秋的——再也不像冬季那样的了，坚持不下去了！一看颜色，就知道快要完蛋了。"这段口语化较浓，通俗易懂，接近生活。而紧接着写到"屋檐上挂下的一根根小冰柱，化成亮晶晶的水，滴滴答答，一滴又一滴地往下淌……慢慢地聚成了一个个水洼——户外的麻雀在水洼里欢天喜地扑腾着翅膀，要把羽毛上一冬积下的尘垢洗掉。花园里传来了山雀银铃般的欢声笑语。"这几句给读者描写了一个晶莹剔透的世界，一切那么明亮，语言清丽优美。

（三）句式长短错落有致，整散结合

文中多用短句，读起来朗朗上口，画面感很强，同时也有长句出现，彰显文章内涵，科学严谨。如"风无拘无束地在光秃秃的树枝间游荡，因为没有树叶，也没有别的东西阻挡它去摇晃那些茉萸花序式的小尾巴，或接受随风吹来的花粉。"描写了早春的风的形态与作用。同样描写的短句有，"风欢快地抓住小茸毛，托着种子，轻盈地在空中打着旋，像朵朵白云，在小河上转呀转。"这个短句给人以轻快活泼之感。

（四）描写人物手法多样

作者在不同篇章运用语言描写、外貌描写、动作描写、心理描写，呈现人物的多个方面。例如描写猎人塞索伊·塞索伊奇，"他站在船上，左手拿着鱼叉——他是个左撇子。他的双眼紧紧盯着水里，目光炯炯，一副军人的气派。看来这位小个子、长满胡子的战士想用长矛吓唬倒在自己脚下的敌人。"在其他众多人物塑造上更是运用对比和侧面烘托手法。

走进作品

人物图解

《哥伦布俱乐部》

"鸟类学考察组"
- 雷莫奇卡(雷)
- 安德烈(安德)
- 尼古拉(科尔克)
- 米兰奇卡(米)

"哺乳动物学考察组"
- 拉列奇卡(拉)
- 符拉基米尔(沃夫克)

"树木学考察组"
- 帕甫罗沙(帕甫)
- 多拉(多)

"诗歌艺术学考察组"
简称"艺术考察组"
- 女画家西格里德(西)
- 诗人斯拉维米尔(拉甫)
- 俱乐部主任:塔里·金

(括号内是他们改名后的称呼)

人物概览

1 人物出场

　　一头金发的米兰奇卡和乐天的沃洛佳自告奋勇去买雪糕。可是这样的暴风雪天,哪能轻易找到卖雪糕的地方。电炉上的茶已经滚了。人见人爱的雷莫奇卡和活泼好动的多拉,以及好幻想的、丰满的拉列奇卡在编辑部的桌子上摆上了糖块、杯子和盘子。在性急的猎人尼古拉存心挑逗下,他与文文静静的大力士安德烈为列宁格勒附近哪里是最理想的"熊角"而争论不休,结果两个人就找自己的领导人,刚当选的俱乐部主任作裁判。可去买雪糕的两个人还是迟迟没有回来。

　　贪甜食的小胖子帕甫罗沙在一片吵闹声中打起瞌睡来了。年轻的诗人斯拉维米尔构思好了整整一节五行诗,眼明手快的女画家西格里德动手画下俱乐部所有成员的像,就在这时候米兰奇卡和沃洛佳,脸冻得红彤彤的,终于跑了进来——宴会就此开始了。

　　大家纷纷起立。一头红发的诗人斯拉维米尔,同学们管他叫"斯拉夫·雷日戈洛夫卡",他坚持说自己和鸣声如长笛的黑头莺是同宗,他接着朗读起自己的五行诗,作为贺词。

2 **性格解析**

　　雷莫奇卡(雷)
　　心地善良,办事认真,讲究条理,精力充沛

　　安德烈(安德)
　　文静,爱动脑子,固执己见

　　尼古拉(科尔克)
　　性急
　　米兰奇卡(米)
　　善良,好奇心强
　　拉列奇卡(拉)
　　善良,勇敢,有耐心,坚强

　　符拉基米尔(沃夫克)
　　有耐心,勇敢
　　帕甫罗沙(帕甫)
　　喜欢独来独往

　　多拉(多)
　　好奇心强,认真

　　西格里德(西)
　　热情,善良

　　斯拉维米尔(拉甫)
　　有文化,喜欢吟诵诗歌

3 **个性语言 / 心理**

　　雷莫奇卡(雷)
　　"你没明白我的意思。"雷委婉地说,"我不是想通过金丝雀和我们会唱歌的鸟儿杂交来创造新的林中歌手,而是通过代孵……"

安德烈(安德)

"得了,你!"安德烈不依不饶,固执己见,"'恩塞'就是'新大陆'或'未知的土地'"。

尼古拉(科尔克)

1. "干吗要'明年夏天'!"科尔克急了,"趁湖里没水,要立刻对湖泊进行考察……"

2. "我可要到南极去,把企鹅从那里弄到我们的北极地区生活。"

3. "是鸟类又怎么啦!它比所有兽类都好呢。既不飞,小鸟儿又都长着绒毛。为什么不能在咱们北冰洋繁育企鹅?说不定会习惯这里的生活!该考虑考虑鸟类的事,开始驯化它们了。"

米兰奇卡(米)

"我是小孩儿,"米说道,"我不懂。请不要说'后者'和'独特的综合现象'之类的话。"

拉列奇卡(拉)

"要是在教育皮皮什卡的过程中,用了体罚,"拉解释说,"那就败坏了它的性格。我的叔叔米沙·马里谢夫斯基——你们知道吗,他就在莫斯科家的四楼养着一只很有名气的雄狐……"

符拉基米尔(沃夫克)

1. "真是一大新发现!"沃夫克想道,"在俄罗斯的大后方,在一个从来没有人繁殖它的湖上,居然遇到美洲的水老鼠。这事儿当地的老住户知不知道?"

2. "呵,眼红了不是!我发现的可不是普普通通的美洲,而是个漂浮的美洲!这上面还有美洲的动物。你们瞧见了吗?"

3. "当然啰,"沃夫克在女孩子面前从不错过机会,显显自己是多么见多识广,他说,"这些捣毁蚂蚁窝和糟蹋燕麦地的熊完全是种小野兽。"

帕甫罗沙(帕甫)

帕甫正经八百地宣称:"我想这里综合了各种复杂的现象,我们得……嗯……到明年夏天解开这个谜……——把各种专业知识联系起来考虑。"

多拉（多）

"你干吗不吭声？"多用天真的声音问道，"难道你不感兴趣？可为了弄清楚蜜蜂为什么围着林荫树嗡嗡飞个不停，我和女伴们特意赶了三十公里路呢！它们高兴得疯了，因为人们把这树从世界的边缘运到了这里，还培育出了这么多蜜汁，是吗，帕甫？"

西格里德（西）

"就因为它们吃了几颗球果种子，有人竟然说得出口，要把这些可爱美丽的小东西处以死刑？谁会举手赞成用枪打死它们？"

斯拉维米尔（拉甫）

1. "哥伦布们万岁，

还有永久崭新的世界。

向它敬礼，再敬礼！

那求知的眼睛和头脑，

我们要珍惜它一百年。"

2. "确确实实一个样！也像普希金诗里所写的，真是'赏心悦目的美景'！望着这儿秋季的丛林，我想到了我们色彩丰富的针叶林。"

塔里·金

"建设、创造美好的东西要困难得多。'美好的东西是很难得到的。'古代一位哲人这样说过。森林是美好的，应当珍惜它。如果要改造那里的生命，就要怀着爱和对事物深刻的认识去改造。"

全书大事记

哥伦布俱乐部

第 1 月　　　　第 2 月　　　　第 3 月　　　　第 4 月

↓ 春分时节，《森林报》编辑部来了少年自然界研究小组的11名成员，宣布哥伦布俱乐部成立并庆贺。会议决定他们的首要任务是去森林工作。

↓ 俱乐部主任带来了雷索沃村的地图，把它作为考察基地，少年们称它为"神秘乡"。出发前的准备：成员按不同专业分为三组，学习狐步和鸟语，并把名字改短。

↓ 俱乐部成员坐上火车，又行走了25公里到达雷索沃村，遇到勃列德老爷爷。熟悉环境后，他们开始实施朱雀鸟的"布谷鸟行动"，做好神秘乡种种"土著"的编名。

↓ "布谷鸟行动"取得成功。少年哥伦布亲手抚养小鸟，雷被公认是小鸟的总管"妈妈"。拉甫构思诗歌，西画风景，帕甫发现"阿列伊娜"树，沃夫克捉住小獾送给拉。

第5月 ↓ 夜里冒雨寻找失踪的米、西、科尔克。沃夫克跌进大坑意外找到他们，科尔克讲坑中奇遇——神秘的眼睛。黑琴鸡的"布谷鸟行动有了结果"。

第6月 ↓ 狩猎开始了，大家到普罗尔瓦湖考查，结识庄员瓦尼亚特卡，登上无人岛。沃夫克发现漂移的植物和麝鼠，被授予"老海狼"称号。少年们告别"神秘乡"。

第7月 ↓ 来自"神秘乡"的信件使成员们集在一起，紧急出差研究普罗尔瓦湖消失的原因。回来后，安德作报告，认为湖泊消失与"喀斯特现象"有关。

第8月 ↓ 检阅哥伦布成绩，安德汇报鸟类学研究，找到151种鸟；沃夫克做兽类考察报告，发现31种哺乳类动物；多做树木学报告，发现"阿列伊娜"是含蜜汁的椴树。

第9月	第10月	第11月	第12月
↓	↓	↓	↓
10月集会上，沃夫克做《我们的新兽类》报告，指出来自远东的野狗在俄罗斯的历史上称浣熊狗，还报告了麝鼠、河狸鼠、浣熊、梅花鹿的情况。	请求加入俱乐部的基特·维里坎诺夫作报告：森林里的游戏和运动，指出游戏运动项目很多，丰富有趣。	2月12日2时30分，俱乐部举行化妆模拟法庭，审理盗窃全民财富球果诉讼案、啃毁林木诉讼案、谋杀五命诉讼案。主审法官宣判将偷猎者带上法庭。	冬季的一天，俱乐部成员集会，由金丝雀的歌声引发少年们对未来的思想，希望在新的森林年有更多新发现。

林间纪事

三月	四月	五月	六月
↓	↓	↓	↓
春天来了，冰雪融化，白嘴鸦揭开了春之幕，榛树开了最早的花，越冬的鸟儿回来了。	春暖花开，水塘解封，冬眠的动物苏醒了。	暖春季节，万物生长，鸟儿放开喉咙歌唱跳舞、做巢孵卵。	满池塘都是浮萍，鱼儿开始产卵，蚊子增多，龙卷风出现。

七月	八月	九月	十月
↓	↓	↓	↓

雏鸟初长成，浆果成熟，夏末铃兰花开。

群鸟对付猫头鹰，蜉蝣出现，草莓正红，食用菇繁多。

公驼鹿打架，鸟儿原路返回，植物们安置后代。

池塘冰封，人们收养小动物，叶子落光，露出巫婆的扫帚。

十一月 ↓

十二月 ↓

一月 ↓

积雪齐膝，冬伐开始，动物们该睡觉了，树上没有一片树叶，地下也没有绿油油的野草，赤杨迎着阳光欢乐地绽放出鲜艳的花朵。

动物们出现在白色小道上觅食。

森林里真冷，动物们用吃来御寒，交嘴鸟竟孵出小鸟。

林木种间大战

四月 ↓	五月 ↓	六月 ↓	七月 ↓	八月 ↓	九月 ↓
第一块采伐地上，云杉种子捷足先登。	云杉受损，采伐地上最先长出来的是野草，山杨、白桦的种子也来了。	第二块采伐地，山杨、白桦战胜野草，云杉幼苗死亡。	第三块采伐地控制在山杨、白桦手中，小云杉忍受昏暗，顽强生存。	第四块采伐地，云杉长大，打败山杨和白桦。	终结的地方，云杉独占天下，战争延续百年。

农庄纪事

三月 ↓　　四月 ↓　　五月 ↓　　六月 ↓　　七月 ↓　　八月 ↓

| 雪融化成水，田野里的绿色居民得到滋养，母猪产崽。 | 农忙开始，人们播种作物，植树造林，养蜂，种土豆，栽果树忙。 | 农活繁忙，孩子们帮忙，新森林增多。 | 收割牧草，除杂草，采摘浆果，养鱼等。 | 土豆成熟，人们用联合收割机收割庄稼，去比安基岛旅行。 | 田间工作最繁忙，除草，浸亚麻，采摘蘑菇。 |

九月 ↓　　十月 ↓　　十一月 ↓　　十二月 ↓

| 将田间庄稼收割一空，在沟壑广种林木，养殖场繁忙。 | 田间空荡荡，庄员们专心养牲畜，播种越冬蔬菜。 | 奖励田间大作业，在暖房种植蔬菜。 | 采伐木材，用雪做高堤，培育树苗。 |

都市新闻

三月 ↓　　四月 ↓　　五月 ↓　　九月 ↓

| 春天来了，冰雪融化，鸟儿飞来了，街头出现昆虫，公园里款冬开放，人们为鸟儿做房。 | 大江小溪里出现七鳃河鳗，燕子飞来，海鸥出现，人们植树造林，孩子们研究动植物。 | 各种动物出现，胡瓜鱼、鳗鱼来涅瓦河产卵，雏鸟试飞，蘑菇出来了。 | 寒潮降临，游隼袭击鸽子，动物开始隐藏，鸟类迁徙飞行。 |

十月 ↓　　十一月 ↓　　十二月 ↓　　一月 ↓　　二月 ↓

鸟儿越过城市上空，鳗鱼踏上进入大西洋的旅程。	鸟儿来到公园过冬。	雪地里爬出苍蝇，人们做有关候鸟的报告。	居民为鸟儿开设免费食堂。	春天降临，鸟儿打斗筑巢，繁缕生长。

狩猎纪事

三月	四月	五月	六月	七月	八月
↓	↓	↓	↓	↓	↓
春天只许打林中和水面上的鸟，伏猎丘鹬和松鸡。	在马尔基佐瓦湿地猎野鸭，现在禁止捕杀天鹅。	北方狩猎旺季，猎鱼，猎黑琴鸡，塞索伊·塞索伊奇猎熊。	除害虫，塞索伊·塞索伊奇猎到攻击母牛的猞猁。	夏季只许打猛禽和危险有害的动物。	捕猎期开始，人们带猎狗打飞禽。

九月	十月	十一月	十二月	一月	二月
↓	↓	↓	↓	↓	↓
猎黑琴鸡、大雁，围猎野兔。	塞索伊·塞索伊奇带猎狗去打獾。	带斧头猎貂，莱卡狗捕猎松鼠。	带小旗找狼，塞索伊·塞索伊奇去猎狐。	猎取大型猛兽狼和熊的大好时机。	介绍狩猎的器具、狼坑、狼陷阱。猎人遭遇熊母子。

重点情节看点

◎ 布谷鸟行动
◎ 寻找失踪者
◎ 发现漂移的植物
◎ 化妆模拟法庭

精段品读

（一）

◆ 场面描写，渲染了争斗的激烈。"揪""撵""扔"三个动作干净利落。写出椋鸟对侵入者的毫不手软。拟人化描写。

◆ 麻雀也不甘示弱，对封窝的泥灰工发起攻击。好热闹的场景描写。

椋鸟房前吵吵嚷嚷，拳打脚踢，乱成一片。风中绒毛、羽毛、秸秆满天飞扬。

原来是房主人椋鸟回到家，发现巢穴被麻雀给占了，揪住对方，一个个往外撵，随后把麻雀的羽毛垫子扔了出去，来他个扫地出门，毫不手软。

这时，有个泥灰工正好站在脚手架上，用泥灰修补屋檐下的裂缝。麻雀在屋顶上蹦来跳去，一只眼睛瞅着屋檐下，瞅着瞅着，大叫一声，猛地向那泥工的脸扑了过去。泥工见状举起抹灰的铲子招架。他哪里想到，自己闯了祸，居然把裂缝里的麻雀窝给封住了，可窝里有麻雀下的蛋哩！

叽叽喳喳，你争我斗，绒毛、羽毛随风飘飘洒洒。

赏析点睛

这段描写了椋鸟与麻雀的争房风波。"吵吵嚷嚷""叽叽喳喳"从声音上描写战斗的激烈；"绒毛""羽毛""秸秆"满天飞扬，从形态上渲染战斗的惨烈。鸟儿也有房产之争，更有意思的是，泥灰工无意卷入战斗，竟被麻雀啄了一下。作者用拟人化的描写，让读者更真实地体会到鸟儿的性情，有身临其境之感，读完不禁莞尔。

（二）

◆ 剧院，谁是主角呢？开头就引发了读者的兴趣。

森林里有块很大的空地，成了座剧院。太阳还未升起，四周的景物却看得一清二楚，因为现在是极夜。

来看戏的是长着麻斑的小黑琴鸡。这些观众有的蹲在地上吃东西,有的老老实实待在树上。

个个都盼着好戏开场。

说话间,从林子里飞来一只雄琴鸡,它浑身乌黑,翅膀上是一道道白条纹。它可是求偶场上的主角。

它那一对钮扣似的黑眼睛直溜溜地左看看,右瞧瞧……可剧场里除了来看戏的,没别的。

那边的矮树丛倒是啥玩意儿?昨天好像没那东西吧?真是怪事儿:一夜之间怎么会冒出那些个一米高的云杉来呢?准是自己忘了……上了岁数脑子就是不好使。

该是开场的时候了。

场上的主角再次打量了一番观众之后,脖子弯到了地面,翘起华丽的尾巴,翅膀斜拖在地上。

它这就叽里咕噜,念念有词起来。

听起来像是说:"卖掉皮袄子,买来大褂,买来大褂!"

念罢伸了伸腰板,打量着全场,又咕噜起来:"买来大褂,买来大褂!"

"笃!"又飞来一只雄琴鸡。

"笃!笃!"接着又是一只,又是一只,结实的双腿跺得地面连连发出"笃笃"声。

反了!这下可把咱们的主角气疯了。只见它浑身的羽毛都竖了起来。脑袋贴着地面,尾巴摊开成一把大扇子。

"丘弗——弗!丘弗——弗!"

它这是在挑战:哪个不怕死的就过来!

场子的另一头有雄松鸡答话了:"丘弗——弗!你要不是胆小鬼,亲自过来比试比试——

名师解读

◆ 主角现身:浑身乌黑,翅膀上是一道道白条纹的雄琴鸡。外形描写。

◆ 矮树丛是怎么回事?你能猜出来吗?又一次设置悬念,引发读者兴趣。

◆ 这段是动作描写,感觉是主角要致辞。

◆ 用人类的语言描摹琴鸡的声音,生动、形象又具有幽默感。读完让人捧腹。

◆ 战斗前的准备。"竖""贴""摊开"精准的动作描写。读者眼前仿佛出现了这样一只黑琴鸡。

来呀！"

"丘弗——弗！"来这儿的有二三十个对手，数不胜数。你挑吧，哪个都准备好干上一架。

雌琴鸡坐在树枝上，一声不吭，不露声色，好像对这些表演不感兴趣似的。这群美人儿心眼儿就是多，没准在耍什么花招哩。这戏可是专为它们演的。就是为了它们，这些尾巴像翅膀似的、眉毛火辣辣、眼睛红通通的黑斗士才飞到这儿来。

个个黑斗士都想在美人儿面前炫耀一下自己的勇气和力量。笨手笨脚、势单力薄的胆小鬼还是滚开的好！只有胆大、机灵、最勇敢的才能博得它们的青睐。

这不，好戏开场了……

争斗声、叫嚷声响彻场子，只见个个脖子贴地，蹦着、跳着，聚拢了来……

两只雄鸡头碰头，嘴对嘴，奋力啄着对方的脸。

双方无不怒气冲冲，发出"丘弗、丘弗"的声响。

天渐渐亮了。笼罩在舞台上空的那极夜透明的薄幕也随之褪去。

低矮的云杉丛间有件金属的东西在闪闪发光——求偶场上哪来的这些云杉？

雄琴鸡才不理会这些个云杉，它们都一心扑在怎么对付自己的对手上。

内中数这场演出的主角离云杉丛最近。它已连续打败了两位情敌，现在正跟第三位交手。它做主角当之无愧，林子里没有哪个的力气比它大。

第三位对手又勇敢，身手又敏捷，蹦跳了过

名师解读

◆ 这是观众！可观众比演出者还要表现出彩，气场强大。

◆ 热闹的场面描写，生动展现雄琴鸡为了求偶之间的热烈的争斗，让读者身临其境。

◆ 又一次提到云杉丛。闪闪发光的会是什么呢？雄琴鸡注意到了吗？你想到了什么？这儿是一处伏笔。

去,狠狠地教训了主角一下。

"丘弗!"主角恶狠狠地喝了一声。

待在树枝上的那些美人儿伸长了脖子。好戏这才开场哩!这才是名副其实的决斗!主角可不会逃跑,说什么也不会跑掉的。双方再次逼近,结实的翅膀拍得啪啪响,两只雄琴鸡腾空扭成了一团。

啄了一下,又啄了一下——根本分不清,谁啄了谁——两只琴鸡双双落地,各自退到一边。那只年轻的琴鸡——翅膀上被折断了两根硬翎,露出杂乱的蓝色羽毛,而那只年长者火辣辣的眉毛淌着血,一只眼睛被啄瞎了。

树枝上的美人儿有些坐立不安了。谁胜了谁?莫非是年轻的占了上风?多帅的小伙子:瞧它那紧密的羽毛闪着蓝莹莹的光泽,尾巴上满布花斑,翅膀上的条纹斑斓耀眼!

这不,双方又斗在一起,扭成一团了。年长的压着对手。

双双再次厮杀在一起,又各自分开。

再次逼近,这次是年轻的压住年长的!

还有最后一个回合。

瞧!又扭做一团——又各自退却。

又冲上前去,扭做了一团。

砰!——震耳欲聋的枪声响彻整座森林。云杉树丛里冒出一团烟。

情场上的战斗中断了一会儿。树枝上的雌琴鸡伸长脖子惊呆了。雄琴鸡们惶恐不安地扬起了红眉毛。

发生什么事了?

没事儿,不是太太平平的吗?

不见什么外人进来。

名师解读

◆ 斗争的结果很惨重,但这是生存法则。在生物界就是弱肉强食。年轻的琴鸡折断了硬翎,而年老的琴鸡付出了一只眼睛。

◆ 是斗死的吗?为什么两个都死掉了?好悲惨的结局。而琴鸡们却不知道事情的真相。

四周静悄悄的。云杉上的烟消了。一只雄琴鸡回过头——面前正立着自己的情敌。它跳上前去,不由分说直往对方脑门啄去!

好戏继续上演,一对对琴鸡相互厮杀起来。

可是美人儿从树枝上看到,那年老的和年轻的斗士双双躺在地上,死了。

● 赏析点睛

决斗场也是情场,胜者可以博得雌琴鸡的喜爱,所以雄琴鸡拼死决斗,每个雄琴鸡都卯足了劲儿想要把情敌压倒在地。特别是主角老琴鸡,它最先出场,出场后的致辞彬彬有礼。然而它们比的不是礼貌,而是力气,其他雄琴鸡要同它一争高低,好戏开始了。每个雄琴鸡都不甘示弱,都想在雌琴鸡面前表现出最美的一面,争斗起来格外卖力。可是好戏被乔装打扮的偷猎者打破,琴鸡们不知道发生了什么,只看到年老的和年轻的都死掉了。也许是情场让琴鸡们忘掉了危险,白白失掉了性命。从中也看到了作者对偷猎者的痛恨。这个片段描写十分精彩,得力于作者的生花妙笔和拟人手法的运用,读者也仿佛跟着作者进入了黑琴鸡的决斗场。雄琴鸡比赛前的准备、在打斗中的精准的动作,没有作者的实地观察是写不出来的。

(三)

天空乌云密布,夜晚黑漆漆的,像是已进入秋夜。

我和塞索伊·塞索伊奇驾着小划子,在一条林间小河里顺流而下。河岸陡峭。我拿着桨,坐在船尾,他坐在船头。

塞索伊·塞索伊奇是位什么飞禽走兽都打的猎人。他不爱捕鱼。连垂钓的人也不放在眼里。虽说今晚我们是去捕鱼的,可他仍不改初衷,硬说自己出去为的是"猎鱼",而不是"钓鱼""网鱼"或用别的什么渔具捕鱼。

名师解读

◆ 这段对猎人的介绍,凸显了其狩猎技术的不凡。坚称"猎鱼"而不是"钓鱼"表现出猎人的倔强。

陡峭的河岸很快过去之后，我们来到了一片辽阔的泛滥区。有的地方水面露出一丛丛灌木梢头，往前去，黑乎乎的树影幢幢，再往前，屹立着的是黑压压的林木，形成一道树墙。

夏天，一条窄窄的堤岸把一条小河与一个不很大的湖隔开，岸上长满了灌木。小湖分出一条小河汊与小河相通。不过这时候已没有必要寻找水道，因为到处的水都很深。小划子可以在灌木丛间穿行。

船头的铁板上放着干松枝和松脂。

塞索伊·塞索伊奇用火柴点燃了松枝。

船上的篝火发出红黄色的火光，照亮了宁静的水面，映出了船四周光秃秃、黑黢黢的灌木枝干。

但我们无意观赏四周的景色，只留意身下，注视被照亮的湖水深处。我轻轻地划着桨，并不把桨拿出水面。小舟悄无声息地过去。

我的眼前浮现出一个奇幻的世界。

我们已到了湖上。水底下一些植根于泥土中的庞然大物若隐若现，它们长长的发须交互纠结，左右摇晃。它们是水藻还是水草？

好一片黑洞洞的水潭，深不见底。也许，实际上并不那么深，因为火光透进去照亮的地方最多只有两米深。但见了这么一个黑漆漆的无底深渊怎不叫人毛骨悚然！真不知道里面藏着什么？

突然从水下升上来一只银色的小球，开始时升得很慢，后来越来越快，越来越大。

这时候它已飞快地冲我蹿了过来，即刻就要飞出水面，眼看撞到我的脑门上……我不由自主地把头一偏。

名师解读

◆ 环境描写将一个奇幻的世界展现在读者面前，使人如临其境。"毛骨悚然"是对观赏者的心理的描写，展现环境的深不可测。

只见小球变成红色,钻出水面,破裂了。

原来是普通的沼气泡泡。

我像是坐在飞船里,在一个陌生的星球上空飞行。

身下漂过一座座岛屿,长满挺拔的密密的林木。是芦苇吗?

一个黑色的怪物摇摇晃晃,向我伸出多节疤的触手来。这怪物像章鱼,也像鱿鱼,但触手还要多,模样更丑陋,更可怕。这是什么东西?

原来是露出水面的树墩。是个盘根错节的白柳的茬子。

塞索伊·塞索伊奇的一系列动作引起我的注意,我抬起了头。

他站在船上,左手拿着鱼叉——他是个左撇子。他的双眼紧紧盯着水里,目光炯炯,一副军人的气派。看来这位小个子、长满胡子的战士想用长矛吓唬倒在自己脚下的敌人。

鱼叉的木柄有两米长,底端装着五根闪闪发亮、带倒钩的钢齿。

塞索伊·塞索伊奇把被篝火映得通红的脸转向我,扮了个可怕的鬼脸。我渐渐停下船。

这位猎人小心翼翼地把鱼叉伸进了水。我朝下一望,只见水深处有个直直的黑色带状物体。开始时我以为那是根棍子,细一看,原来是一条大鱼的背脊。

塞索伊·塞索伊奇慢慢地把鱼叉往深处伸,打斜里过去,他手里拿着鱼叉,人一动不动地站着。

突然间他把鱼叉直直叉下去,说时迟,那时快,眨眼间鱼叉有力地刺进了黑色的鱼背。

他把猎物拖出水面时,湖水涌动起来,只见

钢齿上挣扎着一条重约两千克的圆滚滚的雅罗鱼。

● 赏析点睛

　　塞索伊·塞索伊奇坚称是去"猎鱼"而不是"钓鱼",看完他猎鱼的过程才明白他为什么这样说。"我"和塞索伊·塞索伊奇一起坐着筏子到春水泛滥的水域去捕鱼。"我"的眼中更多的是周围的景色,一会儿看到沼气泡泡,一会儿被水中树墩吓了一跳,心思全不在捕鱼上。而同行的塞索伊·塞索伊奇是一个地地道道的猎人,是一位什么飞禽走兽都打的猎人。他经验丰富,狩猎时全神贯注。发现猎物,静等猎物,击杀猎物,整个过程完整流畅,没有半点迟疑,所以他能猎取雅罗鱼。他不仅会打猎,还知道什么该打什么不该打;不仅自己打猎,也教别人打猎。作者对他的塑造综合运用多种手法,外貌描写、神态描写、动作描写、语言描写,让读者看到一个猎技高超又有原则的猎人形象。

(四)

　　瘦小温和的鹡鸰在窝里孵出 6 只赤条条的细小雏鸟。其中的 5 只长得像模像样,而第 6 只则成了丑八怪——浑身包着一层粗糙的皮,青筋毕露,脑袋大大的,一双眼睛蒙着薄膜,鼓了起来,一张开嘴,准会吓你一跳,因为那张大嘴简直是个无底洞。

　　出生后的第一天,它还老老实实待在窝里。只有在鹡鸰爸妈飞回来喂食时,它才艰难地抬起沉甸甸的大脑袋,有气无力地吱几声,张开了嘴,意思是说:喂喂我吧!

　　第二天清晨,冷飕飕的,爹娘都出去找吃的东西,它开始动弹了。它低下头,抵住窝里的地面,又开两条腿分得很开很开,身子开始往后退。

　　它退着退着,撞上了其中的一位小兄弟,便往对方的身下钻。它把自己光秃秃的弯翅膀往后一伸,像把钳子,紧紧地夹住这个小兄弟,背着它不断往后退,一直退到了窝边。

　　它的这个小兄弟又小又弱,眼睛还没睁开,躺在它的背上,就像是落到一只勺子里,不断挣扎着。而这丑八怪用头和腿抵着,把对方抬起

名师解读

◆ 如此恐怖的场景,看来这只鸟儿不仅外表丑陋,内心也是如此残忍。作者把这只鸟儿写"活"了。

◆ "若无其事"好镇静呀!它竟然没有感到一丝丝羞愧和内疚。

来,越抬越高,直把它抬到了窝的边缘。

这时候丑八怪运足了力气,猛地一掀屁股,把小兄弟抛出了窝外。

鹃鸰的巢就筑在河岸上方的悬崖上。

这只赤条条的小鹃鸰"啪"的一声跌在鹅卵石上,摔死了。

狠毒的丑八怪自己也差点没摔出窝去,它在窝边上摇摇晃晃,摇摇晃晃,亏得有个大脑袋,才保持住了平衡,身子终于跌回了窝里。

丑八怪制造的这一恐怖的事件前后只用了两三分钟。

这时候丑八怪已筋疲力尽,在窝里一动不动,足足躺了一刻来钟。

爹娘飞回来了。丑八怪伸出青筋嶙嶙的脖子,抬起沉甸甸的脑袋,耷拉着眼皮,若无其事地张开嘴,"吱吱"叫唤起来:喂喂我吧!

● 赏析点睛

残忍的小鸟指的就是小杜鹃,一个生下来就被亲生父母抛弃的小生物,在养父母家里成长,却不懂得与别的鸟儿分享,只会杀戮。这是这类鸟儿的天性!母杜鹃只会下蛋,不会抚养自己的孩子,把孩子托付给别的小鸟,而且只找比自己小一些的鸟儿来代为抚养。它们选中的养父母一般也比较笨,不知道自己的孩子是怎样的模样,只会喂养。也许这是大自然的安排,有不会养的,也有只会养的。小杜鹃得以生存下来,但它只知道向养父母要吃的,长大后却不会感恩,这让我们多少感到难过。同样是养子,《猫妈妈和它的养子》中的养子小兔子就跟自己的养母很亲近。猫和兔子友好相处,连睡觉都在一起,猫妈妈甚至教会小兔子如何跟狗打架。这让我们感到些许安慰。

（五）

密林里出来一头棕色大母熊。和大母熊一起的是两只快快活活的熊崽儿和一只小熊——熊妈妈一岁的儿子,充当了两只熊崽儿的保姆。

母熊坐了下来。

小熊用牙齿叼住一只幼崽儿的后颈,把它往河水里泡。

小熊崽儿尖声高叫起来,不停地蹬着,但小熊就是不松口,这才给熊崽儿痛痛快快地洗了个澡。

另一熊崽儿害怕冷水澡,吓得扭头往林子里钻。

小熊追上了它,给了它一巴掌,然后像对第一只熊崽儿那样,也把它往水里泡。

洗呀,刷呀,小熊一阵忙乎,一不小心,松了嘴,熊崽儿落进水里。熊崽儿吓得大喊大叫起来了!母熊见状赶忙跑了过来,把熊崽儿拖上了岸,又狠狠赏了大儿子一记耳光,打得可怜的孩子嗷嗷叫。

两只熊崽儿回到岸上,觉得这个澡洗得挺称心的,因为今儿的天气十分闷热,穿着一身毛茸茸的皮大衣挺难受的。洗了澡,多凉快。

几只熊洗了澡后,又消失在林子里,猎人爬下树,回家去了。

● 名师解读

◆ 这是一家子熊呀,真像动画片里的故事。

◆ 小熊崽很像不听话的小孩,不想洗澡。可是小熊必须完成妈妈交代的任务,它很负责。将熊孩子们写得这么灵动可爱,还非常具有人性,让人读了忍俊不禁。

● 赏析点睛

这是很有趣味的一篇文章,小熊也会给弟弟妹妹洗澡,充满童真童趣。读者一定想不到在熊的世界里也有保姆吧。动物的世界跟人类的世界是何等相似!人们喜欢小孩子,熊也是如此。年长的小熊可以帮助妈妈照顾弟弟妹妹,多友爱呀!读完文章,不禁捧腹大笑。在冬季的篇章中,作者还提到了这母子四熊,不过略带悲伤,请读者自己去看吧!

（六）

当我回到乡下,把狗带给塞索伊·塞索伊奇看时,他甚至大为光火:

"你怎么,想拿我开涮?这么一只老鼠大小的东西,不要说公狐狸,就是狐狸崽子也会把它咬死再吐掉。"

塞索伊·塞索伊奇本人个子非常矮小,为此常觉得委屈,所以对别的小个子,即便是狗,都不以为然。

达克斯狗的样子确实可笑:小个儿,矮矮长长的身子,弯曲得像脱了臼的四条腿。但是这条其貌不扬的小狗露出坚固的犬牙,冲着无意间向它伸出手去的塞索伊·塞索伊奇凶狠地吠叫起来,朝他猛扑的时候,塞索伊·塞索伊奇急忙跳开,只说了一句话:"瞧你!好凶的家伙!"说完就不吱声了。

我们刚走近小丘,小狗儿就怒不可遏地向洞口冲去,险些把我的手拉脱了臼。我刚把它从皮带上放下,它已经钻进黑乎乎的洞穴不见了。

人类按自己的要求培育出了十分奇特的狗的品种,而达克斯狗这种小巧的地下猎犬也许是最奇特的品种之一。它的整个身躯狭窄得像貂一样,没有比它再适合在洞穴中爬行了。弯曲的爪子能很好地抓挖泥土,牢牢地稳住身体;狭而长的三角形脑袋便于抓住猎物,能一口咬它致命。我站在洞口,等待受过良好训练的家犬和林中野兽在黑暗的地下血腥厮打的结果,我仍然觉得有点心里发毛。要是小狗儿进了洞回不来了,那怎么办?到时我有何脸面去见失去爱犬的主人?

追捕行动正在地下进行。尽管厚厚的土层会使声音变轻，响亮的狗吠声依然传到了我们耳边。听起来追捕的叫声来自远处，不在我们脚下。

然而耳听得狗叫声变近，听起来更清楚了。那声音因狂怒而显得嘶哑。声音更近了……突然又变远了。

我和塞索伊·塞索伊奇站在小丘上面，双手紧握起不了作用的猎枪，握得手指都痛了。狗吠声有时从一个洞里传来，有时从另一个洞里传来，有时从第三个洞里传来。

突然，声音中断了。我知道这意味着什么：小小的猎犬在黑暗通道内的某个地方追着了野兽，和它厮打在一起了。

这时我才突然想起，在放狗进洞前我该考虑到的一件事：猎人如果用这种方式打猎，通常在出发时要带上铲子，只要敌对双方在地下一开打，就得赶快在它们上方挖土，以便在达克斯狗处境不好时能助它一臂之力。当战斗在靠近地表的地下某一个地方进行时，这个方法就可以用上了。不过在这个连烟也不可能把野兽熏出来的深洞里，就甭想对猎犬有所帮助了。

我干了什么好事呀！达克斯肯定会在那里的深洞里送命。也许它在那里不得不进行的厮打中，要对付的甚至不是一头野兽。

忽然又传来了低沉的狗吠声。但是我还来不及得意，它又不叫了——这回可彻底完了。

我和塞索伊·塞索伊奇久久伫立在这只英勇猎犬无声的坟丘上。我不敢离开。塞索伊·塞索伊奇首先开了腔：

"老弟，我和你干了件蠢事。看来猎狗遇上了一头老的公狐狸或者老的雅兹符克。"

名师解读

◆ "紧握""握得手指都痛了"看出"我"怎样的心情？"我"都要替小狗使劲了，很想去帮助小狗。"狗吠声"预示着小狗在洞中的行踪，也看出小狗的努力拼搏。

◆ "我"对猎狗的担忧也是读者对猎狗的担忧，衬托后面猎狗的英勇表现。

我们那儿管獾叫"雅兹符克"。

塞索伊·塞索伊奇迟疑了一下又说道:"怎么样,走?要不再等上一会?"

就在这时,地下传来了全然出乎意料的沙沙声。

于是洞口露出了尖尖的黑尾巴,接着是弯曲的后腿和达克斯狗艰难地移动着的整个细长的身躯,身上满是泥污和血迹!我高兴得向它猛扑过去,抓住它的身体,开始把它往外拉。

随着狗从黑洞里露出的是一头肥胖的老獾。它毫不动弹。达克斯狗死命地咬住它的后颈,凶狠地摇撼着。它还久久不愿放松自己的死敌,似乎在担心它死而复生。

名师解读

◆ 猎狗的英勇无畏以及坚持和它前面平凡不讨喜的外貌形成了对比,让读者感受到小猎狗的可爱与可敬。

赏析点睛

作者很聪明地采用了欲扬先抑和侧面烘托的艺术手法。达克斯狗的外形不够强壮,其貌不扬,小个子猎人塞索伊·塞索伊奇觉得这是在应付他,一个大老鼠样的狗能打得过狡猾的獾吗?当小狗露出坚固的牙齿和凶狠的吠声,我们的猎人才稍感安慰。当小狗嗅到猎物,表现得无比威猛,迅速挣脱猎人,加入战斗。可毕竟小狗还是小些,这让地上的猎人们很是担心,他们一会儿担心小狗,一会儿后悔自己准备不周,紧握猎枪,希望能帮上小狗的忙。读者的心情也跟着猎人的反应起伏跌宕,当地下没有声音时,我们都以为小狗牺牲了。可是剧情很快反转,小狗慢慢地把猎物从洞里拉了出来,小狗获胜了。我们看不到那种激烈厮杀的过程只能感受到猎人的心理,只能看到小狗身上的泥污和血迹,这就是侧面烘托。不起眼的小狗能把肥胖的老獾咬死,让人震惊,这就是欲扬先抑。

拓展阅读

几问懂名著

◎科学家把全白的雏鸟和兽崽称为白化病患者,得了白化病的白野鸭被猎人打死了吗?

没有。白野鸭总是和灰野鸭在一起,灰野鸭会保护白野鸭。

◎如果你想去钓鱼,哪儿才是最佳地点?

最佳地点是河口和河岔、浅滩和石堆旁、陡岸和河湾,尤其是岸边被水漫过的树木和灌木附近。在水面平静而狭窄处,把鱼钩抛到河中央,也可以在桥墩下、小船和木筏上垂钓,磨坊的堤坝上——它的两岸或树丛下,在深水和浅水区都能钓到鱼。

◎候鸟的迁徙是往一个方向的吗?

并非所有的鸟都自北而南飞往越冬地,有些鸟在秋季是自东向西飞的,另一些则相反——自西向东。还有这样一些鸟,比如绒鸭,它们直接飞往北方越冬。

◎在《开猎野兔》中有一个胖子猎人,作者是运用什么艺术手法刻画这个形象的?

①侧面烘托,别人打不中雄松鸡,胖子打中了。

②前后对比的手法。胖子不灵活,徒手逮兔子,自己摔倒,惹得别人笑话。在最后竟然打中了高飞的黑鸟雄松鸡,赢得了猎人们的称赞。

③外貌描写和动作描写,他体重150千克,围猎时早早端起枪,摆好姿势。通过这些描写,看出胖子做事认真。

◎"林间大战"中战争的双方有何变化?历经了多少年是谁取得了胜利?

第一年的战争是云杉与野草、小山杨、白桦,云杉胜了。

第二年的战争是山杨与白桦共同敌对野草,山杨和白桦完胜。

第十年的战争山杨和白桦本族内的争夺。

第三十年的战争山杨对抗白桦，云杉已经足够强大，最终打退了山杨。

一百年后的采伐地上是云杉的天下。

◎参加少年自然科学研究工作的人应该具有哪些品质？

热爱大自然，喜爱动植物，心地善良，求知欲强，有探索精神。

◎水里的麻雀（河乌）掉在水里会淹死吗？为什么？

不会淹死。河乌会用翅膀划水，它的羽毛上覆盖着一层薄薄的油脂。当河乌潜入水中时，涂有脂肪层的羽毛上的空气会变成一个个气泡，泛起点点银光。小鸟仿佛穿上一件空气做的衣服，所以即使在冰冷的水中也不觉得冷。

◎你从《哥伦布俱乐部》中生物学法庭的判决中领悟到了哪些道理？

大自然是动植物的家园，各种生物都是相互依存的，人类不能破坏这种规律，要认识并理解这种规律，要与其他生物和谐相处。

警句连线

◎田野发生"火灾"——是太阳把白雪照得一片火红。绿草喜气洋洋地从积雪下探出头来。

◎春天展开阳光的翅膀飞到了我们这里。春天可有严格的工作程序。头一件事就是解放大地，让一处处白雪融化，露出了土地。这时候溪流还在冰层下好梦正酣，树木也在雪底下沉睡未醒。

◎草地做了夏季最后一次换装。现在草地上五彩缤纷，花朵的颜色越来越深——都是淡蓝色的，淡紫色的。阳光渐渐变得虚弱无力，草地该把这些弥留的阳光储藏起来了。

◎天空晴朗，烈日当头。灼热的空气在灼热的阳光下流动，没有一丝风。

◎我的脚旁翠绿的羽衣草那宽宽的叶子上有一颗硕大的露珠，恰如一颗无比珍贵的宝石,晶晶亮。

得非常小心地弯下身去——千万别让它滚落下去——把羽衣草的这片叶子摘来,它的褶皱里可蕴藏着世上最纯净的露珠,精心收集了朝阳的全部喜悦。毛茸茸、湿漉漉的叶子触到嘴唇,清凉的水珠即刻滚到了干渴的舌头上。

◎在冬季这本书里,每一位林中居民都用自己的笔迹、自己的符号书写了内容。人们正在学习用眼睛辨认这些符号。如果不用眼睛读,还能怎么读呢?

◎太阳仿佛死公主童话中的漂亮王子,如期用自己的亲吻唤醒它们回复到生命,重新从土壤里创造出鲜活的躯体。

◎变幻着五光十色的神奇极光有时像一条有生命的宽阔带子展现在北极一边的天空,有时像瀑布一样飞流直泻,有时像一根根柱子或一把把利剑直冲霄汉。而它的下面是光彩熠熠、闪烁着点点星火的最为纯洁的白雪。于是变得和白昼一样光明。

◎森林是父亲,林中一切植物和动物都是它的儿女。它们都在极其复杂和细微的关系中互为依存。引一发而动全身。那情形就如一间用纸牌搭建的轻巧房屋:只要你触动一张牌,瞬息之间就破坏了平衡,于是美丽的建筑就轰然倒塌了。对森林的爱,对它所有儿女的爱会帮助人认识它们间精致的相互关系并理解森林中复杂的生命规律。谁不懂得这份爱,谁就认识不了。

◎一颗露珠在细细的草叶尖儿上瑟瑟颤动,犹如长长睫毛上的一滴眼泪,折射出一个个闪亮的光点。于是一种愉悦之情也在这光点中油然而生了。

名家眼中的《森林报》

◆ 这无异于一部令人敬仰的圣书,其中蕴涵着丰厚的博物学精神。

——亚·勃洛克《报应》

◆ 比安基的作品就在孩子们的心灵上激发起这样一些做人的重要品行性:勇敢、坚毅、扶助弱小,对目标追求的矢志不移。

——格·格罗京斯基(俄罗斯文学评论家)

读后感悟

震撼的生命

生命是长好还是短好？

曹操在《短歌行》悲叹："对酒当歌，人生几何，譬如朝露，去日苦多。"陈子昂在《登幽州台歌》感慨："念天地之悠悠，独怆然而涕下"。苏轼在《赤壁赋》中感叹人的生命就是"寄蜉蝣于天地，渺沧海之一粟"。

诗人们深感生命的短暂，大自然的永恒。如果诗人真正认识蜉蝣，就不会感到人的生命的短暂了。

很多人都知道蜉蝣是一种朝生暮死的小生物，生命非常短暂，在空中飞来飞去惹人讨厌。可是很少人知道，蜉蝣为了这短暂的一天要忍受多少个暗无天日的时光。

"昨天，它们从湖里飞出。整整三年，它们都生活在黑暗的深处，那时它们都是些模样丑陋的幼虫，在湖底的淤泥中蠕动。

它们吃的是淤泥和腐烂发臭的水藻，从来见不到阳光。

就这样生活了三年——整整 1000 天。

昨天它们爬到湖岸上，蜕下讨人厌的外皮，展开轻盈的小翅膀，伸出尾巴——三根长长的细线，飞到了空中。

只有一天供它们在空中享受生命，尽情舞蹈，所以它就被叫作'一日飞蛾'。

这整整的一天里，它们都在阳光下翩翩起舞，在空中翻飞，盘旋，看起来就像是飘扬的雪花。雌蛾落到水面上，把细小的卵产在水中。

太阳下山、黑夜降临时，成千上万个蜉蝣的尸体便散落在湖岸和水面上。

幼虫从蜉蝣的卵里爬出，在混浊的湖底深处度过 1000 个日日夜夜，才变成长翅膀的快乐蜉蝣，然后飞上湖面上空享受一天的光明。"

看完蜉蝣的生命历程，你不震惊吗？为了一日光明，要忍受一千日的黑暗！这时怎样的执着呀！我都不敢说自己的生命在宇宙间像蜉蝣了，因为真的很难有蜉蝣这样的精神。也有人为蜉蝣的生命不值，那么生命的价值到底在哪儿呢？

袁枚说："白日不到处，青春恰自来。苔花如米小，也学牡丹开。"苔花虽小，也有自己的灿烂；牡丹虽贵，也有枯萎的时候。人们有时就是喜欢多愁善感，认为自然中有太多的缺憾。可大自然是宽容的，既有不知晦朔的朝菌，不知春秋的蟪蛄，也有五百岁为春五百岁为秋的冥灵，八千岁为春八千岁为秋的大椿。小与大，长和短，各有各的存在价值。

难道因为生命个体的渺小、短暂，就否定这类生物吗？不，大自然不会这样吝啬。正因为生命的各式各样，才让我们感到生命的弥足珍贵，才让我们看到大自然的神奇！

因为了解生命的历程，才懂得生命的来之不易，才真正地尊重生命！因为了解你，所以尊重你！蜉蝣虽小，也需你的尊重。请尊重你身边的每个生命！

热爱自然　热爱生活

"春天展开阳光的翅膀飞到了我们这里，我们乘着春天的翅膀走进了大自然。3月21日，大家都用白面烤'云雀'，还要为笼中的鸟儿放生，孩子们为有翅膀的朋友做鸟屋，办免费食堂……"

打开《森林报》，扑面而来的是清新，是欢乐，是人与自然的和谐相处，是心灵的安静祥和。读了比安基的《森林报》，我感受到了美好，一种毫无压力的、不用努力争取的美好。这种美好来自于大自然的包容，你无需做什么，就能从大自然那里获得这种馈赠。

春天，冰雪融化，大地慢慢复苏，你只需走到野外，就能感到生命的力量。泥土松软了，小草儿钻出了大地，虫儿也努力地挣扎脱去沉重的外衣。如果你足够幸运，或许能看到一两朵早开的花儿。"我们这里草地上通常会有一种两年生的荠菜。冬天的寒冷并不能威胁到它们，一到春天，遇到温暖的阳光，荠菜就努力生长开花。叶子还是棕红色的，就已经顶起了小小的花苞，张开白色的花瓣。你还在为春天寒冷而抱怨，它已经要绽放阳光了。"惊喜之余，你还会感受到大自然的惊奇。

自然中的各种生物都努力生长，繁殖壮大，竭尽全力地保存生命。或许有段时间或坏境不适合，没关系，它们会掩藏自己。退一步是为了更好地进一步！河里的水干枯了，生活在河里的菱角哪儿去了？原来，它们随着水面的下降而落到了河底的淤泥里。硬硬的外壳，极难腐烂。可是如果把它放入水中，不过几天，它就发芽了，露出尖尖的脑袋，偷偷观察周围的世界。难怪人们常说：千年莲子开花啦！

植物如此，动物也如此。当环境气候不适应生存时，它们会迁徙。为了避免受到伤害，鸟儿会选择在夜里飞行，白天则休息和觅食。没有指示灯，没有父母同伴的引领，有些年轻的鸟儿也能准确无误地飞到迁徙地。这依靠的是什么？作者没有妄下结论，但我觉得这是大自然的安排！大自然让你生下来，也必将让你活下去！

因为熟悉大自然，所以热爱大自然；因为热爱大自然，所以热爱生活。《森林报》教会我熟悉自然，热爱生活，这就是名著的魔力。感谢作者比安基，谢谢他带给我这么多美好的感悟。阅读名著，让生活更美好！

森林里有什么

现代人很多都生活在城市里，高楼大厦，钢筋水泥，已经忘记了世界上除了人类还有其他物种。城市里也有绿色植物，可那些都是按市政要求栽种的，地点固定，品种也固定；城市里也有动物，但大部分是家养的宠物。我们已经很久没有到野外了，早已经忘记了森林的模样。

森林里有什么呢？森林里有高大的树木，也有低矮的小草；有庞然大物的野熊，也有小巧玲珑的松鼠。比安基的《森林报》给了我们更丰富的答案。

这是一部比故事更精彩，比童话更具有吸引力，比诗歌更优美的"森林报纸"。它分为春、夏、秋、冬四个部分，讲解了四个季节中森林动物们的生活习性，森林里的灾难事故和植物之间发生的一系列事情等等。书中以记录的形式把一个个小故事里的景象、动态写得清清楚楚、一丝不苟。读者身临其境，仿佛走在林间小道上，看着林里的各种动物、植物。

比如冬天，人们看到的只是一片白雪皑皑的北国风光，可是作家把冬天看作一本"写在地上的书"，下一场雪，就翻开书本新的一页；各种动物在"一张张白色的书页上写着许许多多神秘的字符、连字符、点号、句号"；它们各有各的写法，也各有各的读法，"松鼠的字迹很容易辨认……老鼠的字迹尽管很小，但简单、清晰……它们从雪地里爬出，常常先绕来绕去，然后要么径直朝自己的目的地奔去，要么退回到自己的洞里，于是就在雪地上留下了许多间距相等的冒号，一个连着一个……"

读了这些是不是感到妙趣横生呢？更有意思的是，植物之间的大战。在一片采伐地上，各种植物都想把空地据为己有，组建自己的王国。"一个阳光和煦的早晨，远处传来一阵噼里啪啦的声音，像是有人在用枪对射。"原来，是云杉发起进攻了，"它们派出了自己的空军去占领腾出来的空地"。云杉果球把种子发射到空地上，等待种子发芽了。可是，春雨过后空地上出来绿油油的一片，竟然不是云杉幼苗，而是横行霸道的野草。随之开始了第一场争夺战。战争的结果是野草胜了，云杉苗被铁丝一样柔韧而结实的草根勒死了。空地上的战争并没结束，白桦、山杨又加入战争，这场战争历经几十年，云杉凭借坚韧不拔的精神和气力最后夺取了胜利。人们常说：三十年河东，三十年河西。看来也适用于植物界呀！

动物之间也有友爱。白色的物种很难生存下来，因为容易被发现。但是就有这样一只白野鸭，生活得自由自在。猎人很快发现了它，想要开枪射击，可是偏偏这么巧几只灰野鸭出现，把枪打偏了，射死了灰野鸭。不知道为什么，有白野鸭的地方，总有几只灰野鸭陪着。动物们的关系也很微妙呀。

《森林报》有着丰富的知识，它是知识的海洋，它告诉我们如何观察大自然，如何思考和研究大自然。读了这本书吧，让我获益匪浅。

读考链接

1. 《森林报》的作者是_____,他是_____(国籍)的作家。

2. 有"发现森林第一人""森林哑语翻译者"美誉的是（　　）

A. 法布尔　　B. 维塔里·比安基　　C. 高尔基　　D. 凡尔纳

3. 塞索伊·塞索伊奇是（　　）中的人物。

A.《海底两万里》 B.《钢铁怎样炼成的》 C.《童年》 D.《森林报》

4. 《森林报》中的哪种候鸟从非洲徒步而来？（　　）

A. 长脚秧鸡　　B. 灰鹤　　C. 金莺　　D. 黑琴鸡

5. 《森林报》的主题是：_____

_____

6. 《残忍的小鸟》中的小鸟指的是哪种鸟？（　　）

A. 杜鹃　　B. 云雀　　C. 鹈鸪　　D. 鸲鸟

7. 《哥伦布俱乐部》这篇文章的作者是_____。

8. 阅读贵于思。结合《森林报》谈谈我们应该怎样对待大自然？

_____

_____

9. 阅读名著能让我们看到高处的光,远处的爱和深处的智慧。读奥斯特洛夫斯基《钢铁是怎样炼成的》,可以看到_____(填主人公)为理想献身的崇高精神;读_____(填作者)的《骆驼祥子》,可以看到作者对旧北京人力车夫的深切同情;读维塔里·比安基的_____(填作品),可以看到作品中蕴含的睿智哲思。

10. 阅读下列文字,回答问题。

白野鸭

湖中央落下一群野鸭。

我在湖岸上观察它们,惊奇地发现,在一群夏季毛色全是纯灰的雌、雄野鸭中,居然有一只的羽毛颜色很浅,十分显眼。它一直待在鸭群中央。

我拿起望远镜,仔细地对它做了全面的观察。它从喙到尾巴,浑身都是浅黄色的。当清晨明亮的太阳从乌云中出来时,这只野鸭突然变得雪白雪白,白得耀眼,在一群深灰色的同类中显得非常突出。不过其他方面,它并无与众不同之处。

在我50年狩猎生涯中,从来没有亲眼见过这种得了白化病的野鸭。患这种病的动物血液里的色素都不足。它们一出生毛色就是白的,或只是很浅的颜色,这种状况要继续一生。所以它们就缺了保护色,而保护色在自然界生存条件下对于动物是生死攸关的,有了保护色在生活的环境中就不容易被天敌发现。

我当然很想把这只极罕见的鸟弄到手,看看它是如何逃过猛禽的利爪。不过此时此刻是绝对办不到的。因为这时一群野鸭都停歇在湖中央,为的是不让人靠近枪杀它们。这场面搅得我好不心焦,没法子,只有等待机会,看什么时候白野鸭能游到近岸,离我近些。

想不到这样的机会很快就来了。

正当我沿着窄窄的湖湾走时,突然从草丛中蹿出几只野鸭,其中就有这只白鸭子。我端起家伙就是一枪。不料在我要开枪的刹那间,一只灰鸭子过来挡在白鸭子的前面,灰鸭中弹倒了下去,白鸭跟着其他几只鸭子逃走了。

这是偶然的吗?当然是偶然的!那个夏天,我在湖中央和水湾里好几次见过这只白鸭子,但每次都有几只鸭子陪着它,好像在护卫着它。自然啰,猎人的霰弹每每都打在普通的灰鸭身上,而白鸭子在它们的保护下安然无恙地飞走了。

我最终没有把白鸭弄到手。

(1)描述文章中提到的白野鸭。

_____

_____

(2)分析白野鸭为什么能躲过"我"的猎枪。你从中得到什么启示?

_____

_____

_____

参考答案

1.维塔里·比安基   前苏联

2.B

3.D

4.A

5.人与自然和谐相处

6.A

7.维塔里·比安基

8.熟悉大自然,热爱大自然,人类要与大自然和谐相处。

9.保尔·柯察金   老舍   《森林报》

10.(1)这只白野鸭羽毛颜色很浅,它从喙到尾巴,浑身都是浅黄色的。当太阳照到它时,这只野鸭突然变得雪白雪白,白得耀眼,在一群深灰色的同类中显得非常突出。

(2)白野鸭不单独行动,总有灰鸭相伴,得到了灰鸭的帮助,得以生存下来。

启示:动物界不仅存在弱肉强食,也有强者保护弱者的现象。我们要学习这种品质,扶助弱小,让世界充满爱。